著作权合同登记号　图字：09-2025-0317 号

图书在版编目（CIP）数据

日本都会叙事：一种阅读城市空间的方法 / (日) 西村幸夫著；傅舒兰译 .
上海：同济大学出版社，2023.3
ISBN 978-7-5765-0588-7
Ⅰ . ①日… Ⅱ . ①西… ②傅… Ⅲ . ①城市规划—研究—日本 Ⅳ . ① TU984.313
中国国家版本馆 CIP 数据核字（2023）第 001940 号

日本都会叙事：一种阅读城市空间的方法
（日）西村幸夫 著　傅舒兰　译
责任编辑　陈立群（clq8384@126.com）
封面设计　景嵘设计
电脑制作　朱丹天
责任校对　徐春莲

出版发行　同济大学出版社 www.tongjipress.com.cn
（地址：上海市四平路 1239 号　邮编：200092　电话：021-65985622）
经　　销　全国各地新华书店
印　　刷　上海锦良印刷厂有限公司
成品规格　170mm × 213mm　544 面
字　　数　680 000
版　　次　2023 年 3 月第 1 版
印　　次　2025 年 5 月第 2 次印刷
书　　号　ISBN 978-7-5765-0588-7
定　　价　138.00 元

日本都会敘事

一种阅读城市空间的方法

（日）西村幸夫 著　傅舒兰 译

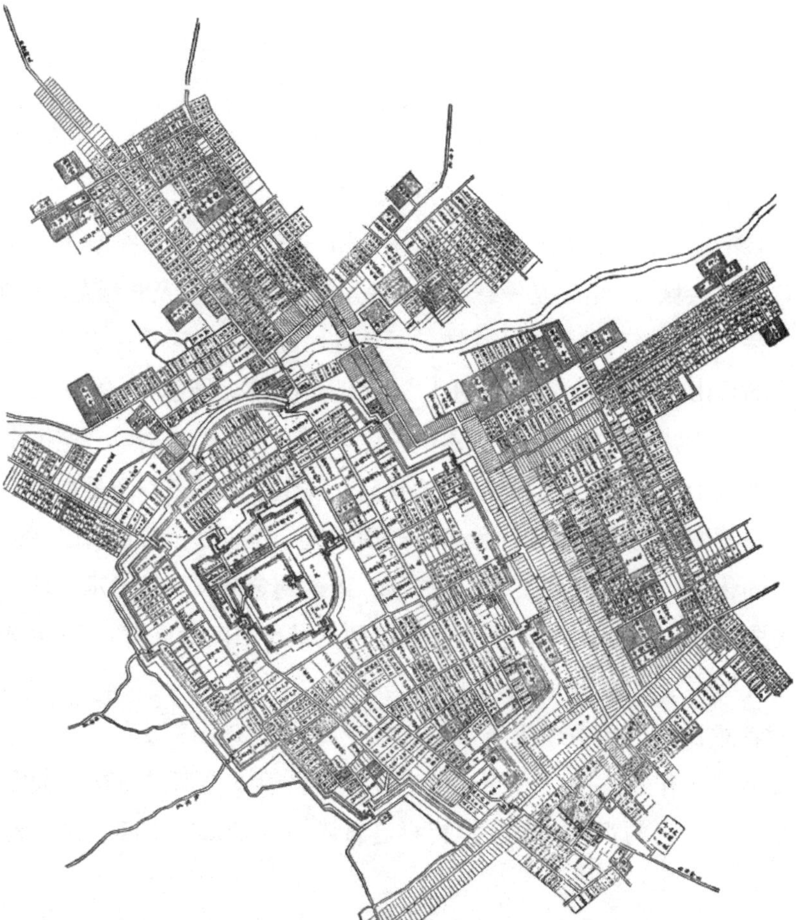

同济大学出版社 · 上海

中文版序

本书基于近代城市空间形成的视角，回溯了日本“县厅”所在“四十七都”的故事。日本的“县”，规模迥异，大体上相当于中国的省级行政区。四十七县都，即47座省会城市。由于是一省之都，那么书写时自然涉及省域范畴的近代史。同时，省会也是省级公共设施所在地，了解这些近代化设施是在怎样的土地上、以什么样的理由建造起来，往往是进入“县都物语（都会城市的故事）”的第一步。

不同于一般城市史根据纪年从建城开始谈到近现代，本书以“城市漫步”为出发点，即从走访出发，设身处地理解我们当前生活的城市空间是如何形成的。官署、车站等城市近代化设施为什么选择现在这个位置建设，近代以后的城市中心是如何固化强化、或者如何变化转移的，道路的走向和转折暗示了什么理由，等等。这些边走边看边思考的问题，是我们回溯城市空间形成史、或者说解读“县都物语”（城市空间隐藏的故事）的钥匙。

当读者意识到生活中理所当然的日常空间，其实隐藏着许多意义非凡的故事时，那么我写作这本书的目的也就达成了。循着本书所示方法，大家应该能够很好地通过自己的观察，重新审视自己日常生活的城市空间，进而发现日常的意义。

由于中日两国客观存在的历史差异，城市发展史也好，城市相关制度也好，中国读者在阅读本书时，可能会遇到难以迅速进入历史语境的障碍。但更多的是共通点，包括近代以后的城市空间转型、现代城市生活与传统的明显断层，等等。

因此，中国读者应该不难理解本书为什么要在当代城市中找寻过去的痕迹，以及这些痕迹引导下产生的故事，对我们理解当下的意义，甚至会产生共鸣吧。

当然，为使读者更好进入日本城市的语境，我们在中文版开头添加了一项内容——专用名词详解，供读者快速对照查阅。主要罗列了正文中找不到对应中文词汇的专用名词，比如只有日本城市历史才会涉及的城下町、宿场町，或者关系全文理解的重要人物名称等。

写作本书，对于我自己来说，也是一个重新审视与思考的过程。写作过程中重新走访了每一座城市，除了拍摄照片供本书出版所用，也逐一验证书中提及的内容，甚至修改了一些过去的看法。我很享受这种一边步行、一边揭示所在城市空间由来的过程。走着走着发现隐藏彩蛋一般的雀跃，想要与中国读者分享。阅读城市的方法是共通的，揭秘的快乐也能超越国界吧。

本书的翻译由傅舒兰负责，她是我在东京大学培养的学生。她与学生周佳钰、潘丁琳、吴雨暄（按辈分是徒孙呢），一起完成了本书翻译。书中很多日文地名与专用名词，想来翻译并不轻松。我的弟子，又是师徒协作，使中文版发行成为可能。我也借此达成心愿，与中国的读者分享自己阅读和编织城市故事的快乐。为师幸福，莫过于此。

最后致敬本书的引进方，同济大学出版社。

西村幸夫

2021 年 10 月

目　录

中文版序 …… 4
专用名词详解 …… 8
正文体例说明 …… 22
都会叙事：边走，边看，边思考（绪论） …… 23

札　幌——殖民城市的建设法 …… 57
青　森——扩张与反转的平衡城市 …… 69
盛　冈——顺着轴线阅读城市发展 …… 77
仙　台——有芯网格诱导的城市近代化 …… 85
秋　田——嵌套产生的反差城市 …… 97
山　形——三岛通庸所见之近代城市 …… 105
福　岛——骨骼渐成的有机城市 …… 118
水　户——围绕台地的分节城市 …… 128
宇都宫——双轴并立的紧凑城市 …… 135
前　桥——承载生丝商人意志的城市 …… 144
浦　和——由线及面的转换城市 …… 152
千　叶——铁路引导生长的连锁城市 …… 159
东　京——塑造首都面貌的铁路网 …… 168
横　滨——岿然不动的城市轴 …… 184
新　潟——打开封闭的水网城市 …… 192
富　山——从南向北转换朝向的城市 …… 199
金　泽——巨型城下町的变迁 …… 207
福　井——没有选择堀端通的近代化 …… 216
甲　府——表里反转的城市 …… 225

长　野——从神社开始扩张的城市……234
岐　阜——关原合战的遗产城市……244
静　冈——鲜活的札之辻……254
名古屋——斗转星移的市中心……265
津——界定地区的桥……277
大　津——多层难读城市……288
京　都——网格惯性城市……296
大　阪——延续秀吉构想的城市……308
神　户——东迁的马赛克城市……319
奈　良——三条通主导的公园城市……329
和歌山——接续远方车站的大构想……340
鸟　取——现代轴线贯穿的层叠城市……349
松　江——水之变奏城市……358
冈　山——倾注柳川环岛的构想……366
广　岛——活用旧制与变革的再生城市……374
山　口——中世起源的年缟城市……385
德　岛——珠玉串联的集合城市……395
高　松——面海开放的城下町……404
松　山——绕山而成的环形城市……414
高　知——叠合近世与近代规划的双层城市……421
福　冈——边缘咬合的复眼城市……430
佐　贺——平原浮起一座水网城市……439
长　崎——岬尖长出一座年轮城市……447
熊　本——再三的战灾复兴……456
大　分——实现战灾复兴规划的梦想……464
宫　崎——徐徐而生的近代城市……473
鹿儿岛——向南推进的多轴城市……483
那　霸——反复变化的蜕变城市……492

后　记……502
参考文献……505

专用名词详解

日本地理

日文原文	对应中文写法	日文原文	对应中文写法
都道府県	都道府县	波止場	波止场
里程元標	里程元标	洪積台地	洪积台地
道路元標	道路元标	沖積低地	冲积低地
参道	参道	界隈	界隈
玄関口	玄关口	扇状地	扇状地
湊・港・津	凑・港・津		

城市史与日本文化

日文原文	对应中文写法	日文原文	对应中文写法
中世	中世	町役場	町役场
近世	近世	町家	町家
花街	花街	藩	藩
城下町	城下町	廃藩置県	废藩置县
宿場町	宿场町	戊辰戦争	戊辰战争
寺内町	寺内町	律令制	律令制
門前町	门前町	条里制	条里制
街道	街道	神仏分離令	神佛分离令
天正地割	天正地割	社寺领上知令	社寺领上知令
天下普請	天下普请	居留地	居留地
参勤交代	参勤交代	運上所	运上所
奉行所	奉行所	開拓使	开拓使
高札場	高札场		

城市规划相关

日文原文	对应中文写法	日文原文	对应中文写法
建物疎開	建筑疏散	銀座煉瓦街	银座红砖街
戦災復興	战灾复兴	市区改正	市区改正
耕地整理	耕地整理	防火建築帯	防火建筑带
土地区画整理	土地区划整理	風致地区	风致地区

长度与面积单位

日文原文	对应中文写法	日文原文	对应中文写法
間	间	町	町
尺、寸	尺、寸	石	石

人 物

日文	对应中文写法	日文	对应中文写法
島義勇	岛义勇	西鄉菊次郎	西乡菊次郎
岩村通俊	岩村通俊	足利義昭	足利义昭
太宰治	太宰治	関一	关一
棟方志功	栋方志功	豊臣秀吉	丰臣秀吉
佐藤功一	佐藤功一	Ernest Fenollosa	欧内斯特・费诺洛萨
伊達政宗	伊达政宗	九鬼隆一	九鬼隆一
佐竹義宣	佐竹义宣	池田光政	池田光政
最上義光	最上义光	芥川龍之介	芥川龙之介
三島通庸	三岛通庸	岡崎平夫	冈崎平夫
萩原朔太郎	萩原朔太郎	丹下健三	丹下健三
酒井重忠	酒井重忠	雪舟	雪舟
前川國男	前川国男	大内弘世	大内弘世
Hermann Rumschüttel	赫尔曼・鲁姆修特	毛利敬親	毛利敬亲
Franz Baltzer	弗兰茨・巴尔察	Francis Xavier	弗朗西斯科・塞维尔
辰野金吾	辰野金吾	生駒親正	生驹亲正
Richard Brunton	理查德・布兰顿	松平頼重	松平赖重
Isabella Bird	伊莎贝拉・伯德	山内一豊	山内一丰
槇文彦	祯文彦	坂本龍馬	坂本龙马
武田信玄	武田信玄	山内容堂	山内容堂
柳沢吉保	柳泽吉保	黒田孝高	黑田孝高
齋藤道三	斋藤道三	渡辺與八郎	渡边与八郎
織田信長	织田信长	勝海舟	胜海舟
徳川家康	德川家康	加藤清正	加藤清正
中村興資平	中村兴资平	辛島格	辛岛格
田淵寿郎	田渊寿郎	岩切章太郎	岩切章太郎
藤堂高虎	藤堂高虎		

日本地理

都道府县

日本近现代行政区划，空间范围广阔，行政级别相当于中国的省级。目前日本全境有 1 都 1 道 2 府 43 县。都道府县下设“市—区—町—村”四级。日本近现代行政区划形成于 1868 ～ 1890 年间。其中最重要的时间节点是 1871 年“废藩置县”，主要目的是清除日本近世时期支配地方的行政势力“藩的影响力”。新设都道府县（都会城市）的政府办公楼（厅舍），往往规划建设于城市中心，采用西洋风的建筑形式，成为近代新政权统治的象征。

里程元标

各府县根据 1873 年 12 月 20 日太政官通报，于府会（县都）所在地城市设置的道路测量标识，是该府县在日本全国道路网上的基准点。里程元标通常为木质，大多设置在区域干道交汇点或桥头，是了解 1873 年区域交通节点的线索。遗憾的是，现在的木标都已经不是当时的原物。

道路元标

各市町村根据 1919 年 11 月 4 日颁布的《道路法施行令》，于所在地设置的道路测量标识，是该地在日本全国道路网上的起算点，通常为石质。虽然 1952 年修订《道路法》后，不再要求设置道路元标，但很多市町村没有将其撤销。可以说，道路元标是了解 1919 年各市町村接续日本全国道路网位置的重要线索。

参道（表参道）

参拜神社或寺院必经之路，大多是规划建造的。其中位于中轴线的参道往往被称为“表参道”。

玄关口

日式住宅的主要入口被称为“玄关”。以此类比，建筑物、地区、城市的主要入口往往被称为“玄关口”。城市玄关口通常指车站、机场、港口等。

湊 · 港 · 津

均指港湾。“津”“湊”是日本自古以来的用法，常见于地名。“港”大多指近代以后的港口，是现代常用词。本书将近世之前的港湾称为“湊”，近代以后的港湾称为“港”。

波止场

港口向海洋凸出的细长构筑物，防波堤。除能为船只提供平稳的停靠海域外，还便于装卸货物。

洪积台地

“Diluvial upland”的译文，地理学术语。洪积世（更新世，约 258 万年前～约 1 万年前）冰河期形成的土地中，隆起成台地状的部分。

冲积低地

“Alluvial plain”的译文，又称冲积平原。冲积世（全新世，约 1 万年前）形成的平原低地。

界 限

表示“周围一带”。周边。所谓“界限性”，是指某个区域因空间统一感而产生的边界意象，向内产生认同，向外以示区别。

扇状地

“Alluvial fan”的译文，指山上流出的河流在谷口呈扇状堆积沙砾而形成的地形。在日本多山的地形中，时常在盆地和平原边缘形成扇状地。

城市史与日本文化

中 世

日本史上的中世一般指镰仓幕府成立（1185）至室町幕府灭亡（1573）这段时期，是武家政权的前期。根据幕府所在地的不同，分为镰仓时期与室町时期。中世没有形成强有力的中央集权国家，是多样化的地方经济发展期。

近 世

日本史上的近世是指中世与近代之间的时期。一般指从安土桃山时期至江户时期，也就是 1573 ～ 1868 年，是武家政权后期。特别是 1603 年成立的德川幕府，形成了强大的中央集权国家。江户时期（1603 ～ 1867）日本长期处于和平状态，所以延续至今的日本文化主要部分均形成于该时期。

花 街

指有艺伎的町。有时也与“游郭”同义使用。

城下町（寺町 町人地 武家地）

以近世初期（16 世纪后半叶至 17 世纪前半叶）形成的防御型城郭为中心，具备行政和商业功能的规划城市。日本的大城市多由城下町发展而来。城下町往往依据身份划定居住区——上位武士、下级武士、町人（平民）三种，此外还有寺院集中的寺町（寺院区）。以天守、塔楼为标志的“城（城堡）”，往往采用两到三重城壕环绕的形式。一般来说，町人住区往往还按职业进一步划分。城下町还具备短期内日本全国统一推开建设的特征。近代以后，城堡用地和武家地往往转为公共设施用地和军事用地，城壕往往填埋后建设道路。就这样，传统城市比较顺畅地完成近代化转型，这也是日本城市的特征之一。

宿场町

中世至近世初期，沿“街道”（勾通日本全国的区域性干道，详见对应词条）形成的交通结点型城市。特别是 17 世纪前半叶，因施行“参勤交代”（参见对应词条）制度，主要“街道”沿线规划建设了大量宿场町，以便公务往来。此外，宿场町还为参拜巡礼者或一般游客提供住宿。沿五大街道共建成过 198 座宿场町。

寺内町

中世由佛教徒，特别是净土真宗信徒建造的自卫型自治城市，周围遍布壕沟与土垒。主要分布于西日本，以净土真宗寺院为主。

门前町

信众广泛的神社与寺院周围，因服务参拜者与社寺相关人员需求而形成的产业城市。

街 道

指自古以来的交通要道，遍布日本各地。其中以 17 世纪前半叶德川幕府指定的“五街道”为首，即东海道、日光道中、奥州道中、中山道与甲州道中。此外还有羽州街道、陆前浜街道、北国街道、日光例币使街道等多条支线街道。

天正地割

天正十五年（1590）丰臣秀吉在京都实施的改造建设。在长宽 120 米的正方形街区正中新建一条南北通路，将街区一分为二为长方形，促进原有街区内部地块的土地开发和使用。

天下普请

日本江户时期，幕府下令要求境内各地方的大名，开展筑城、疏水治水、区域道路建设等工作。

参勤交代（本阵 胁本阵）

江户时代为削弱地方领主势力而制定的政治制度，始于 1635 年。制度规定日本全境 250 多名藩主必须一年居住在首都江户（现东京）、一年居住于领地，交替反复。藩主往往随行众多家臣，每年光是迁移便花费不少，容易陷入财政困境，更无法发展地方军队，只能归顺德川幕府。藩主迁移须由规定街道通行，投宿于宿场町。藩主等身份较高人物往往会建造大型的世袭住宅（被称为“本阵”或“胁本阵”）居住。

奉行所

武士执守办公的场所。奉行是中世至近世武士的一种工作。职守寺院和神社的“社寺奉行”，德川幕府时期发展起来。其他还有执守居住区的町奉行、看守交通要道的“道中奉行”、管理财政的“勘定奉行”等。

高札场（札之辻）

主要指江户时期，安插法令通告牌（“高札”“制札”同义）场所，也称“制札场”。通常选择城内人流量较大的主要商业街。安置高札场的十字路口往往称为“札之辻”。

町役场

町是行政级别，役场是办公地点。一般行政市级称为“市役所”，町、村级称为“町役场”“村役场”。近代町村制度始于 1878 年《郡区町村编制法》，规定町村设“户长”于“户长役场”办公。之后，1888 年改制，町村分设町长、村长，办公地点也改称町役场、村役场。

町家

日本传统城市住宅的通称，也称町屋。宅基地往往面宽窄、进深长，面向街道一侧往往是一层或二层木造式样。建筑入口或者一侧设有可穿鞋通过的空间（土间）。通常向内隔着中庭被称“离札”或“土藏”的仓库等。现在各地保留的町家大多是近世中期以后建设的。

藩

日本的“藩”是指江户时期各地封建领主统治的地区及其统治体系。虽然改藩、废藩十分频繁，但直到近世末期（19世纪中期）日本仍有约270个藩。其中幕府德川家子孙的藩，特称“亲藩”。明治维新（1868）为加强中央集权开始撤藩，经1871年的“废藩置县”，过去强有力的地方藩主势力终被瓦解。

戊辰战争

1868年（戊辰）至1869年，明治新政府军与旧幕府军之间的内战。以明治新政府军的胜利告终。

律令制

7世纪后半叶至10世纪左右，日本仿照隋唐律令制制定法典、统治国家的古代制度。据律令划分的地方行政单元称为“令制国”，古代约分70国。

条里制

古代日本律令制下便于国家支配与管理的土地区划制度。由基于方格耕地区划的条里地割，以及使用条、里、坪表示土地的条里地番法构成。

神佛分离令（废佛毁释）

明治新政府为将神道教立为国教，1868年起颁布的系列通告。通告命令各地分离神道教与佛教，在日本全国掀起了毁坏佛教寺院、佛具、经典等的激进运动，即“废佛毁释”。大量与佛教相关的珍贵文化遗产因此流失。

社寺领上知令

明治新政府为将神社与寺院领地（社寺领）公有化，先后于1871年、1875年下达的命令。包括没收社寺建筑所在地（境内地），以及此外的“社寺领地”。除进一步削弱了社寺势力，没收的土地往往成为公园与公共设施用地，为日本城市近代化做出了重大贡献。

居留地

日本近世末期到近代初期，于横滨、神户、长崎等对外贸易港口开辟的、专供外国人居住的地区，又称“外国人居留地”。居留地的治外法权，虽然导致了日本政府长期难以解决的问题，但从另一个角度也促进了港口城市的对外贸易以及作为海外文化窗口的活力。1899 年废除居留地制度后，外国人可以在日本自由选择居住地。

运上所

幕府末期到明治维新初期日本开埠港口城市的行政机关。主要职能是征收货物的进出口关税。也就是后来的海关。

开拓使

1869 年至 1882 年，明治新政府为开拓北海道一带在札幌派驻的行政机构。开拓使废止后，北海道一度划分 3 县，1886 年设北海道厅。

城市规划相关

建筑疏散

第二次世界大战末期，以防空为目的，通过拆除部分房屋形成带状空地，确保空袭发生时居民快速疏散的政策。在 1943 年颁布的《城市疏散实施要领》指导下，日本全境拆除了 60 多万户房屋。二战后，大部分建筑疏散空地改建为城市主干道，代表案例有：福岛的平和通与国道 4 号、京都的御池通与堀川通、广岛的平和通、德岛的新町桥通、长崎的樱町通等。

战灾复兴

依据 1946 年颁布的《特别都市计画法》，对第二次世界大战中受灾严重的 112 座城市，制定并实施了以“土地区划整理”为主要内容的“战灾复兴规划”。本书所涉及的仙台市、名古屋市、富山市、福井市、津市、神户市、冈山市、广岛市、大分市都实施过大规模的复兴规划。

耕地整理

通过整理耕地产权，将形态上不规整的农业用地整合起来，围绕土地开发目的，重新规划并分配产权的手法。1899年制定、1909年全面修订的《耕地整理法》，是其法制依据。大城市郊外围绕住宅开发进行的耕地整理，为后来引入土地区划整理制度奠定了基础。

土地区划整理

1919年日本颁布《都市计画法》后实施的城市规划项目。主要目的是通过调整产权，对零散的宅基地进行整合重划，抽取一定比例土地用于规划道路与公园等城市公共设施，提升所在街区的城市性能。在1923年关东大地震后的东京，展开过围绕震灾复兴的大规模土地区划整理实践。此后土地区划整理也成为日本城市规划中使用最广泛的特征性手段。但土地区划整理也导致了城市历史肌理消失、道路景观均一化等弊病。

银座红砖街

1872年东京银座大火后到1877年左右，在东京银座地区规划建设的、以双层西式红砖建筑为主的近代街区。是日本近代城市规划的先驱案例，最终毁于关东大地震。

市区改正

广义上指日本近代早期的城市规划或市区改良建设。狭义上指依据1888年《东京市区改正条例》制定的《东京市区改正计画（1889、1903）》等规划。随后，其他大城市相继制定市区改正条例，直至1919年颁布《都市计画法》。

防火建筑带

指依据1952年颁布的《耐火建筑促进法》（包括1961年《防灾建筑街区造成法》、1969年《都市再开发法》）划定的带状防火分区。要求区内建筑采取一定措施（如加设防止火灾蔓延的砖墙等），提升防火性能。曾在日本全域推广，在本书提及的山形市、横滨市、静冈市、冈山市、鸟取市等城市，还能看到当时建设的成果。

风致地区

日本《都市计画法（1919）》法定的特殊城市用地分区的一种，通过限制区内建筑物的容积率、建筑高度、建筑形态色彩、土地用途、植物砍伐等方式，保护城市原有的自然文化景观。1968 年重新制定的《都市计画法》也延续了这种用地分区的规定，作用至今。

长度与面积单位

间

近世尺贯法（日本传统度量衡制度）规定的长度单位。近代规定 1 间 =6 尺 =1.818 米。60 间 =1 町 =109.09 米。此外，间也是日式建筑中的基本尺寸——柱间距的意思。1 间的平方 =1 坪 =3.3 平方米，正好是 2 张榻榻米拼合的大小。另外，柱间距尺寸还存在地区差异，比如关西地区的建筑物通常是 6 尺 5 寸为 1 间，即“京间”。

尺、寸

日本传统度量衡单位。1 尺 =10 寸 =30.3 厘米。1 寸为 3.03 厘米。另，10 尺 =1 丈 = 3.03 米。

町

近世尺贯法规定的长度单位与面积单位。表示长度时，1 町 =60 间 =109.09 米。表示面积时，1 町 =10 反 =100 畝（日亩）=3000 坪 = 9917 平方米。

石

源于中国的体积单位。现在 1 石为 180.39 公升（litre）。另外，1 石 = 10 斗 = 100 升 = 1000 合。近世，米被认为是征税和俸禄的手段，所以将表示米产量的“石”作为表示领地生产力的经济指标，即“石高制”。例如，加贺百万石表示加贺藩的领地石高为一百万石，这与一百万成年人一年的大米消费量大致相等。

人物

岛义勇（Yoshitake SHIMA，1822 ～ 1874），佐贺藩士、官僚。开拓使首席判官，

负责札幌最初期（1869 ～ 1870）的建设。后因参与“佐贺之乱”反对明治新政府而获罪斩首。

岩村通俊（Michitoshi IWAMURA，1840 ～ 1915），官僚、政治家。岛义勇之后的第二任开拓使判官（后称大判官），进一步推进札幌的建设（1871 ～ 1874），成为首任北海道厅长官（1886 ～ 1888）。历任农商务大臣、贵族院议员等。

太宰治（Osamu DAZAI，1909 ～ 1948），小说家，出生于青森县，代表作有《奔跑吧梅勒斯》《人间失格》等。

栋方志功（Shiko MUNAKATA，1903 ～ 1975），木版版画家，出生于青森县，以其质朴的宗教“版画”，在国际上享有盛誉。参与发起民艺运动。

佐藤功一（Koichi SATO，1878 ～ 1941），建筑师，早稻田大学建筑学科创始人。代表作有早稻田大学大熊讲堂、日比谷公会堂、滋贺县厅舍等。

伊达政宗（Masamune DATE，1567 ～ 1636），东北地方的战国大名，仙台藩首任藩主。1601 年开始在仙台建设藩主居城与城下町。仙台城下町的建设与扩张一直持续到 17 世纪后半期。

佐竹义宣（Yoshinobu SATAKE，1570 ～ 1633），北关东・东北地方的战国大名，久保田藩（秋田藩）首任藩主。1603 年开始在秋田建设藩主居城和城下町。城下町的主体空间结构至 1630 年代建设完成。

最上义光（Yoshiaki MOGAMI，1546 ～ 1614），东北地方的战国大名，山形藩首任藩主。山形城的筑城时间节点可追溯至 14 世纪中期，并于 17 世纪义光时代进行了大规模改造。

三岛通庸（Michitsune MISHIMA，1835 ～ 1888），历任萨摩藩士、内务官僚、山形县令、福岛县县令、栃木县令等。就任各地长官期间往往推行大规模城市改造，被称为“土木县令”。1871 年曾以东京府参事身份，负责银座红砖街规划建设。后官至内务省土木局长、警视总监。

萩原朔太郎（Sakutaro HAGIWARA，1886 ～ 1942），日本近代诗代表诗人，出生于前桥市。代表作有《望月嗥吠》《纯情小曲集》等。

酒井重忠（Shigetada SAKAI，1549 ～ 1615），战国时期至近世初期武将，

厩桥藩（前桥市）首任藩主。厩桥的建城可追溯至 15 世纪末。重忠于 1601 年入城后，改造中世城堡建设了近世城下町。

前川国男（Kunio MAEKAWA，1905 ～ 1986），日本现代主义建筑的代表建筑师，代表作有国际文化会馆、东京文化会馆、埼玉会馆等。

赫尔曼·鲁姆修特（Hermann Rumschüttel，1844 ～ 1918），德国铁路工程师，曾参与建设柏林市区高架铁路。1887 ～ 1894 年间旅居日本各地指导铁路建设。

弗兰茨·巴尔察（Franz Baltzer, 1857 ～ 1927），德国铁路工程师，曾参与建设柏林市域高架铁路。1898 ～ 1903 年期间旅居日本，是赫尔曼·鲁姆修特的继任者，主要负责指导东京圈的铁路网建设。东京站的整体规划以巴尔察方案为基础。

辰野金吾（Kingo TATSUNO，1854 ～ 1919），建筑师，帝国大学工科大学（后来的东京大学工学部）教授，代表作有日本银行总行、安田讲堂、东京站等。

理查德·布兰顿（Richard Brunton，1841 ～ 1901），英国土木工程师。1868 ～ 1876 年间旅居日本，建造多座灯塔。也是横滨日本大通这条道路的设计者。

伊莎贝拉·伯德（Isabella Bird，1831 ～ 1904），英国旅行家、探险家。足迹遍及美国、加拿大、印度、波斯、摩洛哥、朝鲜、中国等，留下了游记。1878 年到访日本，从北日本行至关西，著有《日本奥地纪行》。

祯文彦（Fumihiko MAKI，1928 ～ ），建筑师，东京大学教授，日本现代主义建筑先行者。代表作有代官山集合住宅、东京螺旋体大厦、幕张展览馆等。

武田信玄（Shingen TAKEDA，1521 ～ 1573），战国时期武将、战国大名。发迹于甲府的踯躅崎馆（现在的武田神社）。以该馆为中心形成了城下町。

柳泽吉保（Yoshiyasu YANAGISAWA，1658 ～ 1714），德川幕府主要阁僚，川越藩藩主，1704 年成为甲府藩藩主。

斋藤道三（Dosan SAITO，1494 ～ 1558），战国时期武将、战国大名。以稻叶山城（后来的岐阜城）为藩主居城。据说是斋藤道三建设了岐阜城下町。

织田信长（Oda NOBUNAGA，1534 ～ 1582），战国时期武将，日本家喻户晓的英雄、战国大名。1567 年占据稻叶山城，改造城堡与城下町，并将其改名为“岐阜”。

德川家康（Ieyasu TOKUGAWA，1542 ～ 1616），战国时期至近世初期的武将。

统一日本，创立了德川幕府。德川幕府，开启日本近世长达 260 余年没有内战的安定时代。德川幕府选址江户（现东京）建都筑城，对江户城下町进行了大规模改造。德川幕府执政时期也被称为江户时期（1603 ～ 1868）。

中村兴资平（Yoshihei NAKAMURA，1880 ～ 1963），建筑师。代表作有天道教中央大教会（首尔）、静冈市役所本馆、静冈县厅舍本馆等。

田渊寿郎（Jurou TABUCHI，1890 ～ 1974），土木工程师、城市规划师。第二次世界大战之后，出任名古屋市总工程师助理，于 1945 ～ 1958 年期间负责制定名古屋的战灾复兴规划。

藤堂高虎（Takatora TOUDOU，1556 ～ 1630），活跃于战国至近世初期的武将，津藩第一代藩主。以筑城闻名。除津城外，还修筑了宇和岛城、今治城、筱山城等。

西乡菊次郎（Kikujiro SAIGO，1861 ～ 1928），政治家、外交官。明治维新英雄西乡隆盛的长子。出任京都市长期间（1904 ～ 1911），推进了道路扩建等影响京都城市近代化的三大建设工程。

足利义昭（Yoshiaki ASHIKAGA，1537 ～ 1597），室町幕府最后一任将军（在位时期 1568 ～ 1588）。战国时期大名割据日本各地，将军权力削弱。

关一（Hajime SEKI，1873 ～ 1935），东京高等商业学校教授。后任大阪市长，任职期间（1923 ～ 1935）推动大阪近代城市规划与建设。

丰臣秀吉（Hideyoshi TOYOTOMI，1537 ～ 1598），活跃于战国至近世初期的武将。受各地大名拥戴，首次以武家身份统一日本，被尊称为关白、太阁。统一日本以后，推行了村域划分（检地）、收缴武器（刀狩）、税制改革（石高制）等。在大坂（现名大阪）修筑了大坂城，规划建设了城下町。

欧内斯特·费诺洛萨（Ernest Fenollosa，1853 ～ 1908），美国东洋美术学者。1878 ～ 1890 年间旅居日本，重新评价了日本美术的地位与贡献。此外也为确立日本的文化遗产保护体系做出了贡献。返回美国后，担任波士顿美术馆东洋部部长。

九鬼隆一（Ryuichi KUKI，1852 ～ 1931），文部官僚，政治家。历任临时全国宝物调查委员长、帝室博物馆第一任总长，为建立日本文化遗产保护体系做出了贡献。

池田光政（Mitsumasa IKEDA，1609 ～ 1682），活跃于近世前期武将，鸟取藩、冈山藩藩主。治下推进了鸟取城下町的扩张。

芥川龙之介（Ryunosuke AKUTAGAWA，1892 ～ 1927），小说家。以短篇小说闻名，代表作有《鼻》《芋粥》《蜘蛛丝》等。

冈崎平夫（Hirao OKAZAKI，1909 ～ 1993），冈山市长（1963 ～ 1983）。沿着西川用水（西川渠）修建了全长超过 10 千米的西川绿道公园。

丹下健三（Kenzo TANGE，1913 ～ 2005），世界著名建筑师、城市规划师、东京大学教授。代表作有广岛和平纪念资料馆、香川县厅舍本馆、代代木体育馆、东京罗马天主教圣玛丽大教堂、东京都厅舍等。

雪舟（Sesshu，1420 ～ 1506），著名水墨画家、禅僧。有多数墨迹留存。也造园。长住山口。代表作有《四季山水图卷（山水长卷）》《秋冬山水画》《天桥立图》等。

大内弘世（Hiroyo OUCHI，1325 ～ 1380），中世武将、守护大名。据传中世城市山口是在他建造的基础上修筑的。

毛利敬亲（Takachika MORI，1819 ～ 1871），近世末期大名，长州藩藩主，明治维新的功臣之一。

弗朗西斯科·塞维尔（Francis Xavier，1506 ～ 1552），天主教男子修道会耶稣会创始人之一，出生于西班牙。经印度果阿邦，1549 ～ 1551 年间旅居日本，首次在日本国内传播基督教。

生驹亲正（Chikamasa IKOMA，1526 ～ 1603），战国时期至近世初期武将，修筑高松城及其城下町。

松平赖重（Yorishige MATSUDAIRA，1622 ～ 1695），近世前期大名，高松藩首任藩主。1642 年入府高松，大规模重建了城堡及城下町。

山内一丰（Kazutoyo YAMAUCHI，1545 ～ 1605），战国时期至近世初期的武将，土佐藩首任藩主。17 世纪初修筑高知城及其城下町。

坂本龙马（Ryoma SAKAMOTO，1836 ～ 1867），土佐藩下级武士，活跃于近世末期的志士。为打倒幕府联合萨摩藩与长州藩，是形成萨长同盟的关键人物。

主张大政奉还，即将德川幕府政权归还天皇。作为幕府末期的英雄人物，广为追捧。

山内容堂（Toyoshige YAMAUCHI，1827～1872），近世末期大名，土佐藩藩主，是明治维新的关键人物。

黑田孝高（Yoshitaka KURODA，1548～1604），活跃于战国至近世初期的武将。以筑城名手闻名，除了福冈城，还修筑了姬路城、高松城等。其子黑田长政是福冈藩的第一代藩主。

渡边与八郎（Yohachiro WATANABE，1866～1911），博多实业家。为福冈市区的近代化、城市发展做出了贡献。福冈新旧电车道所在渡边通，就是因他命名的。

胜海舟（Kaishu KATSU，1823～1899），活跃于近世末期至近代初期的武士、政治家。精通兰学（日本锁国时代通过荷兰传入的西方科学文化知识）。指挥日本咸临丸（蒸汽军舰）首次横渡太平洋。促成戊辰战争时江户的和平开城。明治维新后历任参议、海军卿等。

加藤清正（Kiyomasa KATO，1562～1611），近世初期武将，熊本藩的第一代藩主。以筑城闻名，大规模改建了熊本城。

辛岛格（Itaru KARASHIMA，1854～1913），熊本县官僚、熊本市市长（1897～1913）。为熊本的城市建设做出重大贡献。成功实现城市中心区军事用地的用途转变。该中心区也因他命名为“辛岛町”。

岩切章太郎（Shotaro IWAKIRI，1893～1985），实业家，宫崎交通集团创始人。他在日南海岸沿线种植的棕榈树等，奠定了宫崎观光旅游的基础。

正文体例说明

黑体

书中出现的日本专用名词，采用了保留日语汉字的方式，通过黑体标识，具体意义可参阅专用名词详解。

<u>下划线</u>

为提高阅读便利性，通过下划线标识书中出现的名称，代表这是一个完整的词，具体包括山体、水系、城堡、行政单位、神社寺院、道路、铁路、车站、建筑物等。

都会叙事：边走，边看，边思考（绪论）

1. 每座城市都有它的故事

通过这本书的写作，我想尽力表达一个观点："每座城市都有自己的故事。"这些故事延续至今，且能在当下观察和描绘。

很多场合一提到日本的城市，往往就会出现一种没有"个性"的论调。确实日本大城市的站前区域，总像一个模子里印出来的金太郎糖一样，千篇一律。出站所见均是差不多的大楼和广告牌……这种场景很难有个性或故事可言。尽管近来日本也开始注重站前广场设计和特色塑造，但车站周边既存建筑群无法重新设计、缺乏特色的问题依然存在。由于站前区域直接影响人们对城市的第一印象，凭此批判日本城市毫无个性，也无可厚非。

可除了建筑本身，还可以从城市形成角度展开观察。每座城市都有独特的地形，也在发展中形成了独特的道路网等。各有特点，甚至难以分类。

比如按照形成起源分类的"**城下町**"，如果我们比较其中同属"德川御三家"的水户、名古屋、和歌山，无论选址、**町人地**布局、街区形态与模数，还是明治以后的近代化过程，基本没有相似性。或者说，差别很大。循此逻辑，如果比较从属其他武家的城下町，差异显然更显著。再加上不同程度战争破坏与复兴重建的影响，最终形成的现代城市结构必定千差万别。

更不用说起源本身就大为不同的**宿场町**或**港町**了。比如同为港町发展而来的新潟与长崎。新潟是由规划一气呵成，长崎是从核心区缓慢扩展形成，现在看来城市结构差异巨大，如果不了解历史，很难想象它们是同一起源。

如此，我才有了从城市结构，形象一点可以说是城市的"骨相"，来发现城市个性的新视角。

相似的建筑，形成了日本城市千篇一律的表象。一旦深入挖掘其“骨相”，城市丰富的个性就自然显现。如果能从这种乍看毫无个性的风景中找到其背后蕴含的个性，那么反过来也能成为改善表象、寻回个性的线索。

更为具体的内容，我们将通过走访具体城市，借助相应历史资料予以明确。循着地图与老照片等线索，一边行走一边思考，反复回顾历史，畅游现代城市。我想通过这本书，与读者一起踏上旅程，体会每座城市本来的故事。

通过绪论，我将简要介绍城市故事的发现方法。由于边走边看边思考的设定，距离系统阐述尚有很大距离，所以这里与其说是“绪论”，不如说是“试论”，也请读者谅解。后续各章，则如题所见，按照城市展开，具体讲述各县都的故事。

2. 阅读故事背后的“意图”

将城市视为理所当然，倾向于不假思索全盘接受，往往被视为当前人们价值观缺失的一个方面。这本身不是必须谴责的问题，但倘若只有这一种看法，则容易导致误解所有城市都是自发形成并延续至今。面对现在的城市，您难道没有过想问“为什么”的一瞬吗？其实不是不想问为什么，而是缺乏下意识的培养，不能阅读和理解城市生成与变化背后的故事。

的确有不少聚落是自发形成的，但城市同样也是各种建造“意图”的集合体。特别是当城市超过了一定规模，有目的规划形成的部分就更多。比如城堡与车站的选址、道路的起讫点与走向，再或是近代以后的各种城市公共设施，肯定是有所考虑才建设的。

为此不难理解，城市的发展变化，往往由怀抱某种“意图”的主体推动。目的有达成，也有失败，但主体存在并贯穿各时代。从这一点看，城市可谓城市共同体的作品。就像一条铁路，路线选择、站点选址等往往是综合各类相关人群意志的结果，显然不可能自然发生。

解读城市意图，往往十分困难。因为城市通常经历漫长的建设过程，既不可能一蹴而就，也不太可能由某位特定规划师贯穿建设始终。不像建筑，容易得到明确的答案。经历了不同时代、不同设想干预建设的城市，就像相差不大的建筑师反复修改加建的一座建筑。

因此，解读城市的规划意图，或者说追求城市故事的完整性，是不可能的。但这并不意味日本的城市没有规划意图。只是说各种各样的意图，有时候甚至是完全相反的意图层叠累积，才导致目前所见的城市难以理解。

3. 日本城市的特征

其实，日本的城市有着别处看不到的显著特征。

日本城市，特别是中等规模以上城市，大部分起源于规划建设的“城下町”或“宿场町”。基本上是16世纪后半叶至17世纪初，即战国末期至江户初期建设的产物。也就是说，日本中等规模以上城市几乎都是400年前规划建设的。

日本也有像“港町”与“在乡町”那样起源更早、自然聚集发展成长的城市类型；或者像奈良与京都那样模仿中国古代都城的城市类型。包含以上种种，日本大部分城市都能找到自己的“原型”，为此有了其他国家城市不具备的个性。

除了城市起源，城市的变迁亦有故事可说。

日本的城市，不仅经历了与其他国家一样的城市公共设施近代化，同时也需要面对本国特有的历史进程，包括明治维新导致的社会制度剧变、地震与战争等灾难、第二次世界大战后的快速城市增长等带来的城市问题。

以上这些影响叠加起来，形成了当前所见之日本城市。这些城市不可能没有自己的故事。这些故事是城市“原型”如何变化发展的故事。

4. 选取“县都”作为案例

每座城市都有故事的话，任选一座都可以写。但不是所有城市都有充分的内容，因而需要选择代表性案例。倘若选择的城市多少有点熟悉感，那么故事也更容易唤起共鸣。

为此，本书选择了日本的“县都”（相当于中国省会城市）——即47**都道府县**的县厅所在城市展开。选择县都，除了因为这些城市往往是地区中心，相对来说更为人所知；同时也考虑通过解读县厅舍等场所的建设意图，使明治以后日本近代国家治理模式清晰可见。

县都城市不一定适合旅游，所以不是以旅游观光视角，而是以日常生活视角来描绘城市故事。日本的读者可以从身边的城市开始，在实际走访体验过程中，逐渐找到阅读城市故事的感觉。

当然，这种案例选择方式会造成本书只谈大城市、不谈小城镇和村落的问题。但是倘若掌握了方法，能够清晰解读较为复杂的大中型城市，那么相对较小规模的城市，也就不难理解了。解读自然形成的村落要用另一种路径，超出了本书范畴，考虑另择机会展开。

此外还有一点需要提前说明，书中每座城市都围绕“都心”，即城市中心展开。一般来说，城市中心总是历史更为悠久，聚集了重要的城市设施，常常举办各种祭典活动，还留存着老字号商铺。都心是城市精华所在，这一点大家都能体会。也就是说，本书着重城市中心的描绘，不只因为城市中心聚集人气，也是为了更好地呈现一座城市的固有特性。

5. 阅读与走访的方法

从事城市规划这个行业，使我有很多机会走访不同的城市。行走之间，会发现一些不可思议的城市空间，时不时为其蕴含的故事构想（构想力）所打动。于是，我便忍不住思考，这些城市空间是秉持何种理念造就的？这些城市为何会变成现在这般模样？我会不由自主从规划师角度观察走访的城市，这也是我进一步总结阅读与走访城市方法的初衷。

能否很好地阅读城市，往往取决于观察城市的耐心。糊里糊涂走一圈肯定不行。了解城市形成与发展的过程，掌握各个时期的地图，都是必备的基础。

要具备这样的基础，往往需要充足的知识积累。具体可查本书卷末的参考文献。但本书想要解决的不是知识积累问题，而是使这些知识不再停留于过去，与当前我们身处的当代城市空间联系起来。将城市视为可阅读的对象，一边行走一边思考。

以下简要介绍阅读城市的步骤。这些是我总结城市规划工作经验的所得。

（1）在自己居住的城市旅行

对陌生的城市理应如此，但熟悉的场所也值得再走一遍，好好体会。乘坐电车到达枢纽站，出站走一走便是市中心。如果历史上城市中心位置有过转移，那么还可继续走到旧中心的区域。

行走过程中所见的每一件事物，都值得我们思考："它为什么会出现在这里？"坐在开往市中心的电车内眺望窗外风景时，可以想象铁路线铺设的理由；下车后，又可以问问自己看到了什么。站前大道通向哪里？车站又为何建在这里？观察周围的山川、市厅舍等城市标识及主要商业街等的位置与布局关系。当然，地形往往也是关键线索。

走访自己的住区，必须抛开自负，比如自己在这里生活多年、再熟悉不过了，所以没必要走，等等。要抱着旅行者初次到访的心态重新去看，才有意义。所谓"在自己居住的城市旅行"正是如此。

切换到旅行者的姿态，怀抱好奇心，便能更充分地行走、更耐心地观察。毕竟自己居住的地方，有太多的理所当然，反而不容易发现什么。这时候，如果能按照前述方式，把城市当作先人不断创造留下的作品，再走一遍看看，多少能有一些新体会。

最近地理书的流行、电视上历史探访和地理探索类节目的热播，使得有兴趣在城市间行走的人越来越多，着实令人欣喜。

（2）了解城市形成的过程

接着需要收集资料，大致掌握城市形成、演变与发展的历程。

先说手边常备的一册《共武政表》（全二卷，柳原书店，1978）。这册书主要包含明治初期的统计数据，是陆军参谋本部编写的军事专用地志。从明治十二年（1879）的重印本看，书中记录了聚居 100 人以上町村的户数、人口、物产、牛马头数、车辆数（货车与人力车）等，可以帮助我们了解明治初年的城市情况。

虽然明治初年还有《日本地志提要》（太政官正院地志课编，

1872 ~ 1877）与《皇国地志》未完成手稿等更广为人知的材料，但这些往往记录地理、物产等地方志的常见内容，不像《共武政表》这样聚焦城市和聚落。由此来看，《共武政表》所含明治初年日本城市的信息弥足珍贵。

表 1 是从《共武政表》中抽取出后来成为县都的各城市的重要统计数据。从物产这栏可以看出当时不太一样的城市面貌。单凭这张表，就可看出很多门道。

表 1　　现代各城市在 1879 年《共武政表》中显示的面貌

国名	邮便局等	都市	户数	人口	官厅	寺院	学校	物产（附注）
石狩国	2 电	札幌	919	2910	3	1	3	大麦，小麦，荞麦，粟，稗，麦酒，清酒，浊酒，葡萄酒，味噌，酱油，燃料，小麦粉，醋，烧酒，麻织物类，牧草，菜子油
渡岛国	2 电	函馆区	4682	21104	50	10	5	鲱，鳟，鲍，章鱼，鳕，鲆，煎海鼠
陆奥国	2 电	青森町	2411	11374	3	7	3	鳕，鳎，鲭
	3	弘前町	6747	32566	4	63	19	酒，味噌，醋，酱油，生丝，织物，韩涂，梅渍
陆中国	2 电	盛冈站	6207	28978	6	21	14	米，麦，黄豆，红豆，萝卜
陆前国	2 电	仙台	12151	55151	12	110	8	
羽后国	2 电	秋田	7309	31174	6	64	19	酒，真锦，绢，铁，铜器，木材
羽前国	2 电	山形	4170	21828	7	81	18	米，黄豆，麦
	2 电	米泽	5422	29960	4	64	12	米，黄豆
岩代国	2 电	福岛町	1889	7825	0	15	1	米，麦
	3	若松	4997	22502	4	82	6	轮筛，梳，锯，铜器，雨衣，尺度秤，刨，木材，谷物，染色火柴，草席，剥胡桃，陶器，棉花，挂面，灯油，棉麻织物，蜡烛，烟筒，漆器，烟草，金箔，泥金画，造酒
常陆国	2 电	上市	2039	8334	4	0	6	（水户由台地上的上市与台地下的下市构成）
	2	下市	1837	7560	2	0	0	
下野国	3 电	宇都宫町	3956	18536	5	17	2	米，麦，黄豆
上野国	2 电	前桥町	4022	16868	6	14	5	牛奶，鲤，鲇
下总国	2 电	千叶町	1295	6751	6	16	4	米，麦，鱼类，贝类（包括寒川村）
		铫子	3968	18318	0	13	3	米，麦，杂粮，鱼类，鲣节，酱油，味噌，醋，干酱，甘薯
武藏国	2 电	浦和宿	778	3407	4	1	3	米，麦，杂粮，柴，蔬菜，木材
	2 电	熊谷站	1776	7878	3	6	1	米

国名	邮便局等	都市	户数	人口	官厅	寺院	学校	物产（附注）
	电	曲町区	7369	24889	53	3	54	（东京 15 区）
		神田区	21207	79696	9	0	96	
	电	日本桥区	21734	70892	8	1	106	
	电	京桥区	20456	70742	13	56	74	
	电	芝区	14757	58864	19	191	104	
		麻布区	9281	21008	4	95	36	
	电	赤坂区	4722	19353	9	31	29	
		四谷区	4829	16539	2	55	19	
		牛込区	7519	25835	9	93	56	
		小石川区	7114	25642	6	92	40	
	电	本乡区	11426	37656	3	71	51	
		下谷区	13256	43976	6	106	71	
	电	浅草区	26208	84519	8	306	88	
		本所区	14531	43952	9	48	63	
		深川区	14980	47323	10	87	37	
		横浜	11414	41556	6	3	9	米，麦
越后国	1 电	新潟区	10249	37076	6	49	7	鲑，八目鳗，鲷，鳐，芜青
越中国	2 电	富山町	10039	42895	5	105	10	制药，香鱼，干香鱼
加贺国	2 电	金泽区	24531	107979	8	265	25	陶器，瓦釜锅，靴，铜器，合药，草帽
越前国	3 电	福井站	9754	41190	4	149	20	奉书绸
甲斐国	2 电	甲府	4594	18394	11	26	9	
信浓国	2 电	长野町	2417	8330	4	48	1	
	3	松本	3667	14502	3	12	3	干面，挂面，日式短袜，竹笼
美浓国	2 电	岐阜町	3039	13960	4	54	7	绉绸，灯笼，伞，团扇，醋，筏，鮠，铁器，刀具，鲇，粕渍，竹肠
骏河国	2 电	静冈	7582	39921	6	56	19	茶，酒，酱油，鱼干
尾张国	1 电	名古屋	36065	114898	8	259	31	米，黄豆，麦，黍，粟，腐竹，杂谷，
伊势国	2 电	津町	2606	10590	3	11	3	蔬菜
近江国	2 电	大津市街	4853	18099	8	61	8	算盘，缝衣针，近江芜青
山城国	1	上京区	28104	106763	7	362	36	生丝，鸭川木棉，西阵织，箔类，乐器，墨，笔，板刷，香炉，旗，脂粉，各药品，ニーケル，シカー（发束），ルレトルト，ビルトリューム，绵糖醋，西洋绢纸，和纸，血红，玻璃，マンカン，和式与西式衣料，硝石，靴，帽，碳酸・泉水

国名	邮便局等	都市	户数	人口	官厅	寺院	学校	物产（附注）
	电	下京区	34809	127769	2	468	32	
摄津国	14电	东区	20967	64802	9	64	25	
	5电	南区	27783	84705	5	34	14	
		北区	17070	51539	8	38	20	
	电	西区	26502	86938	11	38	25	
	15电	神户区	19297	47434	16	47	15	米，麦，甘薯，牛肉，面包，鱼，马铃薯
大和国	2	奈良	5568	22695	3	86	8	米，麦，绵，茶，材木，柴
纪伊国	2电	和歌山区	17825	60492	13	83	19	法兰绒，日式短袜，纹羽织，木棉，靴，滑革
因幡国	2	鸟取	9207	38503	16	39	12	条纹木棉，镰刀，锄头，豆，黄瓜，茄子，南瓜，牛蒡，米，麦，蓼蓝
出云国	2电	松江	8710	37611	7	44	20	白鱼，鳗鱼，鲈鱼，胡萝卜，弹棉花，弓弦
备前国	2电	冈山区	8961	32383	7	65	8	
安芸国	2电	广岛区	19671	76848	5	128	17	米，麦，杂谷，蔬菜
周防国	2	山口町	2887	9265	3	13	5	
长门国	3	萩	4558	18159	1	41	8	米，麦，萝卜，莲藕，旱稻
阿波国	2电	德岛	9686	36507	4	37	9	染地，毛绵，白木绵，白苏油，胡麻油，蓼蓝染料，菜籽油
讃岐国	2电	高松	12374	44029	3	59	20	米，麦，萝卜，酒，蔬菜，酱油，鲱子，伞，纸，砂糖，瓦
伊予国	2电	松山市街	7606	27456	2	55	8	织布，挂面
土佐国	2电	高知	8695	31199	6	4	7	米麦
筑前国	2电	福冈	4566	21579	5	38	10	鲷，鲈，鱵，章鱼，鰆，海鸡鱼，鲱鱼
	3	博多	4808	24133	0	45	7	
肥前国	2电	佐贺	3229	15048	0	21	4	
	1电	长崎区	6690	32876	15	20	14	
肥后国	2电	熊本	13568	41163	4	145	10	
丰后国	2电	大分町	1593	6844	8	19	4	米，糯，大麦，小麦，粟，蔬菜
日向国	2电	宫崎	308	1409	15	3	0	
	3	都城	1270	5176	3	0	3	米，杂谷，茶，番薯，梅干，萝卜，西瓜
萨摩国	2电	鹿儿岛	5267	20171	0	3	2	
琉球国		那霸	4303	14905	8	5	4	猪，烟草，漆器，蔬菜，海鱼，盐
		首里	4983	22542	10	14	15	野羊，猪，烧酒，野菜，番薯

比如表上显示的宫崎，只有 308 户，1409 人。其实联系到后文宫崎一章中介绍的内容，宫崎被选为县都主要是因为其地理位置，恰好位于美美津县与都城县两县交界的大淀川。作为从明治时期开始发展形成的县都，宫崎其实蕴藏着更多有趣且独特的城市故事。另外，众所周知的历史事实也能通过列表中的数字反映出来。比如萨摩**藩**、水户藩与高知藩是**废佛毁释**最激进的地区，其中水户、高知、鹿儿岛、都城等城市在寺院统计这一栏，就呈现出数量极少的特征。

另外需加以说明的，表 1 中“某某区”是基于 1878 年《郡区町村编制法》，对大城市的分区。东京、大阪、京都规模较大，因此内设多个分区。其他城市通常只设 1 个区。也就是说，当时被称为某某区的地方都是大城市。由北向南大致有函馆、新潟、金泽、和歌山、神户、广岛与长崎等。

总而言之，在正式走访前，根据史料重新梳理和认识各城市的近代化起点，十分重要。相关史料包括《共武政表》《市史》（下文会介绍），以及近代测绘的历史地图等。

以上准备妥当，便可出发了！

到达当地后的第一件事，必须参观这座城市的“博物馆”，以县都为对象的地方博物馆包括：山形县立博物馆、江户东京博物馆、横滨开港资料馆、新潟市历史博物馆、名古屋市博物馆、滋贺县立琵琶湖博物馆、福冈市博物馆、长崎历史文化博物馆等。这几年充实了历史内容的博物馆越来越多。这些常设展览、包括一些特展的展会手册，常常具备参考价值。

此外还有以**战灾复兴**为主题的纪念馆，如：仙台市战灾复兴纪念馆、东京都复兴纪念馆、横滨都市发展纪念馆等。

对源于城下町的城市，如富山城、岐阜城、名古屋城、大阪城、和歌山城、松江城、冈山城、广岛城、松山城、高知城、熊本城等，在天守及其周边设施内常常设有历史展览。展览规模大小不等，但有意思的是，往往从积极的角度诠释城下町的形成史。虽然从建筑本身来看，其中不乏一些用混凝土复原、令人避而远之的假古董，但无论从走访博物馆设施的角度，还是理解城堡选址的角度，都值得一去。

必要时，还需借助《市史》、乡土史等相关地方史文献。建议到市立图书馆或县立图书馆的乡土资料分馆查找资料。这样一来，从城市的基础数据、存在问题等，到迄今的城市变迁与形成，都有了较好的掌握。

地方史文献中，必须通读的部分是《市史》或《战灾复兴志》中城市建设相关章节。这样就能掌握正史表述的城市建设思路。在此需要向致力编撰记录的地方史研究者与行政领导致敬。只是，不少《市史》常以政治史和经济史为关注点，对城市实体空间的建设不太关注。《市史》的编撰时间越早，这一特点越突出。同样，对平民生活史的关注，也存在不足。

深入阅读《市史》，还可以察觉一个特征，即昭和后期、战灾复兴之后的内容往往偏离了城市中心。这是因为城市在二战后不断蔓延与扩张，郊区往往取代了市中心成为建设重点。直到最近，人们才重新关注城市中心，但这部分内容还没有被《市史》收录。

另外，《市史》通常以文献资料为中心，城市设施的选址位置等地理信息缺失的情况也不少见。

《图说》或《写真帖》类书籍会是很好的补充材料。这类书籍以地图、绘图与老照片为主体，往往从平民生活、土地和建筑物展开历史描述，为本书尝试描绘的城市故事提供了强有力的材料支撑。需向致力整理和出版这些珍贵资料的出版社、历史学家、地方非营利组织等表达感谢之情。表 2 与表 3 大致罗列了可用的图集与照片集，更全面的清单可参考卷末按城市罗列的参考文献。

（3）研读地图与老照片

表 2 和表 3 罗列出版物中的县都绘图、地图和老照片等材料，不仅能使我们更加具象地认知城市或地区发展过程，还可以概括出城市空间的主体结构，读取城市变迁的故事。

比如本书各章开头，常常出现 1/20000 的“国土基本图”。作为近代绘制的第一批地形图，往往揭示出相应城市近代化初始时期的样貌。

国土基本图包括以下三种：关东平原是 1880 ～ 1886 年间陆军参谋本部测量课迅速测量的 1/20000 测绘图（通称迅速图）；京阪神地区是 1884 ～ 1890 年间

表 2　　县都绘图、古地图与老照片相关的主要出版物

『札幌文库附册札幌历史地图「明治篇」』札幌市教育委员会编，北海道报社，1978.
『札幌文库附册札幌历史地图「大正篇」』札幌市教育委员会编，北海道报社，1980.
『地图中的札幌——读解街的历史』堀淳一，亚瑠西社，2012.
『秋田市历史地图』渡部景一编著，无明舍出版，1984.
『昔日的宇都宫』塙静夫・石川健解说，随想舍，1997.
『绘图所述的新潟——开馆 5 周年事业・新潟开港 140 周年纪念特别展』新潟市历史博物馆编，2008.
『富山探险指南』富山因特网市民塾推进协会编，桂书房，2014.
『走在企画展街道上——近世富山町与北陆道』富山市乡土博物馆，2001.
『通过照片与地图阅读金泽的今昔』田中喜男主编，国书刊行会，1991.
『通过古地图欣赏金泽』本康宏史编，风媒社，2017.
『福井城下町名指南』历史可读城镇建造协会，2001.
『城市ミュ旅游指南』丛书（甲府市），连结非营利组织ミュ友会．ほんほん堂，2007.
『江户时期名古屋地图集』沟口常俊编，名古屋市总务局，1998.
『通过古地图欣赏名古屋的今昔』沟口常俊编，风媒社，2014.
『明治・大正・昭和 借助地图漫步名古屋』沟口常俊主编，风媒社，2015.
『一本通过古地图漫步名古屋的书』罗姆国际编，河出书房新社，2016.
『周游京都古地图』伊东宗裕，京都创文社，2011.
『京都市史地图编』京都市役所编，1947.
『京都历史地图集』足利健亮编，中央公论社，1994.
『从地图阅读京都的历史』京都市史编纂委员会编，1976.
『大阪古地图物语』原田伴彦・矢守一彦・矢内昭，每日新闻社，1980.
『从古地图看神户——昔日风景与地名漫步』大国正美神户新闻综合出版中心，2013.
『通过绘图漫步冈山城下町』冈山大学附属图书馆编，吉备人出版，2009.
『广岛城下町绘图集成』广岛市立中央图书馆，1990.
『图鉴德岛城下町绘图』德岛市立德岛城博物馆，2000.
『通过漫步香川的历史』井上正夫，2008.
『被描绘的高知市——高知市史绘图地图编』高知市史编纂委员会绘图地图部会编，2012.
『图鉴高知市史考古 - 幕末・维新编』高知市文化振兴事业团编，1989.
『古地图中的福冈・博多』宫崎克则・福冈存档研究会编，海鸟社，2005.
『御城下绘图所见的佐贺城镇』久我秀树・富田纮次摄影，锅岛报效会，2009.
『御城下绘图读解』锅岛报效会，2010.
『复原！江户时代的长崎』布袋厚，长崎文献社，2009.
『出岛图——其景观与变迁』长崎市出岛史迹整备审议会编，1987.
『熊本都市形成史图集』吉丸良治主编，熊本市都市政策研究所编，2014.
『从地图看宫崎市街成立史』田代学，江迹庵，1996.
『鹿儿岛城下绘图漫步——邂逅新发现』盐满郁夫・友野春久编，高城书房，2004.
『从鹿儿岛文库 30 枚古地图看鹿儿岛的城镇』丰增哲雄，春苑堂出版，1996.
『目睹○○市的 100 年』丛书，乡土出版社出版
『故乡回忆写真集明治・大正・昭和○○』丛书，国书刊行会

表 3　　县都相关的主要图解

『图说盛冈四百年（全 3 卷）吉田义召・及川和哉编，乡土文化研究会，1983 ～ 1992.
『图说久保田城下町的历史』渡部景一，无明舍出版，1983.
『图说秋田市历史』秋田市编，2005.
『图说山形的历史与文化』山形市教育委员会，2004.
『图说福岛市史』福岛市教育委员会，1978.
『图说・前桥历史』近藤义雄，あかぎ出版，1986.
『图说浦和的发展』浦和市总务部行政资料室编，1993.
『通过图画阅读千叶市图志』千叶市史编纂委员会，1993.
『目睹千代田区史』千代田区立四番町历史民俗资料馆编，1993.
『图说横浜的历史——市政 100 周年开港 130 周年』「图说・横浜的历史」编集委员会编，横浜市市民局市民情报室宣传中心，1989.
『港町・横浜的都市形成史』横浜市企画调整局编，1981.
『目睹「都市横浜」的发展』横浜市都市发展纪念馆，2003.
『横浜地图』岩壁义光编，有邻堂，1989.
『图说新潟市史』新潟市总务部市史编辑室编，1989.
『图说金沢历史』东四柳史明等编，金沢市，2013.
『图说大津历史』（全 2 卷）大津市历史博物馆市史编辑室编，1999.
『图说广岛市史』广岛市公文书馆编，1989.
『图说广岛市历史』土井作治，主编，乡土出版社，2001.
『熊本市制 100 周年纪念图说熊本・わが街』熊本日日新闻社，1988.
『图说长崎历史散步——大航海时代开辟的国际都市』原田博二，河出书房新社，1999.
『图说○○的历史』丛书，乡土出版社

临时测绘的 1/20000 地形图（即临时图）；全国范围是 1885 ～ 1912 年间使用“三角测量法”测绘的正式 1/20000 地形图（即正式图）。迅速图与临时图逐渐替换为正式图（本书因编辑需要往往对图进行缩放裁剪，比例不同于原图），没有正式图的城市则用后期补测的 1/50000 图。

这些追溯至明治中期的历史地图，可以帮助我们了解工业革命前的城市面貌，进而察觉江户时期以后也没怎么发生变化的地方。除了街区规模、道路网络、公共设施选址等，我们还可从等高线等信息推测城市建设前的基础地形、河道改道前的位置等。

历史地图还明确描绘了自古形成的干线道路，帮助我们了解哪些道路是支撑城市运转的固有脉络。其中一些旧干线往往因后期的道路桥梁拓宽，变得不太显眼。而回溯过去，可以揭示它们曾经的地位。这样一来，在看似寻常的道路上，往往会有一些有趣的发现。

一般来说，地图不会区分历史街区与新开发地区。只拿当前制作的城市地图，很难察觉城市的基本结构。如果对照不同时期的历史地图，也能够相对容易看出城市的变化。

上述要点，同样适用于老照片与明信片的研读。另外，还有市面上越来越多的历史地图导览，可以参考。

当然，历史地图存在一定局限性。它们可以反映城市空间的实体变化，但不反映城市中心的迁移。地图上看不到人的活动，也看不到人活动的场所，而照片恰好擅长捕捉和反映这些内容。所以，我们常常通过老照片来观察与城市生活相关的变化，包括闹市街区、节庆祭典、道路景观，等等。

（4）从地名入手

日本城市地名中有不少暗示中心的惯用称呼。现有地名中有直接表述中心含义的“本町”（新潟、东京、名古屋、高知）；因传马会所得名的“传马町”（名古屋）；贩卖**近世**最高级商品吴服的“吴服町”（福冈、佐贺）等。旧地名中有通往京都要道上的“京町”（大津、大阪、和歌山、冈山、熊本）；城下町中表示城郭中心的名称，较早的有“内山下”（冈山、鸟取、松江），也有“郭中”（高知）和“郭内”（鸟取）等；以及港町中带有“浜”字的地名（青森、横滨、福井、大津、长崎）。

另外还有“古町”（新潟、高知、松山、熊本）和“内町”（秋田、岐阜、高松、长崎），以及“表町”（冈山）和“本通七町”（福岛）等。大多数有内町的城市，还有相对的“外町”或“新町”。通过这些地名，我们也能一窥城市形成的过程。

其他还有表示城市一分为二的地名，比如上町与下町（水户、鹿儿岛），内町与外町（秋田、长崎），上构与下构（鸟取），上通与下通（熊本），桥北与桥南（松江），河北与河南（盛冈），江北与江南（宫崎），川内与川外（鹿儿岛）。也有三分的，例如桥北、桥内与桥南（津），上町、郭中与下町（高知）。

以地名为线索，观察其与地形的对应关系，往往就可推测建城当时的设想。仅这一点，就很振奋人心。

6. 解读城市的“骨相”

接下来进入正题，城市故事究竟指的是什么？特别是作为基础的城市“骨相”是什么？这些都与解读日本城市的个性有关。

“骨相”一词是将城市拟人化的比喻。探寻城市骨相，意味着目标不是浮于表面可见的皮相，而是支撑骨骼结构的根本特征。也就是说，解读城市故事时，不是从一个个的建筑物，而是从城市赖以成立的地形、应对地形发展的城市结构等基础问题出发。因此，往往会从一个重要问题切入：为何选择此地建城？

一般提及城市选址，往往会从防御或交通要冲、靠近水源或安全之地、地势平坦便于开发，以及易与周边城市形成网络等方面剖析。

这些一般通用的解释自然在理。只是进入某座具体城市时，我们就不再满足于这种通用答案。通过认真走访考察，往往可以发现许多不能归纳为一般解释、十分独特且多样化的原因。发现独特之处，才是城市故事真正的趣味所在。

就县都中数量最多的城下町来说，其选址很难用“从山城型的战国城下町演变为平城型的近世城下町”，或者“防御城市到贸易城市”这类简单论述概括。

近世初期，城下町的筑城选址就很多样。选舌状台地尖端处筑城的最多，包括秋田、仙台、水户、东京、金泽、名古屋、大阪、和歌山、鸟取、松江、福冈、熊本等。此外还有选址山麓（岐阜、鹿儿岛），选址独立丘陵（盛冈、松山、高知），选址河背平原（福岛、前桥、富山、冈山），选址大河口（广岛、德岛），海边选址（高松、大分），以及选址平地（宇都宫、福井、佐贺），等等。

如此多样的城下町选址，估计与日本狭长且起伏显著的地形特征有关。

但地形不是城市选址的唯一原因，比如千叶县县厅选址，正好位于合并前的印旛县与木更津县的地理中心，也体现了城市建设中地缘政治的考虑。此前提到的宫崎亦是如此。

另外，如果进一步落实到具体的选址操作，很多看似普通的操作，与周边地形的关系、与现状城市和聚落的关系、公共设施用地保障等，都可能成为城市选址的最关键理由。

7. 思考城市的整体构想

一座城市是朝着怎样的愿景建设起来的？回答这个问题，对于理解规划城市占多数的日本来说，显得十分重要。

（1）城下町

首先以源于城下町的城市为例。德岛与广岛都是16世纪末建于大河口的城下町，均由多座沙洲构成，却有着截然不同的结构。德岛各沙洲的道路系统独立，城市不具有整体性；广岛在整体层面上拥有系统的道路结构，不被独立的沙洲所限制。

类似的还有平城型城下町起源的城市。比如山形多用T字或错位相交方式组织道路，因此城市整体较为封闭；但名古屋或静冈的**町家**区域则呈现严整的网格状路网，城市整体开放性很强。

相似地形、相似起因的城市，产生了如此明显结构性差异，只能说建城初始就存在着根本的构想差异。

而这种构想差异，不仅存在于城市建设的初始阶段，也可见于城市的近代化进程。

比如城下町时期形态十分相似的山形与米泽，从火车站选址开始，呈现出截然不同的发展态势。米泽将车站设在城市东端，而山形则因铁路沿内城壕通过，将车站设在城堡与东侧绵延的**武家地**和町人地之间。车站选址差异，从某种程度上取决于铁路布线的技术方案，同时也反映出两座城市在构建近代化过程中的思路差异。

想来也没什么人会在访问米泽与山形这两座城市时，思考这样一个问题：如果当时车站建设在不同位置，现在的城市会是什么样貌？但是，恐怕也不会有人反对，车站选址从某种程度上决定了此后城市的近代化路径。

（2）港町

由港町发展而来的县都，青森、横滨、新潟、神户、长崎等，也是如此。城市之间的差异，不仅源于湾、滨、河口等不同的地形选址，还有建设构想层面的显著区别。

比较同为江户时期形成的港町——青森与新潟。两座城市都由平行于水岸的复数主干道贯通，城市结构中最关键部分是神社，青森是善知鸟神社，新潟是白山神社。显然两座城市都是在通往神社的**参道**上发展起来的。但仔细观察，新潟的主要道路一侧往往并设运河，宛若东方阿姆斯特丹，而青森的城市整体则直面海岸。可见近世的新潟，设想建造一个向内延伸的港口；而青森，则设想建造一个向外扩张的港口。

遗憾的是，无论新潟的运河，还是青森的海岸，都在城市发展过程中被填埋了。但现在无法实地感受，不代表没有意义。没有过去的城市构想，也没有现在所见的城市。对业已成为现代大都市的新潟与青森来说，重新发现这些作为城市起源的重要构想，在城市再生中赋予其现代意义，将有利于创造城市更加美好的未来。

同样，还有幕府末期开港的横滨与神户，共通的城市愿景导致了不少相似之处，但差异更显著。比如开港城市最典型的构成部分——外国人**居留地**。

横滨的规划构想是以“日本大通”为界、区分外国人居留地与日本人居住地；而神户只规划建设了外国人居留地。

估计是神户附近已有兵库津这座古老的港町，所以才可能选择不同于横滨的规划模式。另外，也可以从神户较横滨填海造地相对困难的角度理解这种差异。

横滨的规划很有象征性，在海港与日本大通的交界处，建设了**运上所**（之后的海关）。而神户的中轴线“京町筋”虽也通往海港，却没有在道路尽头建设任何标志性建筑。

而另一座地形条件完全不同的开港城市——函馆，却选择了与横滨极其相似的建设方式，在城市核心轴“基坂”近海港一端道路尽头建设了海关，反映了十分相似的城市构想。

港口城市中还有长崎。自古以来便是日本与世界联系的窗口，可以通过阅读城市看到它从很小的港口集市自然生长、进而扩张的过程。这与之前提到的横滨、神户、函馆这类开港城市，又不太一样。

（3）近代城市

县都中不受过往历史的束缚，纯粹在近代以后规划建设的城市，只有札幌与宫崎。但这两座城市其实不太一样，甚至路径相反。

札幌是整体规划后建成的网格城市，参考了日本古代都城、近世城下町与美国西部城市；相对而言，宫崎则始于局部，是从县厅舍一带逐渐发展而成。

当然，如果现在走访宫崎，宽阔的主干道和十字路口，往往给人一种整体规划建成的错觉。需要仔细观察，才能发现隐藏在主干道背后，狭窄且朝向略有错位的旧有道路结构。这才是宫崎的本来面貌。

需要注意的是，这样的情况十分普遍。后期建设往往导致城市面貌发生变化，原有的城市构想就变得难以发现。这也是为什么一再强调历史地图的重要性。

8. 从城市面临的问题切入思考

这是另一条帮助我们阅读城市故事的线索。为理解城市在不同时期的发展，需要回到那个时期，考虑城市曾面临的问题与发展目标。

（1）河流改道

首先是最为人熟知的城下町。在建设时，往往根据防卫或贸易需求，对河流进行改造。案例不胜枚举：盛冈的北上川、秋田的旭川、水户的樱川、东京的利根川、富山的神通川、福井的足羽川、大阪的淀川与大和川、和歌山的市堀川、冈山的旭川、鸟取的袋川、佐贺的嘉濑川、熊本的白川和鹿儿岛的甲突川。城下町以外，还有札幌的创成川、新潟的信浓川、长野的裾花川、京都的鸭川和神户的生田川与凑川等。

当我们意识到这些一见之下很“自然”的河流，其实是过去大型土木工程的产物时，看待城市的眼光也会发生变化。

城下町从早期军事城市向商业城市转变的这一特征，也会引发河流的改造。

当然肯定还有其他问题，这些问题的发现需要继续向前追溯。

（2）确保公共设施用地

这是城市近代化过程中需要面对的重要问题，也是理解明治初期城市发展的切入点。

明治**废藩置县**之后，各县开始建设近代化的城市公共设施。先是县厅舍，随后是师范学校（1872）、中学、府县法院（1875，后称初审法院、地方法院）、邮政役所（1871 年始，后称邮局，中央邮局位置很重要）、郡役所（1878 年始）、集治监·监狱（1879 年始）、警察署和消防署等。如何确保相应的建设用地，成为当时城市发展的关键问题。同时，还有建筑风格问题，这些公共设施是新时代的象征。其中县厅舍选址和建设更是重中之重，直接关联并体现统治方式的革新。

从城下町发展而来的城市，相对容易解决公共设施用地问题。因为在新政府建立过程中，能直接收用旧政府的武家地。这些旧武家地，不仅规模很大，而且往往位于城市中心，适合转作公共设施用地。

那么不是从城下町发展而来的城市呢？那些由港町、宿场町、**门前町**等发展而来的城市，没有可直接收转用途的旧武家地，又如何应对这一问题？倘若仔细观察这类城市，如青森、千叶、浦和、新潟、长野和岐阜等，不难发现正是由于旧城区内没有用地保障，所以近代公共设施大多选址旧城区边缘。

随着城市发展，这些原有的边缘地带都不再是边缘，实地走访无法察觉，需要通过阅读明治时期的地图才能了解当时情况。从这个角度，也可见手边常备历史地图的重要性。

除了上述公共设施，地方银行总行或日本银行的分行、百货商店或公会堂、港町的海关、明治初期产业发展相关的博物馆或博览会场、城址公园或中央公园，也都是城市故事中会登场的重要角色，而且它们往往是雄伟的西式建筑。近代的设施，还是需要有与之相应的近代建筑风格吧。

（3）铁路布线

在诸多近代化设施中，火车站选址对城市发展往往有着重要影响。如果仔细探究每座城市是如何接入铁路又在何处布置车站，大概就能参透这座城市的近代化战略。只是车站往往随时代变迁而重建或迁移，这点需要引起注意。

不同于西方城市，日本大部分城市从一开始就没有选择建设终点型车站，而是适合铁路线延伸的通过型车站。当然，即便一开始就有延长线路的设想，许多火车站还是先以终点站的面貌出现。

不同于电车时代，蒸汽机车时代的火车站，往往还需较大的场地布置供煤台、煤库、调车场和给水塔等设施。同时，为了完成车厢拼接、车辆停放与清洗、火车头停放等工作，还需在附近地区设置停车场和卸货处。再加上铁轨铺设必要的坡度与转弯半径，也会使车站建设需要大量用地。因此，火车站不太可能选在需要推倒大片房屋的城市中心。

如此一来，铁路往往从城市边缘通过。车站正面建设与旧市中心相连的站前大道，背面则安排站台线路等设施。虽然前文提到日本城市大多是规划建设的，但车站周边往往不是这样，很难说一开始就有很强的规划性。站前区域的规划建设，要到二战以后城市复兴的时候，才得以展开。但有一点需要注意，这个时期车站背面布置辅助设施的较大场地，为此后的区域开发预留了余地。

当然，日本也不是没有在中心建设中央车站的城市。县都城市中就有山形、东京、甲府、福井、神户、德岛等案例。这些城市几乎都是起源于城下町，填埋护城河后铺设铁路，然后在空置旧武家地上建造车站。只有港町神户不是。神户现在的三宫站并非第一代中央车站所在位置。

（4）由线到面的市区拓展

像浦和这样沿古道两侧形成的线形城市，发展到明治初期，往往形成沿街町屋鳞次栉比的样貌。以步行为主的道路幅宽较窄，两侧又遍布町家，沿街几乎没有加设近代设施的余地。新的公共设施势必选址主干道背面，也就是道路两侧。可见，如何完成由线到面的发展，是宿场町这类线形城市在近代初期面临的主要问题。有了这样的视角，再来阅读浦和这座城市，就能很好地看到沿着一条中山道、通过道路背面不断组织和拓展城市的故事。

由线及面拓展市区，这样的情况也出现在从门前町发展而来的长野。但与浦和不同，长野拥有善光寺这座核心点，城市结构整体建立在与寺院的距离关系之上。这与宿场町所包含的本阵等标志性建筑，性质不同。因此长野也面临别的发展问题。

此外，还有旧有城市形态成为后续发展阻碍的问题。以城下町为例，城壕与护堤区分城市空间的方式往往阻碍了近代化发展，如何打开城市成为需要面对的主要问题。当然，像札幌这样的网格城市，则要面临如何提高城市中心性的问题。

（5）军用设施选址及其发展

军用设施对城市主体结构形成的影响、二战后旧有军事用地的功能用途转换，是考察“军都”城市的基本视角。

二战期间，日本本土部署了 14 个师团（表 4），占据了仙台、名古屋、大阪、金泽、广岛和熊本等城市中心大量用地。这些军事用地，在二战后转为公园与行政建筑用地。战争期间城市中心土地使用的限制，为二战后大规模的城市改造提供可能。祸兮福所倚，也挺讽刺。

一个师团约有 12000 名士兵，常规来说半数常驻所在城市，形成巨大的消费

表 4　　战前主要军用设施（内地 14 师团）

第一师团：东京（旧东京镇台）
第二师团：仙台（旧仙台镇台）
第三师团：名古屋（旧名古屋镇台）
第四师团：大阪（旧大阪镇台）
第五师团：广岛（旧广岛镇台）
第六师团：熊本（旧镇西镇台，后来的熊本镇台）
第七师团：旭川
第八师团：弘前
第九师团：金泽
第十师团：姬路
第十一师团：善通寺
第十二师团：小仓→久留米
第十四师团：宇都宫
第十六师团：京都

注：第十三师团、第十五师团、第十七师团、第十八师团于 1925 年废除。

组织。这对城市发展也产生重大影响。

（6）多中心的处理

归纳日本城市的多中心形成原因，有以下几种不同的情况。第一种是如福冈与博多，两个历史城市组成一个城市的情况。县都中，类似的还有古府中与甲斐府中（甲府）、岐阜与加纳、大津与膳所、神户与兵库津、**中世**山口与近世山口、松山与道后等。如何平衡二者、如何在区分的同时加以连接等，都是这些城市不可避免的问题。不同城市两个中心的权力关系也不尽相同，因此形成的城市也多种多样。第二种是拆毁中世城下町或**寺内町**、重新建造近世城下町的情况，比如名古屋、金泽、福井、大阪、大分等。第三种是城市扩张过程中形成了上市与下市两个中心的情况，比如水户。其他还有更复杂的情况，比如熊本、鹿儿岛等这类由中世城郭逐渐转移、扩大，进而形成近世城下町的案例，其中故事更不容错过。

另外还有内陆城市与外港融合的情况。弘前与青森、秋田与土崎港、仙台与盐灶、水户与那珂湊、长冈与新潟、名古屋与热田湊、福井与三国湊、和歌山与加太、松山与三津滨、熊本与川尻。举不胜举，内容丰富。

（7）其他城市问题

除了上述问题，城市发展还会遇到其他更广泛的挑战。诸如实际运作中会出现的，如何接续区域交通、开凿水运、保护城市免受灾害、确保饮用水等问题；或是宗教层面会出现的，如何设置祈祷空间、构建通向圣山的信仰轴线等问题；还有政治层面的，如何通过天守与县厅舍这类建筑塑造统治象征、如何构建周边大城市的地缘关系等问题。总而言之，正是这些不尽相同的城市问题，引发各城市不同的对应方式，进而形成丰富多彩的城市故事。

9. 战争及战后复兴

相较于明治维新带来的政治变化、近代带来的基础设施变更等功能性变化，日本城市经历的最大变化应是二战及其后的复兴。回顾日本县都遭遇的主要空袭（表5），受灾情况令人黯然神伤。城市最大的敌人不就是战争吗？

表 5　　县都受灾重大的空袭一览

日期	都市	受灾面积(ha)	受灾户数	受灾人数	死亡人数	受伤人数	失踪人数
1944 年							
10.10	那霸	全市 90% 地区	11125		260	358	
1945 年							
3.10	东京	1320	268358	1000805	82790	41950	
3.12	名古屋		25734		519	734	
3.13/14	大阪	21.0	136107	501578	3987	8500	678
3.17	神户		236000	2598	8558	8560	
3.19	名古屋		39893		826	2728	
4.8	鹿儿岛		2593	12372	587	424	
4.15	东京	827	160539	547640		135	
4.20	东京	365	55151	224367	841	1620	
5.14	名古屋		21905		338	781	
5.17	名古屋		23695		511	1107	
5.24	东京	263	43446	224601	762	4130	
5.25	东京	632	157039	624277	3242	13706	
5.29	横浜		30000	323000	3787	12391	
6.1	大阪		65183	218682	3112	10095	877
6.5	神户			223033	3184	5824	
6.7	大阪		58165	199105	2759	6682	73
6.15	大阪		53112	176451	477	2385	67
6.17	鹿儿岛		11649	66134	2316	3500	
6.19/20	福冈	354.8	12693	60599	902		
6.19/20	静冈	590.5	30045	127119	1952		
6.26	大阪		10423	43339	681	983	63
6.29	冈山	759	25032	100579	1737	6026	
7.1/2	熊本	259	11000	43000	469	552	
7.4	高松	385	18913	86400	927	1034	186
7.4	德岛	462.0	16288	70295	900	2000	
7.4	高知	417.9	11912	40937	401	289	22
7.6/7	千叶	204.6	8489		1204(死亡与受伤人数)		
7.6/7	甲府	336.7	17920	78952	826	1244	42
7.9	和歌山	543.9	31137	113548	1208	1560	216
7.9	岐阜	499.9	20476	86197	863	520	

日期	都市	受灾面积(ha)	受灾户数	受灾人数	死亡人数	受伤人数	失踪人数
7.10	大阪	2.6	16488	65825	1394	1574	9
7.10	仙台	500	11933	57321	1066	1689	
7.12	宇都宫	320.5	9173	47976	521	1128	
7.16/17	大分	142.5	2488	10730	49	122	
7.19	福井	417	21992	85603	1576	6527	
7.24	大阪		893	3503	214	329	79
7.26/27	松山	316	14300	62200	251		8
7.27	鹿儿岛		1783	8905	4420	650	
7.28	青森	189.1	18045	70166	1767		
7.28/29	津	253.8	10294	40431	约 550		
7.31	鹿儿岛		3251	16541			
8.1	东京	99.6	5362	75216	225	221	
8.1	水户	440.3		50605	242	1293	
8.2	富山	484.3	24914	109592	2737	7900	
8.5	前桥	265	11460	60738	535	600	
8.6	广岛		69844	176987	78150	37425	13983*
8.9	长崎		18400		73884	74909	
7.1/8.10	熊本	363.9	11906	47598	617	1317	13
8.10/11/12	宫崎	204.6	4527	20860	26	17	
8.14	大阪		1843	2967	359	33	79

* 推测的当场死亡人数。
出处：主要参考《战灾复兴志（全10卷）》，建设省编，城市规划协会，1957–1967 年笔者统计，此外包括《广岛原爆战灾志》第 1 卷，广岛市役所篇，广岛市，1971 年；《广岛、长崎原爆灾害》，广岛市、长崎市原爆灾害志编集委员会编，岩波书店，1979 年；《中小都市空袭》，奥住喜重，三省堂，参照 1988 年等。统计数据根据报告不同通常存在差异。另外，东京、大阪、名古屋等大城市，除了上述外还另遭多次空袭。

日本首座遭遇空袭的城市是那霸（1944 年 10 月 10 日）。此后，盟军分三个阶段空袭日本本土。第一阶段是 1944 年 11 月 24 日至 1945 年 3 月 9 日以军事物资生产工厂为主要目标的精准轰炸期。第二阶段是从 1945 年 3 月 10 日的东京大空袭直到 1945 年 6 月 15 日，对大城市市区进行燃烧弹轰炸，即对大城市进行无差别空袭的时期，破坏了指定工业集中地区。第三阶段则从 1945 年 6 月 16 日直到日本战败，对中小城市进行燃烧弹轰炸。

如果日本在 1945 年 6 月中旬前投降，那么仅县都之中就有 27 座城市能够幸免。北起依次是青森、仙台、宇都宫、前桥、水户、千叶、甲府、长野、静冈、富山、福井、岐阜、和歌山、津、冈山、广岛、高松、德岛、松山、高知、福冈、佐贺、长崎、大分、熊本、宫崎和鹿儿岛。如果这些城市能像金泽、松江一样绵延历史，作为非战灾都市延续至今，那么日本将会成为一座拥有惊人历史的列岛。

二战时，幸免于战争或受灾情况轻微的县都共有16个，包括札幌、盛冈、秋田、山形、福岛、浦和、新潟、金泽、长野、京都、奈良、大津、鸟取、松江、山口和佐贺。北海道以及靠日本海一侧众多城市由于轰炸机线路设置与续航问题而免受空袭。

二战后，战灾复兴院指定115座城市为“战灾都市”（1946年10月，其中108座城市实施了战灾复兴规划，仅有7座城市没有实施）。县都中有31座“战灾复兴都市”，包括青森、盛冈、仙台、水户、宇都宫、前桥、东京、横滨、千叶、甲府、富山、福井、岐阜、静冈、名古屋、津、大阪、神户、和歌山、冈山、广岛、高松、德岛、松山、高知、福冈、长崎、熊本、大分、宫崎和鹿儿岛。那霸不属于战灾都市，没有列入。

这些城市在战后均制定战灾复兴规划，推进道路规划与**土地区划整理**。这些城市大多在这些整理实践中逐渐形成如今的市中心风貌。例如，现在多数城市的站前大道都是战灾复兴规划中修建的，包括仙台的青叶通、千叶的站前大通、甲府的平和通、富山的城址大道、福井的中央大通、岐阜的金华桥通、名古屋的樱通、和歌山的榉树大通、冈山的桃太郎大通、德岛的新町桥通、高知的电车通、大分的中央通、宫崎的高千穗通、鹿儿岛的那不勒斯（Napoli）通。有趣的是，各城市被命名为“平和通”的宽阔道路几乎都是在战灾复兴中建造的。

战灾复兴中建设了两条十字交叉干道的城市，包括仙台（东二番丁通与定禅寺通）、富山（城址大道与平和通）、福井（中央大通与凤凰通）、津（凤凰通与国道23号（伊势**街道**）、和歌山（榉树大通与中央通）、冈山（桃太郎大通与柳川筋）、广岛（平和大通与鲤城通）、大分（中央通与昭和通）等。

高知与宫崎虽在战前就已形成了十字形干道的空间结构，但目前的道路宽幅是通过战灾复兴规划拓宽后形成的。

也就是说，战灾复兴规划对各战灾都市当前的形态，起到至关重要的作用。我们现在熟悉的、由干线道路构成的城市风景，就是战灾复兴时期形成的。

根据1945年10月公布的《战灾复兴院·复原规划基本方针》，规划主要干线道路时，按城市规模指定道路宽度，中小城市为36米以上、大城市为50米以上，其他干道则分别为25米以上及36米以上。

另一方面，依据1919年颁布的旧版《都市计画法》，规划道路中幅员最宽阔的道路名为“广路”，宽度为24**间**（1间约为1.8米）以上，次一级是“一等大路第一类”，宽度为20间以上，接着分别是16间、12间、10间。从这些等级划分中可知，当时对高规格道路的需求。身处战败后的废墟与贫困中，想要恢复战前的面貌就已极其困难，规划却朝着更高一级目标制定。这恰恰体现了战灾复兴规划的意图不只是“复旧”。

10. 主要道路构想

明治以后，日本城市的主要道路经历了多次拓宽。最初，较宽敞的道路是4间宽的各古道，而现在多数城市的主干道都已拓宽至20间左右。道路拓宽的契机是大火及其后的复兴，包括青森（1872、1910）、山形（1894、1911）、福岛（1881）、水户（1886）、横滨（1866）、新潟（1955）、静冈（1940）等。

至于拓宽哪条道路、或拓宽到什么程度，也由当时的人们判断，所以时常会出现有些市民能够接受，而有些市民不能接受的情况。这里一定也隐藏着很多故事。

仅仅观察站前大道通向何处这一点，就十分有趣，从中可以读取规划者的意图。仙台、东京、冈山、松山、佐贺等城市的站前大道通往城堡或城址，鸟取、山口、千叶（旧称）、名古屋等城市的站前大道则通往县厅舍，秋田、静冈、富山、和歌山等城市的站前大道通往护城河边，高知、福冈等城市的站前大道则径直通向港口，山形、大津、津、山口、德岛、高知、宫崎等城市的站前大道与旧道路垂直相交。

全国各地制定战灾复兴规划修建站前大道，也就是不久前发生的事情。除了城市规划领域，这些让人觉得理所当然的风景，没有得到应有的评价。这些站前大道不仅承载着现代城市的功能，更是孕育如今的城市风景、讲述城市形成史的关键要素。

战争对城市的影响，不仅反映在战后，从战前规划中也可以看出。例如，为了防止空袭后火势蔓延、便于灭火而实施的**建筑疏散**，其所形成的空地往往成为后来的城市干道。

福岛所有主干道几乎都源于建筑疏散空地。青森的柳町通、名古屋的樱通、京都的五条与御池通、广岛的平和大通、德岛的新町桥通、松山的花园町通、长崎的樱町通等现代宽阔大道，同样是根据 1943 年修订后《防空法》划定的建筑疏散空地。

所以，即便是现代城市司空见惯的主干道，也蕴藏着形形色色的城市故事。

11. 多座城市比较

如果只盯着某一座城市看，很难充分拿捏其个性与特征。通过比较环境相似的多座城市，可以清晰地找到其间的区别。

日本有许多可以对比的城市，例如同为御三家的城下町水户、名古屋与和歌山，临近河口的城下町广岛与德岛，车站与城市关系相似的山形与米泽，幕府末期的开港城市横滨、神户与函馆，纯粹建于近代的札幌与宫崎，同样源于近世港町的青森与新潟。

县都之中也有许多可进行对比的有趣组合，均由**三岛通庸**县令改造的宇都宫、山形与福岛，选址两条河流之间的城下町津与高知，围绕平山型城堡铺展的城下町松山与熊本，多核城市大津、岐阜与福冈，水资源丰富的城下町福井、松江与佐贺，线形城市浦和与长野，网格城市札幌与仙台、静冈与名古屋，自发形成、没有定式的前桥、千叶与那霸等。组合越多，从中可挖掘的城市故事也就越多。

从区域角度看，可以组合比较四国地方的四座城下町县都，东北地方的五座城下町县都与一座港町县都。这些组合，即使只观察诞生于同一时期的城下町，其布局与形态等几乎全然不同。由此可见，日本城市没有个性的论调极其肤浅。

比较同为古代都城的奈良与京都，正因为京都设有“御所（皇宫）”，才得以在幕府末期迅速成为政治城市，汇聚众多大名宅邸。显著区别于佛教城市奈良在明治以后的发展。

京都城内的武家地星罗棋布，因此城市后来的公共设施同样分散各处。奈良可用于公共设施的用地只有兴福寺的旧寺院用地，所以目前城市公共设施仍集中于此。如今奈良面临酒店不足的问题，就是因为缺乏可以大规模转用的武家地。

12. 从具体线索思考城市故事

以上已从宏观角度列举了探索城市故事的步骤与方法。最后这部分主要介绍一些作为故事线索的空间细节。

（1）代表城市中心的里程元标与道路元标

一座城市的中心不只有一处，从不同视角观察，会发现不同的城市中心。例如，城市中的行政中心县厅舍与信仰中心社寺往往共存，**高札场**、**里程元标**、**道路元标**等道路网的中心点也可视作城市中心。

日本人较为熟知的是“高札场”。这是江户时代用于传达禁令或其他行政指令的场所，通常选址于桥头或十字路口这类人流聚集的场所。高札指的是场所内高高树立的告示板。因此设有高札场的路口，被称为札之辻（高札场的十字路口）。规模较大的城市，常有多处中心，因此往往设置多处高札场。

静冈的札之辻（静冈伊势丹角）、高松的常磐桥南（高松三越横）、东京的日本桥北（日本桥近三越处）等地，现在仍是城市中心。但这样的情况其实少见。随着时代发展，大部分城市中心从过去的高札场转移到其他地方，如大阪的高丽桥头、名古屋的本町与传马町十字路口、仙台的芭蕉之辻等。这些家喻户晓的高札场，如今已没有了往日的繁华。

到了明治时期，政府废除高札改设里程元标。1873 年 12 月 20 日，第 413 号太政官公告《里程元标树立》颁布，公告各府县厅所在地于“交通枢纽竖立木标，作为辖区范围内诸街道的原点”。里程元标成为府县道路网的基准点。

现在还有不少城市保留了当初设置的里程元标，只是大部分已从木制改为石制。例如，札幌的创成桥东桥头、福井的九十九桥北桥头（旧高札场）、奈良的饼饭殿（Mochiidono）商店街北口附近（旧高札场，现所在地稍稍变更）、冈山的京桥西桥头、高松的常磐桥南桥头（旧高札场）、熊本的京町台地西端入城处（旧高札场）、鹿儿岛县厅舍旧址的中央公园东北角。

1919 年 11 月 4 日，全国施行《道路法实施令》，规定各市町村"设置一处道路元标"（第 9 条第 1 点）。各府县在 1920 年到 1922 年期间，公告确定了道路元标的位置。1922 年 8 月 18 日颁布的第 20 号内务省令《道路元标相关》，进一步规定了道路元标的样式。现在很多城市还能看到当时按照规定样式树立的道路元标，都是高约 30 厘米的牌位造型小石柱（详见京都章照片 6、大分章照片 7）。

这样从县都开始，再到市町村，各级行政属地确定了道路基准点，即城市中心。道路元标的老照片很方便能在网络上搜到，但目前还没有一篇通过道路元标深入探讨城市中心的学术论文。这应当是一个十分有趣的题目。

就目前已知范围对各县都道路元标选址进行分类，设置在县厅前的数量最多（札幌、仙台、甲府、岐早、高知、松山、福冈、佐贺、长崎、熊本、大分、宫崎、鹿儿岛、那霸等），其次是町人地的商业中心区（秋田、山形、福岛、浦和、东京、新潟、富山、金泽、静冈、名古屋、奈良、高松等），还有选择桥头、十字路口等交通节点（宇都宫、福井、名古屋、京都、大阪、和歌山、神户、冈山、广岛、德岛、宫崎等）。另外比较特别的，还有选择寺庙前，比如青森的善知鸟神社前、长野的善光寺门前。

深入解读城市道路网的构成、道路元标所在位置的意义十分有趣。有的城市站在行政立场选择了具有象征性的县厅前，有的城市从民众视角选择了人流集中的场所。

当时选择旧城址和县厅前设立元标的城市多得有点出人意料。虽然实际上直到大正时代，日本人对于城市中心的感知，还是桥头这类人流滞留和物资流通的场所。此外，札之辻、里程元标、道路元标所在之处的相互关系，也是值得探讨的问题。

江户时期的高札场、明治时期的里程元标、大正时期的道路元标位于同一场所的城市，在县都中只有奈良一例。目前在原址附近恢复了三代路标（奈良章照片 6）。该场所曾是兴福寺领地与门前乡的交界处，是“圣”与“俗”的分界点。但在大正以后，奈良城市发生了翻天覆地的变化，这个地方也不再是奈良的城市中心了。城市变化真是令人难以捉摸。

以道路元标来分析城市的中心是一个富有吸引力的题目，但深入分析就超出了绪论范围，有机会再另行展开。

（2）拱廊街的故事

漫步日本城市会发现城市中心常常有全盖型拱廊街，这些拱廊街往往就是传统商业中心的位置。也有未架设全盖型拱廊的县都城市，如青森、山形、福岛、浦和、千叶、静冈、松江（旧有大桥商业街）等。另外也有架设了全盖型拱廊，但仅是次中心的城市，集中在东日本，如水户（宫下银座）、东京（浅草）、横滨（横滨桥）、名古屋（大须）等。

据说日本第一条全盖型拱廊街是福冈县北九州市小仓的鱼町银天街，建于 1951 年，历史并不久远。其他大多数拱廊街，是在 1962 年颁布的《商业街振兴组合法》支持下，通过国家补助架设的，目的是推进传统商业街的近代化。本意是在百货商店兴起的背景下，保护传统商业，于是产生了架设拱廊将商业街室内化的做法，以及相应的补助制度。

这种做法，某种程度显示出日本的独特性。虽然这些商业街，如今不再受欢迎，被叫作卷帘门商业街，但同样折射出日本城市的发展史。

实际行走于各地的拱廊街，还是会被其丰富的特征吸引。仅从商业街形态看，在常见的一字形单条商业街（以大阪心斋桥筋为代表）以外，还有 L 字形（津、冈山、松山）、Y 字形（德岛）、面状扩散的（岐阜柳濑、高松丸龟町周边）、蜿蜒蛇行的（前桥弁天通、神户元町与三宫周边、山口上市及下市、鹿儿岛天文馆通），等等。

深入探索这些拱廊街形态，能发现不少新故事。比如蜿蜒的拱廊街几乎都是在古道基础上建成的，不是突然出现，而是古道经历了战后“街道室内化”改造而来的。

仙台的大町通商业街，不仅与青叶通并行、从仙台站前径直通向旧城，同时又与大桥（奥州街道与广濑川的交汇点）直线相连，实际上是旧城下町的干线道路。

冈山的表町商业街，绵延不断的拱廊与热闹的氛围，使人切身感受旧西国街道的核心路段、城市不可动摇的中心地位。虽然被称为鸟城的旧城很重要，但作为城市形成核心的西国街道也一样重要。

广岛的本町商业街，十分狭长，也是旧西国街道基础上建设的。广岛的城市基础设施，因原子弹爆炸遭毁灭性破坏，战后在旧西国街道基础上建设的拱廊商业街，重现了旧时繁华，从某种程度上可以说是城市记忆引导战后复兴的案例。虽然是战后新建，但依然反映城市形成的故事。

西方国家也有类似的城市空间，称作 passage、galleria 等。其中大部分是在巨型建筑开放内部通道基础上形成的。而日本的拱廊街则完全相反，是从城市街道逐渐演变为室内空间的。虽然最终形成的空间性质类似，但生长过程与方向却截然不同。

虽然目前不少城市中往日繁华的拱廊街，因店铺的接连关闭，摇身一变为整条街都是卷帘门的萧瑟情形。但仍有许多城市的商业街充满活力，如札幌、仙台、大阪、广岛、高松、松山、高知、福冈、长崎、熊本、鹿儿岛、那霸等县都城市的拱廊街。这些县都大多人口规模超过七八十万人，商业繁荣本身有吸引周边地区客流的因素。但其中位于四国地区的城市，显然不属于这种情况，应可归功于四国地区重视城市中心建设的区域规划。除此之外，四国地区还有不少值得学习的地方。

长野的权堂拱廊街，乍看之下，会觉得不可思议。长野原本是一座门前町，城市主轴线顺着**表参道**（中央通）由南至北通向善光寺，但权堂拱廊街却从北向的表参道右拐，通向东边。

这是怎么回事？回顾一下历史就清楚了。权堂拱廊街向东的通道，正对**花街**（现权堂站周边）的入口。花街的繁盛，是商业兴旺、拱廊街形成的原因之一。类似的还有岐阜的柳濑与和歌山 Burakuricho 拱廊街。

那霸的拱廊街最为特殊。这条拱廊街从狭窄的道路转向宽阔道路的过程中，上下起伏、分叉蔓延，之后一直延伸到公营市场的内部空间，自然生长，如同迷宫一般，散发着亚洲独有的地方魅力。从打破固有形式、展现新式拱廊街的可能性这一点看，那霸的拱廊街存在许多值得深入思考的地方。

如此这般，战后诞生的拱廊街其实刻画了城市传统商业发展的故事。

（3）大事件的场所

城市故事的线索并不局限于物质层面。如果将城市视作事物的集合体，能获得更广阔的线索。其中最典型的就是城市祭典。

日本各地的祭典，形式多样。有祓除污秽与瘟疫的祭典，最典型的是起源于念佛舞的盆踊舞祭。也有祭祀祖先的祭典，比如起源于放逐睡意、使河流冲走慵懒之心的睡魔祭等。

进一步深入分析，则需借助民俗学。从挖掘城市故事的视角，可以看到不少有趣现象。例如每年一度神社祭典时，住在山上的神灵会造访人间，人们会抬着神轿在城市中巡游，就是通常所说的山鉾（屋台）巡行。这时的城市空间，成为祭典的舞台，观察非日常的空间活化，十分有趣。

特别是祭典进行到了高潮，城市整体成为一座剧场，道路转化为舞台。仔细观察，可以看到城市的广场空间与通廊空间如何被有效编排、进而营造出精彩的场面。同时，城市空间的改造，也往往会引起祭典形式的变化。城市空间根据事件展开演绎的观察视角，很能揭示一些深层的认识。

只是本书的重点还是城市的物理空间，对此不做深入展开，有待日后推进。

此外，还有日本天皇行幸、奥运会、亚运会、国民体育大会等非日常事件，对城市空间起到较大影响。明治天皇在1872～1885年间六次巡游全国，被称为“六大巡行”，很多城市以此为契机推进了近代化建设。1900 ～ 1912 年间，还是皇太子的大正天皇巡访全国各道府县（冲绳县除外），也极大推进了各地城市建设。

1915 年，因天皇赴京都举办大正大礼（大典）——大正天皇即位诸仪典的需要，修建了从皇宫通往东京站的行幸通、专设中央贵宾出入通道的东京站，开辟了京都站的站前地区，拓宽了从乌丸通到京都御所的道路。可以说，目前东京和京都城市中心的样貌，很大程度上来源于为举办大正大典进行的建设。

13. 本来具备多样性的“县”

本书列举读者较为熟悉的县都城市，意图传达“每座城市都有自己的故事”这一观点。但都道府县本来各不相同，所以“县都”也不能一概而论。

1871年7月14日明治政府颁布《废藩置县》诏书，划分日本国土为3府302县，由国家任命知县事（后称县令，1886年开始改称知事），革新了地方治理体系。此后反复合并废立，到1890年形成了稳定的47个都道府县。

由于反复调整，府县不断变化，县都（府都）也经历了反复变更。

例如，1881年分割岛根县、重新设立鸟取县。1883年分割石川县、设立富山县，分割长崎县、设立佐贺县，分割鹿儿岛县、重新设立宫崎县。1887年分割奈良县、重新设立大阪府。1888年分割爱媛县与德岛县、设立香川县。县域划分的频繁变更，反映出明治初期的政治动荡。此外，旧藩与明治新政府的政治角力，也潜移默化影响了各县都选址。

1871年设置的筑摩县（县都为松本），县域范围一度扩张到信浓国中部以南到飞驒国一带。1876年一场不明原因的火灾，烧毁了县厅舍。同年废县，原信浓国一带被编入长野县，延续至今。松本也就不再是县都城市，不难想象当时松本人的遗憾。

琦玉县最早计划设县厅于岩槻郡，命名岩槻县，但实际上没有建造县厅。随后西半部地区相继划为入间县（时设县厅于川越）、熊谷县（时设县厅于熊谷，范围包括现群马县全域），直到1876年才确定为目前的县域。相似例子还有三重县。“三重”的县名源于最早县都四日市所在的三重郡，虽然后来县都改设津城，但县名没有变更。

千叶县则是印旛县与木更津县合并的结果。1873年，选定位于印旛县与木更津县地理中心的千叶为县都城市，县名也用县都名。类似的有宫崎县县都，选定美美津县与都城县两县交界处大淀川畔的上别府村，1873年开始建设新都。至于宫崎市名的由来，源于1879年四町二村合并。

特别是关东地方的县，在确定县域方面花费大量时间。由于过去众多小藩领地与幕府领地、旗本领（将军直属武士中领地不满一万石，但有面见将军资格的武士领地）错综复杂的情况，关东的县域很难简单按照古来的令制国领域划分，在整合各领地时需花费大量时间。另外，那些小城下町与阵屋町发展而来的城市，也因频繁更换领主以确保江户统治平稳的原因，不太有显著的武家文化体现。

此外，其实那些直接从旧藩改县相对顺利的地方，也在塑造“县”的近代化特征上费尽心思。

不仅县都城市多姿多彩，“县”本身就来源十分多样。事先知晓这一背景，对理解城市故事的很有帮助。这也是本书将埼玉县的县都写为“浦和”的原因。

14. 最后——地名的读音与写法

绪论最后，介绍一些日本地名惯用的读写方式。

“本町”常常用于城市中心位置的町人地的命名，日本全国通用，但各地读音不同。县都城市中，前桥、金泽、岐阜、名古屋、津、大阪、神户、鸟取、冈山、山口、高松、松山、高知等地的读音为“ほんまち（Honmachi）”；青森、山形、水户、宇都宫、千叶、横滨、新潟等地的读音为“ほんちょう（Honcho）”。读音差异其实也显示出东西日本的地域区分，西日本较多为“ほんまち(Honmachi)”，东日本较多为“ほんちょう（Honcho）”。其中福岛的本町较为特殊，读作“もとまち（Motomachi）”。

同样的，还有上町、下町、古町这些历史地名。“上町”在大阪与鸟取等地读作“うえまち（Uemachi）”，在山形、水户、福岛、和歌山、长崎等地读作“うわまち（Uwamachi）”，在鹿儿岛则读作“かんまち（Kanmachi）”；“下町”在水户读作“しもまち（Shimomachi）”；“古町”在新潟、高知、熊本读作“ふるまち（Furumachi）”，在松山读作“こまち（Komachi）”。

现代路名也是这样，读写更为复杂多样。以本町通为例。读法上，在大阪为“ほんまちどおり（honmachido-ri）”，在新潟是“ほんちょうどおり（honchodo-ri）”；写法上，在横滨是“本町通り（ほんちょうどおり，honchodo-ri）”，加上了“り”

这一平假名。类似还有京都的“三条通”与奈良的“三条通り”。同一城市的不同地图上，也存在“通”与“通り”两种写法。这种读写差异，其实也反映出时代特征。

还有很难总结规律的地名读写，比如通、筋的用法。在大阪，商店正面朝向的主要道路被称为“通”，与之正交的里弄小巷被称为“筋”；但到了冈山和神户，又是主要大街被称为“筋”，如冈山的“柳川筋”和神户的“京町筋”（居留地的中央大街）；而同为居留地中央大街，到了横滨又称为通，如“日本大通り”。这种令人费解几近绝望的复杂性，反映出日本文化的特征，也是不得不尊重的历史。

本书在地名的书写上，以本地表记方式为准。所以会有同时出现“通り”和“通”的情况（中文翻译未能体现这种细微差异）。关于地名的读法，也注意标示了假名读音，但仍可能存在错误。这种错误，很容易导致对城市形成整体构想的理解差异，敬请读者指正。

另外还有混用古代于现代地名的情况。比如在论及近世城市时，会采用更有时代特征的表记，将东京称作“江户”、静冈称作“骏府”、大阪称作“大坂”。但在走访时，又会使用现在的地名称呼。事先说明，也请读者理解。

至于书中所载城市的现况照片，均为笔者拍摄，也是笔者走访各县都城市的实践证明。

札幌——殖民城市的建设法

1. 北海道首座网格城市

北海道的殖民[①]城市大多由规整的道路网格构成，这样的城市形态在美国西部十分常见。网格状道路便于迅速建设城市、帮助人们获取方向感，各地块的朝向和形态、建筑与道路连接条件一致，利于土地买卖与城市扩张。

但是，网格城市在实际建设过程中，也会产生许多需要解决的现实问题，包括网格朝向、街区规模、主轴线位置、道路宽度、主要设施布局等。网格城市虽能较好体现地区平等的理念，也相应造成了难以塑造城市中心的问题。另外，城市的规模该如何确定，是明确划定边界，还是任其蔓延？当然，最根本的问题是，在如此广阔的土地上，城市该如何选址。

自古以来，全世界建设了不少网格城市，对于上述问题给出了不同答案。在塑造城市中心方面，西班牙的网格城市采用设置中心广场，并将天主教堂面向广场的方式；美国的网格城市选择在十字路口中央设置塔式纪念碑的形式（费城），或是将放射性路网与网格结合的形式（印第安纳波利斯）；罗马的网格城市则通常设置称为 Forum 的广场。

1869 年，明治新政府新设北海道，选定札幌为北海道**开拓使**本府。札幌几乎是在一片旷野上新建的殖民城市。建设之初，同样面临着如何布局主要行政机关、如何将其建设为北海道中心城市等问题。

---

① 殖民（しょくみん），日语用词，意为到未开垦地进行建设开发、移民等，区别于政治术语下的语意。

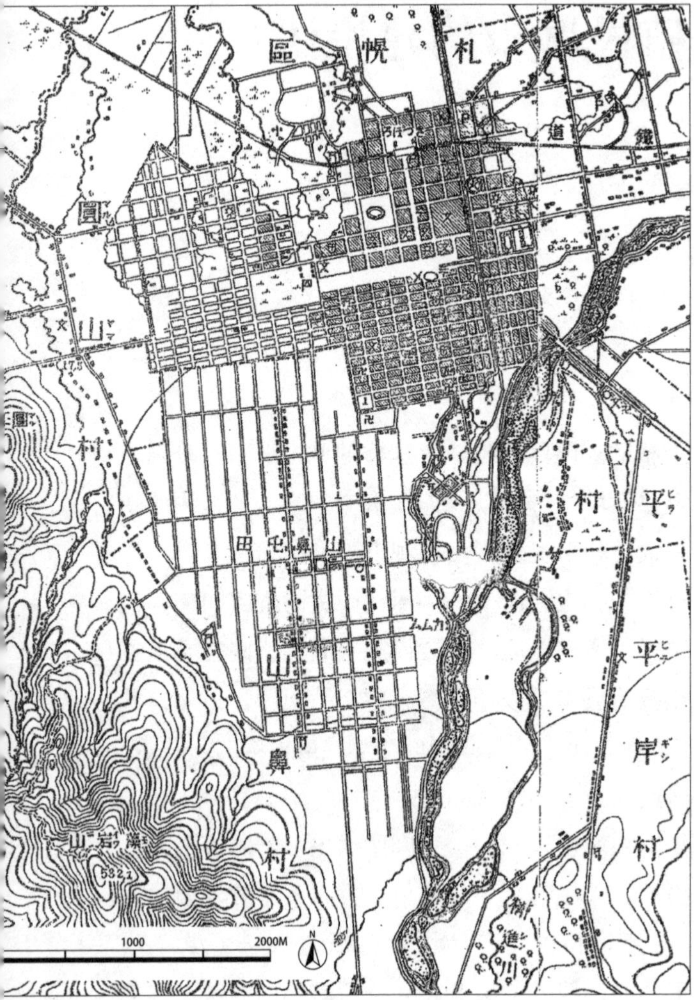

图 1

图 2

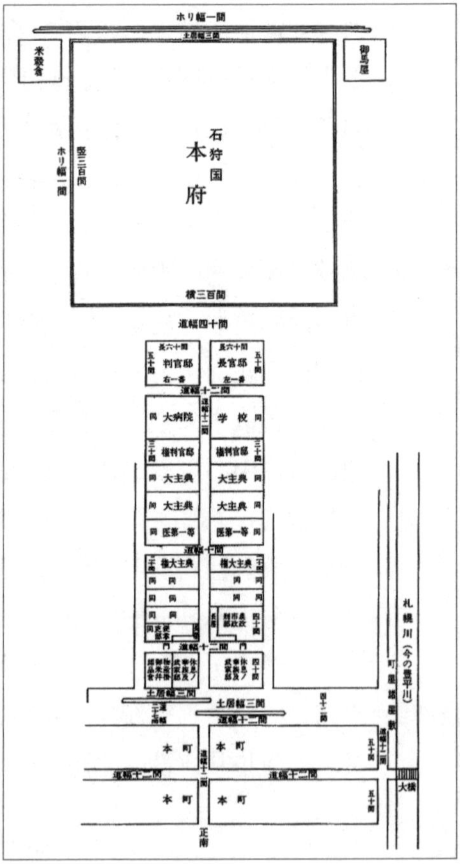

图 3

图 1　札幌 1/50000 地形图（局部，1896 年测绘，无发行年份记载）。图中存在两片方位不同的道路网格，上方是新建城市札幌，下方是正在推进建设的山鼻屯田兵村。

图 2　札幌市中心空间结构示意图。札幌的道路网格并非均质化的殖民网格，融合了日本近世城下町与美国西部开拓城市的特点。

图 3　本府规划图，根据 1869 年石狩国本府指示图制定。（出处：《新札幌市史》第 2 卷通史 2，札幌市教育委员会编，1991，34 页）。

札幌是如何处理网格的？对上述问题做出了怎样的应答？一边在现场走走，一边思考吧！

2. 县都的建设法

明治初期，新政府要求各地县都城市革新城市面貌，为新式公共设施提供建设用地，包括县厅舍（县政府大楼）、法院、学校、医院、邮局、警察等。在这一背景下，几乎所有县都城市都是基于建成市区推进城市更新。但札幌十分特殊，是明治时期唯一从零新建的城市。不过，县都宫崎同样是新建城市，但其选址在村落，并非完全新建的城市。

此外，札幌也不是出于特定功能新建的城市，区别于因开埠新建的港口城市，可以更加自由地塑造城市中心。但是，由于札幌没有可作为基础的建成区，还得从零开始摸索。

札幌是如何规划的？从 1869 年开拓使指令中心札幌的规划图（图 3）看，行政中心北部坐落着长宽均为 300 **间**的大型建筑“本府”，本府南侧正门前划出一条 12 间宽的南北向大路，大路两侧按次序排列着主要行政设施，行政设施南侧建有土堤，土堤南面则是东西狭长的平民住区本町。

如不考虑本府过于庞大的尺度，规划的空间结构与山形、宇都宫十分相似（详见各章）。行政中心北部设置坐北朝南的县（道）厅舍，南侧正门前布置 T 形道路，南北向主路两侧设置其他近代公共设施。

以上空间结构勾画了新时期的城市权力构成，即以开拓使（本府）为核心，门前参列其他部署。

有趣的是，这种全新城市空间秩序继承了日本古代与近世城市空间的构建逻辑。

3. 继承都城与城下町的实验城市

从图 3 看，札幌最初的规划可能参考了日本古代都城与近世城下町的建设模式。

城市空间骨架上，札幌类似都城京都。京都也是一条主路（朱雀大街）从南面进入城市，主路尽头是行政中心“宫城”。札幌的东面是创成川，京都的东面是鸭川。用地布局札幌则类似**城下町**。本府的南北向主路两侧布置官地（公共用地），官地南面布局民地（民用地），形成了从本府由北向南用地级别由高到低的序列感。

但实际上，札幌并没有按照这份规划进行建设。从札幌的城市地图（图4）看，本府（本厅）没有按照规划正面朝南，而是正面朝东建设。建筑正面的大街也没

图4　北海道札幌市地图。宫本雅明基于1878年旧版地图重绘。札幌站位于小樽通与北6条通的十字路口附近（出处：《都市空间的近代史研究》，宫本雅明，中央公论美术出版，2005，50页）。

有按照规划的南北向建设，而成了东西向，整体旋转了 90° 。本府的建筑规模也缩减不少。

原因在于 1871 年负责城市建设的地方最高长官——开拓使判官换届。新上任的**岩村通俊**修改了前任**岛义勇**制定的规划。

为什么要将主要轴线旋转 90° ？原因没有以书面形式明确记载。推测来看，如果按原规划建设，会形成一条狭长的南北向道路，沿路需开发建设的用地规模过大，远超城市本身发展所需。此外，也可能是为避免形成南北狭长的线形城市。

虽然主要建筑从坐北朝南改为坐西朝东，但行政中心的空间结构没有变化，还是主要建筑正对 T 形道路的形式，也就是现在北海道厅和北 3 条通的位置。

近年，北 3 条通的首段道路，也就是北海道厅前（东）第一个街区内的路段，改建为广场，并禁止车辆驶入。这样的城市设计，强化了北海道厅在空间结构中的地位（照片 1）。从城市形成史来看，将道厅前的这段道路着力改造成步行空间是可以理解的。

岩村判官的贡献不仅如此，他还将札幌的东西路和南北路命名为“条”和“丁目”，奠定了札幌网格城市的基础。

依托道路网格便于延伸的特性，岩村判官将已有的规划建设推广至整座城市。

照片 1　北 3 条通，从札幌站前通的路口往西看。正面是北海道厅旧本厅舍。北 3 条通以图 3 石狩国本府前的南北向要道为原型，但实际建成道路是东西向的林荫大道。

照片 2　札幌站前通。从札幌站前通的路口往北看。正面能看到札幌车站大楼。札幌站前通旧名小樽通，后来改名西 1 丁目。札幌站前通自北端开通札幌站后，才成为城市主要轴线，也是札幌的商业街之一。

照片 3　创成川。向南看。前面的桥是创成桥。从现在的河流风景中，很难感受到旧时大友堀的风貌。

照片 4　南 1 条通，旧钱函道。从西 2 丁目的路口向西看。南 1 条通是札幌的代表性商业街之一，路上通有市电。

首先，确定基本街区单元为边长 60 间、路宽 11 间的道路网格。其后，在规划的官地与民地之间修建东西向防火路大通。接着，在民地的各街区中央进一步插入 6 间宽的东西向道路，将原本的大街区切割为 27 间 ×60 间的小街区。最后，在小街区内部划分标准面宽为 5 间的住宅用地。奇怪的是，在西 1 丁目（创成川西侧第一条南北路）以东地区，切割街区的道路不是东西向而是南北向。

经过上述规划建设，城市得以迅速扩张。1871 年，本厅周边的街区建成。1872 年，学校和医院等公共设施开始建设。1879 年，开始规划大通公园南面的新市区。

建成后的札幌如图 4 所示，本厅周边均为官地，主要建造官员与受雇外国技师宅邸。官地南侧布置东西向防火带，防火带再往南是民地。用地布局与城下町十分相似。

另外，札幌在建成区外围布置了供官员投宿的官方驿站，设有日式建筑**本阵与胁本阵**。

1871 年，霍勒斯 · 卡普伦（Horace Capron）来日本参与北海道开发。北海道的网格城市很可能汲取了美国西部城市的开发经验。但在城市政治中心的序列构建上，参考了古代都城京都（T 字路），用地布局参考了近世城下町。

但是，札幌的城下町风貌很快消亡。1876 年，政府撤销了官地区分，允许个人售卖。因此原本分布于札幌站、大通、创成川、北海道厅一带的旧官地被逐步划分，近半数街区都成了与殖民地一样的窄长地块。

还有铁路建设。图 4 描绘的铁路（加粗黑线）是连接札幌与小樽手宫的官营幌内铁道，铁路和车站（旧札幌站）于 1880 年建成。1882 年，向东延伸至幌内，全线贯通。这是继东京新桥—横滨、大阪—神户之后，日本建成的第三条铁路线，曾由北海道开拓使负责运营。札幌市区内线路沿北 6 条通铺设，站房选址南北主路延伸段的小樽通前。1881 年“全域町名变更”，小樽通改名西 4 丁目，现称为札幌站前通。

4. 从本厅至车站的中心迁移

这样一来，大致可知札幌的城市格局没有依照最初的规划以本厅（行政中心）为中心，而演变为以车站为中心的结构。南北向札幌站前通成为全新的城市轴线，车站稳居轴线北端（起点）。或许当时还未察觉到，铁路和车站将对城市产生深刻影响。

旧北海道开拓使本厅（即现北海道厅）的朝向从规划的南向改变为东向，旧本厅前的“大通”与车站前的札幌站前通垂直相交，札幌城市的主要道路骨架得以形成，并运营至今（照片 2）。

5. 由创成桥确定城市选址

在了解网格的意义、规划建设后的演变（以及札幌的战略重要性）后，可进一步考虑札幌是如何形成现在的城市风貌的？答案不能直接从道路网格中得出，有必要回顾札幌城市规划构想的形成过程。

如前所述，新建网格城市需要确定网格的方位。札幌的网格方位是由创成川与钱函道确定的。

创成川是南北走向河道，开凿于 1866 年，旧名大友堀（照片 3）。钱函道是城市建设前就存在的东西向古道。札幌建成后，钱函道改名渡岛通。1881 年实施全域町名变更，改称南 1 条通（照片 4）。以前去札幌，需经海路到达钱函，再由钱函道进入札幌。开拓使判官岛义勇便走的这条路（1869 年 11 月）。

1869 年，新政府选定札幌为北海道开拓使本府，开始建设城市。此后，钱函道改道直行，即图 1 东西贯穿南侧民地的道路。改道同时，在钱函道穿越河道处架设了桥梁，1871 年命名为创成桥（现址稍有变动），河流因此称为创成川。桥名作为河名的来源，显示出创造城市的人工痕迹。

1873 年，札幌在创成桥东设置了北海道**里程元标**（照片 5）。创成桥不仅是开拓北海道的起点，也是札幌当时的城市中心。原址恢复了里程元标，只是将过去的木柱改为石柱。

照片 5　北海道里程元标复原物。创成桥东端。围栏前面的河流是创成川，右侧是电视塔。

1880 年札幌站开通后，城市中心从创成桥一带转移到了札幌站周边。1919 年颁布《道路法》后，札幌废除里程元标，新设**道路元标**至北三条西六丁目，即北海道厅舍北入口。札幌道路网络的起点，从开发起点的创成桥，转移至行政中心北海道厅，象征时代的变化。

回顾历史，日本传统的城市中心往往位于桥畔。比如江户的日本桥，以及大阪高丽桥、福井九十九桥、和歌山京桥、广岛元吉桥、冈山京桥、鸟取若樱桥、高松常盘桥、德岛新町桥、高知播磨屋桥等。对于日本的内陆城市，往往可从中心的桥入手，体会城市的空间结构。

1881 年实施全域町名变更，创成川为区分南北路命名的界线：西侧第一条道路命名为西 1 丁目，第二条道路命名为西 2 丁目，再往西道路命名以此类推，东侧同理。大通以北第一条道路为北 1 条，以南第一条道路为南 1 条。这一命名方法在札幌家喻户晓。

非正北向的创成川与改道垂直通过的钱函道，形成札幌道路网格的基础走向。1871 年在钱函道西端圆山山麓修建札幌神社（现称北海道神宫），更强化了这一网格走向。

现在，札幌已是拥有 200 万人口的大城市。从钱函道跨越创成川的小小桥梁上窥见这座城市的起源多么有意思！遗憾的是，创成桥早已不再是城市的中心点。

近年，札幌将创成桥复原为 1910 年年初建时的石造拱桥，桥畔建有小公园，从一定程度上反映了市民对其的重视。但这一历史地位不亚于钟楼的见证物前却人影稀疏，实在遗憾。

所幸，钱函道始终是城市的主轴线。钱函道在全域町名变更时改称南 1 条，后来成为热闹宽敞的大街，至今通行市电。道路南面还有狸小路商业街（照片 6）、薄野商业街（1871 ～ 1920，原薄野游郭），很是热闹。

6. 从防火带到大通公园

如果询问本地人最能体现札幌城市特色的地方是哪里，答案一定是“大通”。

大通是宽达百米的公园路（照片 7），是日本四条百米宽大街之一，其余三条是名古屋的若宫大通、久屋大通、广岛的平和大通。后三条百米大街均是二战

照片 6　狸小路拱廊街。在商业街东面入口向西看。位于南 2 条和南 3 条之间，是东西向商业街。拱廊建于 1960 年。

照片 7　从札幌电视塔向西看大通公园。旧防火带，宽 58 间（105 米）。原本是分隔北面官地与南面民地的空地，现在是区分札幌南北的城市中轴线。

后依据**建筑疏散**及**战灾复兴**规划新建的道路，历史并不悠久。而札幌大通的建设，则可追溯至明治初期。

从1878年的城市地图（图4）看，大通原是分隔官地与民地的大道后志通，承担守卫北边官地的功能，与城下町中守卫内部**武家地**的护城河如出一辙。其后，札幌将这条开敞大道规划为防火带，改名大通。

有趣的是，大通后来逐渐吸引城市公共设施在其北侧布局，包括警察署、法院、邮局、电话局、区役所及实施市制后的市厅舍等，内部则建有公园，成为组织城市不同职能的大通公园（1909）。反观其他三条百米道路，它们自建成以后始终是分割城市的负面要素。大通之所以能够与城市良好融合，可能是因为在城市发展中逐渐变化的缘故。

另外，大通的两端也极为重要。1880年大通东端就建有开拓使的迎宾设施丰平馆（1958年搬迁至中岛公园），供到访札幌的宾客居住。

大通西端本是空地，后用作陆军练兵场，直至1896年。1926年，札幌在这块地上建起札幌法院（后称札幌高等法院，今札幌市资料馆，照片8），建筑朝东，面向大通。

就这样，一幢幢面朝大通的建筑拔地而起，逐渐形成了围绕大通公园的城市街区。而大通公园也为这些建筑提供了美丽前庭，从分隔城市的空地演化为连接城市的公园。

大通公园还是札幌众多节庆祭典的举办地，包括冬天的银白灯饰节（White Illumination）、雪祭，春天的Yosakoi索朗祭（よさこいソーラン祭り）、花祭，夏天的夏祭（巨大啤酒花园和集市），秋天的食之祭典Autumn Festival等，已然成为展现札幌城市形象的重要窗口。

现在，大通公园东西两端改建为电视塔（1957年，照片9）与札幌市资料馆，相距1.5千米。在大通一端布置电视塔，是参考名古屋1954年在久屋大通建设电视塔的做法。两座建筑位于轴线两端的空间结构，使得原本松散的大型带状公园空间紧凑起来。

在我看来，当然更希望大通东西两端还是丰平馆与旧札幌法院。这样更能凸显札幌的历史韵味。电视塔未来可能因使用年限而拆除，希望到时可以在旧址重建丰平馆。虽然这有些遥远，但想想也很愉快。

关于大通公园，还有一处疑惑。为什么最初设置防火带时选择东西走向，而没有选择南北走向？顺着创成川南北向布置防火地，应能更好确保消防用水。

这个问题的答案存在许多可能性。可能是贴合建筑朝向，可能考虑城市主要风向，也可能为了平行东西向的钱函道。由于建设过程中的规划构想没有以书面形式记录下来，只能推测。但仅从这种提问推测原因的过程，也能体会到城市是人类的杰作。

7. 非主流的网格城市

综上所述，札幌区别于北海道其他网格城市，是一座独具向心结构的网格城市。虽然从札幌站出站后，眼前延伸着一条笔直道路与城市的另一条大道直角相交。这种城市是由网格状道路网构成的感觉，与日本其他城市极其相似。但细看之下，札幌的道路网格具有特别的意义。

一般而言，殖民城市构建道路网

照片 8　札幌法院。现在是札幌市资料馆，正面朝向大通，位于大通公园西端。这里曾是陆军练兵场。

照片 9　札幌电视塔。巨大的建筑体量与周边环境并不协调，但通过和城市级开敞空间结合，可发挥积极的协同效应。

格是为了表现平等与公平的理念。但札幌是北海道行政中心开拓使的所在地，构建道路网格是为了区分地块用途，明确差异。尽管道路网格通常会给人均质化、没有特色的印象，但仅从城市规划角度看，札幌的道路网格能够体现出独有的个性。

札幌的（殖民）城市近代化，是通过撤销官地，逐渐消除空间等级区分，并增设城市公共设施的过程，结果却削弱了札幌原有规划的特色。

考察札幌城市个性时，不能一味认为道路网格削弱城市个性，而要认识到其实蕴藏着北海道行政中心的建设初衷。如果将近世的缘起更好地通过现代建设予以诠释，札幌的网格道路可以成为塑造城市个性的重要因素。

塑造札幌个性的起点是创成桥。创成桥是 150 年前政治家建设城市的开始，虽然随后城市建设构想几经变化，但石桥依然保存至今。如果能以这座小小的石桥为起点迈向未来，札幌这座日益庞大的现代城市能更好地展现个性。

青森——扩张与反转的平衡城市

1. 青森的中心是善知鸟神社吗

如果问及青森的中心在哪里，答案一定是善知鸟神社（照片 1）。

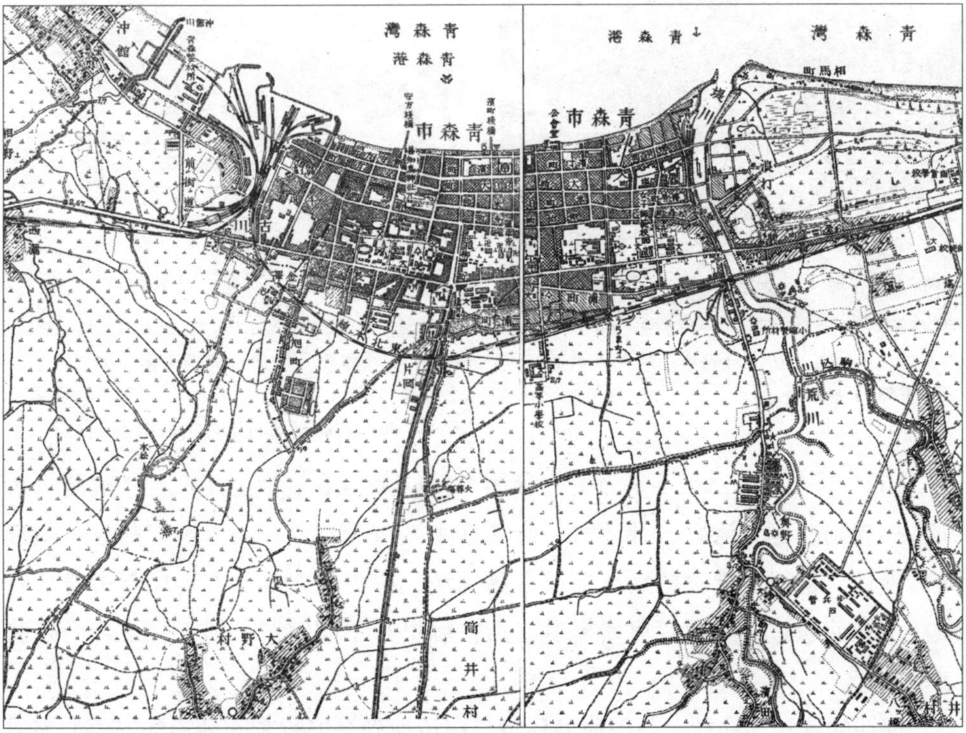

图 1　青森 1/25000 地形图，由青森东部（局部）、青森西部（局部）组成，均为 1912 年测绘，1913 年发行。

照片 1　从旧米町向西看善知鸟神社。奥州街道尽头是善知鸟神社。右手边的灯笼下立着道路元标。

照片 3　青森最热闹的商业街新町通。向西看。正面是青森站。图 3 中描绘有一条延伸至善知鸟神社背面的道路，这是新町通的前身。

照片 2　善知鸟神社内的池塘。这是青森开港前中世海滩的遗迹。

图 2　青森市中心空间结构示意图。可以看出，近世港町由城市后续扩张包裹。现在的城市干道是南北向的柳町通与东西向的国道 4 号 /7 号。

1624 年（宽永元年），为更好利用东回航路运输贡米至江户，弘前**藩**将善知鸟村规划改建为**港町**。开港时，命名这座城市为青森。城市规划的起点是善知鸟神社。善知鸟神社的鸟居前设有**高札场**，称为札之辻。古道奥州**街道**从善知鸟神社前通过。虽然对奥州街道终点在哪里有不同解读，但青森人认为是善知鸟神社。

现在的善知鸟神社，外围池塘环绕，据说池塘是旧称善知鸟沼与安潟的海滩遗迹。而安潟又是从安方的古地名而来。可见，善知鸟神社从**中世**延续至今，历

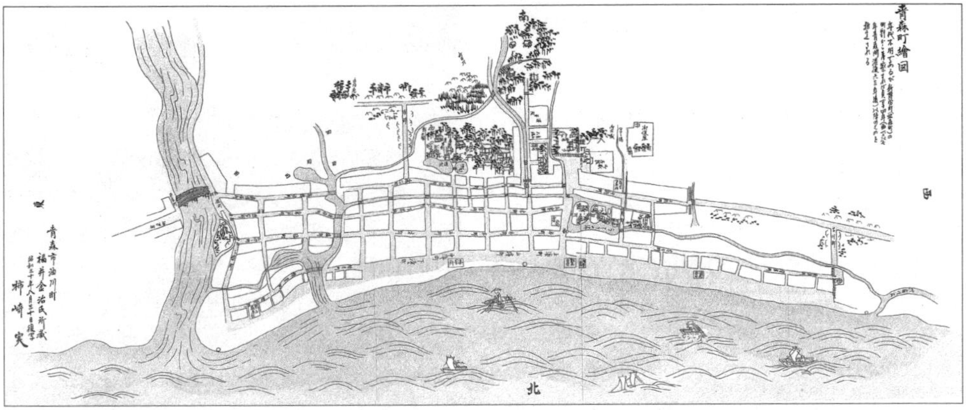

图 3　1826 年（文政九年）青森町绘图。近世前的绘图几乎都是从大海一侧（北侧）描绘的（出处：《青森市史》资料篇 3，青森市史编纂委员会编，1968，附图）。

史厚重。若凭怀古的心绪眺望池塘，仿佛看见港町建成前的海湾（照片 2）。

明治时期，善知鸟神社内设有多处重要的城市公共设施，如青森户长办事处（1880）、后为町办事处（1889），青森警察局与青森邮局等。明治时期的**里程元标**、大正时期的**道路元标**也都设在善知鸟神社的鸟居前。青森的城市中心，似乎一直是善知鸟神社。

但这一共识在青森站建成后发生了变化。选址神社以西的青森站成为城市玄关口。站前向东延伸的新町通是本地最热闹的商业街（照片 3）。从青森站出站后，沿新町通往东走，一路看不到善知鸟神社的入口，也感受不到神社参道氛围。因车站和善知鸟神社均坐西朝东，车站在西，位于善知鸟神社背面。可见，青森在规划城市新轴线（新町通）的过程中，没有充分考虑与传统城市中心善知鸟神社的联系。

从江户时期的绘图（图 3）看，青森以善知鸟神社为西起点，向东延伸出 3 条平行海岸的道路，直到堤川。这是一座东西狭长的带状城市。从北（靠海）向南看分别是浜町、本町、米町。本町又名中町，后称大町（照片 4）。近善知鸟神社一侧为“上”，近堤川一侧为“下”。1640 年代至 1670 年代，米町以南新建一条东西向道路，称为新町（即新町通），城市也进一步向堤川方向扩张。

近代之后，新町以南新建东西向国道，城市以北填海造地。二战后又实施了

战灾复兴土地区划整理。但这些变化并未影响城市原有的空间格局，即以四条东西向轴线道路为骨架的主体空间结构。观察城市的各路口，会发现路口东西两侧道路几乎顺畅接续，但南北两侧道路总存在错位（除新建拓宽道路外），说明城市以东西向道路为主展开。这从江户时期东西路为纵町、南北路为横町的命名规则也可窥见。此外，还有道路宽度。1873 年青森统一规定了城市道路宽度，纵町 8 **间**、横町 6 间。

照片 4　从旧本町西端向西看。这里是善知鸟神社东北角。路口前面道路通往安方町，与旧本町的接续存在错位。两条道路宽度不同。可以感觉到，前面的道路是后来修的。

青森唯一的东西路岔口位于善知鸟神社东北角，也就是旧本町（大町，青森县立乡土馆前道路）的起点（照片 4）。这处不起眼的道路岔口，其实是青森的历史见证，见证了本町西延、越前町与安方町诞生等城市历史的展开。

2. 位于城市背面的车站

近代以后，青森的城市面貌发生了不少变化，其中最重要的是车站建设。

东北北线历来以青森为终点，没有进一步延伸的计划，因此青森站只需铺设一侧铁路，是尽端式终点站。车站选址相对自由。但实际上，考虑车站与城市的关系，选址既不能离城市太远，也不能离城市太近：考虑从青森站换乘北海道渡船的走向，还需避免站线分割城市的问题。

综合上述考虑，产生了两处车站备选地：无需架设跨河铁路桥的堤川东侧，城市建成区南缘（也就是旧青森监狱周边，现称柳町，建有市役所）。但由于当权者谋利，备选地出现地价暴涨、土地垄断与零碎买卖等不利因素。同时，车站用地无法及时选定，铁路终点就会选在其他城市的传言，也使车站选址成为当时亟待解决的问题。

1891 年，车站选址确定在现址。也就是当时青森与背面（西面）邻村之间的土地上。

于是可直达东京的青森站成为城市的玄关口。车站坐西朝东（正对善知鸟神社背面），通过新町与城市联系，新町也逐渐成长为青森最热闹的商业街。只是城市的西起点从善知鸟神社变更为其背面的青森站，城市主轴线也从四条东西路变更为背面的新町。城市的空间结构发生第一次反转。

如果换个角度，尽管城市空间发生反转，但平衡依然维系。善知鸟神社正面朝东，青森站同样正面朝东，城市传统的空间结构，即善知鸟神社与三条东西路的结构没有改变，只是整体向外扩张了一圈。这是将青森称为“扩张与反转的平衡城市”的第一个论点。

3. 分割城市的南北路

令城市面貌发生变化的第二个关键因素，是宽阔的南北路建设。

青森东西狭长的形态，加上冬季常伴有强烈的西季风，自古火灾频发。明治时期，共发生 4 场火灾，分别在 1871 年、1872 年 3 月和 10 月、1910 年，各烧毁房屋 150 栋、47 栋、100 栋、5246 栋。修建防止火势蔓延的防火带，是近代城市建设的关键命题。1910 年的大火几乎烧毁整座城市。之后，青森制定火灾复兴规划新设三条南北向防火带（实际建成两条）。

建成的两条防火带后来改建道路，即今柳町通（照片 5）和平和公园通（旧称浦町停车场线）。

柳町通是拓宽南北路柳町后形成的。柳町是江户时期唯一自然形成的南北路，对城市防火的作用不言而喻。地理上也位于城市中央，改建后自然成为城市的南北中轴线。平和公园通原本是是旧浦町站的站前大道也有充分理由拓宽。

照片 5　柳町通。向北看。现在的城市南北干道。正面是 Mutsu 湾（むつ湾）。1910 年大火后，拓宽为防火地。

此后，1945 年 5 月青森实施了**建筑疏散**应对空袭，在市中心新规划 4 条防火带，进一步拓宽了柳町通与平和公园通，新建了八甲通·Aspam 通与旧税务署通。

但这些努力在空袭面前无济于事。二战时期，青森共经历五次空袭，约七成建成区化为灰烬，其中 1945 年 7 月 28 日的大空袭影响最大。战后通过战灾复兴土地区划整理，进一步增加旧城区的南北路。

规划重点修建的 50 米宽柳町通（南北路）与 36 米宽的国道 4 号 / 国道 7 号（东西路），形成城市全新的十字轴线。但不同于其他城市，青森的十字轴并非在原有道路轴线基础上形成，一条是南北向的普通道路，另一条是接续港口与城市南部的区域干道。

引入南北路对于近代青森造成了重大影响。或许正因为这一点，现在主要的南北路都有路名，但东西路除了车站前的新町通外，没有正式命名。就连构成青森传统空间结构的本町和浜町，都没能成为近代后东西向道路的正式名称。从东西狭长的带状城市迈向纵横道路交错的网格城市，这是青森城市空间结构的第二次反转。

当然要认识到，青森道路网格与一般道路网格的区别。一般的网格城市是在规划间距 500 米的干线道路网基础上，划分小地块街区以构成网格。而青森是在近世东西路（浜町、本町、米町、新町）基础上，引入南北防火路（柳町通）形成的。引入南北路形成的道路网格，是青森地理与历史共同造就的城市个性。

此外，还有另一个较重要的特征不可忘却：即以善知鸟神社为西起点、向东延伸四条道路的港町形态。善知鸟神社的参道米町蜿蜒蛇行，至今维持着旧时的面貌（照片 6）。其南侧道路是旧**寺町**，规划有不同宗派的四座寺院（西起分别是曹洞宗 · 常光寺、净土宗 · 正觉寺、净土真宗 · 莲心寺、日莲宗 · 莲花寺）。

旧寺町向西延伸处，是现在最繁华的新町通。从现状看新町通，像是以青森站为起点向东修建的，但实际形成过程恰好相反（照片 7）。

道路网格没有否定原有的东西路，可以认为青森传承了近世形成的城市中心。这样的城市反转，或许称为新的发展更为贴切，我们能从中真切感受到这座城市的平衡。

照片6　过去兼作正觉寺参道的南北路。向南看。尽管道路正面对着寺院，但现在进一步左转向里延伸。

照片7　从旧寺町通至锻冶町的道路。现在拓宽了，看起来像是新町通的延长路，实际上这条路更古老。从桥本1丁目的十字路口往西看。

战争损毁了青森大部分历史建筑物，以至于相当一部分人认为这是一座没有历史的城市。本地人的历史认知，也是绳文时期（日本石器时代后期）比近世更多，然后就直接跳到了**太宰治**与**栋方志功**等代表人物的近代。

但仔细观察会发现青森始终保持着近世与近代的平衡，它基于旧有空间结构进行扩张，是一座传承了历史的城市。

4. 意识的反转

图3是描绘江户时期青森城区的地图。观察这些绘制于江户时期的地图，会发现一个共同点："海"总是位于地图前侧（下方），而"港"位于后侧（上方），也就是将地理上的"南"画在地图的"北"。这恐怕是为了突出港口对城市的重要性吧？从青森的城市形成史看，港口确实是一处重要节点。此外近海的浜町，在道路靠海一侧禁止建造民房的规定，或许从另一个角度印证"面向港口"的重要城市空间。

青森的地名，源于旧时渔夫所起绰号，以过去善知鸟神社周边的青翠小森林为意象，把港口称作"青森"，这一表达本身，就蕴含了"从海洋望向陆地"的取向。

但近代以后的地图，始终是从陆地出发观察描绘城市。这可能受制于上北下南的制图规范，但实际上导致了观察视线从“海洋”到“陆地”的反转。如今青森车站（陆路交通）前热闹非凡，中央港口（水路交通）却极其冷清，也体现出这种观察城市的视线反转。

还有一个令人疑惑的问题：县厅所在地为什么没选弘前而选青森？县内规模最大的城市是**城下町**弘前，县内最早实行市制的城市也是弘前。当时，青森只是个小镇。从人口规模（1879年《共武政表》）看，当时弘前有6747户、32566人，而青森仅有2411户、10374人。从用地看，弘前拥有大规模闲置**武家地**，也符合公共设施建设需要。

假设当时是弘前藩独立建县，县厅选址不出意外会是弘前。但设县时，合并了青森市东面的南部（地区名）与青森市西面的津轻。这两个地方历来竞争激烈，南部历史上与岩手县更为接近，津轻与弘前更为接近。为平衡县内各地区势力，选择了更为中立的青森作为县都。

也就是说，青森这座原本依靠东回航路面向大海的港口城市，在近代被赋予了制衡津轻（西）与南部（东）的使命，这是青森的第三次反转。

当然这一系列反转，无法改变这一事实——青森是一座面向大海的开放城市。其沿海地区至今仍是市民的游憩场所，还衍生出名为Aspam（アスパム）的旅游观光点。Aspam面向海湾的独特面貌，逐渐成为现代青森的城市形象。在向大海开放的同时，青森也意识到陆地的重要性，制定了平衡二者的发展规则，进一步体现出青森平衡城市的特征。

盛冈——顺着轴线阅读城市发展

1. 从车站走向市中心

通常情况下，日本城市的**玄关口**（车站）正前方会存在一条与车站大楼相垂直的宽阔直线形道路。这条道路就是所谓的站前大道，连接车站与城市中心。即使站前大道走向在途中稍有变化，也有容易理解的原因。下车出站后，乘客沿站前大道自然到达市中心，这似乎成了理所当然。

但盛冈并非如此。

从盛冈站东口出站，向前望去，站前大道不垂直于车站大楼，而稍向右前方延伸。沿着站前大道行走，不一会儿就到了北上川，河上架设着历史感厚重的开运桥。为联系车站与城市，盛冈于1890年建成首座开运桥。现在的开运桥是桁架桥，修建于1953年，已是第四代。过了开运桥，继续沿着主路（路宽明显大于周边道路）行走，先是稍稍左拐，接着稍稍右拐（照片1）。走到大通三丁目的路口后，对面（东）是单向通行的商业街出口（照片2）。我们在路口左拐北上，行走一会儿后再往右拐，才抵达城市的东西向主干道中央通。

而中央通并不笔直，中途存在一处微向右拐。这是因为其基础是城下町时期的旧路。旧路以中护城河为界分为东西两段，走向不太一致。沿中央通，过右拐点后继续前行，道路尽头是宛如屏风的市役所大楼（照片3）。

主干道尽头不是城堡，也不是神社或县厅舍，而是市役所。中央通北侧是县厅舍与地方法院、县公会堂，南侧是地方检察厅和县警察署。以市役所为视觉中心的县级行政中心区，在日本仅盛冈一处。

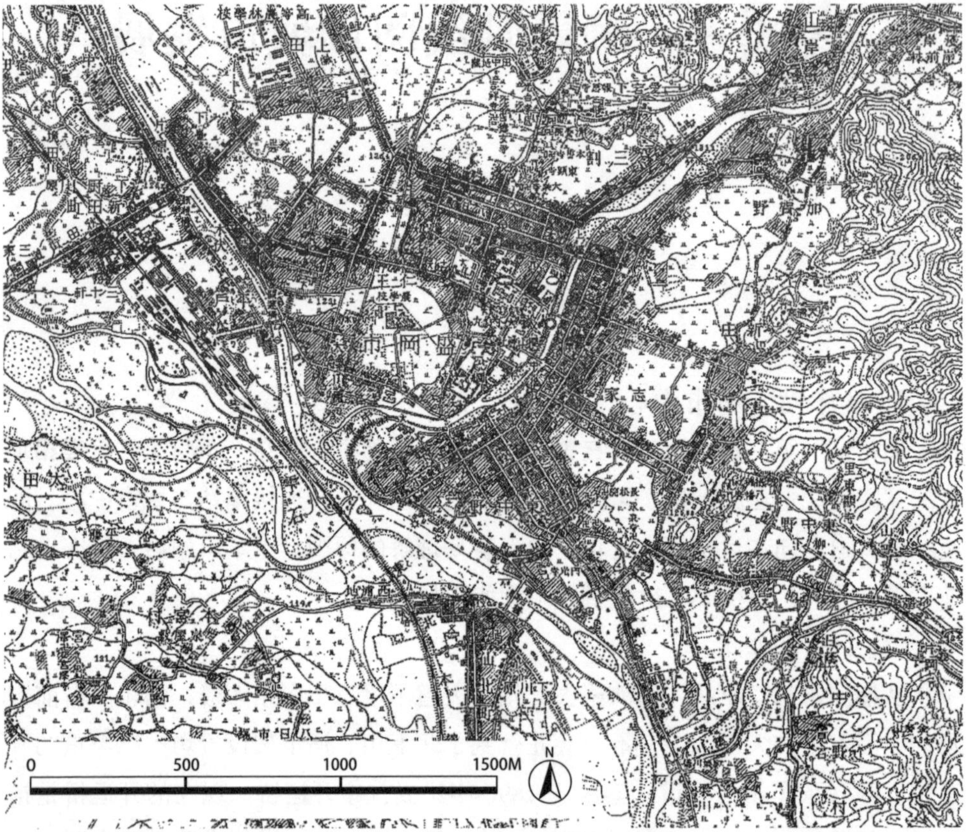

图 1　盛冈 1/25000 地图（局部，1911 年测绘，1912 年发行）。

照片 1　在大通三丁目前的过街天桥下回望车站。远处可见开运桥的桁架。旧路与昭和初期修建的新路接续，道路左右蛇行。

照片 2　与照片 1 相反的方向，自车站望向市中心的视线。前方是单向通行的大通商业街出口。这片地区诞生于昭和初期南部土地会社主导的整体开发。

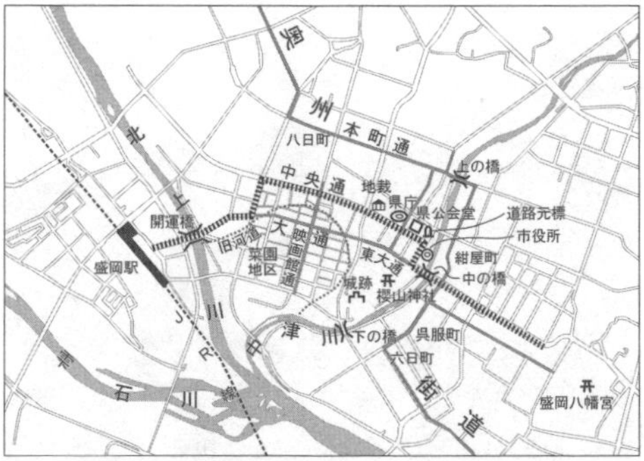

图 2　盛冈市中心空间结构示意图。城市自城下町向车站扩张的面貌一目了然。

照片 3　屹立在中央通尽头的市厅舍。向东看。左手边是县厅舍，左前方是县公会堂。右手边是城山。中央通诞生于二战后的土地区划整理。

图 3　元文盛冈城下图（局部），1736（出处：盛冈古地图 古地图展现的盛冈变迁》，盛冈时报，1984）

可以说，盛冈不同于日本其他县都。无论是从车站通至市中心的主路走向，还是主路终点代表城市形象的空间编排。不由好奇这种特殊性，究竟是如何产生的？

照片 4　开运桥上所见的北上川。往南望向上游。天气晴朗时，左手边可远眺岩手山。

2. 城下町的结构

盛冈城依高耸的花岗岩丘陵而建，位于中津川（东）与北上川（西）V 形交汇点北岸（照片 4）。由于北上川是自古就存在的河流，沿岸是低洼地，城下町只能选择城堡北侧及中津川东岸（“河南”）。城下町的主体空间结构据说成形于 1615 年左右。

奥州街道中津川东岸路段，弥漫着浓厚的历史氛围。沿街众多历史遗存分布，如**町家**莫蓙九（现称森九商店）、附有西洋风格木结构望楼的绀屋町番屋（哨所，1891 年建）、红砖房岩手银行总行（1911 年建，现称岩手银行中之桥支行）、中之桥的木质栏杆和拟宝珠（装饰物）等。

仔细观察图 1 和图 3 两幅旧地图，会发现奥州街道贯穿城下町时转折三次。盛冈是以奥州街道为主轴线扩张形成的。特别是中津川东岸，沿奥州街道生长出南部（穀町、平行的马町与十三日町，正交的六日町）、中部（吴服町、平行的肴町，均改建拱廊街）、北部（绀屋町、锻冶町）3 个街区。

据佐藤滋等人研究，奥州街道的曲折走向是为指向不同的标志物，包括城市南面的箱之森、东面的岩山[1]。加之城下町规划不仅需要考虑街区与盛冈城及八幡宫的对位关系，还受河流走向影响。正是在这些不同走向和对位关系的限制下，才形成极具风情的盛冈城下町。

盛冈五边形的城市形态，可谓自然的恩赐。

① 《新版图说城下町都市》，佐贺滋、城下町都市研究体，鹿岛出版社，2015.

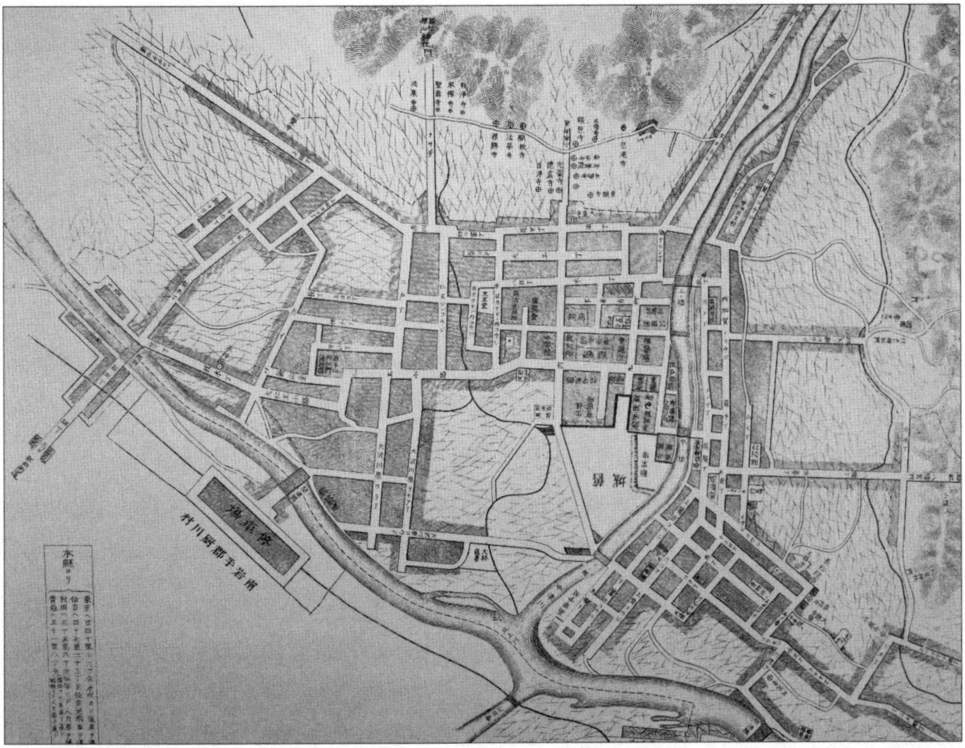

图 4　盛冈市详图（局部），1887 年发行（出处：《明治大正　日本都市地图集成》，地图资料编纂会编，柏书房，1986）。

五边形的北边是本厅，位于奥州街道穿过上之桥后的路段。虽然并无太多历史痕迹，但正如其名所示，本町是古代规格最高的町人街。

从本町往南穿过**武家地**，经过樱山神社，直抵大手门的大手先（大手道），是以前通往城堡、即现在县厅舍和县公会堂之间的道路。县厅舍原本建在盛冈城内，1871 年迁至现址。

1887 年发行的《盛冈市详图》（图 4）清晰描绘了以县厅舍为核心的行政中心区面貌。县厅舍周边集中了法院、师范学校、劝业场、中学、医院、种植场、郡政府（后市役所）、工业试验场所、知事官邸、女子师范学校等公共设施。

岩手县公会堂则修建于 1947 年，是由佐藤功一设计、象征县都的代表建筑。佐藤功一还有日比谷公会堂、大限讲堂等代表作。岩手县公会堂的立面设计与日比谷公会堂靠近市政会馆一侧十分相似。

但是，现在盛冈的城市主干道从奥州街道和大手道，骤然转换为中央通。中央通尽头的市役所成了新的视觉中心点，**道路元标**也设置在市役所前。时代变迁，使城市的方向感发生了变化。

3. 城西的整体开发

从城堡出发，向西漫步至北上川，会发现这是一片规整的棋盘式街区（照片5）。这片街区称作菜园地区，因曾是南部家的菜园而得名。正中东西贯穿菜园地区的道路名为大通商业街，西端的大通三丁目路口接续站前大道。拿着地图在菜园地区走走，会发现棋盘状路网边缘存在一条不可思议的环状小道。

这是北上川的旧河道。沿着这条小道从北往南，也就是从旧河道的下游走向上游，会发现右手边（西）是上坡，左手边（东，菜园地区）是下坡。顾名思义，菜园地区之所以称菜园，是因其地处低洼，原本不适合建设住宅。

1927年，当地政府从旧藩主南部家收取约7.6公顷土地，成立南部土地会社，开发菜园地区。首先修建了连接亀池（城堡内护城河的一部分）与开运桥的**7间**宽东西干道大通，接着修建了与之正交的南北干道映画馆通，形成菜园地区的十字道路基准。随后以此为轴线展开棋盘式布局。

照片5　菜园地区。从地区北侧边缘往南看，这条路过去遍布电影院，现在仍称为映画馆通。

照片6　菜园地区开发北界。从跟前往里的蜿蜒小路是北上川的旧河道。道路左右两侧都是坡路。左手边是菜园地区。

菜园地区于 1930 年完成基础设施建设，又花费约 35 年时间结束销售工作。这项跨时代的开发将十字路建成商业街，其余用地建成高级住宅区，给盛冈带来了崭新的面貌。值得一提的是，大通是岩手县内第一条沥青铺设道路，沿街布置行道树、安装路灯、铺设沟渠，是当时非常时髦的街景。

照片 7　1927 年菜园地区整体开发建设的大通商业街。1960 年第一次架设拱廊。诞生于近代的商业街。

菜园地区于 1935 年建成首家电影院，二战后的电影全盛期一度达 10 余家，因此有了映画馆（即电影院）通的路名。在电视机普及前，电影院不仅是民众欣赏大画面影像的高级娱乐场所，还能提升地区形象。

大通商业街现在依然是盛冈数一数二的商业街，热闹非凡（照片 7）。可以说，菜园地区是盛冈城市的金名片。

1954 年填埋内护城河东段后，大通进一步向东延伸，横穿樱山神社，直抵中之桥（延伸路段称作东大通）。

就这样，虽然稍有曲折，但大通・东大通顺利连接起架设在北上川的开运桥和架设在中津川的中之桥。同时，这条通路也串起江户时期的商业街奥州街道与昭和战前的商业街映画馆通，成为贯穿城市中心的全新轴线。

只是大通宽仅 13 米，适合作为商业街，作为承担车行交通功能的城市主轴线则有些勉强。为此，目前将大通设为西向单行，从车站出发前往市中心需绕道菜园地区西侧直至大通西端大通三丁目路口，然后北上沿中央通绕行。

明治中期以后，盛冈开始向东、北、西侧扩张。西侧有大规模未开发地，且靠近车站，是重点开发地区。从车站前往城市中心的轴线道路之所以如此曲折，是其经过了不同时期为满足不同需求而开发的城市区域。顺着这条曲折的城市动脉，可阅读盛冈的城市发展史。

最初，盛冈城下町的各片区就如同一串葡萄般，各自独立又相互联系。进入近代，这样的城市特征结构依然保留，最终反映为蜿蜒曲折的站前大道，也就是盛冈的城市基因。

话说回来，如果盛冈站选址更靠近市中心，也许就不会发生这样的情况。但盛冈城周边存在北上川、雫石川（北上川南）、中津川、簗川（中津川南，远离城市）四条河流，是洪涝频发的低洼地。铁路布线与车站选址要避开这片低洼地，那么实际可选择的余地就很少了。

另外，铁路布线不仅需要考虑与建成市区的联系，还需考虑区域层面的城际交往需求，以及铁路线形的整体规划。为此，车站最终自然选择了雫石川与北上川之间的土地，而非架桥困难的雫石川西岸。

盛冈站的选址，决定了城市发展方向。不同历史时期的选择和建设不断积累，最终形成城市这部作品。

仙台——有芯网格诱导的城市近代化

1. 异形城下町

仙台是伊达氏62万**石**的大**城下町**。1600年12月，划定藩域后开始规划建设。1602年完成町划（街区划分）后，**伊达政宗**偕家臣团、平民、寺院从岩出山城下町（宫城县大崎市）集体迁入。

但仙台相当古怪，完全是一座异形城下町。

仙台城所在的青叶山地区称为“川内”，位于广濑川西岸高地。城堡北、东、南三侧由广濑川包围，呈低谷地，西侧则由陡峭深山阻隔。而城下町则布局在广濑川东岸台地，通过大桥（建于1601年）连接城堡。

城堡和城下町隔绝的情况一般发生在山城。但即使是山城，通常也会在山脚设置御殿，以联系城堡和城下町。而仙台的广濑川东岸几乎没有任何与城堡相关的设施，这样的情况极其罕见。

或许因广濑川已起到天然屏障作用，城下町才没有开凿所谓护城河。台地地形也难以确保修筑护城河所需大量用水。

近世修建的标准化城下町，通常会根据天然河道或人工开凿护城河划分为内外数层，内层布局守卫城堡的**武家地**，外围布局**町人地**。仙台没有采取这样的土地布局模式。当然，城下町布局土地时，也考虑到了防卫城堡的需求，在城下町西面临近广濑川的下町台地规划了上级武家地（今东北大学片平校区、仙台高等法院等），在各道路入口规划修建**寺町**。但是几乎感受不到仙台城下町有用地分区。

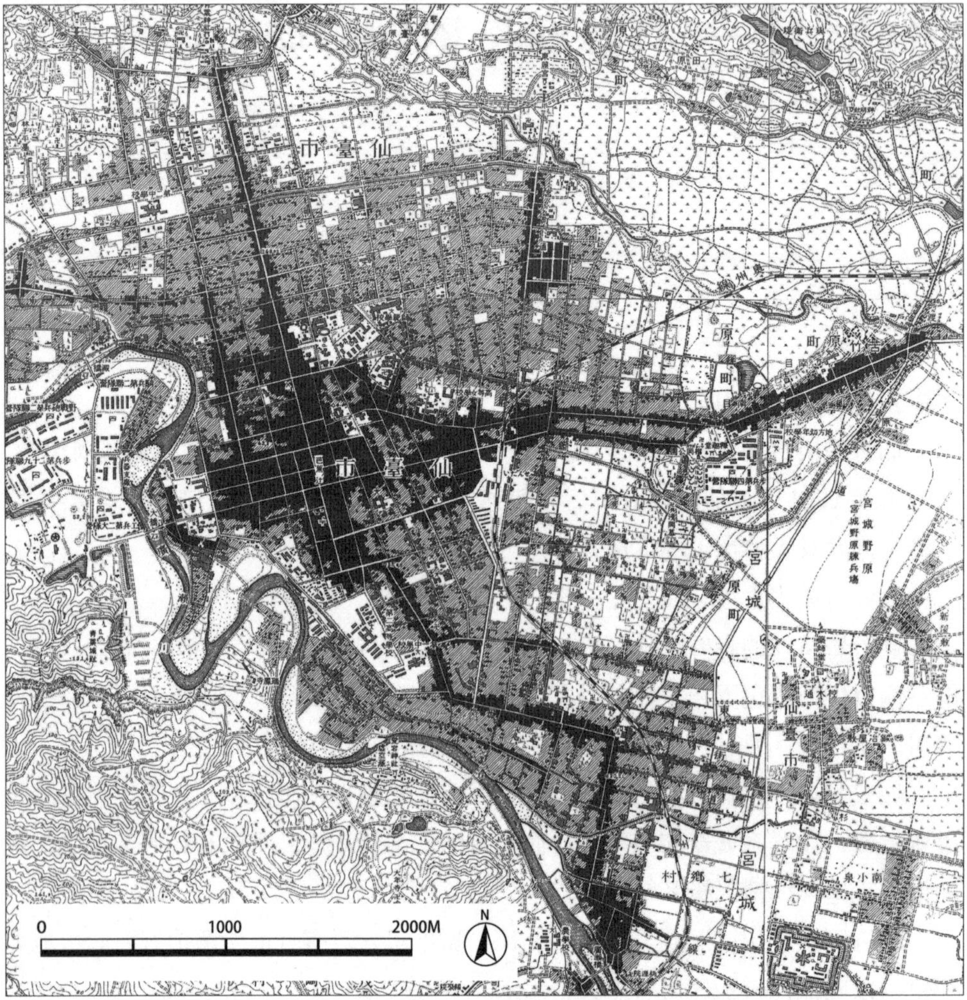

图 1　仙台 1/20000 正式图，由仙台北部（局部，1905 年测绘，1907 年发行）、仙台南部（局部，1905 年测绘，1907 年发行）、岩切（局部，1904 年测绘，1907 年发行）、原町（局部，1905 年测绘，1907 年发行）组成，图中标记了“芭蕉之辻”的位置。

这座城市的空间结构以直线道路大町通为基准。如图 1 所示，大町通由城堡中心区域（二之丸，明治后为陆军第二师团司令部），笔直向东延伸，经大桥后抵城下町。仙台以大町通为横轴，联系城下町与垂直相交的中世奥大道，并将奥大道改名奥州**街道**（现称国分町通）。

一般而言，区域性街道进入城下町时，会改笔直的道路线形为曲折蜿蜒的线形，以阻碍远眺，提高城下町的防御性。但奥州街道是史无前例的直线形，没有出于防御目的改建为曲线。天然屏障广濑川东岸，难道没有防卫的需求吗？

此外，仙台沿大町通、奥州街道两条干线道路布置町人地、其余土地用于武家地的规划，是不同于一般城下町的用地。通常情况，为了保卫城堡，会围绕城堡布局武家地。但仙台却没有这样。

仙台在大町通和奥州街道的十字路口（被称为芭蕉之辻）设置了**高札场**，将其定为城市中心。芭蕉之辻四周土地上的建筑与其他**町家**不同，是瓦屋顶双层楼阁建筑，设计统一精美。主楼装饰舞动的巨龙，辅楼点缀华丽的唐狮与兔子（照片 1）。据说，这四座建筑的修建得到了**藩**国资助。

芭蕉之辻从藩政时期到明治、大正时期一直被视为城市中心。江户中期以后，政府对主要的 24 个町编序，又称町列。居首位是紧挨着芭蕉之辻的大町三、四、五丁目，接着是肴町、南町、立町，以及从米泽移居仙台的伊达氏一支占据的御谱代町。这些位于芭蕉之辻周边的町，大多沿用搬迁前旧名。

仙台没有采用城下町一般的面状街区划分方式，而采用了以道路为轴线的方式。另外将道路十字交叉点作为城市地标的策略也与以往的城下町不同（图 3）。虽然有仙台城市原型源于平城京与平安京的说法（《仙台市史》别篇 1，383 页），但从空间构成看差别很大。仙台道路狭窄，没有轴线大路。路网由十字路口交织形成，呈现超越时代的形态。

伊达政宗生在米泽城下町，不会不知道当时一般城下町的构造。当然也可能由于仙台城位于广濑川西岸，位于东岸的城下町没有城防压力的缘故。

另外还可能是因为仙台城下町以武家地为主的特征导致的。仙台城下町除两条干道两侧是町人地外（不包括御谱代町），其余土地几乎全是武家地，约占总

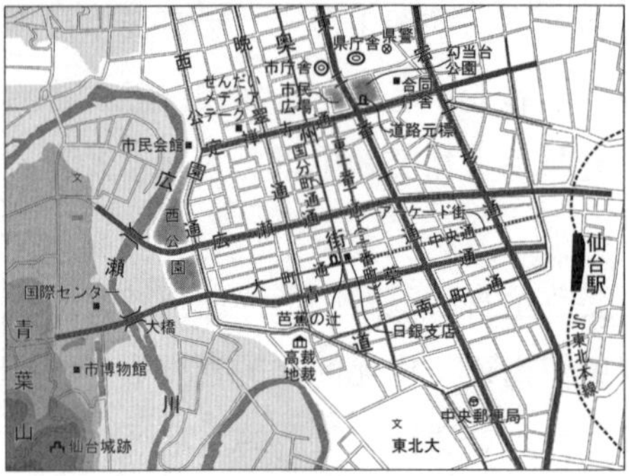

图 2　仙台市中心空间结构示意图

照片 1　明治末期的芭蕉之辻。现在还保留着十字路口的楼阁风町家。道路是大町通（出处：《目睹仙台的百年》，渡边信夫主编，乡土出版社，2001，28 页）。

图 3　仙台城下，1660 年代后半叶的模样。城市正向十字轴的东部扩张（出处：《城下町及其风貌变化》，藤冈谋二郎编，柳原书店，1983，272 页）。

照片 2　盖有拱廊的大町通，大理石路大町（Marble Road 大町）。采用了现代风格的铺装。自江户时期延续至今的商业街。

照片 3　现在的芭蕉之辻。向西望去。远处的建筑底层设有复原的石质道路元标。眼前的建筑是日本银行仙台支行。遗憾的是，往昔的繁华已不复存在。日本银行分行建在这里，说明这里曾是金融中心。

住宅用地的八成。仙台“杜之都”（森林之都）的名号，就是因为武家地用地宽裕遍植绿树。

再考察町列区划。芭蕉之辻东侧武家地统称东番丁，自西向东为东一番丁到东十番丁。国分町通以东的南北路，依此命名为东一番丁通、东二番丁通等。芭蕉之辻北侧武家地统称北番町，自西向东为北一番丁到北十番丁，道路同理。这种街区道路编序，让人联想起网格城市札幌，但仙台可要比札幌早 250 多年。

东二番丁、北四番丁等路名，至今在城市其他道路、商业街、车站的名字中使用。仙台城下町最早的大町通同样延续至今，是适合步行的城市主轴线。

从仙台站下车后，多数人会选择向西前往中央通拱廊商业街（照片 2）。其由 Hapina 名掛丁（ハピナ名掛丁）、Chris Road（クリスロード）、Marble Road（マーブルロード）三条道路组成，是仙台有名的七夕节舞台。中央通西端与 17 世纪初期修建的轴线大町通连接。伊达政宗的城市构想至今还有遗存。

遗憾的是，曾经象征市中心的芭蕉之辻，现在已然湮没在银行、证券公司、保险公司等办公大楼中，难以恢复往日热闹的景象（照片 3）。只在十字路口一角孤零零地立着复原的**道路元标**与芭蕉之辻简介。银行和证券公司的确可以负担附近高昂的地价，但也不是非在市中心不可，到其他地区开辟不是更好吗？总觉得这里还是应当作为城市公共空间发挥更好的作用。

2. 周围的近代化

实际走在这座异形的城下町，会发现如果不到广濑川西岸，很难感受到旧时城下町的风貌。城下町时代的大部分空间结构，现在已难辨认。

现在代表“杜之都”意向的宽阔榉树林荫道也是二战后建设的。这座城市在明治近代化改造后看起来有了很大改变。

但是如果仔细观察，会发现其实不然。仙台城市的历史没有割裂，反而顺利串联起近世、近代与现代，是一座具有历史延续性的城市。

做出这样论断的证据是，大町通至今维持着热闹繁华的景象。这座城市以大町通、国分町通（旧奥州街道）等旧市中心为近代化改造对象。大正以后，仙台主要建设移至东一番丁通（也称一番町），同时保持与市中心的动态沟通（照片 4）。

明治以后的近代化就是围绕着这条动态路线进行的。

图 4　最新出版仙台市地图中央部土地编号图（1936 年，局部）。公共设施围绕着建成区，市电循环线环绕市区运行。自仙台站向西延伸的是现在的南町通。（出处：《昭和十一年、十年、二十七年的仙台和现在的仙台》，塔文社，2005）。

如图 1 所示，近代化的城市公共设施多布置于市中心东北侧与西南侧。东北侧包括县厅舍（1870 年，曾是藩校养贤堂）、市厅舍（1878 年的区役所）、师范学校（1873）等，西南侧包括仙台区法院（1877）、宫城上诉法院（1879）以及第二高等学校（1889 年，后称东北帝国大学）等设施。市中心西面，也就是广濑对岸有陆军第二师团（1871 年，曾称东北镇台，后改称仙台镇台）。市中心东面是车站（仙台站，1887）。

以上这些大型设施均位于江户以后建成区（旧称仙台轮中）的边缘。

反过来思考，为什么出现这样的情况？因为仙台轮中在明治以后仍是活跃的商业地，内部只能容纳邮局、银行、劝工场等小型公共设施。大体量设施只能到外围选址。

不过，这样的布局有利于城市功能延续。仙台站最初规划在现址东约 1 千米处的宫城平原周围，遭市民强烈反对，而移向离城更近的现车站处。因此，才会有地图上（图 1）奥州线（东北本线）往车站不自然的西行绕弯。

1926 年，市电开始营业。1928 年，市电循环线建成，线路环绕城市中心，顺利连接起这些公共设施（图 4）。值得注意的是，循环线南侧没有选择大町通，

照片 4　东一番丁拱廊商业街。Burando-mu 一番町。这条商业街是为抗衡地方资本而建，最终成长为仙台的代表性购物街。道路起点是 1933 年入驻东一番丁通北端的三越百货，终点是 2017 年更名为藤崎百货的现代化百货大楼和大町通的相交处。

照片 5　定禅寺通道路中央的绿地。定禅寺通是一条公园路，东西连接起勾当台公园与西公园，十分珍贵。照片 8 是定禅寺通旧时的模样。比较一条道路的过去与未来，能切实感受仙台是从战争中再生的城市。

而是更南的南町通。这是为了保护大町通这条步行主轴线吧。如此，以芭蕉之辻为核心的市中心，在二战前后的近代化进程中没有遭遇外科手术式改建，而是通过建立与边缘新设施的动态沟通得以保存。

3. 战灾复兴构想

现在，仙台重现了“杜之都”的魅力，漂亮的林荫道纵横交错，包括青叶通、广濑通、东二番丁通、晚翠通、爱宕上杉通等。其中印象最深刻的道路是定禅寺通，在中央植树带中设计了名为“绿之隧道”的游步道（照片 5），是仙台举办爵士音乐庆典和冬季光之盛典的场所。

这些林荫道都是仙台**战灾复兴**规划的产物。

仙台市中心在 1945 年 7 月 10 日的大空袭中遭受毁灭性破坏。东一番丁等 66 个町全部烧毁，名掛丁等 41 个町部分烧毁。正因为如此，仙台才得以通过战灾复兴**土地区划整理**脱胎换骨。尤其是将中央隔离带设计成细长游步道绿地的定禅寺通等道路规划，使城市道路本身成为公园。可以说，仙台战灾复兴规划超越了单纯的战后重建，为城市创造了全新价值。

战灾复兴中规划新干道的构想如下（括号内是规划制定时的名称，现用名来自 1947 年河北新报社的新道路 • 绿带爱称征集）。

首先将东二番丁通（广路一号东二番丁线）定为南北主干道，宽 50 米；定禅寺通（广路二号定禅寺通锦丁线）定为东西主干道，宽 46 米（内设置宽 10 米绿带），形成十字形的开放空间格局。

其次，将广濑通（元寺小路川内线）、青叶通（仙台站川内先）、以及上杉通（长町堤町线）的市中心路段，定位城市次干道，宽 36 米。

之后，根据战灾复兴院的意见，将仙台站定为仙台的玄关口，站前大道青叶通（至东二番丁通路段）定为 50 米宽主干道（图 5）。

经过战灾复兴规划，仙台现在成为一座绿树成荫、道路四通八达的现代城市（照片 6）。

战灾复兴规划，也考虑过广濑通作为东西主干道、晚翠通（细横丁线）作为

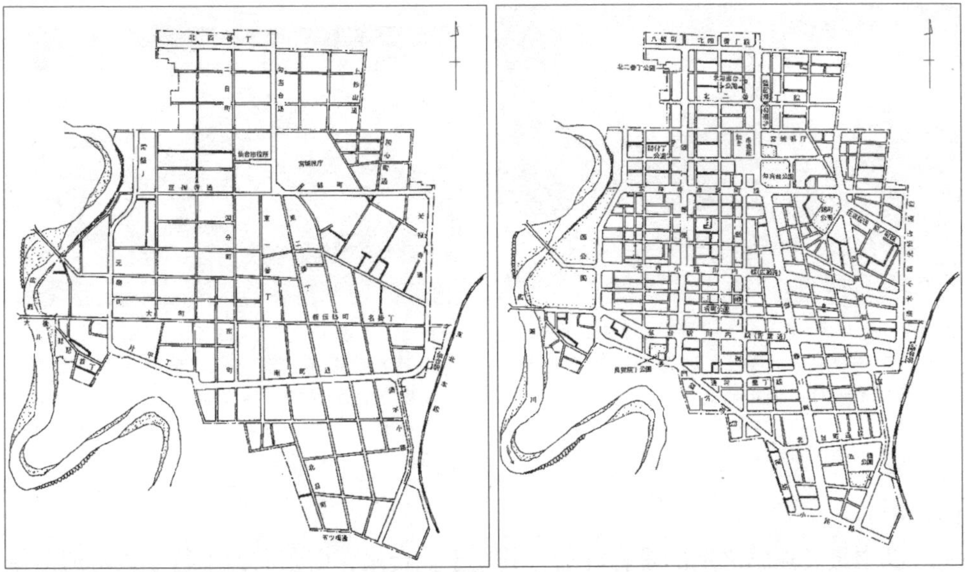

图 5　战灾复兴土地区划整理的施工区域图（左侧整理前，右侧整理后。出处：《仙台市战灾复兴志》，仙台市开发局编，仙台市开发局，1981，2-3 页）。

照片 6　青叶通，在和晚翠通相交的路口，向东望。这段路宽 36 米。

南北主干道的方案。但无论是备选方案，或是实际建成方案，城市的十字主轴线都避开了大町通、国分町通、东一番丁等步行干道。值得注意的是，东西向干道青叶通平行且位于大町通和电车道南町通之间。

开展大规模土地区划整理时，为什么会保留过去的步行系统？为什么宽阔的道路没有将城市撕裂，反而给城市带来了新魅力？为什么仙台能达到其他城市土地区划整理未能实现的成就？

有一个推论能够解答上述疑问。规划时的仙台，已从线形城市转为网格城市，可通过错位叠加现代化的宽阔道路网格，既保存旧有步行网格，又满足城市未来发展需求。此外地形平坦，道路条件均等导致土地几乎等价，也是规划得以实现

照片 7　大町通（左）和青叶通（右）交汇的路口。朝东边的仙台站方向望去。道路西面是下坡路，再往西便是横跨广濑川的大桥。

照片 8　定禅寺通，1960 年代刚刚种上榉树。建设时也曾考虑实施无电线杆化工程，但沿路房屋搬迁存在困难。路宽 46 米，中央绿地宽 12 米（出处：《仙台市战灾复兴志》，仙台市开发局编，仙台市开发局，1981 年，18 页）。

的原因。

其中最具点睛之笔的是青叶通。其始于仙台站，由东向西平行于大町通南修建。西端北折连接大桥（照片 7）。设计既尊重了由大町通经过大桥通向城堡的历史轴线，又形成人车并行（车行青叶通与人行大町通）通向大桥的新气象。在这里，规划与历史得以共生。

当然其他城市也有车行道与人行道并行共生的情况，但两条道路在一端汇合只有仙台。

正因为是异形的网格城下町，仙台才没有发生规划网格与既有体系相冲突的情况。一方面，沿着青叶通、东二番丁通等宽阔道路形成了金融街。另一方面，大町通和东一番丁通连贯为明亮宽敞、充满活力的步行拱廊街。在仙台能真切感受到规划与历史的共生。

现代的标准网格错位叠合于**近世**的异形网格之上，由此开启了两者共存的状态。可以说仙台的异形城下町是现代城市建设的基础。

4. 持续变化的街景

现代与历史的融合并非一朝一夕就能达成。宽阔主干道在 1954 年才浇上柏油。此前，一刮风道路上就扬起沙尘，仙台很长时间被称为“仙台沙漠”。两侧行道树于 1949 年才开始种植，1966 年完成。

种上树时，道路两侧稀稀疏疏的小树苗（照片 8），需要强大的想象力才能联想到未来的绿树成荫，城市发展成熟也需要时间。如此致力于栽树，也是希望恢复战前的“杜之都”的样貌。

如果要说现在仙台的代表性商业街，当然是市中心的 T 形拱廊街。不过，T 形拱廊街也是分期建成的。1954 年改东一番丁为拱廊街，1965 年改中央通为拱廊街。更令人惊讶的是，在北至定禅寺通、南至南町通、东至爱宕上杉通（旧名长町堤町线）、西至国分町通的这片市中心，早于 1949 年便开始了五条干道（青叶通、广濑通、东二番丁通、东一番丁通、爱宕上杉通）的电线地下化工程，1953 年竣工。这样一来，榉树就可轻松舒展枝条了，“杜之都”的宣传标语渐入人心。中央通拱廊街的电线地下化工程也于 1961 年完成。“杜之都”的形成，不仅归功于战灾复兴的宏伟构想，还应感谢一步一个脚印持续建设的努力。

当然，仙台在二战后的发展并不全是优点，也有尚待解决的问题。

比如说，现在从仙台站出站到宽敞的站前连廊上时，会有那么一瞬间不知该往哪走。这座全日本规模最大的人行连廊建于 1977 年，之后不断扩建，直至今日（照片 9）。

作为一百万人口的大城市，仅靠地面交通难以满足玄关口的交通组织需要。1946 年区划整理时，原计划将车站向东搬迁约 160 米，但由于铁路私营，最终仅移动了 9 米。这也导致站前广场规模过小。站前连廊也是后来新干线建设（1971）时迫于需要追加的。

照片 9　站在仙台站前步行连廊上所见站前广场与仙台车站。遗憾的是，直抵车站大楼的青叶通，几乎没什么存在感。

在车站前不知该往哪走的时候，多数行人还是倾向选择在地面上行走。但从车站出来步行到连廊，却无法立马发现通往青叶通的方向。好不容易修建的仙台站站前大道青叶通，却无法被行人明确感知，真是遗憾。

反过来，如果沿着青叶通走向车站，视线也会被眼前碍事的连廊遮挡，看不清楚车站和站前广场。其实为使青叶通能正对车站大楼，在设计道路走向时特意在站前向南偏折（尽管幅度很小，但引起过例如青叶通到底是一条直线还是一条曲线的大争论），东二番丁通以东路段改变最初规划，增宽为 50 米。很可惜这些设计上的努力，没能发挥很好的作用。

还有前述大町通和青叶通在西端大桥前汇合、在东端仙台站前拱廊步行街与种满榉树的车行道并行。真希望有这么一处空间节点，能让人清晰感受到这些空间上的变化。这样一来，也能感受明治时期的市民是如何接纳江户时期的车站、昭和时代的市民是如何在绿意盎然的道路上穿行。仙台站前，本来可以提供这样独一无二的感受。

使仙台“杜之都”获得重生的战灾复兴规划，是二战后日本城市规划史上光辉灿烂的里程碑。但也要认识到，战后规划得以成功实施的前提是仙台的异形城下町。可以说，充分理解城市形成过程中的规划构想，便自然获得了今后发展的钥匙。

秋田——嵌套产生的反差城市

1. 非战灾都市

秋田是一座没有遭受二战破坏的**城下町**。提及此类城下町，脑海中往往会浮现金泽与松江等县都城市的面貌。秋田所在的东北地方，还有弘前与米泽这两座非县都城市也是如此。乘坐奥羽本线经米泽、弘前后到达秋田。出站后，眼前近代城市的风貌令人稍感失望。无论是建筑物单体，还是可直达的仲小路商业街，都没有城下町的氛围。如果车站选址于新区，那也正常。但秋田站位于城下町东缘，离城堡本丸（现千秋公园）不是很远。

如何才能感知秋田的城下町呢？回答这个问题也是理解秋田城市个性的过程。

2. 从广小路漫步至竿灯大通

首先，沿广小路走走。

广小路是始于江户时期的道路，由秋田站前北侧向西延伸（照片 1）。沿路是酒店、百货商店、餐馆等。走一走，右手可见一道护城河（照片 2），是久保田城的外护城河。河流北岸点缀植被景观，再往北是县民会馆与中心图书馆等公共设施。

沿外护城河边南北向坡道继续北上，是一片充满绿意且宁静的开敞空间，即千秋公园，也是久保田城的旧本丸。1603 年，**佐竹义宣**在神明山上修筑久保田城，开启了秋田的历史。城下町位于城南与西南面。广小路护城河北侧原本还有两道

图 1　秋田 1/25000 地形图，由秋田（局部）、目长崎（局部）构成，均为 1912 年测绘，1913 年发行。

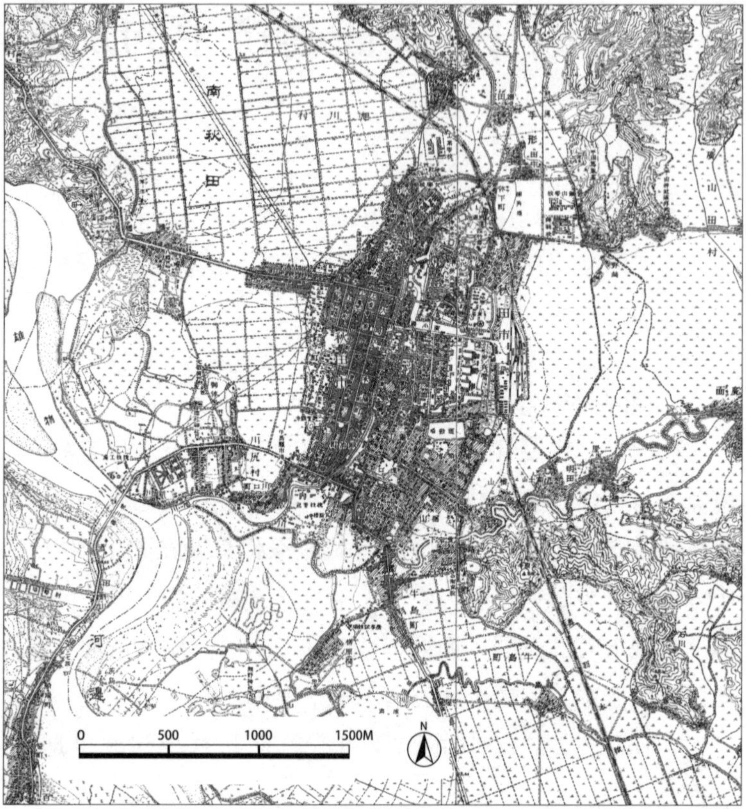

图 2　秋田市中心空间结构示意图。

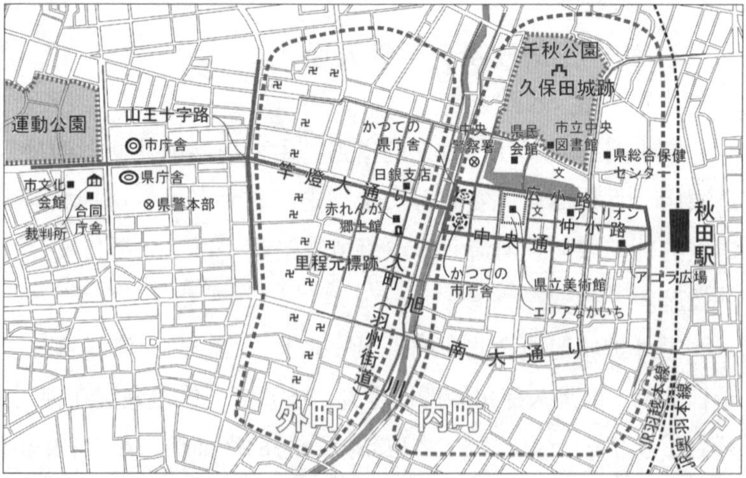

照片 1　自秋田站前沿广小路向西走。

照片 2　沿广小路继续向西走。右手边（北侧）是宽阔的久保田城的护城河。

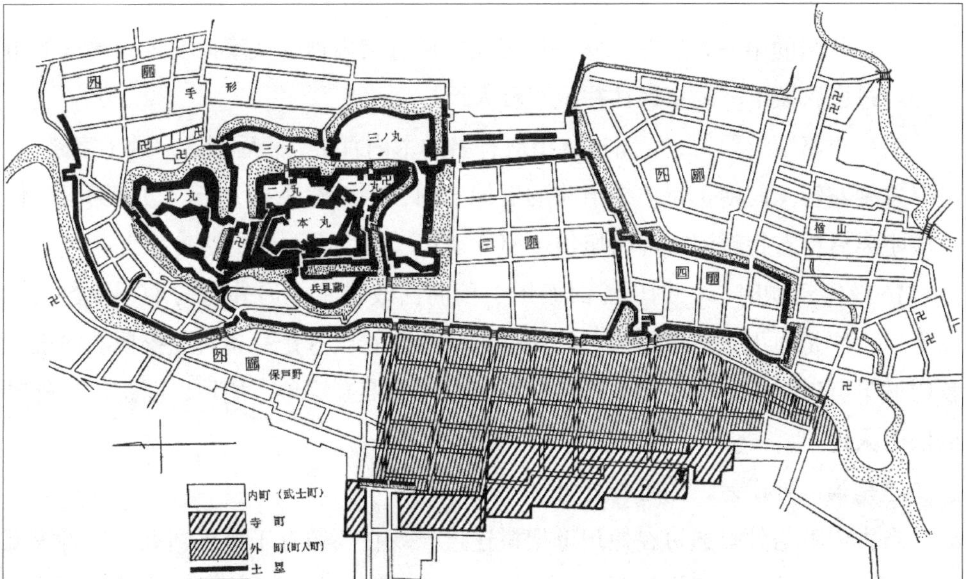

图 3　久保田城下简图（根据享保年间绘画改绘，出处：《秋田县史》第 2 卷，第 131 页）。

护城河，现已填埋（图 3）。

外护城河南岸面朝广小路高楼大厦林立，有浓郁的市中心氛围。这里原为旧**武家地**，用地规模较大，因此建成进深狭长、体量巨大的建筑物。

照片 3　接着往西走就到了旭川。在三丁目桥往上游看。旭川河道笔直的样子，表明这是一条人工改道的河流。

照片 4　过了旭川再往西走就到了竿灯大通。向西望去。这里也是秋田夏季风物诗——秋田竿灯祭的舞台。

这是秋田的第一处反差：同一片土地，从过去肃穆的武家地发展为繁华的市中心。过去，城下町闹市区往往位于町人地。

沿广小路继续西行，会路过秋田最有名的木内百货，然后到达一处T字路口。可以发现左转（向南）是主要道路的延伸方向，因路宽明显大于周边道路。延伸一段距离后再右拐越河，河名旭川（照片 3）。

1603 年筑城时，仁别川（旧旭川）稍向西改道，并另外开凿了一条物流运输干道，便是旭川。从旭川笔直的河流走向也可看出这是一条人工挖掘的河道。秋田城下町以旭川为界，河流以东是称为内町的旧武家地，旭川以西是称为外町的旧**町人地**。

这是第二处反差，内町与外町。

自古内町与外町通过在旭川上架桥连接，现在还留有丁目桥到五丁目桥等五座桥梁。有趣的是，桥梁与两侧道路接续方式不同：外町往往直接连续，而内町侧往往错位交接。

这是因为武家地具备防卫功能，因此不希望从町人地一侧直视远眺，故将道路错位。不同用地之间的道路错位，是町人地的规划特征。

外町与广小路错位相交的道路是竿灯大通，中央设有榉树隔离带，两侧种有三排银杏树（照片 4）。夏天会在竿灯大通举行竿灯祭，且双向八车道设置对行人并不友好。沿竿灯大通一直往西，可达秋田最大的十字路口——山王十字路。

过山王十字路后，道路向左偏折，由西北向转为正西向。这段正西向道路穿过的地区，是秋田现在的城市中心区：包括县厅舍、市厅舍、市文化会馆、法院、地方法务局、运动公园、中央邮局等公共设施。这片区域最早在 1954 年《综合都市计画》规划为行政中心区，1957 年旧县厅舍火灾后得以推进，1956 年完成并由建设省正式公布。之后，县厅舍与市厅舍分别于 1959 年、1964 年搬迁至此。

另外，旧市区西缘内 40 余座寺院形成的寺町，将山王十字路东面的旧市区与西面的新市区区分开。这是第三处反差。

旧市区东缘是秋田站和奥羽本线，将其与东面的新市区（原为广阔的低洼地）区分开。漫步城市的过程中，会发现秋田嵌套着层层反差。另外还有一处反差：秋田城下町与其外港土崎港（两地自 1890 年起通过铁道马车连接，直到 1965 年末市电停用）。

3. 内町的变化

值得一提的是，内町行政设施旧址持续规划公共设施。

例如，县立美术馆旧址（照片 5）后续建有地方检察厅、女子师范学校、师范学校、县厅舍、藩校明德馆等设施；中央警察署旧址则先后建有监狱、市厅舍；县综合保健中心旧址曾建有陆军司令部等。当然，任何一处用地最早都可追溯至武家地。

照片 5　秋田县立美术馆。背后热闹的交流馆 AU 等再开发大楼呈 L 形环绕。这里是周边最热闹的地方。美术馆用地曾修建五座不同的城市公共设施。

行政设施搬迁到西山王地区等新规划的行政中心后，在原址规划公共设施维持市中心职能的再开发工程并不多见。

最典型的是从 Agora 广场（秋田站前广场）至仲小路（广小路南侧平行道路）的站前地区。这片站前黄金地区，在明治时期还处于城市边缘，离闹市大町很远。

秋田站开业的 4 年前（1898），原驻仙台的陆军步兵第十七联队近两千名士兵改驻秋田。联队兵营设在今秋田站前，占地约为南北 560 米 × 东西 360 米，即北至广小路、南至南大通（当时还是护城河）、东至站前、西至秋田明德馆高中前路口的矩形地区。

二战后这里黑市聚集。后来整顿形成了金座街和市民市场等商业设施。再之后，为举办 1961 年的国民体育大会，于 1959 年开始推进占地约 25 公顷的土地区划整理。现在的车站大楼、站前广场、中央大道等仍保留了当时改造的风貌。

在广小路的法院和法务局迁至西面的新市区后，1968 年开始了站前至二丁目桥地区的再开发项目。多座大楼拔地而起，还有车站正面的立体停车场与 Agora 广场，以及向西延伸的仲小路，形成站前的步行轴线（照片 6）。

持续推进的规划建设使秋田站前一带十分整洁，不像是一座“非战灾都市”。

这也为秋田带来了新的反差。

内町的两条东西向干道的反差：城下町建设之初就存在的广小路、南面二战后建成的现代大街中央通（照片 7）。广小路是西向单行道，中央通是东向单行道，两者在县都中心构成了逆时针单向通行的环形交通，不仅塑造了秋田独有的城市个性，也体现出强烈的规划意图。

广小路和中央通这两条车行干道之间还有最富秋田特色的步行商业街仲小路。

照片 6　仲小路。诞生于 1959 年站前土地区划整理的步行轴线，自站前直抵市中心。面向车站，向东看。

照片 7　中央通。配合 1961 年秋田国民体育大会召开而建成的道路。面向车站，向东看。中央通和广小路这两条东西路形成环线，仲小路是两者之间的东西路。

可以说，尽管内町变化很大，还是在政府积极干预下保留了城市公共属性，至今生机勃勃。

这种干预还可从“内町与外町的反差”中清晰感知。

照片 8　旭川西侧外町，站在轴大町（旧羽州街道）北望红砖乡土馆（旧秋田银行总行）。

外町在近世十分繁华，代表性道路是大町。大町由福岛伊达郡北上青森的东北地方干线羽州街道经秋田外町的路段改建而来，也是羽州街道上数一数二的繁华路段。单从红砖故乡馆便可知晓（照片 8，旧秋田银行总行。1912 年被指定为重要文化财）。红砖故乡馆前竖立着明治初年的**里程元标**，可见当时人流之大。其他还有大町与竿灯大通路口的日本银行秋田支行，是东北地方北部（北东北）首家日本银行的支行（1917，当时是办事处）。至今，大町仍保有历史上的道路风貌。

现在的外町已无往日繁华，主要是发展过程中没有经历内町这样的行政干预。

4. 官方意志

秋田在建设中贯彻了城市规划，体现出强烈的官方意志，其中尤以县厅和市厅的选址为代表。两者现均位于旭川东侧旧市区，相对而立。但在搬迁现址前，它们曾并排而立。1871 年秋田设县后，县厅一度没有固定办公场所。1880 年才选址土手长町（内町面向旭川离外町最近的部分）建设县厅，即今竿灯大通越过二町目桥的位置。直到 1957 年，这里都是县厅所在地。关于市厅，首先在 1889 年秋田设市后借用县厅舍南侧的南秋田郡役所办公，直到 1905 年火灾全烧。这个地方现在建有北都银行总行。火灾后，市厅在同一条路稍向北移的地方再建。1964 年，市厅再次搬迁，搬到新市区与县厅舍相对而立的现址。历史上两次将县厅与市厅相邻布局，体现了集中的政治特征。全日本只此一处。

其中最具象征性的是第一次县厅选址。从位置上看，正好将外町的竿登大通与内町的广小路联系起来。当时广小路的护城河一侧，已经建有学校、图书馆、法院等公共设施。更巧妙的是，位于内町的县厅没有朝向广小路，而是将正面设在朝向外町竿登大通的一侧（照片 9），体现出兼顾内外的政治意图。

照片 9　竿灯大通道路东端，过了二丁目桥处。1880 ～ 1957 年，县厅舍就建在这里。这块土地现在是县属空地。

政治特征就这样清晰印刻在秋田的地图上。从区域角度看，现在的山王地区也正好位于西扩的新市区、国道 7 号线辅道、土崎港等重要部分与旧市区交接部分。

将县厅舍正对的县道（后称竿灯大通）作为新城市轴拓宽、向西延伸这一规划构想，体现了秋田城市以政治主导的特征，同时也体现了在建成区基础上畅想未来的规划思想精髓。明治时期在广小路东端设置车站的规划手段也如出一辙。

不求突变、脚踏实地在前一时代的基础上逐层递进的发展路径，形成了秋田城市中的诸多反差。从这些细致的反差中，可以阅读城市近代化的特征。

当然也有弊端。这种规划产生的城市空间，虽然能够很好适应当下的需求，但往往难有对应此后变化的余地。再加上提出城市再开发的设想到真正落成，中间还有时间差。落成时已然落后于时代步伐的情况也不少。但与其归咎于秋田，不如说是城市规划本身的局限。

近来秋田市中心的空地越来越多。在即将进入大刀阔斧与绣花针式结合的城市更新时期，多么希望这一次的城市规划还能继续领先时代。

整体而言，秋田的城市发展是渐进式的。虽然其中不乏创新性的近代化，但与邻近的山形相比，又很不同。两座城市均未遭受战灾，但山形却进行了整体革新。这两座相邻县都曾是东北地方的近世城下町，却以相反方式推进城市近代化，真是不可思议。

总之，正因为没有遭遇战争，才使得这种“深层次的反差”成为可能。走访秋田这座周密贯彻规划意图的城市，不由感慨：“这是一种非战灾都市的延续法。”

城市，越是深入，越能发现它的不同之处。还好，这趟漫步之旅才刚开始。

山形——三岛通庸所见之近代城市

1. 山形与米泽

1876年，旧山形县、置赐县、鹤冈县合并为山形县，县都设在山形市。合并时山形市的人口规模尚不及另两座旧县厅所在的米泽市与与鹤冈市，但处于合并后县域的地理中心。

设都后，山形市内相继建设各类县级设施，人口急剧增长，于1885年、1900年相继赶超鹤岗、米泽的人口规模，并取代米泽市，成为最上川流域规模最大的城市。米泽自17世纪以来一直是这片地区规模最大的城市，是1898年2月日本推行市制的对象，当时推行市制的非县都内陆城市只有米泽与弘前。

山形与米泽拥有许多共同点。

两座城市都曾是城下町，拥有相似的城市空间结构。城堡选址平原，坐西朝东，有三重护城河围合。外护城河东有古道羽州**街道**蜿蜒而过。

两座城市都未遭受二战破坏，内郭及**町家**地区至今维持着城下町的风貌。两座城市都没有什么武家痕迹，这恐怕是**戊辰战争**东军城市的共同特征。

但山形与米泽的近代化路径却截然相反。虽然两座城堡都转为公园，但米泽的车站与市厅舍等近代设施位于建成区东缘，而山形的近代设施大多位于城堡附近的旧**武家地**一带。也就是近代城市中心选址差别很大。

两座城市最大的区别是铁路奥羽本线的布线。奥羽本线是福岛通往青森、贯通东北地方的区域铁路干线，由奥羽南线和奥羽北线构成。奥羽南线从南往北铺设，1899年从福岛通至米泽，1901年通至山形，1903年通至新庄，1904年通至

图 1　山形 1/20000 正式图，由山形（局部，1901 年测绘，1929 年补绘铁路，1931 年发行）、漆山（局部，1901 年测绘，1930 年补绘铁路，1931 年发行）组成。南北贯穿城市的大路是羽州街道。可以看出旧武家地大半用作田地。

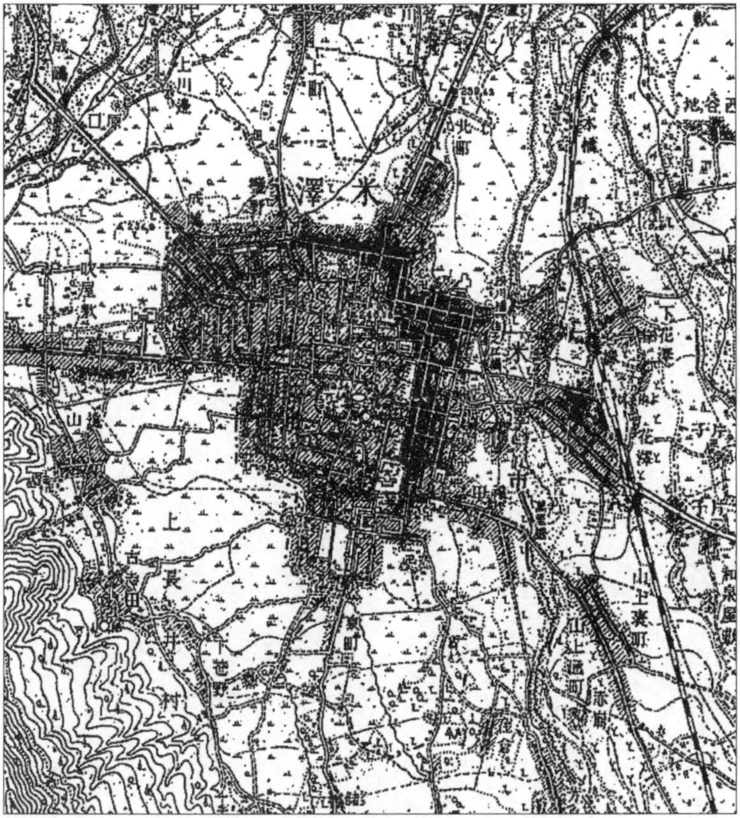

图 2　米泽 1/50000 地形图（局部，1908 年测绘，无发行年份记载）。和山形一样，羽州街道从米泽建成市区东侧贯穿而过。

图 3　山形市中心空间结构示意图。

图4　最上（氏）百万石城下图纸（出处：《山形市之町》，山形市役所，1954，4–5页）。

横手。而奥羽北线是从北往南铺设，从青森通至横手。1904 年，全线贯通。

奥羽本线通过米泽时，采用了沿城市边缘铺设的一般做法。而奥羽本线通过山形时却沿紧挨着城堡的二之丸护城河通过，将城市分割为东西两半（照片 1）。贯穿城市中心的布线方式，奥羽本线全线仅此一处，让人眼前一亮。

照片 1　布线于二之丸护城河的奥羽本线的铁路线。自东大手门桥往南看。右手边树林是霞城公园。

另外，两座城市的站前大道也有所不同。米泽的站前大道通向城堡，而山形的站前大道则背离城堡，通向**町人地**。

2. 将城市一分为二的奥羽本线

为什么会在城市中心铺设铁路？设想因何得以实现？这恐怕要归功于幕府末期的山形相对更多的闲置武家地。

山形城下町始建于 16 世纪末，据说是**最上义光**修建的（图 4）。1622 年最上氏被贬后，不断转封其他大名，俸禄一度高达 57 万石，幕末缩减至 5 万石。

由于义光建造三之丸规模巨大，城内武家地远超安置家臣团所需用地。再加上大名不断更替，武家地居民也几经变更。如此一来，武家文化难以孕育也理所当然。山形有名的红花、樱桃以及戊辰战争，都与武家没什么联系。

正是由于武家势力不强，所以通过武家地的铁路与车站建设没有受到太多阻碍。这种方案还很好利用了护城河沿线低地，东京外壕中央线的建设也是如此。

于是，山形站就建在了城堡南侧的旧武家地。站前大道朝东通往羽州街道，在当时最热闹的十日町交汇。反过来，也很可能是站前大道与羽州街道在十日町正交的设想，决定了车站选址。

周边武家地在车站建设前一度只是田地。车站西侧是驻扎城内的陆军步兵第 32 联队的练兵场。

3. 快速建成的官厅街

近代以后，车站西侧的城堡一带转为军事用地。车站东侧以羽州街道为轴线，串联十日町与七日町，沿街建起公共设施，逐渐形成近代城市面貌。羽州街道通至七日町后西折，随后北上，走向曲折。道路西折的拐角北面原本为寺院，后改建为县厅舍。由此形成以县厅舍为端点，两侧布局师范学校、警察署、博物馆、郡役所等公共设施的中轴线（照片 2）。

照片 2　山形城区图（高桥由一，1881）。受三岛通庸县令委托绘制。正面是第一代山形县厅舍。高桥由一（1828 ～ 1894）是日本第一位西洋画画家，十分有名。

原本排名第三的城市通过这样的近代化改造，成为一县的行政中心。

这些公共设施后来大多搬迁至别处，但仍会建设县民会馆等公共设施。道路两侧建设前后没有发生太大改变，至今还是城市中心。

这片行政中心的建设，是由声名赫赫的首任县令**三岛通庸**在 1876 ～ 1882 年推进建设的。据说三岛“亲笔勾画纵横格网”，对公共设施“确定其位置井然有序”（《山形市史》下卷，160 页）。

三岛卸任山形县令后，陆续担任福岛县令、栃木县令，在县都城市改造上功勋卓著。他在山形任职最久，取得的成就也最多。山形县县厅最早假借二之丸大手（正门）前的旧藩厅（新御殿）临时办公，即今霞城公园前、县立中央医院旧址及至诚堂医院一带。经三岛规划建设，县厅从武家氛围浓重的城堡周边搬迁到町人地的寺院，即羽州街道尽头。

从城市主体空间结构看，山形与米泽采取了完全不同的近代化路径。县都山形将核心设施县厅舍设置在南北主路七日町通北端。米泽则开辟了站前大道联系近代车站与过去的核心设施城堡。

值得一提的是，这片新市区以惊人的速度建成。1876 年，三岛通庸担任山形县令。同年开工建设县厅舍，翌年竣工。随后三年时间内建成大部分公共设施。

照片 3　山形县新建图（长谷川竹叶，1881 年。出处：《山形市史》下卷 近代篇，1975 年，封面图）。为纪念明治天皇巡幸而发行的彩色浮世绘。除本文介绍的建筑物外，市中心还描绘了劝业制丝厂。

包括师范学校（1878 年建成，现山形商工会议所等）、附属小学（现山形县民会馆）、济生馆医院总院（现迁至霞城公园内，旧址改建山形市乡土馆）、警察总署（现山形银行总部）、山形警察署（山形银行总行西侧，相隔一条道路）、南村山郡役所（后称山形市厅舍）、劝业博物馆（今山形市厅舍一部分）等。

1881 年的浮世绘（照片 3）详细描绘了这片近代建筑群，羽州街道尽头忽然诞生的西洋风街景栩栩如生。

1878 年 7 月到访山形的**伊莎贝拉·伯德**在《日本奥地纪行》中写道："山形是一座拥有 21000 人口的繁华县都。县厅气派地伫立于大街尽头，散发着日本都市之中少见的庄重感……灰暗低矮的建筑群中，耸立着高大敞亮的新式县厅，令人眼前一亮！道路又宽敞又干净。"

宽阔笔直的道路尽头耸立一座洁白高大的西式木建筑——三岛通过近代化改造构建的都市风景让那位 46 岁的英国女旅行家备感"庄重"。

4. 三岛通庸的构想

为什么山形县令能在短时间内建成如此华丽的市中心？

这主要是被称为“鬼县令”“土木县令”的三岛通庸有很强的政治手腕。他不仅强制收取县厅舍用地，还要求市民按地价与户口缴纳建设费。明治初年政权动荡，为此掌权者往往倾向建设具有权力象征意义的公共设施，而无视地方反对。在山形之前，三岛就在东京规划建设银座红砖街。

但没有海外学习经历的三岛为何能构建风貌一新的近代官厅街？

三岛任栃木县令时，在宇都宫也做了类似建设。县厅位于南端，公共设施位于其两侧，带有巴洛克空间氛围的近代官厅街。行政中心区位置同样没有选择城堡一带。

此外，山形和宇都宫也同样改造江户古道（分别是奥州街道与羽州街道）为商业街，包括三岛后来任职的福岛。这些城市均数年间完成了较大的空间改造。

三岛的城市空间构想究竟源于何处？

首先是近代权力更迭。明治政府通过废藩置县废除武士阶级、驱逐藩主（藩知事），构建起中央集权，即由中央任命县令（后称县知事）管辖全县的近代统治体系。从城市空间看还包括一场巨大的实践：以县厅舍为核心的近代城市中心取代近世以城郭和御殿为中心的空间结构。

以县厅舍为核心西式建筑林立的城市中心——这种反映近代统治结构的空间意象，当时仍很难想象。

基于筑波大学野中胜利教授的研究[①]，山形行政中心的空间结构或许受到札幌本府规划的启发，尽管两座城市现在看来大相径庭。

札幌的本府规划（详见札幌章，图 3）将本府府厅设于行政中心北端，建筑

---

① 野中胜利：《三岛通庸在明治初期建设山形官厅街的规划意图》，《日本建筑学规划系论文集》第 589 号，129 ～ 136 页，2005。同《薄井龙之参与的札幌本府规划对山形官厅街影响的可能性》，《日本建筑学规划系论文集》第 597 号，101 ～ 108 页，2005。另外，关于山形县厅舍建设的具体经过，详见《都道府县厅舍——建筑史的考察》（石田润一郎，思文阁出版，1993，157 ～ 162）。

坐北朝南，门前铺设一条道路笔直向南，两旁规划公共建筑。这样的空间结构，与山形县厅舍周边布局如出一辙。

据野中教授研究，两座城市的中央大道最初均规划为 12 间宽，学校也都集中布置于东南侧。山形县厅舍周边建设规划的二号人物山形县参事薄井龙之（1872），曾跟随岛义勇参与札幌本厅规划（1870 ～ 1872）的经历也是推测的依据。

尽管只是推测，但一想到这两座看似毫无关联的城市的中心空间，实则通过规划构想起来，就内心澎湃不已。

当然，中心区外也有部分公共设施，如法院、监狱、小学和女子师范院校等。即使与七日町通存在一定距离，但这些建筑大多数情况下朝向七日町通建设。西洋风格的公共建筑如雨后春笋般不断建成，面向七日町通，背对城堡。只好感叹，山形武家的低存在感。

由于没有遭受战灾，现在的山形保留了当时的风貌，拥有众多西洋风格历史建筑。如 1916 年修建的第二代县厅舍文翔馆（重要文化遗产、照片 4）、旧山形师范学校本馆（1901，现教育资料馆，重要文化财，照片 5）、旧济生馆本馆（1878 年，今山形市乡土馆、重要文化财、移建）、第一小学旧校舍（1927，今山形学习馆、国家登录文化财）等。

照片 4　从七日町通往北看。正面是旧县厅舍（今文翔馆）。每年 8 月举行的花笠祭正是在这条道路上游行。

照片 5　旧山形师范学校本馆（教育资料馆，1901），1897 年师范学校条例修订导致学生人数增加，于是学校从县厅旁搬迁至现址。同样建在道路尽头。

5. 七日町通两侧地区开发

在三岛完成以七日町通为轴线的城市改造后，山形城市面对的问题如何打破仅依赖这一条道路发展的局面。将线形城市转型为面状城市，是所谓“后三岛时代”的规划构想。

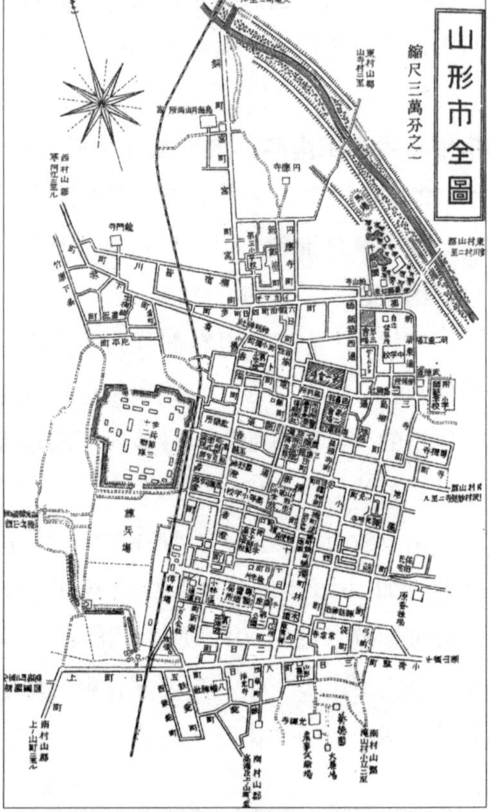

图 5　山形市全图（局部），1916 年（出处：《山形市志》，奥羽联合共进会山形市赞助会，1916，封面画）。1916 年于山形召开的奥羽联合共进会的引导图。县厅舍是共进会第一会场。从图中可知，旧武家地正在进行道路整修。

七日町通以东是江户以来的町人地，较易改建为现代商业。现山形银行总行前的旭银座通，战前就是集中了电影院与料亭（日式餐馆）的繁华商业街。另外，七日町一番街是通向仙台的笹谷街道（旧元三日町一带）改建（照片 6）。与七日町通平行的仲通（旧长源寺**寺町**替换），也仍是一条颇具历史韵味的道路。

这样一来，城市改造的重点就落在了七日町通西侧地区。改造前，七日町通道路东侧是护城河与土垒，西侧是武家地。如图 1 所示，西侧大部分武家地在更早以前转为田地。其中也有部分武家地建成医院（济生馆）、学校（第一小学）或监狱等，但很有限。要想将城市从线扩张至面，必须采取更多措施，但契机以灾难的形式到来了。

近代两场大火烧毁大半市区。1894 年的南大火烧毁房屋 1284 栋，1911 年的北大火烧毁房屋 1313 栋。

以这两次大火为契机，山形修建了城市防火道路，拓宽了七日町通的核心路段（县厅前至七日町，拓宽后为 8 间），推进了城市西南旧武家地区的道路整修

照片 6　现在的七日町一番街。自七日町通向东看一番街的入口。旧笹谷街道的部分路段。这样的道路为深入漫步城市提供了可能。

照片 7　防火路线带铃兰街（香澄町大通）的沿街建筑群。靠近车站的南北向道路，往北看。再开发建筑群均为三层建筑。井然有序的道路风貌诞生于二战后的城市开发。

工程。

道路整修工程持续推进，包括前述道路。1901 年山形站开业后，进一步推进车站以东地区开发。这时修建的站前大通（即站前大道）仅建至十日町通，与七日町通呈 T 形相交。

直到 1930 年代后半叶，站前大通才穿过十日町通继续向东延伸，形成了现在的十字路口。

改建的契机还有，1946 年日本政府推行的一项决定，将二战末期各城市根据**建筑疏散**设置的空地改为道路。山形虽未经历战争，但仍以此为契机，改战时空地为大路。

例如，山形站前南北向的香澄町大通改造工程。由于沿街铃兰造型的路灯，香澄町大通又称铃兰街。1967 年，随着山形站车站大楼建成，铃兰街实施了道路改建与**防火建筑带**工程。现在这条道路充满昭和气息的怀旧感，吸引了不少人前来观光（照片 7）。

山形市区面上扩张的最后一项工程，是 1975 年的县厅搬迁。

1911 年，大火烧毁了第一代县厅舍（1877 年三岛通庸建）。大火后，开始了第二代县厅的建设与县厅前七日町通的拓宽工程。第二代县厅舍于 1916 年建

照片 8　十日町路口稍北处，往北看。正面能够望见小小的旧县厅舍。1911 年北大火后，道路拓宽至现在的宽度。

照片 9　现在山形站东口的站前广场与向东延伸的站前大通。

成并保留至今，即今文翔馆（山形县乡土馆）。可以说，现在所见山形市中心的风景，实际上是大正初年城市规划的产物（照片 8）。

随着时代发展，第二代县厅舍的内部空间逐渐变得不够充裕，建筑也因老化需要翻修。由于县厅舍是彰显政府形象的建筑，因此如何更新与保护成为重要问题。如何更新县厅舍？是在原建筑基础上扩建，另择他址新建，还是拆除重建？

当时山形县厅舍周边用地宽敞，采取保留主楼扩建的方案是当时主流。前桥、宇都宫、富山、京都、和歌山、宫崎等城市均如此。但是，山形选择了完整保留县厅舍及周边开敞空间的方案，择址另建县厅舍。

有意思的是，新县厅舍选址位于站前大道十日町路口以东路段。县厅舍前主路从七日町通转为站前大通，走向由南北向转换为东西向，旋转了 90 度。新轴线（站前大通）与旧轴线（七日町通）所构成的十字，并因此形成新的城市结构。回溯新旧县厅更替、新旧交通轴回旋的时间节点，大约是在 1975 年，也是山形设县的第 100 年。

6. 历史的环线

实际在山形走走看吧！从山形站东口出站（照片 9），穿过平成时期开发的站前地区，沿着站前大通往东走，走过二战后实施**土地区划整理**与防火路线带工程的铃兰街，在十日町路口左转北上旧羽州街道（即十日町通·七日町通，现国道 112 号）。沿路能感受到从江户延续至今的传统商业街氛围。其实这条路线也是山形花笠祭游行的路线。

再往北，就到了旧县厅舍一带。这一地区自明治时期初具雏形，到大正时期基本建成。左转向西，穿过旧武家地，经过大手门前漂亮的樱花大道，穿过护城河与奥羽本线后，从二之丸东的大手门进入山形城旧址、现在的霞城公园。

城堡内正在进行本丸建筑复原工程，以及明治旧济生馆本馆搬迁保存工程（照片 10）。从霞城公园向南到达公园南门。出南门一直走，便是山形站西口。

照片 10　自霞城公园内搬迁的济生馆本馆，现在的山形市乡土馆。

沿着这样的历史环线漫步，可以切实感受到现代山形城市是由不同历史时期的规划构想叠合而成。由于历史上没有大规模的城市改造，因而保留了肉眼可见的历史层积感。

三岛通庸在明治初期的大胆构想，为后来的每一任城市建设者尊重前人成就的同时也顺应时代要求，进行相应的改造。这样一步步的城市改造，造就了当下的山形。回过头看，山形这座由三岛通庸构想的近代城市，虽稍有变化，却也顺利地延续至今。

要想品味山形的城市个性，在市中心漫步一周即可。城市，本该如此。

福岛——骨骼渐成的有机城市

1. 不可思议的县都

福岛是板仓氏三万石的小城下町，南接奥州街道、北往陆奥的街道[①]贯穿而过。但现在的福岛几乎感受不到城下町风情，天守与护城河没能保留下来，武家地建筑也少有留存。从福岛站出站，眼前一片线型网格街区，很难想象这是一座没有经历过战争的城下町。福岛市本身也没有想要突显城下町的历史。

福岛县据历史地理分为滨通、中通、会津三个地区，包含会津若松、岩城等特色中心城市。与区内的中核市郡山（城市行政制度下的一种城市，拥有一定特权）一样，是历史不长却充满活力的城市。相比日本其他县都城市，福岛似乎没有很强的存在感。

但如果对福岛的历史有所了解，那么行走其中会有完全不同的印象。福岛在延续城下町时期空间结构的同时，有机推进了城市近代化改造，是一座罕见的渐进型城市。

从福岛站东口出站是站前广场，以及再向东延伸的站前大道站前通（照片1）。沿着站前通行走一会儿，穿过几条街就到了南北大道信夫通。穿过信夫通，继续往东到下个十字路口，眼前道路突然变窄。不仅如此，南北向道路变窄。东、南、北三个方向道路都成了走向曲折的单行道，而人行道却很宽，像精心设计的道路。

这个路口称为本町四角（本町四つ角，Motomachiyotsukado），是福岛跨越江户、

① 这条街道在1873年后一度称作陆羽街道，近年来白河市（福岛市南）以北路段也被称作奥州街道。本篇采后种称谓。

图 1　福岛 1/20000 迅速图（局部，1891 年测绘，无发行年记载）。图中铁路已开始铺设。

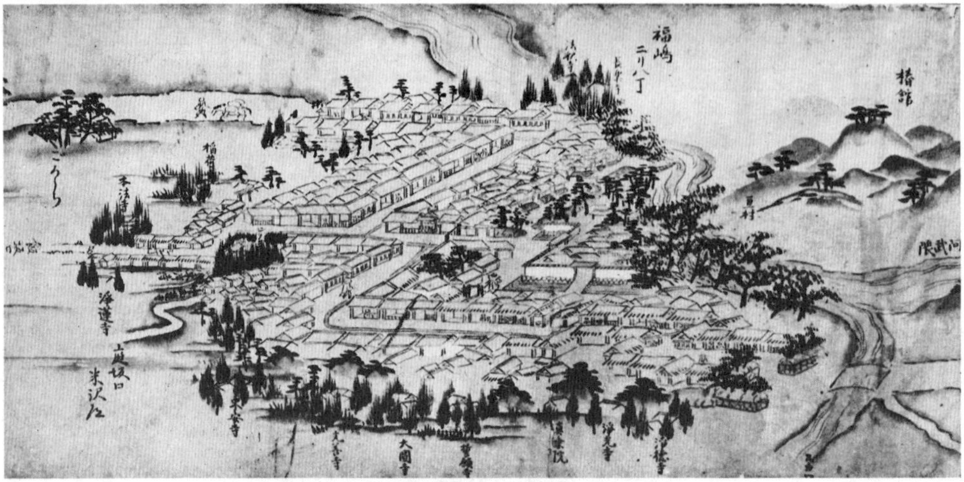

图 2　福岛城下绘图“奥州街道绘图”（局部），年份不详。（出处：《福岛市史 2》，福岛市史编纂委员编，福岛市教育委员会，1972，封面画）

图 3　福岛市中心空间结构示意图。

图 4　福岛町 1/20000 迅速图，1886 年测绘，无发行年记载。最早的西式测绘图，比图 1 早 5 年，没有注明比例。

明治与大正时期及二战后经济高速增长期的城市中心。

图 2 是从西向东观察福岛城下的绘图。图中河流是阿武隈川，自福岛城下町南面向东北方流淌。图中河畔森林茂密处便是福岛城所在。但福岛城是连天守都没有修建的城堡，城壕规模也很小，几乎没有沿河而生的城郭印象。

相比描绘简易的城郭，奥州街道的曲折走向却被精确记录。奥州街道是图中左上角小人所在的道路，自绘图右下角进入城市，左上角离开城市，途中四次转折。图中右方对应南面，所以奥州街道的实际走向是自南北上、东折、北上、东折、西北上。奥州街道第一次东折所在的 L 形拐角，就是后称本町四角的十字形路口。另外，图中所描绘街区是本通七町[①]，也就是城市的传统中心。

福岛还是位于奥州街道沿线的**宿场町**。入城后第一个拐角旁是福岛宿的中心建筑**本阵**和**胁本阵**。

这处拐角后来如何发展成十字路口？了解这段历史，便可一窥福岛的近代化特征。

2. 有机的近代化

1881 年 4 月，福岛发生了一场大火。这场大火史称“甚兵卫大火”“福岛大火”，烧毁城内八成建筑，约 1700 栋住宅。曾在山形和宇都宫大显身手的“鬼县令”**三岛通庸**于 1882 年 1 月至 1884 年 11 月就任福岛县令，负责火灾后的城市复兴。

大火后就任县令对日本近代最早的城市设计师三岛通庸来说，是千载难逢的机会。据《福岛市史》记载，火灾发生后仅两年时间，福岛新建道路总长 1379 **间**，单侧拓宽道路总长 982 间，两侧拓宽道路总长 789 间。

在这场城市复兴中，福岛从线形城市转为面状城市。最值得注意的一点是，这个过程没有忽略既有空间结构，而是巧妙利用了拐角所在的 L 形道路作为扩张的原点。

---

① 奥州街道，从南侧的信夫桥开始，柳町、荒町、中町、本町、上町（现大町及上町）、北南町（现北町）、马喰町（现丰田町）属于城下，称本通七町。现在几乎照旧沿用这些町名。

照片 1　站前通，向东看。前面的路口是本町四角。这是福岛站至市中心的主干道。

照片 2　Paseo470，旧名置赐通，后称铃兰通。近代福岛最热闹的道路，明治初年自本町北延而成的道路。远处隐约可见福岛的象征——信夫山。

复兴规划除了延长 L 形干线外，也开辟沿线小路（称作北里、西里、东里，如图 1 所示），推进城市向北侧与西侧扩张。这种既传承历史空间结构，又新设近代道路的手法，也运用于三岛任县令的其他城市，如山形、宇都宫等。这三座城市都延续了城下町的空间结构，并良好推进了城市的近代化改造，是应载入城市规划课本的范例。

从图 3 看，火灾后原 L 形道路向北延伸至信夫山山麓，尽端布置监狱署（1882，现地方检察厅）。这条道路先后称作置赐通、铃兰通，曾属国道 13 号，现称 Paseo470（パセオ 470，照片 2）。二战前后，铃兰通逐渐成为福岛最热闹的商业街。

1887 年 12 月日本铁道东北线郡山至仙台段开通，L 形道路向西延伸至福岛站，取名停车场通（现站前通）。至此，福岛的城市中心由 L 形拐角转为十字路口。

由于本町四角的重要性，将福岛市警察署设于周边，1875 ～ 1886 年间位于当时 T 字路口西面（东西路还未延伸），1886 ～ 1904 年回迁至十字路口西北角。警察署搬迁后，1927 年原址建起了当时市内唯一钢筋混凝土大楼。福岛大楼高三层，也称“福大楼”。内设商店、食堂，以及市立图书馆等公共设施（1973 年后改建超市与时尚大厦）。1898 年，福岛大楼对面的东南角建成了被称为现代文化发源地的劝工场。至今，本町四角始终是福岛的城市核心（照片 3）。

照片3　本町四角，从西北方向看。右手边（本町）向里（大町）延伸的道路是奥州街道。正面拐角处建有劝工厂。位于照片4摄影位置的对角处。

照片4　城市广场，从东南方向看本町四角。这里曾建有本阵与胁本阵。1927年建造的福大楼是福岛现代文化的发源地。近年暂停使用。

本町四角的西北角，现在变成了城市广场（まちなか広場，照片4）。四角空间不复存在。站在街角想到本町四角的重要性和繁荣史，不由痛感改建广场、重现十字路口的紧迫。

L形道路的东西段，即奥州街道在本町四角与站前通接续的窄路称为砖通（レンガ通，照片5，旧国道4号）。砖通过去是**町家**仓库鳞次栉比的商业街，现在则是金融大楼林立的办公街。从砖通的功能变化看，似乎也存在着将过去与未来联系的设想。

沿砖通继续东行，是一处T字路口。这是江户时期的**札之辻**，曾设有**高札场**，现仍留有1920年的**道路元标**。T字路口的南北向道路名为县厅通，向南直达县厅舍。县厅舍所在地曾是藩厅的追手门。1869年县厅舍建成后，虽又经历了五次改建，但方位始终未变（照片6）。近代统治象征的县厅舍位于近世福岛城旧址，可以说继承了旧有城市的行政空间布局。

福岛城内的殿中（将军居所）庭院后改建为红叶山公园，一旁是知事公馆。漫步红叶山公园，既没有护城河，也没有石垣，很难感觉到这里曾是城堡。福岛城本就十分朴素，加之内部改建为公园，更难察觉。可以说自然有机的近代化改造手法，弱化了城堡意象。

说到福岛城，城堡追手门前的道路同样利用了奥州街道的曲折走向。奥州街

照片 5　砖通，大町的道路，旧奥州街道。向东看。这周边在江户时期被称为上町，大店铺的集中区。现在是金融街。

照片 6　县厅通，往南看。远处是县厅舍。县厅舍自明治初年起未曾搬迁，始终位于旧福岛城内。

道北折路段向南延伸，就能直达城堡追手门，路宽略小于奥州街道。明治初年，奥州街道的北折路段进一步向北延伸，南北连贯，统称为县厅通。1877 年，县厅通北端建成地方法院（今新浜公园），与南端的县厅舍遥遥相望。象征近代的城市轴线内，嵌套了近世的空间肌理，这就是“福岛式”的近代化改造。

照片 7　1880 年新建的福岛县厅舍，二层木质建筑，十分简朴。1907 年，旧县厅舍在原址改建为西洋风格。现在的县厅舍建于 1954 年（出处：《图说福岛市史》（《福岛市史》别卷Ⅰ）福岛市史编纂委员会编，福岛市教育委员会，1978，191 页）。

此外还有县厅舍，能够体现这种有机的近代化更新改造。

明治初期没有新建新町大楼，而是借用旧福岛城的二之丸御殿办公。1880 年 2 月，御殿因火灾烧毁，在原址建设新县厅。同年 10 月建成的县厅舍十分朴素（照片 7），建筑面积不到三十坪（约 100 平方米）。没有利用西式建筑展现新政府近代统治面貌的意图（图 7），可见福岛在近代化过程中的平和心态。据说这令 1882 年赴任的三岛通庸对县厅舍与议事堂建筑极其不满，主张迁都郡山。

此后县厅经历两次原址重建。1907 年新建西洋风的县厅舍，1954 年新建现代主义的本厅。原址重建或许是福岛人“一心一意”品性的体现，同时也直接明

照片8　阿武隈川边的县厅舍（照片中央）。象征近代统治的县厅舍位于福岛城内，延续了福岛历来的行政空间结构。类似的情况发生在群马县，县厅舍背靠利根川，位于旧前桥城内。

照片9　平和通（国道13号）。向西望去。战争中依据《防火法》留出的空地在二战后改建为干线道路。另外还有四条空地带，同样被改建为道路。远处可见山峦是吾妻连峰。

了地传承了城市空间结构，形成城市个性（照片8）。

3. 二战后的城市改造

观察现代福岛的空间格局，城市内干道纵横交错，既有通往仙台、盛冈、八户、青森的南北向区域干道国道4号，又有东西向城市干道平和通（照片9），还有通往米泽、山形、秋田的国道13号[①]（信夫通），城市车行交通条件优越。实际上，这些道路都是二战时实施**建筑疏散**政令修建的防空带。

仔细观察，不难发现这些道路都与历史干道相平行。过去是干道两旁的小路，近代大幅拓宽为40米级干道。

实施建筑疏散，不能将当时的传统商业街拆成防空空地，便选择拓宽与之平行的小路。从结果看，这样的防空带选定方法，不仅延续了城市自近世至近代逐渐形成的历史路网，还可以之为基准进一步构建近代道路网络。

例如，国道4号跨越阿武隈川处架设两座大佛桥（1972，1975），与福岛历

---

① 信夫通现在也被称为“万世大路”。这一极具年代感的道路名称是明治天皇御赐的。原本是连接福岛与米泽新道路的名称，随着栗小山健道的开通（1881），山地的车行交通成为可能。“信夫通”是战后公开征集的名称。

史主干道上的松龄桥（1925）并排架设（照片10），虽然年代与风格很不相同，但是和谐美好。这有力证明了时代进步并非要破坏过去，存在着共存的近代化解法。

照片10　从南边看松龄桥（照片中央，1925）。左手边的可以看到上下两座大佛桥（1972，1975）。前后两代大佛桥共存，非常罕见。此处也能感受到有机城市的建设路径。

福岛站前的狭长带状站前广场，原本也是战时为隔绝铁路而留出的空地带。也就是说，战时的防空地带，在战后自然改造为站前广场，顺利连接起近代设施车站与近代以前营建的城市。

这样一来，以道路为轴线的近世线形空间结构，在明治、昭和至战前时期经历了面状扩张，在昭和到二战期间开辟与历史网格错位的城市干道，形成了多层立体的空间构造。这样的近代化改造，既没有舍弃既有的城市空间结构，还在其基础上增添了近代要素，是渐进改造城市的路径。

近年，福岛站前地区开设了许多商业设施，呈现出崭新的面貌。如果能顺利复兴本町四角周边的本町一带，那么车站地区与旧市中心实现两极平衡也不无可能。

4. 车站选址

最后，回顾福岛站的选址历程。

《福岛市史》记载，日本铁道（铁路公司）在考虑铁路布线时，最初提出沿建成市区东侧边缘铺设的方案。但方案要求铁路线通过阿武隈川的铁路桥必须由本地负责建设，被当时的福岛町所拒绝。日本铁道进而提出二号方案，选择在建成市区西侧，即现在的站前通与信夫通相交的荣町十字路口周边建造车站。

从铁路运营商角度看，车站越靠近市区，越利于运营。二号方案因距离建成市区过近而未采纳。最终将车站位置调整至二号方案西侧约400米的现址。

该如何理解这个调整？车站与市区之间的400米，既为前近代化改造预留了空间，又形成以本町四角与车站的交往空间，是巧妙平衡新城和旧城的缓冲区。

如果按照原二号方案将车站建在荣町十字路口周边，旧市区的城市结构的确会受到重大影响。

这一调整也可理解为福岛的选择：以自然的姿态接受各时代变化，活用与调和各时代的空间结构要素，使之成为一体。为此福岛拒绝了紧邻市区的二号方案，挪出一站轻便铁路（后称电车）的微妙距离，构筑车站与旧市区密不可分的共存共荣关系，并已维持了一个多世纪。

但现在福岛的商业设施趋于单极化的站前空间，仅仅集中在站前，旧有平衡遭到破坏。如果说各时代的空间结构共存是福岛近代化最显著的个性，那么本町四角的再生，是福岛未来城市建设最关键的命题。

另外，福岛站位于本町四角的西延处，这也为再生提供了可能。虽然前人不太可能预见现在福岛面临的挑战，但步行距离范围内联系本町四角与车站的方案，为未来预留了可能。福岛近代化过程中形成的自然有机路径，正面临当下新的试炼。

水户——围绕台地的分节城市

1. 双核城下町

观察图 2 江户时期正保年间的水户城郭图，会被水户**城下町**不可思议的空间格局吸引：水户城位于中央，两侧是**町人地**。对比图 1 明治时期 1/20000 快速测

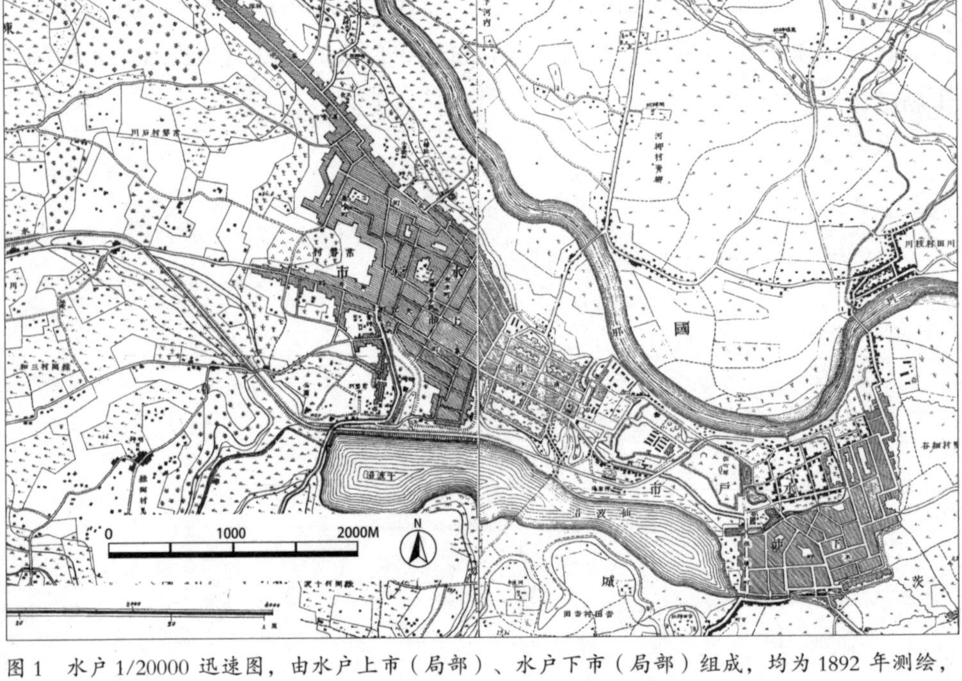

图 1　水户 1/20000 迅速图，由水户上市（局部）、水户下市（局部）组成，均为 1892 年测绘，1892 年发行。

量图，会发现西边是山丘、东边是低地，城市形态几乎没有发生变化。为什么会形成这样的城下町？

从地形着手就能理解了。水户位于台地之上，台地北邻那珂川，南面千波湖与樱川。这片由河流侵蚀而成的台地自西向东生长，高出平地约 20 米。日本三名园之一的偕乐园就位于台地西端南缘，可以将千波湖风景尽收眼底。偕乐园 1842 年由水户藩第九代藩主德川齐昭修建，其余两名园分别为金泽的兼六园、冈山的后乐园。

据《水户市史》记载，台地周边水网密布，进出关口称为“水户”，城市由此得名。因地形险要，台地东端在平安末期就建有武士宅邸。

中世以后，这片台地始终是重要的军事战略据点，不断在台地边缘修筑城防，包括室町初期江户氏修筑的城寨、文禄年间（1590 年代）佐竹氏修筑的城下町等。江户时期，台地制高点是水户城本丸（城堡中枢）所在。历史的车轮不断运转，各时代城郭遗留的印记也相当复杂。

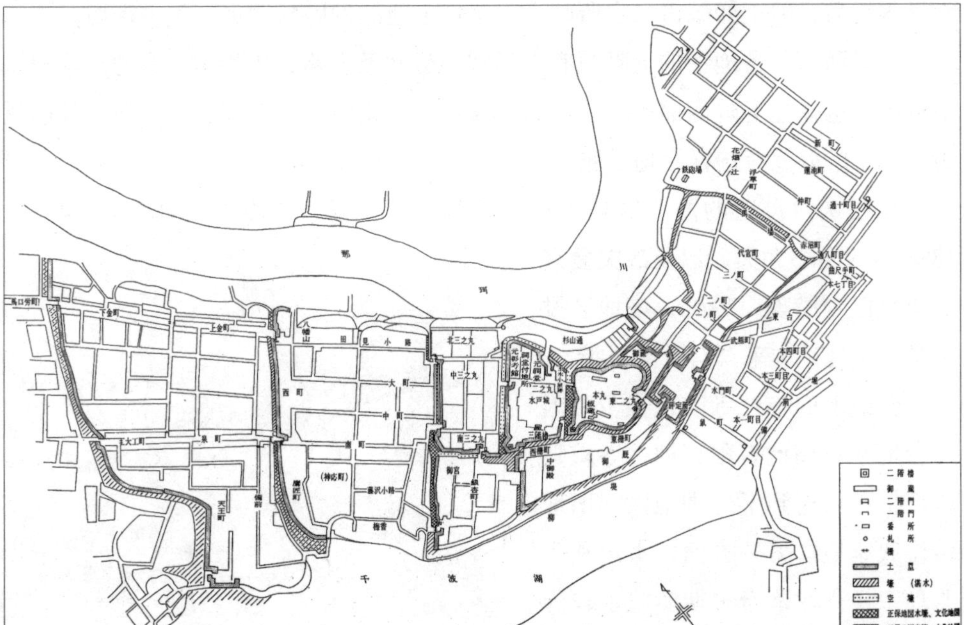

图 2　正保水户城郭图（出处：《水户市史》中卷（一），水户市史编纂委员会编，1968，293–294 页）。水户 1640 年代中期的模样。本丸东面的下町建设 20 年后的样子。

现代水户的雏形大致可追溯至1625年。当时，削平了部分台地，填埋了台地东侧冲击低地，建设了下町（时称田町，后称下市）。下町建成后，搬迁了大部分原位于上町（后称上市）的町人地。这样一来，原有等级差异的武家地和町人地，均等分列于水户城两侧，形成“城市夹着城堡”的独特形态。

日本还有其他在舌状台地制高点建设城郭的大型城下町，例如江户、金泽、和歌山等。但这些城下町均通过地势差异区分武家地（上侧）与町人地（下町）。水户城下町虽有上下町之分，但由于均列两侧以及上町自古聚落的有机形态，两者没有特别显著的区别。且水户是通过填埋洼地开辟新市区的方式实现城市扩张。

为什么没有选择在既有基础上沿台地西扩？

因为东面区位条件更优越。下町位于陆前浜街道，连接江户与奥州，既是**参勤交代**必经的**宿场町**，也是那珂川水运的交通枢纽。江户后期形成了不少繁华道路，其中本町通最热闹。这些发展也表明，开发低洼地是合理举措。虽然下町经常洪水泛滥，但正如城市名字所暗示，这片土地的发展与“水”关系密切。

相对而言，台地上的上町只有大町和中町两条大路，大半是武家地。水户城下町虽可选择往上町西面扩张，但这样既远离了城堡，也偏离了主干道（陆前浜街道）。所以没有选择台地扩张。

现在城西台地的商业区缺乏传统**町家**风情，很大程度上是因为1884年、1886年的两场大火，以及**战灾复兴**的**土地区划整理**。另外，该地区过去是武家地，本来鲜有町家风情。

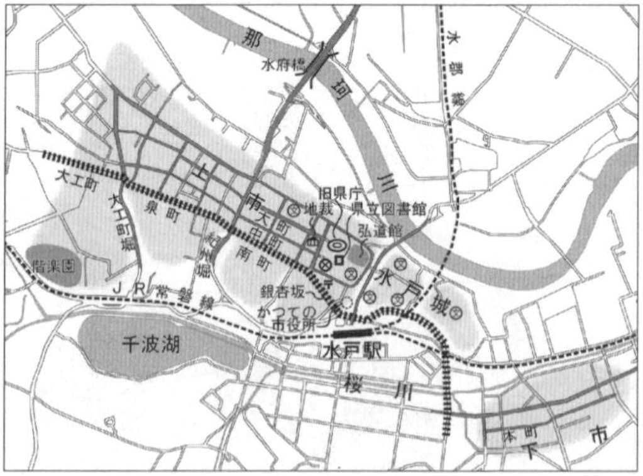

图3　水户市中心空间结构示意图。可以看出，城市核心功能集中在西侧上町（上市），台地随着护城河的分割呈现出分节的模样。街区离城堡越远，越不规整。

台地上的神社寺院也很少。因为台地本身用地有限，神社寺院随城市扩张搬迁到了外围地区，旧址转作武家地。另一方面，水户和鹿儿岛一样，在幕府末期实施了较为彻底的**废佛毁释**运动。

在防御系统方面，水户共开凿

五道护城河，包括本丸西河道、本丸二之丸间河道、三之丸西河道、纪州堀、大工町堀。后三道护城河几乎南北贯穿城市，使台地上形成特色各异的街区。

2. 双核之后

近代水户一度维持城市的双核格局。1889年，水户铁道在上市与下市之间开设水户站（现JR水户站）。二战是两片地区开始分离的时间节点。有趣的是，受灾程度严重的上市反而成为水户中心商业街。

二战后，由于受灾程度较轻，下市维持发展了一段时间，但并不长久。水户站前宽阔的大道，使台地上的南町、泉町、大工町迎来莫大发展契机，甚至超过站前。水户的双核格局开始动摇。台地上陆续建成大规模商业设施和公共设施，取代了下市城内第一的商业街地位。

但也并非全是坏处。由于下市本町商业街北侧修建了一条平行的车行干道，两条道路间的城市化建设快速展开。现在的下市成为历史氛围浓厚、时髦小店集中、宜人的步行街（照片1）。正因为城内第一商业街的地位被取代，下市不得不转换发展路径，旧时的町家风情才得以重现。

那么上市呢？行走于上市大街，基本感受不到城下町的历史痕迹，所见均是

照片1　下市的本町。向东看。由于没有大幅扩张，这里现在是十分安静的商业街，却开着许多展现老街文化的时尚店铺。

照片2　登上银杏坂后的南町3丁目周边。银杏坂是因战灾复兴土地区划整理建成的市中心干道，是宽阔的商业街。道路走向曲折，表现出和一般城下町直线道路不同的风貌。

战后风景。

出水户站，往北是站前宽阔的上坡路银杏坂（站前大道），从南町（旧武家地）一路向西漫步至泉町（旧町人地）。一路上，几乎感受不到，也看不到本该遍布城下町的神社寺院。这段路是日本第 50 号国道。虽是双向四车道，但线形扭曲，不太像经过了规划（照片 2）。

不只这条，水户其他道路也或多或少存在曲折，很难感受到城下町的规划痕迹。上市的商业街，也不像下市本町留存町人地的样貌。

水户曾是御三家之一、位居日本第 11 位的 35 万**石**大城下町。漫步现代水户，几乎感受不到它作为城下町的规划意图。这到底是怎么回事？

明治时期的 1884 年、1886 年，水户发生过两场火灾。灾后时任知事（都道府县首长）的安田定则主持制定《**市区改正**计画》，加快填埋护城河、拓宽道路。这份规划早于 1888 年《东京市区改正条例》，是日本首个近代城市规划。1945 年 8 月 2 日，水户遭遇空袭，旧城烧毁。以上均是水户没有太多城下町痕迹的原因。

但是，水户城下町的痕迹并非完全消失。弘道馆周边（照片 3）、县厅三之丸大楼（旧县厅舍主楼）前的干壕沟等地依旧保持了浓郁的历史氛围。只是从车站前往上市商业街的国道 50 号线上，几乎感受不到城下町风情，仿佛走在随处可见的山脚下。

照片 3　弘道馆前道路，名为三之丸历史街（三の丸歴史ロード）。向南看。右手边是弘道馆。沿着这条路往南走就能到达水户站。

照片 4　大手桥下的道路。向北看。过去开凿的第二道护城河旧址。能真切感受旧护城河的尺度。右手边是二之丸，左手边是三之丸。

国道50号北侧是上市的中町和大町，几乎没有留下旧时武家地面貌。除了城堡地区，水户也只在城堡一带还留存有武家文化的印记。

御三家的另外两座城市，名古屋与和歌山，也没什么武家文化气息。或许是因为德川家是将军，没有驻守领地的意识。另外水户离江户较近，大名长期留守江户，不履行参勤交代，因此当地鲜有武家文化开花结果的机会。

3. 台地上的规划

漫步现代水户，很难辨认护城河的痕迹。最东面是旧本丸西河道，现在铺设JR水郡线。东侧本丸旧址建有水户一高，西侧二之丸旧址有水户三高、水户市立第二中学、茨城大学附属小学等。东起第二条河道，现在是连通水户站与水府桥的道路（照片4）。西侧三之丸旧址建有弘道馆、三之丸小学等。

第三条三之丸西河道，部分得以保留，即旧县厅、县立图书馆与水户地方法院之间（照片5）的河道。第四、五条，即纪州堀和大工町堀，也改为道路，很难让人想起旧时风貌（照片6）。

但是城市道路经过旧护城河时，走向总会发生变化，偶尔还会形成形态奇妙的岔口。如果想象力足够丰富，还是能感受到些许印记。

照片5　樱花道右手边至今仍保留着三之丸护城河道，不过河水已枯竭。向北看。护城河右侧是县厅舍，道路左侧是法院，是一派别具风味的市中心风景。

照片6　填埋旧纪州堀建成的南北路。道路走向缓缓弯曲，因为旧护城河就是如此。

照片 7　自西向东看大町。尽头是旧县厅舍（1930 年，现在是三之丸厅舍）正面入口。塔楼在东日本大地震中受损严重，一度拆除，后来复原。同时拆除了 4 楼扩建部分。

照片 8　大町南侧的中町。向东看。这周边的街区十分规整。道路尽头是县立图书馆（旧县会议事堂）。1882～1930 年，曾建有旧县厅舍。

台地上由护城河分割的地区，距离城堡越远，其构成就越松散。道路从直线逐渐变成平缓曲线，到最后，连一个大概走向都没有了。水户台地虽呈马背状，但越往西越宽阔，像河马的臀部。狭长的用地变宽后，道路铺设限制条件很少，城市形态也变得自由。

1999 年，县厅搬迁至千波湖南部，原主体建筑改作三之丸厅舍。厚重的塔楼屹立于东西向直线大道大町东端，能俯瞰整个上市。象征近代统治的建筑正对不太宽敞的江户干道，是水户为数不多能感受明治意象的远景之一（照片 7）。

平行于大町的中町与南町，东西向笔直展开，构成规整的街区，有明显的规划痕迹（照片 8）。再到纪州崛以西，街区不太。至于大工町堀以西，几乎没有规整可言。

离城堡越近，道路越直，街区也越规整。这大概是礼法等级的体现。礼法的严格程度在越过护城河向西时逐渐减弱。另一方面，这与台地上土地的充裕程度也成正比，土地越充裕的地区，街区形态限制条件越少。

如此看来，水户顺应台地地形而建，街区形态因护城河划分而异。距离城堡越远，形态越自由，道路越曲折；距离城堡越近，街区越规整，行政设施也越多。从形态变化，可窥见水户的近代化过程。

水户分为上市和下市，上市又由五条护城河划分为六个街区，形态随城堡距离而变化。不正好是一座分节城市吗？

宇都宫——双轴并立的紧凑城市

1. 漂亮的骨相

宇都宫的“骨相”意外漂亮。

也许这样的形容会令人困惑，但正如绪论所述，每座城市都有骨相。虽然一般观察城市时，主要关注建筑特色与风貌。但要进一步感知城市的个性，往往需要分析城市内部主要公共设施的布局与道路网络结构、城市外部河流与丘陵等自然环境特征等。

这样介绍可能令建筑师讨厌，但如果将建筑物比作城市表层的皮肤，那么皮肤下的骨骼才是城市赖以生存的个性所在。城市的个性，就是它的骨相。

宇都宫，不仅延续了旧有空间结构，还叠合了各时代的城市建设，形成现在层叠漂亮的骨骼。过去深思熟虑的城市营建痕迹至今清晰可见。更贴切地说，是仍在现代大城市中发挥作用。

但对本地人来说，会觉得这是夸大其词。这座城市在**戊辰战争**和二战期间，遭到两次毁灭性破坏，从建筑入手几乎没有历史感。由于当地饺子好吃，人们便在站前广场修建了一座饺子像（Gyoza Dumpling Statue）。这是座正在努力寻找自己个性的城市。

饺子固然可以是宇都宫的金名片，但城市本身也极富魅力。

那么为什么这样说？让我们一边梳理宇都宫的历史，一边揭开问题的答案。

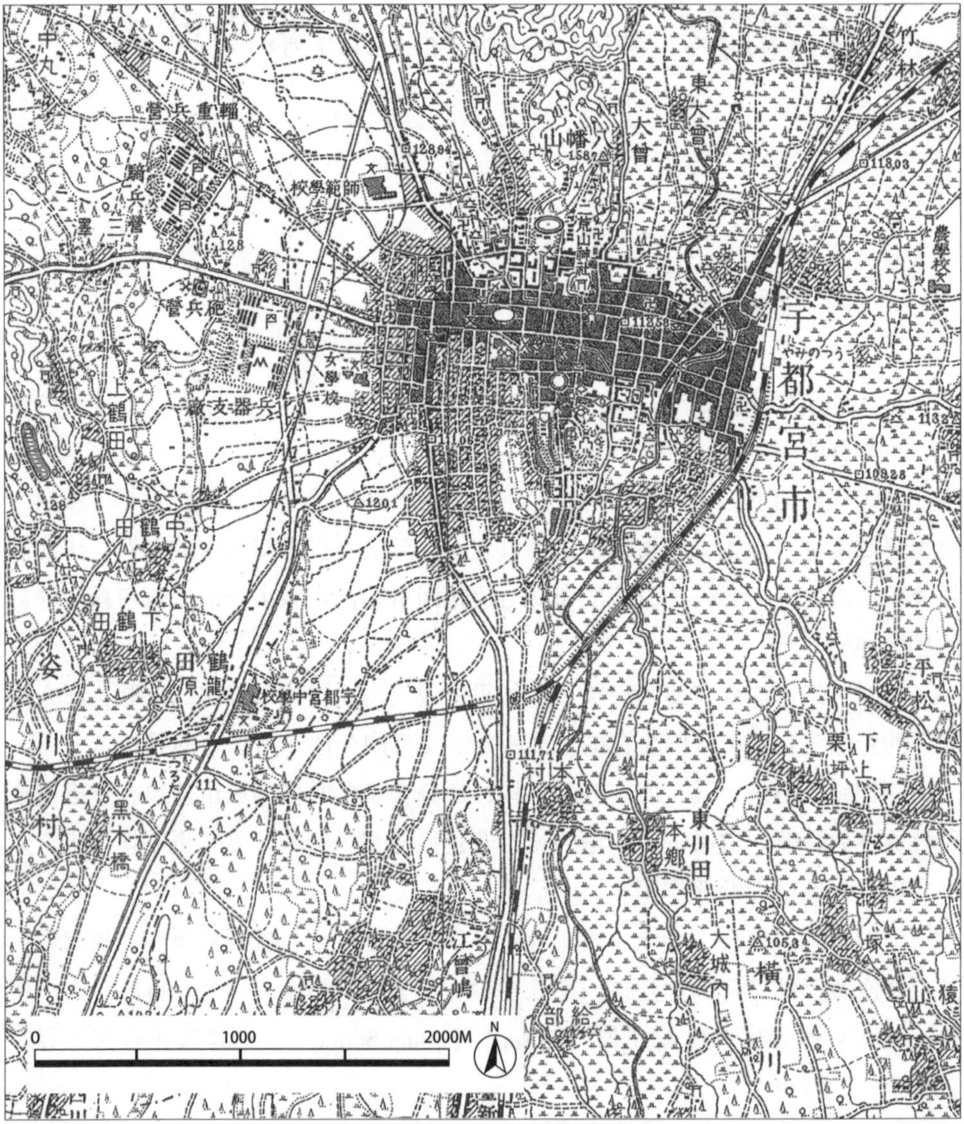

图 1　宇都宮 1/50000 地形图（局部，1907 年测绘，1909 年补测，1909 年发行）。

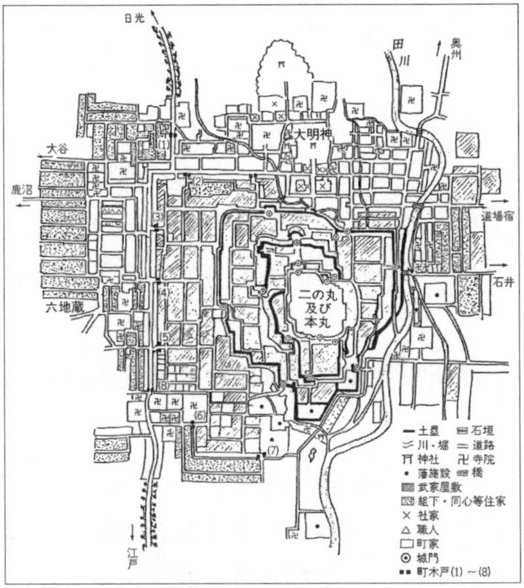

图 2 松平忠弘时代（1668 ～ 1681）的宇都宫城下。（出处：《栃木县史》通史编 4，近世 1，栃木县史编纂委员会编，1981，422 页）

图 3 宇都宫市中心空间结构示意图。奥州街道规划“活用”为现在的大通，正交于连接县厅舍与市厅舍的近代城市轴。

2. 贯穿中世与近世的轴线

宇都宫的主体空间结构，源于 16 世纪末至 1620 年代改建的**近世城下町**（图 2）。仔细观察地形，会有意外发现。宇都宫地势南低北高，城市位于南侧低洼地。低洼地一般不用于建设，再加上为满足防御与等级需求，城堡一般选址高地。宇都宫为什么选址山地南麓，而非高地？

原因在于山地南麓的是二荒山神社①所在。宇都宫是宇都宫氏在中世二荒山神社（当时是宇都宫大明神）领地上建起一座宗教城市，以宗教建筑为核心的结构，与古都镰仓十分相似。镰仓也不以幕府建筑为核心，而以鹤冈八幡宫为核心。鹤冈八幡宫同样位于城北山岗，坐北朝南俯视整座城市。

宇都宫是依托神社而生的**门前町**，以南北向**参道**为城市发展主轴线。另外还

① 宇都宫的二荒山读作 Futarayama（ふたらやま），与附近日光市的二荒山神社读法不同，日光的二荒山读作 Futarasan（ふたらさん）。

有古奥州街道顺着神社东面不远处的田川自南向北贯穿而过。

近世修建城下町时，将城堡规划于城南，坐南朝北，与二荒山神社相对。当时没有将城堡基础填高，于是出现了将城堡修建于低地的罕见情况。

另外，为形成十字形的干道格局，修改了奥州街道走向。改道后的奥州街道自南入城，向北延伸一段距离后，右拐东行，经二荒山神社前与参道垂直相交。东行至田川改道向北。改道后，奥州街道与日光例币使街道（日光街道）的交汇点，从城南变更至城西北方。

宇都宫不仅是门前町和城下町，还是奥州街道和日光例币使街道交汇的**宿场町**。城市因此而兴。

奥州街道东折后路段现称大通（意为大路，当然已经拓宽）。二荒山神社的参道，北段现称バンバ通，南段现称みはし通。“バンバ（Banba）”是指二荒山神社的马场；“みはし（Mihashi）”意为御桥，是宇都宫城主通行用的桥。从这两个路名，多少可感知宇都宫的历史。而且，两条道路依然是狭窄又曲折的风貌，延续了中世风情（照片1）。

与两条道路正交的东西向道路，是奥州街道改道后的大通。正如其名，大通是一条宽敞的道路（后世也有拓宽），发挥着城市主干道的作用。宇都宫城已改

照片1　站在御桥向北望バンバ通。正面小山冈上的建筑是二荒山神社。バンバ通是古老的城市轴，连接起中世的二荒山神社及近世的宇都宫城。

照片2　从宇都宫站西口的站前连廊上向西望见的大通，旧奥州街道，是东西贯通市中心的干道。大通连接起车站与市中心，是拓宽既有道路建成的城市东西轴。

建城址公园，复原了天守和护城河。

现在乘坐JR到达宇都宫站后，从车站西口出站，正对东西向大通。也就是说，1885年于奥州街道东延路段尽头，开设了宇都宫站。旧时的区域干道奥州街道，转型为近代站前大道（照片2）。

3. 近代的规划构想

明治时期，宇都宫实施了多项城市改造工程。拓宽古奥州街道、在东延路尽头建设车站，改古道为近代站前大道，延续自古以来的繁华。能够做出这样的规划并将其实现，一定不是普通人吧。

这份规划构想看似简单，实施起来并不容易。可以说是无视反对，仅从城市整体结构考虑扩建了最热闹的商业街。这不同于“将地价便宜、平行历史主路的小巷拓宽成大街”的主流做法，要知道一般传统商业街的大店在当地很有势力，不会轻易赞成改变现状的道路拓宽。

同时，奥州街道沿线拓宽也不属于市区改正的内容。

这份规划构想由1883年10月到1885年1月期间任县令的三岛通庸推进。不仅如此，他还推进了其他工程。

建成宇都宫站后，修建了站前大通。之后，在二荒山神社参道西面铺设了东南北向武宇都宫线，1931年建成东武宇都宫站。两座车站分居旧城区东西两端，中间是大通，形成“两座铁路车站夹着商业区”的城市中心区格局。

4. 县厅舍造就的近代轴

明治时期县厅舍的建设，在这片土地上叠加了崭新构想。1884年改县都为宇都宫市，在二荒山神社西侧修建一幢坐北朝南西式办公大楼。县厅土地与建筑费用基本由市民捐赠。之后在县厅南面建设了师范学校、工商奖励馆、邮局、警察署等新式公共设施，形成行政中心区。二战后，在县厅前林荫大道南端建设市厅舍，形成近代城市轴（图4）。这条近代城市轴名中央通，又称七叶树林荫道（マロニエの並木道，照片3），沿途种植七叶树。

图 4　1884 年新建的栃木县厅及其周边。（出处：铜版画“日本名所图会”，《昔日的宇都宫》，1997，22 页）

至此，宇都宫近代的城市主体空间结构基本成形。南北向城市轴线（中央通）的南北两端分别布置市厅舍与县厅舍，沿路聚集近代公共设施。轴线同时又与通往车站的交通要道（大通）正交。这样的空间结构与山形市非常相似，因为主导这两座城市近代化的都是“鬼县令”三岛通庸。而且县厅舍都坐北朝南（山形县厅舍后来向东郊搬迁）。

照片 3　在别名七叶树林荫道的近代城市轴中央通看向县厅舍。

不过也有差异。山形既有道路是南北向，规划新建了与之正交的东西向站前大道，以此形成十字形空间格局。而宇都宫既有道路是东西向，规划新建的近代轴线呈南北走向，与山形恰好相反。

宇都宫的近代南北轴，通过 1946 年开始的**战灾复兴土地区划整理**进一步“强化”。这项规划建设，拓宽既有主干道，进一步向南延伸县厅前中央通。1986 年，将市厅舍从县厅舍旁搬迁到中央大通南端。

2007 年县厅扩建，将旧楼转 90 度移至场地东南角，原址新建，形成本馆（新楼）与昭和楼（旧楼）围合的入口空间。从中央通北望，远方是宽阔的县厅入口广场，背后是本馆高耸的塔楼。现代建设再一次强化了明治以来的城市空间结构。

县厅新本馆与市厅舍几乎等高，位于同一道路的两端，但形成漂亮的近代轴线。

宇都宫从中世至近世，形成二荒山神社—宇都宫城（城址公园）的轴线，近代以来又花费了百年形成县厅舍—市厅舍的近代城市轴。

与在城堡周边闲置的武家地上建设近代城市公共设施的一般选择不同，宇都宫大费周章新建近代城市轴，体现出这个城市强烈的近代化意图。

随之而来的是城址公园周边转变为闲静的住宅区。宇都宫城周边与众不同的城市风貌，也反映了这个城市近代化的特色。

5. 连接双轴的道路

除了两条不同时期形成的南北轴，连接两者的东西路也很有趣。其中一条是前文提及的大通，现在是车行干道，扮演城市主干道与大动脉的角色。大通与近代南北轴（中央通）交汇的本町十字路口设有标示枥木县起点的**道路元标**（照片 4）。

还有与大通平行的猎户通（オリオン通り，照片 5），是架有拱廊的中心商业街。

这几条东西路与南北路之间，有小河釜川自西北向东南蜿蜒流淌（照片 6），散发着旧时城下町的风情。

但釜川一遇暴雨就引发内涝，是 1974 年开始整治的对象。1991 年，在河道

照片 4　大通中央隔离带的枥木县道路元标，位于大通与东京街道（东武宇都宫站西侧的南北路）交汇的 T 字路口。这块道路元标的形状并非竖长的固定形制。

照片 5　市中心的拱廊街猎户通，城市中心区的主轴线，位于大通（旧奥州街道）南面。这里是城下町时代就被称为曲师町的中心商业区。

照片 6　釜川，经过城市中心的西北东南走向小河。穿梭于网格状道路网的自然河流。1991 年改建为双层河流。

照片 7　市厅舍与城址公园间的绿道。近年建成，是城址公园的配套设施。市厅舍一侧往东看。绿道串联起二荒山神社—宇都宫城及县厅舍—市厅舍这两条城市轴。

上架设步道，是日本最早的复式河道案例。虽然设计略显夸张，但沿着人为规划的网格状均质道路与自然流淌的河流走一走，行人体验很愉快。

笔直的大道背后，镶嵌着蜿蜒流淌的小河及沿河小径，以及藏匿其中的各色餐馆。形成宇都宫的独特魅力。

近年，宇都宫还设计了宽阔的绿道，连接改建后的城址和市役所（照片 7）。东西两条南北轴线连接在一起，产生了新的“洄游性”。

6. 紧凑城市宇都宫

就这样，中世至近代的城市规划构想在宇都宫的城市中心相互影响、重叠，给步行者留下了戏剧性的印象。最重要的是，这些线与点都在步行范围内。另外建设了城市环路（通称宫环）围合，避免不必要的过境交通，尽管现在环线旁尽是商店。

了解历史、漫步城市，能真切感受到浓缩于市中心的城市规划构想。宇都宫是一座名副其实的紧凑城市。

建议宇都宫站描绘这样漂亮骨相的城市地图，架设到站前广场以便访客理解欣赏。

前桥——承载生丝商人意志的城市

1.“平缓的”城下町

图 1 是描绘 1907 年前桥市区面貌的 1/20000 地形图。利根川自北向南流过市西，河上架有曲轮桥。县厅舍位于曲轮桥东北向的河岸边，东侧是房屋层层叠叠的市区。乍看之下会疑惑：这是座**城下町吗**？

图绘是明治维新约 20 年后的时间。与其他城下町一样，城堡、护城河及**武家地**发生了很大变化。城下町一般是出于防御目的修建的规划城市，直线道路通常贯穿町人地。

但从这张图看，贯穿道路并非直线，而是“平缓的”曲线。像自发形成而非规划的城下町。这到底是怎么回事？

明治初期的前桥与千叶有些相似。千叶也同样道路弯曲，城市看起来像自发形成的。但千叶的城堡毁于 15 世纪中叶，作为城下町的时间不长，近代以前一直是妙见宫前的小规模**门前町**。另外，千叶虽比前桥历史悠久，可追溯至近世以前的村落，但其政治地位与建设基础却无法与前桥相比。前桥自 1601 年**酒井重忠**入封以后，就开始以城下町为形制进行建设，其基础是三万三千**石**俸禄的厩桥藩（前桥藩旧名）厩桥城及其城下町。

现在群马县县厅舍址就是起源**近世**的前桥城本丸，与周边公共设施一同构建起气派的城市行政中心。从这样的城址再利用模式看，前桥的确出众。但漫步其中，既看不见护城河，也无法望见城楼与城门，实际上很难真切感受到县厅舍地区曾是本丸。

图 1　前桥 1/20000 正式图（局部，1907 年测绘，1910 年发行）。

图 2　前桥市中心空间结构示意图。

前桥作为近世城下町体现出种种不可思议之处，感受不到统治者强烈的规划意图，是一座“平缓的”城下町。为什么会产生这样的城市？这座城市曾被赋予怎样的期待？

2. 作为城市主干道的本町

本町（现本町通、国道 50 号）是前桥城市形成的主干道。本町由东南

（江户一侧）而来，是直达城堡的主干道，也是城下町的中轴线。前桥以本町为中心展开纵向空间，是典型的以防御为核心的中世城下町。

本町为什么不是直线而呈平缓的曲线走向？沿着本町通走一走，便知晓其中缘由。

本町是在既有道路基础上改建城下町轴线道路的。本町通两侧种植漂亮的榉树，人行道宽敞（照片 1）。若由本町通北侧转入小路，都是平缓下坡。本町通王策到广濑川这片土地十分平坦，是前桥城下町时期的町人地。广濑川两岸绿柳夹道，据说曾是利根川的主流。

照片 1　本町通，现在的国道 50 号。从这条道路与榉树通相交的十字路口往西看。古往今来，本町通始终是这座城市的“主干道”。

这条利根川旧河道在东岸生出一座台地，本町通沿台地东缘而过（照片 2）。北关东的利根川洪积平原，乍看之下仿佛平坦、缺乏变化。但若像这样仔细观察，也能从中找到个性。

平缓的自然地形导致“平缓”的道路线形，其根源是利根川。前桥的城市形态，因此可以说是利根川的恩赐。

照片 2　本町通南北两侧高差。地势较高的上方是本町通。本町沿利根川旧河道广濑川的河岸台地形成。

3. 通往城堡的本町通

顾名思义，本町通是贯穿町人地的道路。风貌上与拥有护城河和城门的武家地截然不同。图 3 明确显示出护城河内外不同的道路系统。本町通向西北穿过町人地后，有一次明显转折，转折点是町人地与武家地的分界所在。转折后的道路向西，称县厅通，尽头是坐西朝东的县厅舍。县厅舍干净利落“接住了”城市的主干道，形成少有的漂亮结构。

当然今县厅前通 1920 年代才建成。此前，“县厅前通”并未直抵县厅舍，而是在前一处街区向南与县厅舍用地东南角连结。由图 1 可见，1907 年的“县厅前通”沿路分布各类公共设施，包括厩桥学校、师范学校、女子学校、医院、制丝厂、纺织厂、初审法院、县厅舍、监狱分所等。当时的县厅舍外还有一圈河道。

这圈河道现已填埋，沿路建有市厅舍、地方法院、地方法务局、群马会馆、日本银行分行、银行协会等公共设施，是气派的行政中心。

近世以本丸为中心的城堡转变成了官厅街，近世的繁华商业街（本町）转变成近代的城市主干道。

这样典型的近代化，很少在其他城市见到。虽然很多城市最初会在城堡建设县厅舍，但随后大多改建公园，或转作军事用地。至于近世商业街，往往会因为沿路老字号商铺的反对，在近代化过程中会避开老街，而拓宽与之平行的小路作为城市主干道。

为什么前桥能如此连接起近世与近代？让我们回顾一下前桥的历史。

4. 守护县都的生丝之力

前桥虽然是城下町，但直到明治维新前一年，前桥建城 99 周年，藩主都住在川越。前桥城本丸因利根川泛滥被毁后废置。城堡的复兴、藩主的归来成为本地人的夙愿。经过本地生丝商人的不懈努力，1867 年，这个愿望终于实现了。县厅选址于没怎么使用过的藩厅。

1871 年 7 月，重建本丸转为前桥县厅舍。同年 10 月群马县设立，县厅一度转至旧高崎城。1872 年 6 月回迁。1873 年 6 月，合并群马县与入间县，设熊谷县，县厅再迁熊谷。

1876 年 8 月二次设立群马县时，先设县厅于高崎安国寺，后因民间要求将县厅移至前桥的运动。1881 年 2 月，县厅正式迁往前桥。

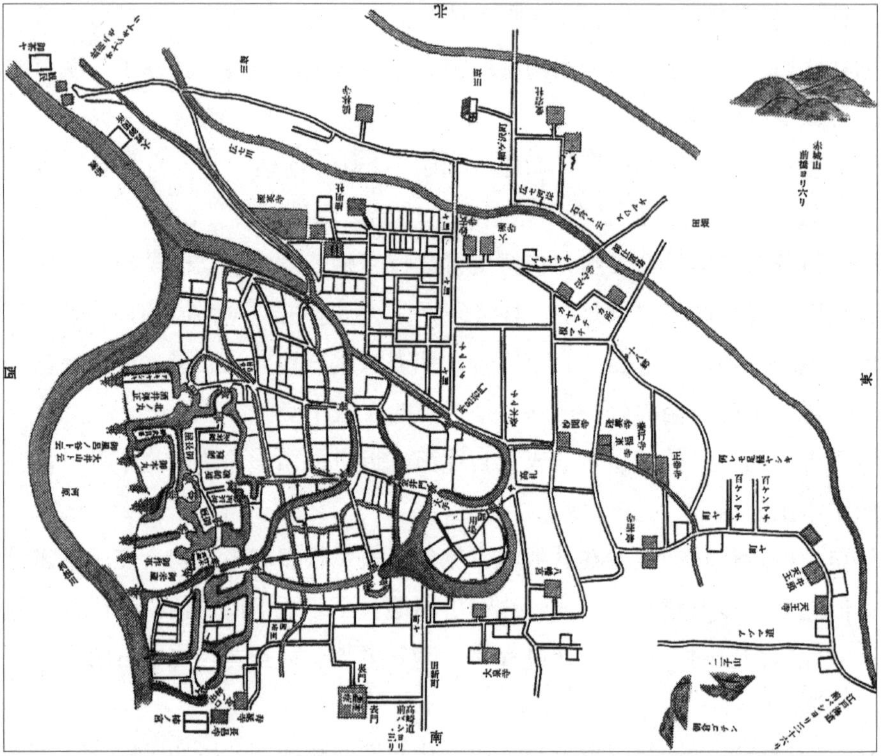

图 3　近世前期的前桥城图，町人地描绘得并不准确，但可以看出西侧有多重护城河，城市主要由护城河以内的武家地构成（出处：《前桥市史》第 2 卷，前桥市史编纂委员会编，1973，200 页）。

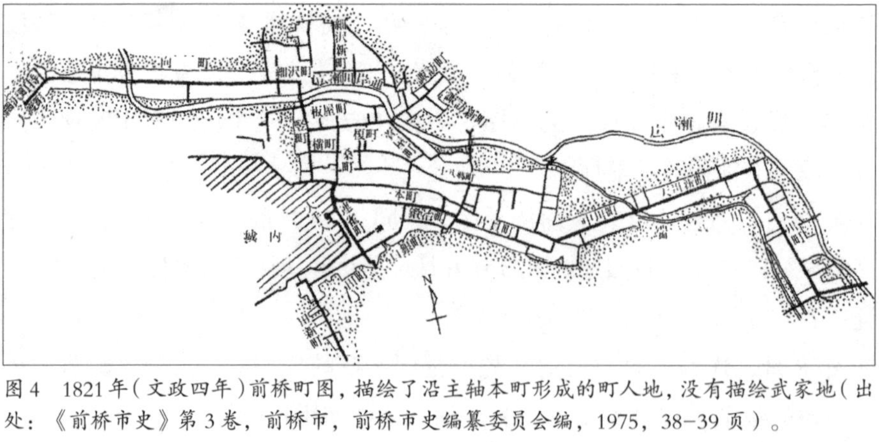

图 4　1821 年（文政四年）前桥町图，描绘了沿主轴本町形成的町人地，没有描绘武家地（出处：《前桥市史》第 3 卷，前桥市，前桥市史编纂委员会编，1975，38–39 页）。

前桥之所以能赢得与高崎的县厅之争，主要凭借本地生丝商人的力量。地方承诺建设医学院与师范学校，是决定性因素。

在当地商人大力支持下，本丸周边建成气派的行政中心。到大正末年，县厅一直使用旧藩厅。1928 年迁入新建的洋风县厅舍（现昭和厅舍）。1999 年，又在昭和厅舍旁新建议会大厦与高层新县厅舍（照片 3）。

照片 3　今县厅舍周边。左边跟前是昭和时代的县厅舍，修建于 1928 年。不远处的高层建筑是 1999 年修建的县厅舍主楼。左边还有 1930 年修建的群马会馆。群马会馆用地曾建有群马县医学院（1878）与群马县女校（1882）。

前桥之所以能维系县都身份，主要凭借生丝商人的财力。也正是由于商人能将本丸及其周边地区改建为气派的官厅街，才使县厅最终迁址前桥。

也正是有了这样开明的商人群体，本町通才能拓宽。可以说，正是本地商人的不懈努力，才使近代与近世完美接续的城市得以诞生。前桥是一座承载生丝商人意志的城市。

5. 相对历史横轴的近代纵轴

现在大多数人会在高崎站换乘 JR 两毛线前往前桥站。出站后，绿意葱葱的榉树通（けやき通り，Keyakidouri）映入眼帘（照片 4）。前桥站最早位于利根川西岸，1884 年开通可达旧上野站的线路，现站 1889 年开设，位于市区东南。

站前向北延伸的榉树通又称八间道路，修建于 1924 年，路宽 8 间、部分 6 间，是前桥近代首条宽阔道路。榉树通自前桥站北上，于本町通交汇点东折过利根川的久留马桥后向东北延伸。由于久留马桥，榉树通又称久留马桥通。1928 年久留马桥旁还开设了上毛电铁中央前桥站。

前桥城市史体现于各种东西向线型，包括本町通、广濑川与银座通（照片 5），以及旧利根川河岸台地的崖线等。相对而言，南北向通道稀少。

针对这一问题，在规划修建八间道路同时，在市区西面新建贯通南北的五间

照片 4　自前桥站前向北延伸的榉树通。向北看。旧称八间道路。1925 年拓宽至 15 间，战后拓宽至 36 米。

照片 5　前桥传统商业街，银座通。广濑川与本町通之间的这片地区过去是町人地。东西路是主要道路。

道路。五间道路北起广濑川的柳桥，又称柳桥通。

1925 年，榉树通拓宽至 15 间。二战后，又由**战灾复兴**道路规划指定为 50 米宽的广路一号（前桥站通线），实际拓至 36 米。

现在前桥交通量最大的南北路是国道 17 号。国道 17 号诞生于战灾复兴**土地区划整理**，在旧干道基础上改建。其东侧平行一条拱廊商业街，南北两段分别名为中央通和弁天通，同样由近世道路改建而成（照片 6）。与国道 17 号形成鲜明对比，是前桥唯一南北贯通的历史道路。

历史横轴上叠加近代纵轴的城市结构十分漂亮。最重要的历史横轴与宽阔的榉树通接续成干线通往站前。这样繁琐的道路建设，想必也是本地商人意志的体现。

6. 广濑川沿岸的绿道

值得一提的还有广濑川沿岸约 1.2 千米的游步道（照片 7）。如同城市绿洲的这条游步道，诞生于战灾复兴的公园建设项目。沿广濑川的土地区划整理，腾出一片 8 ～ 15 米宽、占地约 8 公顷的开放空间。考虑到二战后城市一片废墟和混乱的情况下，当时能制定出这样大规模的空间构想，十分值得尊敬。

前桥的城市宣传语是“水、绿与诗的城市”，其中“水”与“绿”的意象主要依托广濑川沿岸风景，以及站前至本町通绵延不绝的榉树林荫道。这些意象均

照片 6　在弁天通拱廊街看向中央通拱廊街。前面左右方向道路是东西路立川町通。两条拱廊街均基于江户时期的旧路改建。

照片 7　战灾复兴建成的广濑川游步道。行道树以柳树为主，种有樱花、榉树等。与广濑川水量充沛的河道相得益彰，是代表前桥的风景。

形成于惨烈空袭（1945 年 8 月 5 日）后的复兴建设。

第三点“诗之城”，是指成长于前桥的**萩原朔太郎**。城市滋养了朔太郎，对其文学风格的形成起到了一定作用。朔太郎著有一系列的“乡土望景诗”，比如广濑川河边记录的诗碑。

廣瀬川
廣瀬川白く流れたり
時さればみな幻影は消えゆかん。
われの生涯を釣らんとして
過去の日川辺に糸をたれしが
ああかの幸福は遠きにすぎさり
ちいさき魚は眼にもとまらず。

广濑川
广濑川盈盈东漾
流光易逝 梦影雾花。
吾一生之所钓
皆系于旧时日川边
幸福 遥不可及
鱼儿 来去无影。

（《纯情小曲集》〔1925〕中的乡土望景诗）

对这座“靠近利根川的乡下小城”（《纯情小曲集》序文），朔太郎怀有又爱又恨的复杂情感。望着广濑川的风景即使只能感受到一点儿朔太郎般的感叹，眼中的城市也会与以往不同。这也是漫步城市的乐趣之一。

浦和——由线及面的转换城市

1. 宿场町的近代转型难题

2001年，浦和市与大宫市、与野市合并为埼玉市。2005年，岩槻市划入埼玉市。平成行政区划合并后，改名的只有这座县都城市，从浦和改为埼玉。

浦和宿并非区域内规模最大的**宿场町**。周边沿中山道的蕨宿、鸿巢宿、大宫宿，沿日光道中的草加宿、越谷宿都规模很大。在如此情况下，县厅却选址不那么起眼的浦和宿，多少令人困惑。47座县都城市中只有浦和源于宿场町。

从城市规模看，浦和临近也有多座人口规模超过两倍的城市，如岩槻、熊谷、川越等。浦和与这些城市的关系，与武藏国演变为埼玉县的故事有关。这个话题暂且搁置，先聚焦中山道的宿场町周边。

在城市近代化过程中，宿场町面临着与**城下町**完全不同的课题。城下町的情况是，由于政权变更，包括城堡在内的大规模**武家地**一并成为空地，新政府将这些空地收归公用后，建设官厅、学校、军事设施等城市公共设施。因此，城下町的近代化迅速推进。

但宿场町少有空地，无法效仿这一模式。主要**街道**两侧满满当当排列着**町家**，此外还有神社寺院。两旁田地属于沿街各町家，往往呈细长条状，无法建设大体量的公共设施。同时在步行仍是主要交通方式的时代，宿场町依旧需提供过路歇脚处（宿站）的功能。

在宿场町寻找一块用于建设县厅舍的大规模空地并非易事。这与源于港町的

图 1　浦和 1/20000 正式图（局部，1906 年测绘，1909 年发行）。

城市十分相似。但港町少有沿一条道路发展的情况，相对仍有余地。但宿场町空地实在太少了。

2. 城市的主体空间结构

那么，宿场町浦和是如何实现近代化的？特别是如何提供城市近代化所需的大规模用地。另外，县厅为什么选在浦和？为什么没有选在其他规模更大的城市？为厘清这些疑问，有必要仔细回溯浦和的历史、观察城市的结构。

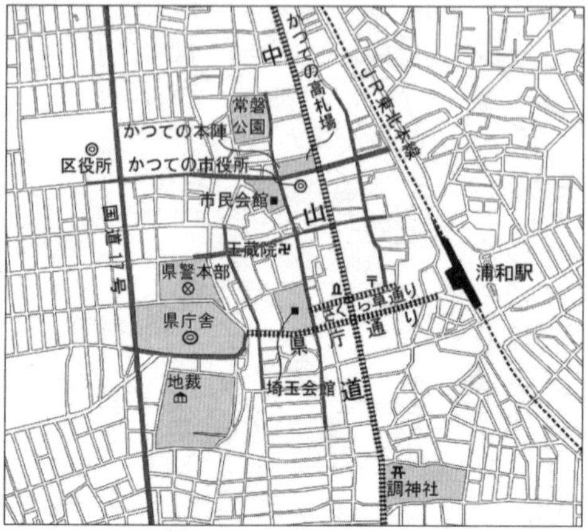

图 2　浦和市中心空间结构示意图。

从 JR 浦和站西口出站后，自站前广场南面向西延伸的道路是县厅通。沿县厅通行走一会儿，会穿过一条交通量很大的南北向道路。这是中山道（照片 1）。再往前走，便是下坡路（照片 2），走到下坡的最低点后慢慢往上爬，正面的坡地上就是县厅舍。埼玉县县厅舍自 1869 年建成始终位于此处，这样的情况十分少见。县厅舍周边还建有县警察总局和地方法院等，现在是浦和重要的官厅街。

为什么会存在这样的地形起伏？因为浦和宿位于南北狭长的舌状台地。台地

照片 1　在中山道与县厅通交叉口往北看。左右方向上延伸的道路是县厅通，可以说是连接浦和站（右）与县厅舍（左）的近代横轴。县厅通与近世纵轴中山道相交的这处路口，是近世与近代的交汇处。

照片 2　县厅通的下坡路。在中山道往西看。下了坡，县厅舍就位于正面坡地上。县厅舍自 1869 年以后始终位于此处。

的山脊线是中山道，东端是JR浦和站，西端是埼玉会馆。埼玉会馆由著名建筑师**前川国男**于1966年设计。所在地原有师范学校。连接车站与会馆的县厅通正好穿越台地与中山道正交。从车站至中山道是平缓上坡，从中山道至埼玉会馆则是明显下坡。

只有在抵达县厅舍前的路段转为上坡，这是为什么？因为县厅舍建在另一座台地鹿岛台。也就是说，浦和在西面找到了土地，推进近代化。鹿岛台曾是神社寺院所领的飞地，由新政府收归公用。两座台地间的低处，曾有一条小河，现已填埋成道路。从道路的蜿蜒走向，仍可感知旧时面貌。

台地南端是式内社调神社。由南而来的中山道在抵达神社前，是曲折而平缓的上坡路。经过神社后，转为平坦的直路，进入宿场町。在宿场町内路幅达6**间**。

浦和宿是由自然村落规划改建。原有两条自然形成的南北向窄路，在两条窄路间新建中山道，相互平行，距离约50间。东侧窄路现已发展成餐饮街（照片3），西侧窄路则是静谧的住区道路（照片4）。两条窄路车流量都不大，适宜步行，颇具魅力。因此与其他周边整体新建的宿站，如大宫宿、蕨宿有很大不同。

另外，浦和中山道两侧功能定位亦有区分。东侧是商业区，西侧是公共设施，特别是临近中山道的一街区或二街区内部。公共设施即使搬迁，原址仍会建设新的公共设施。例如，御殿山→法院→常磐公园；监狱→法院；稻荷大神社→师范学校→女子师范→埼玉会馆·县立图书馆（至2015年）；郡政府→市民会馆、师范院校→埼玉大学→市政府→区政府，等等。

3. 线形城市的面上扩张

浦和依托主轴线中山道发展成宿场町，是一座线形城市。除了确保城市近代化用地外，浦和还面临着两大问题，即如何将城市从“线”扩张至“面”、如何构建城市中心。浦和是如何应对这两个相互矛盾的问题？

针对前者，浦和采取了活用窄路的方法，即前述中山道两侧窄路，并在“建设具有魅力的道路铺装”等公共事业方面投入了大量精力。

针对后者，1883年浦和站开设时，新建直抵中山道的站前道路。当时铁路线

照片 3　中山道东侧窄路，现在路边尽是餐饮店，是热闹又颇具魅力的小巷。相比代表城市形象的大街中山道，这条窄路呈现出别具一番风味的城市面貌，十分吸引人。

照片 4　中山路西侧窄路，现在是公寓区内部道路。道路绿化丰富，感觉很安静，与东侧窄路对比鲜明。

图 3　大正三年最新调查浦和町明细全图（局部）。可以看出，中山道西侧建有公共设施和学校（出处：《浦和市史》通史篇Ⅲ，附录，同编纂会编，1990）。

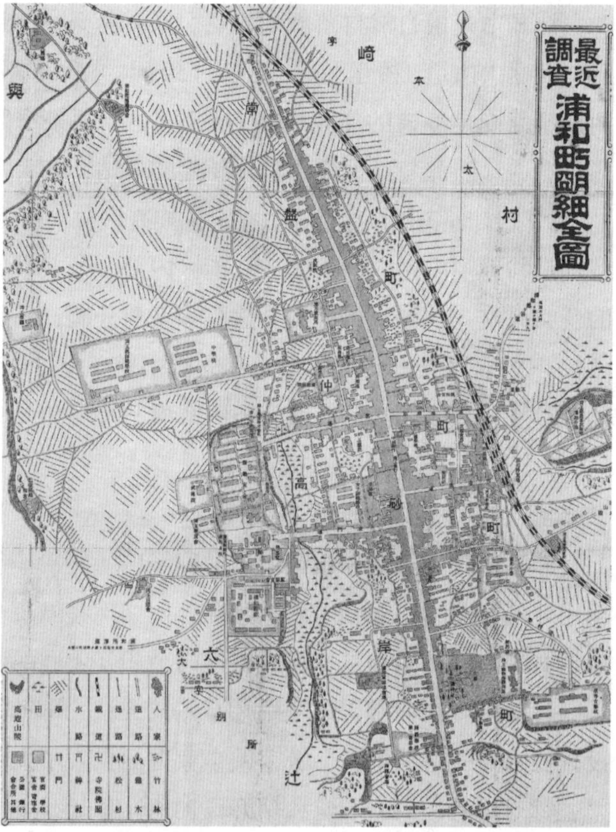

还未北延至大宫。道路旧名停车场道，是浦和最早推进近代化的场所。随后建设了中央邮政局，改名邮便局通，与中山道交叉处设置了象征琦玉县起点的道路元标。城市中心也由此构建。即便现在看来县厅通更像城市东西轴。

这条道路于 1940 年穿越中山道延伸至琦玉会馆，1981 年改为日本最早的步行专用道。现名“樱草通”

（照片 5），是公开征集的名称。樱草是浦和市花，也是琦玉县花。

只是，现在樱草通车站前的路段已拆除，用地整体改建为浦和 Corso（浦和コルソ，购物中心，埼玉县首座重建建筑），尽管浦和 Corso 内部留有连接樱草通和站前广场的通道，樱草通城市轴线的功能被大幅削弱。从浦和站西口出站，行走至站前广场，不仅是浦和 Corso，眼前建筑都是经过重新开发的新大楼，已基本看不出通过樱草通推进城市近代化的历史构想。

照片 5　从中山道东望樱草通。1981 年至今始终是步行街。曾是连接浦和站与中山道的主要站前大道。穿过中山道后，道路西端便是埼玉会馆。

浦和站的选址也值得一提。当时中山道最热闹的地方是樱草通交叉口更北侧设有**本阵**与**高札场**的地方。明治时期改建旧市役所（参考图 3），现在则是浦和 Century City（浦和センチュリーシティ）。车站没有选在本阵，大概是为了方便建设通向县厅舍的通道。

至于这条通道为什么没有选择樱草通，恐怕是因为当时没有充裕的条件。一般来说近代化初期，理应首先修建通往中山道的道路。以县厅舍和车站为端点，各自修建通至中山道的通道，并在交汇处构建十字路口即可。

但现实情况是，县厅通从县厅舍向东通至中山道后，1930 年才进一步向东延伸至车站。其后，浦和对中山道西侧地区进行**耕地整理**。县厅舍背面（西侧）新建一条平行辅路，即 1933 年建成的新国道（后称国道 17 号）。至此，浦和从线形城市转型为面状城市。城市东界为 JR 铁路线，西界是国道 17 号。

由于国道 17 号建成，中山道不再需要拓宽，作为城市老街延续下来，依然发挥着城市干道的作用。尽管完全是现代风貌，依旧能感受到它贯穿浦和发展的历史地位。中山道两侧几乎没有行政设施，不彰显政府权威，始终是住民的中轴线。这是宿场町的魄力，也是浦和的个性。

4. 县厅选址

最后，还需解答县厅选址浦和的缘由。

这与埼玉县的形成相关。通常情况下，日本的县由旧**藩**或**律令制**时代的令制国合并成立。但南关东地区都县（东京都、埼玉县、千叶县、神奈川县）的形成略有不同。

现在的埼玉县，合并自江户时期的藩领（川越藩、岩槻藩、忍藩、前桥藩等）、旗本领（武士领地。武士直属且有资格面见将军，但俸禄不满一万石）、天领（江户幕府直辖领地），三者俸禄相当。明治时期，计划将县厅选在大宫宿，成立大宫县。县政府在大宫宿名主宅临时办公。1869 年 1 月浦和并入大宫县。8 个月后，县厅变更至浦和宿，县名改为浦和县。

县厅变更具体原因并不明确，最重要的影响因素应是土地。浦和宿西侧地区，即今县厅舍周边拥有大规模土地，能满足城市近代化需要。另一原因可能是，浦和宿在江户时期始终是幕府直辖领地（天领）。明治维新后，新政府收用土地，结合旧旗本领设县。这比日本全国展开的**废藩置县**（1871 年 7 月）要早。

相对而言，大宫、岩槻[①]似乎无法满足城市近代化建设所需土地要求。

废藩置县后，1871 年 11 月，浦和县与岩槻县、忍县进一步合并为旧埼玉县。旧埼玉县县名“埼玉”，来自埼玉郡。县厅原本计划设置在埼玉郡中心地区的岩槻。但一个月后，旧埼玉县决定沿用旧浦和县厅舍。旧埼玉县设立同时，西面地区成立了入间县，县厅位于川越。1876 年，旧埼玉县与熊谷县（旧入间县）所辖原武藏国领地合并，成立新埼玉县。

这样大致可以解答为什么县厅没有选在浦和临近的宿场町。当然由于浦和的地理位置不在埼玉县中心（县东南部），也曾有将县厅迁至熊谷的方案，但一直悬而未决。

尽管几度变更，甚至县都改名埼玉，但始终位于浦和。又或许，这一选址本身就是因为距离东京更近。总的来说，经历了时代浪潮的浦和，是宿场町近代化的典例。

① 据 1871 年太政官公告记载，埼玉县厅最初设置在岩槻。

千叶——铁路引导生长的连锁城市

1. 新晋县都

日本现在的县都城市或多或少存在被选定的明确理由。大多数城市在近代以前就是区域经济或政治中心，近代以后顺理成章成为县都。千叶市和宫崎市属于例外，无法从近代以前的发展轨迹中找到被选为县都的明确理由。它们成为县都的主要原因，是位于县域调整后新县的地理中心。反过来说，两座城市都位于旧县的边缘。

除地理因素外，千叶和宫崎在近代以前均是小规模聚居地，不存在影响规划建设的复杂条件，是纯粹服务近代统治的政治城市。

千叶和宫崎也存在区别。宫崎是完全在近代建设的城市。千叶曾在**中世**筑有城堡（堡垒），后来成为区域交通节点，周边自发形成聚落。因此，需从近代以前的聚落发展过程入手，阅读千叶的城市故事。

2. 从战国到近世

千叶最早可追溯至1126年在下总台地修筑的猪鼻城（又称千叶城），是继奈良与京都（古代都城）、长野（善光寺**门前町**）之后，历史最悠久的县都城市。猪鼻城旧址具体位置不明，推测位于千叶堀内一带。千叶堀内后来改建亥鼻公园（猪鼻公园），并修筑了一座**近世**城样式的混凝土结构建筑（现乡土资料馆），以表明这里是猪鼻城旧址。但猪鼻城应当是平屋顶式堡垒，而非乡土资料馆展现的楼阁式城郭（照片1）。

图1　千叶1/20000正式图，由千叶（局部，1897年测绘，1909年修正，1910年发行）、曾我野（局部，1903年测绘，1907年发行）组成。城市北面的车站是千叶站，修建于1894年，1963年向东搬迁至现址。

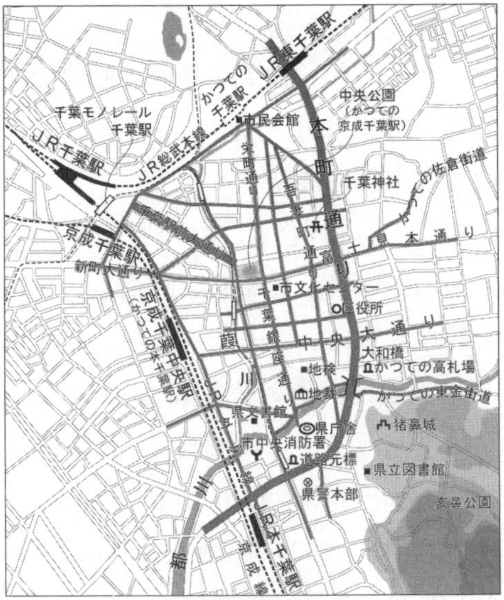

图 2　千叶市中心空间结构示意图。经战灾复兴土地区划整理，道路网尺度与结构大幅变化。和图 1 对比观察可知，城市虽然显著扩张，但主体空间结构基本没有变化。

照片 1　从都川的大和桥南望猪鼻城。道路是本町通。江户时期的高札场就设置在大和桥北，这里是传统商业区，老店遍布。

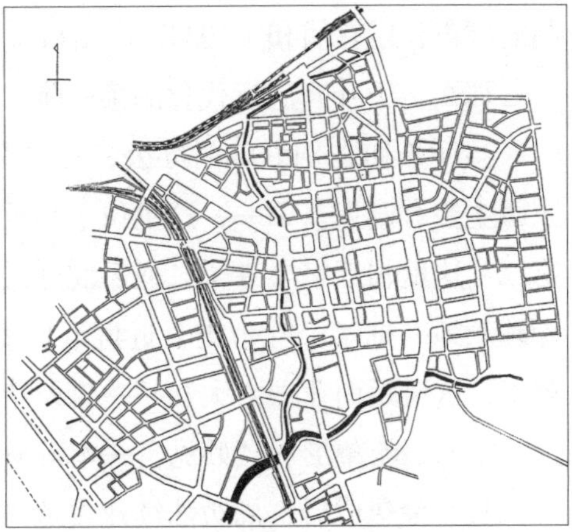
图 3　复兴土地区划整理图。从图中也可看出，规划将旧千叶站向西搬迁至现址，也就是总武本线和外房线的交汇处（出处：《千叶市史》现代篇，同编纂委员会编，千叶市，1974，8 页）。

1454 年猪鼻城毁于战争，旧址回归自然发展状态。江户时期，千叶成为区域交通节点和佐仓藩的港口，具备小规模商业功能。

江户时期，多条区域干道经过千叶。从千叶出发，有东北方的佐仓**街道**、东南方的东金街道、南向的房州街道、西北向通往江户的江户街道（又称千叶街道）。各街道交汇点附近是妙见宫，现称千叶神社，其鸟居正对本町通。据说千叶所在这片土地过去是沙堤，北高南低，妙见宫位于沙堤制高点。就此看来，千叶也可视作妙见宫的门前町。千叶西临东京湾，沿岸是**港町**登户。

尽管一度筑有城堡，但整体而言千叶在近代前是一座自然形成的城市。

3. 确立县厅

江户时期除御三家水户外，德川幕府没有在关八州（今关东地区）修建能与江户抗衡的大城市，也没有在东京湾沿岸修建大规模港町。千叶由于临近江户，土地归属不一，小藩领地、飞地、幕府领地和旗本领地混杂。

明治新政府推行废藩置县后，现千叶所在地域形成佐仓县、生实县等26个县。1871年11月府县统合实施后，26个县合并为木更津县、印旛县、新治县。1873年木更津县与印旛县合并后，千叶既是新县的地理中心，又是交通枢纽，由此成为县都。1875年，千叶县纳入新治县利根川以南地区，辖域基本稳定。

之后，千叶开展了近代建设，从自然聚落迅速转型为现代大城市。由于规模过小，1921年千叶才推行市制，从千叶町改制为千叶市。日本最晚一批推行市制的城市，还有浦和（1934）、山口（1929）、宫崎（1924）、札幌（1922）等。

那么，千叶开启近代化的第一步是什么？答案是县厅舍的选址。

县厅最初在别处临时办公，1874年正式着手建设县厅舍。县厅舍选择现址原因主要有四点。第一，这里位于靠近都川的市区西南缘，便于运输建设材料。第二，这里临近宗胤寺（二战后北迁约2千米），拥有大规模可供开发建设的旧寺院领地。据《千叶市史》近世近代篇记载，宗胤寺拥有近13公顷寺院领地。第三，这里距商业中心大和桥一带及猪鼻城旧址（存在可供开发的闲置地）也不远。第四，希望形成“妙见宫—本町通 / 市区—县厅舍”的空间结构。

县厅舍建成后，周边陆续建成地方法院、师范学校、郡役所、町公所、消防署、警察署等公共设施，成为千叶的官厅街。尽管1897年师范学校迁往亥鼻公园，1970年市役所迁往千叶港站附近，但原址仍是公共设施用地，改建县自治会馆、县教育会馆。后来千叶因二战及**战灾复兴土地区划整理**发生重大变化，但县厅舍地区始终是城市的行政中心，保持颇具特色的城市风貌（照片2）。1912年根据《道路法》设置的**道路元标**，至今屹立在县厅前。

图1描绘了1905年前后主要公共设施刚建成时的城市面貌。从县厅舍蜿蜒北上至市厅舍的本町通，是城市中最宽的道路。战灾复兴规划实施后，本町通改建为设有中央隔离带的双向六车道主干道，但依稀可见过去的繁华景象（照片3）。

照片 2　千叶市中心南部的官厅街。千叶银座通南望。正面是县厅舍。这片官厅街修建于明治初期，核心是县厅舍。道路南端是县厅舍，北端是旧千叶站。

照片 3　现在的本町通，曾是城市的主干道，战灾复兴规划后改为车行主干道。据说本町通位于这片微高地的中脊线。

江户时期，本町通与西面平行的小路（现吾妻町通）是千叶最热闹的两条商业街，同是城市的轴线。但后来，只有本町通改建为宽阔的城市大道，维持主轴线的功能。

对比图 1、图 2 和图 3 会发现，战后土地区划整理虽然完全改变了道路风貌，但基本延续了本町通与小路的相对关系、城市的道路网格，没有完全抹去城市的记忆。

4. 铁路时代

图 1 还展现了千叶进入铁路时代的模样。当然，明治三十年代是日本城市因铁路发生巨变的时代。铁路建设加上诸多自身条件，决定了千叶的发展方向。可以说，千叶是一座由铁路引导成长的城市。

千叶当时拥有两座车站，分别位于城北和城西。这是两家铁路公司竞争的结果。车站选址既要避开市区西侧葭川的低洼地，又要与市区保持一定距离。可以说车站选址后的铁路布线过程，也是城市边界的确定过程。联系车站与市区的站前大道建成后，沿线空地成为城市化的重点。

千叶作为首都圈的人口密集区，始终是铁路公司争夺客流的战场。带有“千叶”

二字的车站多达 11 座，包括千叶站、西千叶站、东千叶站、本千叶站、千叶中央站、京成千叶站、新千叶站、千叶寺站、千叶公园站、千叶港站 10 座铁路车站，以及千叶都市单轨电车千叶站。

产生这种情况的原因主要有三点：千叶过去是小聚落，地名指代的地域范围较小；该地区没有其他知名地名；千叶一夜之间被选为县都。类似命名的城市，还有浦和。以浦和二字命名的车站有 8 座，包括浦和站、北浦和站、中浦和站、南浦和站、东浦和站、西浦和站、武藏浦和站、浦和美园站。因为千叶与浦和原本都是大城市边缘的小城市。

城北是旧千叶站，旧称千叶停车场，是 1894 年总武铁路（佐仓至市川，分别位于千叶东北、西北）开通后建成的。车站建成后，新建联系车站与千叶神社（本町通北端）的站前道路，称为荣町。荣町后来逐渐演化为商业街，带动两侧空地的城市化。后来车站向东搬迁，原址改建千叶市民会馆。现在已很难想象旧千叶站前热闹的景象。

城西是寒川站，旧称寒川停车场、本千叶站，现称千叶中央站。1896 年 1 月，房总铁路从大网向西北延伸至苏我，2 月从苏我北延至千叶，开设寒川站。1897 年，联系车站和市区（本町通）的站前大道建成，现称中央大通・Qiball 通（きぼーる通）。当时，车站和市区之间流淌着都川的支流苇川。苇川沿岸是莲田，明治后期逐渐演变成商业街。

1890 年代一场大火后，吾妻町通西面新建了新通町通（现千叶银座通）与莲池通等南北路。1911 年，为纪念县厅舍建成，新通町通北延至旧千叶站。这段北延直线路后称荣町通（Hamming Road Pulsa）。至此，形成车站（旧千叶站）与县厅舍位于道路两端的结构。

后来车站搬迁，千叶再次新建联系车站与城市的道路。从近代初期系统推进城市建设的例子在日本非常少见。千叶既没有**武家地**，也没有**寺町**，所以才能实现这种纯粹服务政治意图的设计。

原本位于城市边界的两条私营铁路线后来都成为国有铁路，现在已经很难想象，它们曾是竞争关系。1921 年京成电铁从船桥站向西南延伸至千叶，成为首条联系千叶和东京的电车线。但同一时期，总武铁路和房总铁路仍在行驶蒸汽机车。特别是京成电铁的终点站京成千叶站距离市区很近（现中央公园周边），具有很高的竞争优势。电车站不像铁路车站，不需要很多辅助设施与大规模用地，能够靠近市中心位置。1933年，京成电铁在青砥站（船桥站西北，东京市区外围）新开辟直达上野公园的支线，同期开通上野公园站（现称京成上野站）。该线称为上野线，是首条通至山手线（东京市区环状线）以内的铁路线。

另一方面，总武铁道于1904年延伸至两国桥站（1931年改名两国站，东京市区东），在1907年国有化（后称铁道院线，1920年铁道省创设以后的省线电车）后，对两国至千叶段的线路开展复线改造，1932年新开通联系两国站、秋叶原站、御茶水站的线路。1935年，进行电气化改造。联系千叶和东京的铁路线越来越密集。

铁路网建设一举推进了首都圈的郊区化，千叶作为区域交通枢纽的历史也告一段落。

5. 战灾复兴引起的变化与延续

1945年6月10日、7月6日至7日，千叶遭遇两次大空袭，市区基本被毁。

战后，千叶即刻完成了战灾复兴规划。由于都川南岸的县厅舍和市厅舍幸免于难，规划重点是铁路车站的重新布局与土地区划整理。

规划南移本千叶站，原址改建京成千叶站（现千叶中央站，1958年），京成千叶站旧址则改建中央公园。1963年，西迁千叶站至总武本线与外房线铁路交汇处现址，同时建成连接新千叶站与中央公园、兼具防灾功能的50米宽大道（旧名广路一号千叶站富士见町线，现千叶站前大通）（照片4）。

土地区划整理梳理了街区形态、道路走向与宽幅。拓宽本町通至36米，新通町通规划为步行商业街（千叶银座街）。为确保步行功能，在商业街两侧各设置6米宽人行道（照片5）。

现在漫步千叶，心中满是微妙的情感。实施战灾复兴规划后的千叶，乍看之下似乎完全切断了与过去的联系。但事实上，它是一座联系过去与未来的城市。

照片 4　从 50 米宽千叶站前大通向东南望中央公园。市中心最宽的道路，战灾复兴规划造就的城市风景。

照片 5　在和中央区役所通相交的路口南望千叶银座通。该路原本是新通町通，战灾复兴规划后改建为步行街。

照片 6　从中央公园往 JR 千叶站方向看。中央公园入口仿照单轨桥桁设计。这里曾是京成千叶站，现在正以崭新姿态维持着汇集人流的功能。

照片 7　旧千叶街道，现称富士见本通。道路风貌大幅变化，但和过去一样，路上行人络绎不绝。

从 2017 年重新装修的 JR 千叶站出站后，往南走到站前广场上，翠绿爬藤的公交车站、高大的车站大楼、悬垂型的单轨电车映入眼帘。面前是宽阔的千叶站前大通，顺路往东南方向行走，不一会儿就到了中央公园，公园前设计了形似拱门的单轨桥桁。一路所见正是战灾复兴规划所描绘的未来场景（照片 6）。

二战前的旧市区又如何？旧千叶站前荣町郭公鸟啼啼作响（指生意萧条），2016 年中央公园以及千叶站前大通上的两家百货商店也关门停业。传统商业街本町通现在成了办公街，城市传统商业区衰落下来，这些也是以往无法想象的。

二战后，千叶似乎分裂成以千叶站为核心的新市区与中央公园为核心的旧市区。

但从城市整体格局看，千叶似乎没有太大变化。

中世的猪鼻城，尽管风貌完全改变，本身也成了公园，但依旧能从其所在的下总台地俯瞰城市的兴衰。县厅舍依旧位于明治时期建成的地点，未曾搬迁，周边地区仍是城市的行政中心区。行政中心县厅舍、信仰中心千叶神社，以及连接两者的主轴线本町通所构成的基本空间结构也未改变。本町通西面修建了多条平行的南北路，也可视作商业中心西迁。旧京成千叶站虽改建为公园，依旧人流聚集。新旧市区现在正逐渐融为一体，这也是城市成长的成果。战后的区划整理不只是机械地划分几条纵横直路，而是充分尊重、延续了城市记忆（图 3、照片 7）。

前一个变化成为后一个变化的基础，如此循环往复，城市面貌也逐渐变化。但其中切实存在因果关系，并非勉强为之。因为千叶是服务近代统治而建的政治城市。用积极的眼光看，千叶是一座“平坦、且可追溯”的城市。

千叶城市的近代化，经历了从自然聚落到规划城市这一连续不断的变化过程，这也是将其称作连锁城市的原因。

东京——塑造首都面貌的铁路网

1. 首都形象

日本大城市的中央车站周边出乎意料地杂乱。

例如大阪站的站前地区（大阪站前）。这里盖着时髦的阪神百货与阪急百货，行人络绎不绝，但道路七零八落地延伸着，自己开车去一定会迷路。名古屋铁道与近畿日本铁道名古屋站的站前，柳桥中央市场与高大办公楼群之间是突兀而有趣的城市风景。但行人出站后往往穿行于地下通道，步行 2 分钟就能到达的中央市场，高楼实际上没有多少存在感。广岛站前与仙台站前，尽管推进了现代化改造，但依旧是迷宫般的氛围。

当然也有情况较好的站前地区，例如网格式的札幌站前、实施了大规模**土地区划整理**的博多站前（福冈市）。最干净利落的还属东京站前。因为东京站距离天皇居所很近，车站大楼正面朝向（正西稍偏北）居而建，铁路线也平行而过。东京站周边道路整齐且宽敞，不容易迷路。

人们习惯认为，东京站前的风景，理所当然被视为首都风貌，实际并非如此。

如前所述，杂乱才是大城市中央车站周边的常态。

这样的情况不仅发生在日本，欧洲的大城市也屡见不鲜，包括巴黎、伦敦、罗马、马德里等。这些大城市的中央车站周边，虽然说不上会令人不安，但人山人海、沸沸扬扬的样子，实在无法让人心情舒畅。亚洲的大城市亦如此，无论首尔、北京，还是台北、曼谷、雅加达、新德里，中央车站周边往往是错综复杂的道路网，容易迷路。

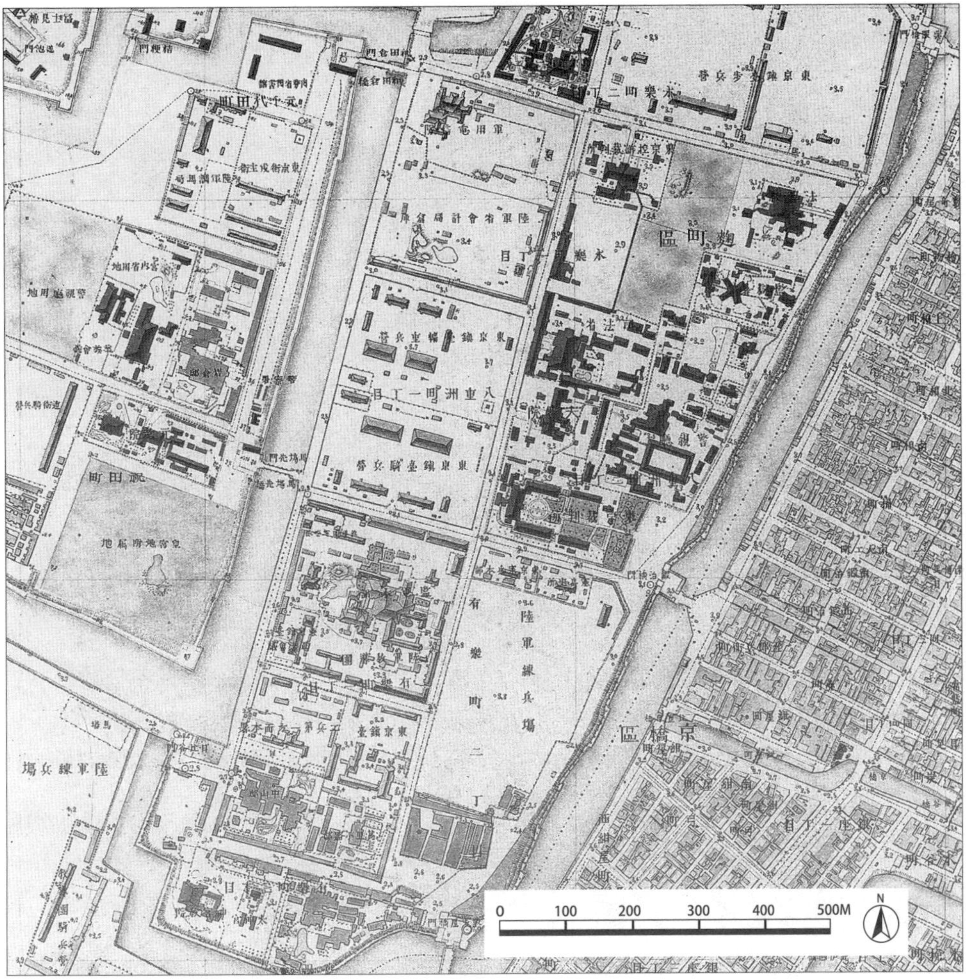

图 1　1/5000 东京图测量原图“东京府武藏国麹町区八重洲町近旁”，1883 年，参谋本部陆军部测量局（1984，日本地图中心拷贝、发行。原图为国土地理院所藏）。

这是为什么？原因很简单。因为中央车站无法设置在市中心。如果只是建设一幢车站大楼，那么在市中心寻找一块合适用地也有可能，但铁路交通不是只靠车站就能完成。蒸汽火车时代，铁路终点站必须有宽阔的编组场用地、铺设折返式铁路。铁路不像道路，无法随意弯曲，也不能铺设在陡坡。铺设坡度与弯道转弯半径都有所限制。因此，将中央车站设置在市中心，需要推倒大片漂亮建筑，

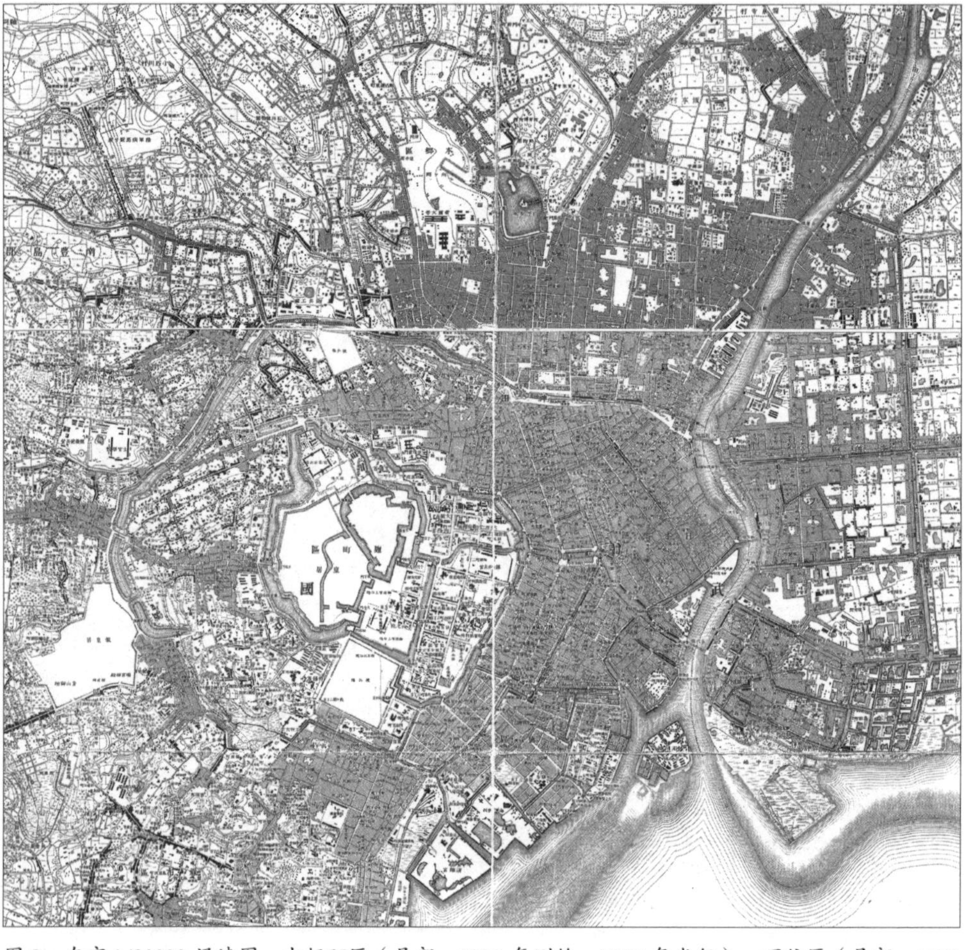

图 2　东京 1/20000 迅速图，由麹町区（局部，1880 年测绘，1887 年发行）、下谷区（局部，1880 年测绘，1887 年发行）组成。国土地理院藏。

这极其困难。

因此，在地铁时代来临前，绝大多数城市无法将铁路通至市中心，尤其是大城市。车站只能建在远离繁华闹市区的场所。

欧洲城市通常选择在建成市区边缘修建铁路，开设尽端式终点站。在铁路发源地英国，伦敦的滑铁卢站（Waterloo Station）、利物浦大街站（Liverpool Street Station）、帕丁顿站（Paddington Station）、维多利亚站（Victoria Station）等车站是尽端站。欧洲其他国家首都也类似，包括巴黎、罗马、马德里等。与尽端式车站相对，是通过式车站。即铁路线铺设至车站后继续延伸至他处，应用相对较少，情况往往比较特殊，主要有柏林市中心的几座车站（高架车站）、阿姆斯特丹的中央车站（填海建成的车站）与布鲁塞尔的中央车站（地下车站）等。

当然，每座中央车站都会修建气派的车站大楼和站前广场，那是值得品味的场所。但是，车站往往与市中心具有象征性的纪念物之间没有联系。地理上相距较远是一个原因，另外从车站出来，眼前往往一片杂乱，就别提纪念碑了。

由于尽端式车站需 Z 字形倒车，蒸汽机火车还需调转车头，再考虑列车折返郊外编组场等不便因素，1880 年代在全国铺设铁路的日本，较早就想“利用通过式车站构建铁路网络”。但当时几乎不可能贯穿市中心铺设铁路，因此选在建成区边缘铺设铁路并建造车站。

2. 特例东京站

为什么东京站如此特殊，能够整齐地修建皇居前？这里有多重缘由。

1872 年，新桥通往横滨的铁路（东海道线）正式开通，首都东京首座新桥站开业运营。当初的新桥站是规模很小的尽端式车站。1914 年东京站开通时，新桥站新增货运功能，改名汐留站（1986 年取消货运功能）。同一时期，汐留站北侧紧邻的乌森站则改称新桥站，即今新桥站。新桥站的老站房现已复原，可以一览（照片 1）。

照片 1　新桥站。现在，旧新桥站重建在汐留的再开发大楼之间。铁路从车站西侧（右手侧）向北延伸至有乐町（出处：《明治·大正·昭和东京写真大集成》，石黑敬章编写·解说，新潮社，2001，228 页）。

为什么第一座车站选址新桥？首先，新桥位于东京建成区南缘，北侧紧邻银座。当时银座往北到日本桥一带是繁华的**町人地**。另一方面，新桥临近区域干线东海道，本来就是东京与周边地区联络的交通节点。当时尚未考虑向市中心延伸，所以新桥站是尽端式终点站。

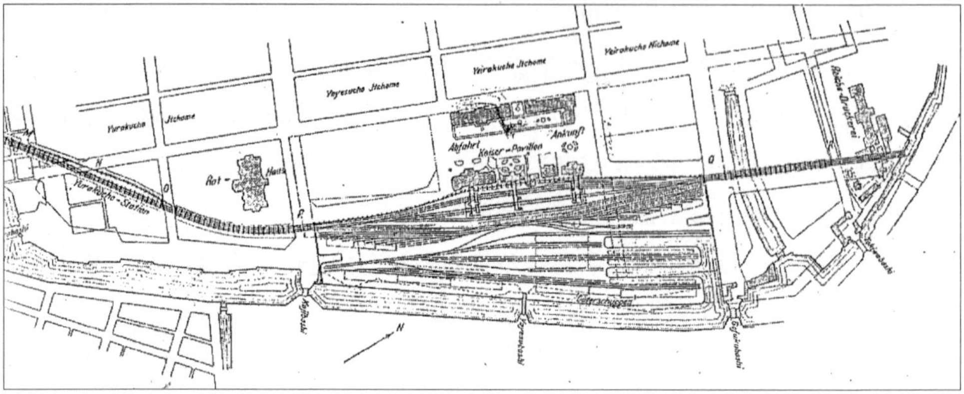

图 3　巴尔察的东京站规划（部分）。可以看出八重洲侧预留了广阔场地，希望将东京站打造为陆路与水路交通枢纽。（出处：《图说 车站的历史——东京的终点站》，交通博物馆编，河出书房新社，2006，74 页）

照片 2　秋叶原—御茶水段的总武线高架工程，左手边能看到万世桥站的月台（出处：《御茶水两国间高架线建设概要》，铁道省，1932）。

后来，东京边缘建成多座车站连接通往其他地区的铁路，包括 1883 年北面的上野站（通往熊谷），1889 年西面的新宿站（通往八王子），1894 年东面的本所站（现锦糸町站，通往千叶），1895 年北面的饭田町站（该站后成为货运站，1999 年停用）。这些铁路均是私营，分别为日本铁道、总武铁道、甲武铁道，后来改为国有。

不久后，铁路建设热潮退去。延伸至东京建成区的神田、日本桥、银座等地的私营铁路，没有进一步向内延伸至市中心。市中心人口与建筑密度极高，难有余地供铁路进入。当然，也有建设成本问题。

这些位于建成区边缘的终点站，1882 年开始由马车铁路连接，1903 年换成有轨电车连接。再之后，通过有轨电车与市中心联系。

这一时期，是东京铁路建设的关键时期。如果这个阶段放弃向市中心延伸铁路，那么东京就会像欧美的大城市一样，在城市外分设终点站，形成的首都面貌与如今大相径庭。如果当时东京市中心已建起高层建筑，难以铺设铁路，那么确有可能放弃。

所幸，这种假设没有成为现实。几个影响城市发展的因素叠合在一起，塑造了现在的市中心铁路网与东京站。

当时的东京，城内还没有形成西式建筑林立的风景，多是木结构两层建筑，尚有改造余地。相比改造市区，更迫切希望将铁路延伸至市中心。

各私营铁路公司也非常希望将线路与官营铁路（东海道方向）连接。尽管困难重重，但创造各种条件去实现。

第一步是规划确定车站选址。1884 年的《**市区改正**计画》选择在新桥站与上野站之间设置中央车站，差不多就是东京站的位置。1889 年方案获批，成为日本首个法定城市规划《东京市区改正计画》。

由于新桥站与上野站之间是密集建成区，铁路采用全线高架铺设。具体事项委托德国专家**赫尔曼·鲁姆修特**（1887 ～ 1894 年旅居日本），他是普鲁士国有铁道机械监督。

1896 年，帝国议会通过了中央车站布局方案，并推进相关设计。具体由被聘为日本通信省顾问的德国专家**弗兰茨·巴尔察**（1898 ～ 1903 年旅居日本）负责。

巴尔察的设计选择了日式意象，十分理想，但未被选用，引起民众强烈不满。方案中诸如月台等设计，都被后来的设计者**辰野金吾**继承，辰野本人也承认这是沿袭巴尔察的设计构想，还包括车站的基本空间组织与流线规划，以及皇室专用出入口居中等。从某种程度上是实现了巴尔察的方案。

中央车站背面近八重洲侧（东侧）规划的货场（后车辆基地），同样被认为是巴尔察的巨大贡献。规划将货场预留为扩张用地，这片预留地在后期建设新干线站台、二战后扩建八重洲口车站大楼① 等发挥了作用。正因为预留有余地，东

① 现东京站地上主体建筑由东西紧邻两座站房构成，西侧即初建的丸之内侧站房（丸之内口），东侧是基于东京站规划时的预留用地后来扩建的八重洲侧站房（八重洲口）。

京站才能至今依然发挥国家中央车站的作用（图 3）。

回想起来，东京站是百余年前规划的大城市中央车站，在后世经历技术革新与土地利用变化依旧没有搬迁。这样的情况在日本十分罕见。无论大阪或名古屋，还是新潟和福冈，城市中央车站都随着时代发展另择他址。东京站不仅没有搬迁，车站大楼本身也几乎维持着初建时的面貌。由此可见，巴尔察的规划相当超前。

当然也有时代原因，由于比其他车站开设晚，东京站修建时已是建设大规模车站的时期。建设自然历时较长。只是很难想象，一百多岁的东京站，比其他车站年轻。京环线山手线的车站中，比东京站开设晚的，只有神田（1919）、御徒町（1925）和西日暮里（1971）三站。

话说回来，在规划东京站时，北侧铁路的铺设方案还没有眉目，因此东京站暂定为终点站。但预想到铁路未来会进一步向北延伸，东京站又按照《市区改正计画》设计成通过式车站。

因此，东京站不仅是远距离列车的始发站与终点站，还是短距离列车的通过站。车站大楼顺铁路铺设方向修建，面宽 184 **间**（约 335 米），高三层，以当时最时髦的红砖建成，代表首都风貌。

1914 年 12 月 20 日，东京站正式投入运营。时间上大概是为了配合第二年 11 月 10 日的大正天皇即位典礼大正大礼。东京站的正门廊道，现在仍是皇室专用出入口，不向普通民众开放。

首都中央车站与皇居正对，其间是丸之内商务区[①]。东京站，不仅象征首都风貌，至今依然生机勃勃。

3. 铁路的延伸与巴尔察构想的实现

图 4 是巴尔察的东京首都圈铁路网设想图。如图所示，巴尔察设想构建贯穿市中心东西南北的铁路线。这道十字路线，北至上野站、南至新桥站、东至本所站、西至饭田町站（分别对应图中 Uyeno、Shinbashi、Honjo、Iidamachi，下同）。十

① 夹于东京站与皇居之间的棋盘式办公街区，整体呈南北狭长的矩形。

字中心西面是占地巨大的皇居。值得一提的是，巴尔察还设计了从本所、饭田町直达东京站（Yeirakucho）的短驳铁路线。这份规划花了较长时间才得以实现。

图 4　巴尔察的东京首都圈铁路网设想图（局部，出处：《东京站的诞生——受聘外国人巴尔察的论文发现》，岛秀，雄编，鹿岛出版会，1990〔2012 年再版〕，4 页）

图中东西向秋叶原（Akihanohara）以西段是中央线。中央线不断朝向市中心铺设，终点站从最初的饭田町站（1895 年，后为货运站，1999 年停用），变更为御茶水站（1904 年，现址稍西侧）、万世桥站（1912 年，1943 年停用），一步步接近中心。1919 年，中央线贯通至东京站（即图 4 Iidamachi 至 Yeirakucho 的虚线）。

图中自上野往西北向延伸的是东北本线，1891 年全线贯通本岛，到达北部的青森。1890 年，东北本线向南延伸至秋叶原，较为顺利。但从秋叶原延伸至东京站必须斜穿神田（Shinkokucho），工程一度停滞不前。直到 1925 年，秋叶原至东京站的铁路才得以建成，是高架线。由此，东北本线由青森直抵东京站，也为山手线成为环线提供了可能。

图中秋叶原以东段是总武线。总武线同样逐步向市中心铺设，终点站由本所站（1894），变更为两国桥站（1904，现两国站）、御茶水站（1932，时称两国线，照片 2）。总武线与中央线在御茶水站接续后，成为贯穿东京的东西向铁路线（现中央・总武线，即图中东西向贯穿东京的实线）形成。

在密度极高的建成区推进铁路建设需要多重要素加持：铁路在城市被坚固的建筑覆盖前铺设完毕；尽管短期内是尽端式终点站，但考虑到铁路线延伸的情况，将车站建设为通过式车站；关东大地震后的复兴土地区划整理确保了两国至御茶水区间的铁路用地，等等。总武线两国至御茶水区间的建成，可以认为是震灾复兴最大成果之一。

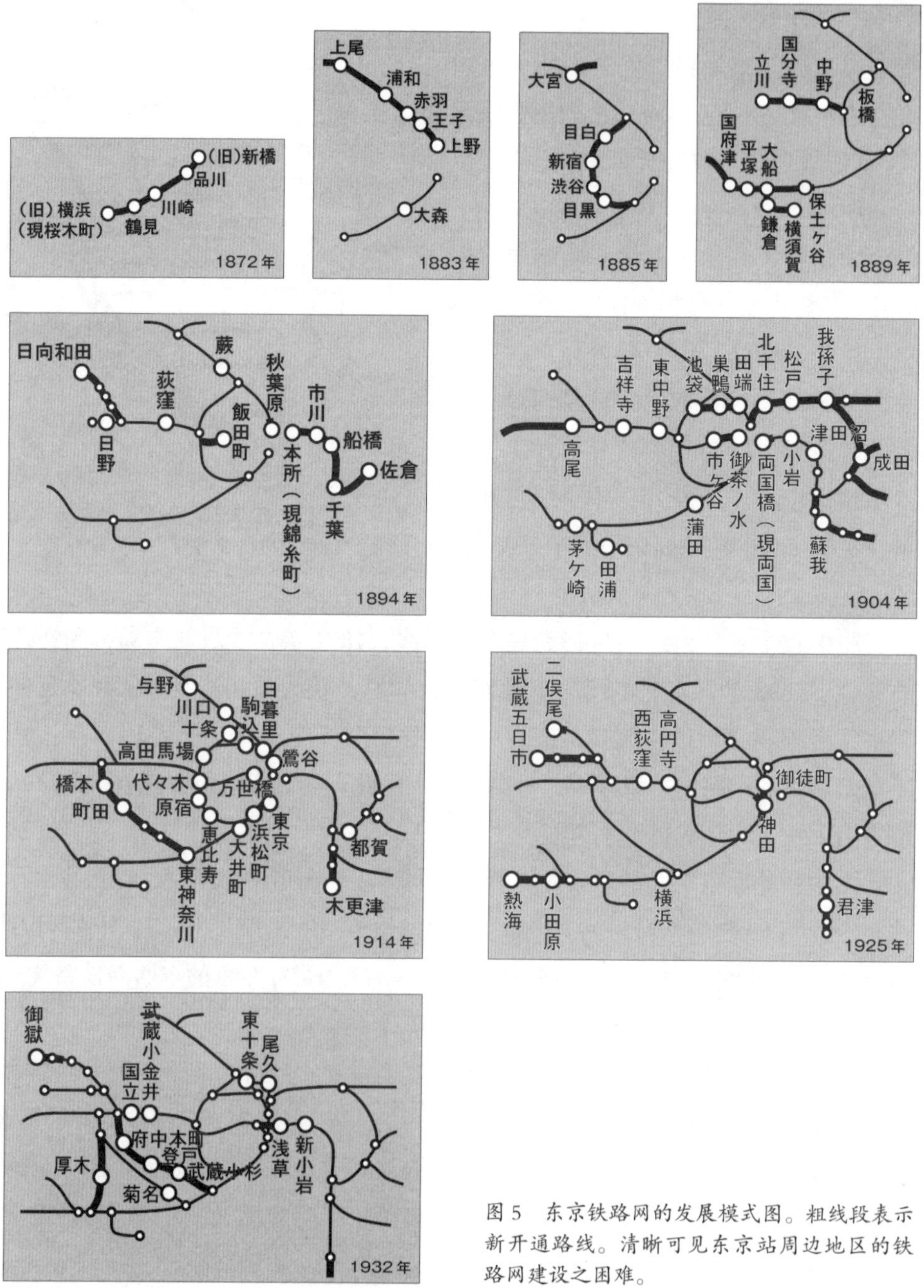

图 5　东京铁路网的发展模式图。粗线段表示新开通路线。清晰可见东京站周边地区的铁路网建设之困难。

回到巴尔察的“十字 + 东京站短驳铁路”构想。1972 年，总武线重新铺设铁轨，开通两国直达东京站的快速线（Honjo 至 Yeirakucho 的虚线）。2015 年，新建上野东京线，贯通了常磐线、宇都宫线（东北本线区间线路）和东海道线。东北纵贯线形成。即图中 Y 形路线，以上野为分叉点，向左为宇都宫线，向右为常磐线，上野至东京为上野东京线，东京南延为东海道线。

至此，110 多年前巴尔察构想的东京市中心铁路网，终于实现（图 5）。

4. 市中心的铁路遗产

市中心的铁路铺设与当时的建设技术创新息息相关。但很少有人注意到，这份铁路遗产至今仍是鲜活的。例如，铁路延伸形成的郊区城市化、乘电车来往郊区与市中心的工作生活方式、没有候车室的通勤站、高架铁路线、普线与直达线组合的交通模式等。

市中心的铁路遗产还有更具体的形式，下列均是日本的首次尝试：率先使用电车运营的饭田町—中野段（1904，以往全是蒸汽机车），没有独立车站大楼的高架下式车站有乐町站（1910），从复线改为近郊线路与长途线路分离的新桥—东京段（1914），首座大直径钢筋混凝土铁路桥外濠桥（中央线，1919），首座纯钢筋混凝土铁路桥神田川桥（东京—上野段，1925），率先投用电动扶梯的秋叶原站（1932）等。

最重要的是，日本首次尝试在市区内建造连续的红砖高架拱桥高架铁路。在地震多发的松软地基上，建造红砖拱桥样式的高架铁路，恐怕也是世界首例。

当然，东京站（1914）本身就是市中心最重要的铁路遗产。同一时期建设并能代表日本国家形象的车站，还有二代大阪站（1901）、一代万世桥站（1912，照片 3）和二代京都站（1914）等。但这些车站均已不存。按理说首都中央车

照片 3　初建的万世桥站，当时是气派的终点站，车站大楼平行铁路。可见规划从一开始就预留了铁路延伸用地（出处：《帝国铁道协会会报》第 13 卷第 2 号，1912）。

站改建压力最大，但东京站却延续至今，这多亏了巴尔察的超前方案。

另外，虽然上野站和两国站现已成为通过式车站，但依然能窥见过去尽端式车站的痕迹。万世桥站大楼，在神田万世桥开发后改建为高架红砖拱廊式的商业建筑，2013 年 9 月开业。从北侧看，高架拱廊与神田川交相辉映，建筑外立面是连续 20 多个拱门的意象，不由令人联想起外濠边的东京—有乐町段的高架铁路旧景（照片 4）。

1932 年总武线全线贯通，随之改建的御茶水站不仅在建筑形式上采用了现代主义风格，在功能流线方面更将乘客直接引导至车站外部，而非滞留在候车室或大厅。此外，御茶水站也是因突出的大运量，成为有名的通勤车站。

现在观察铁路线路图时，容易将车站布局视作理所当然。实际上却是吸收了各种各样的规划意图后形成的。车站内外司空见惯的光景，也是各时代精心设计的结果。车站建成往往也成为后来城市变化的起点。如山手线最初并没有建成环状线的设想。原本运营于上野—熊谷段的日本铁道，为了连接官营铁路，修建了经过新宿和涩谷的绕行线之后，才出现将山手线建成环线的想法。

但环线建成后，却出现了山手线以内地区被东京市内有轨电车独占，民营郊外电车线路无法通入山手线的情况，局面至今依然。

照片 4　明信片“丸之内高架铁道”，新桥至有乐町的风景。眼前的水面是外濠，在今帝国饭店背面。外濠已填埋，改建成道路和首都高速八重洲线（出处：《明治・大正・昭和 东京写真大集成》，石黑敬章编写・解说，新潮社，2011，226 页）。

照片 5　现在的柏林高架铁路，其样貌与东京站周边铁路线风景十分相似，尽管两地街景完全不同。

过去的建设结果，后来又间接影响了城市发展，促进了新宿、涩谷、池袋、上野等地区的发展。这些地区呈环状排列，后来均成长为城市副中心，通过官营铁路山手线相互联系，最终塑造了世界上独一无二的首都城市形态。

5. 原型城市柏林

话说回来，东京的通过式铁路是有原型的，就是柏林。当时的欧洲大城市中，只有柏林属于例外。近郊铁路延伸形成通过式车站与联系市中心各片区的高架铁路。这条铁路是 1882 年开通的 S–bahn 高架线，鲁姆修特和巴尔察都参与建设。之后，这两位德国技术人员将柏林市中心红砖高架拱桥的铁路风景，移植到了东京（照片 5）。

6. 东京站面向丸之内的缘由

如前所述，东京最大的特色之一就是中央车站紧邻皇居。车站面朝皇居，现在看来理所当然，但 1880 年代中期，皇居与车站之间的丸之内地区仍是军事用地，1889 年被三菱收购后，才建成现在的商务区。

另一方面，东京站选址距离日本桥也很近，可考虑建成铁路与水路运输的枢纽。但为什么中央车站没有设在靠近日本桥的八重洲一侧？实在不可思议。

当时实业界的呼声是在八重洲一侧，但这一希望完全落空。别说车站，八重洲一侧连检票口、高架站都没有。

如图 1 所示，当时八重洲一侧完全由外濠阻隔。

1898 ～ 1903 年旅居日本的巴尔察，设计了最初的东京站方案。同一时期，也是丸之内商务区推进建设的阶段。沿着东西贯穿丸之内的马场先通相继建成了三菱一号馆（原址重建）、二号馆（明治生命馆）、三号馆（一号馆对面）。平行这三栋建筑零星建成东京府厅舍（东京国际论坛）和东京商工会议所（二号馆对面，现东京商工会议所）。东京站周边尚未形成近代街区（照片 6）。

丸之内及其北的大手町，在三菱统一收购前仍属军事用地。为什么军事用地没有像其他城市一样选在城堡内部？因为东京是首都，城堡内是皇宫。尽管也有

照片6　竣工前的东京站及其周边（出处：《丸之内的百年轨迹——三菱地所社史》上卷，三菱地所株式会社社史编纂室编，三菱地所株式会社，1993，184页）。东京站即将开业的模样。与其说是漂亮的站前，不如说是尚在开发中的市区。

照片7　明信片“丸之内大楼全景”。大正后期一丁纽育周边的风貌（出处：《明治的东京照片——丸之内·神田·日本桥》，石黑敬章，角川学艺出版，2011，58页）。

皇居防卫的需求，最大原因是皇居内部空间有限，无法用作军事用地。

三菱统一收购军事用地后，将其改建为首都模范街区。中央车站面朝丸之内也理所当然。但更重要的是中央车站的建设契机。车站是1915年京都举行大正天皇即位典礼的配套工程，大楼正面的皇室专用出入口、行幸通前往月台的流线，都反映了这一诉求。

行幸通于1903年《市区改正计画》修订时规划，是幅宽40间（约72米）的高规格道路，是丸之内正中的东西大路，从皇居内濠直达东京站中央的皇室专用出入口。1914年东京站开业时投入使用，也是大正典礼仪仗队行进的舞台。

明治时期东京城市规划的成果中，最引人瞩目的便是这片由三菱负责修建的丸之内商务区。为举行典礼建设的行幸通，在震灾复兴规划后进一步向皇居内延伸，通至皇居内堀通。首都面貌就是如此徐徐成形。

7. 塑造首都面貌

相比于 1911 年马场先通的“一丁伦敦”红砖街风貌（照片 8），行幸通“一丁纽约”的景观（照片 7）形成要晚了 40 多年。现在全长仅 40 余米的壮丽大道行幸通，已然淹没在水泥森林里。

从《市区改正计画》构想的首都中央车站（东京站），到车站通往皇居的林荫大道（行幸通），再到高层大楼林立的商务街区（丸之内）建成，前后经历 60 多年。当大众认知尚在宅邸需要围墙与道路联系的时代，这种建筑临街道的空间设想极其超前。

60 年之后，东京站再次复原。

照片 8　1930 年的马场先通。帝都复兴祭中装饰华丽的一丁伦敦风貌（出处:《丸之内的百年轨迹——三菱地所社史》上卷，三菱地所株式会社社史编纂室编，1993，316 页）。

照片 9　行幸通的道路风景变化。1950 年代后期（左上），1999 年（右上），2008（左下），2013（右下）。2008 年和 2013 年的变化之处在于，改建了东京站丸之内站房背面（东）的八重洲侧站房（左上出处：明信片“（东京）行幸道路”，其余为笔者摄）。

其间，东京站周边地区经历了多项建设，包括填埋外濠、新建八重洲侧站房引入新干线、建成地下车站、重建八重洲侧站房、丸大楼与东京中央邮局等多幢办公大楼更新。可以说，尽管城市时刻更新，但东京站周边地区代表首都面貌的地位，从未被取代（照片 9）。

东京站及站前风貌，是不同时期、不同负责人、不同构想叠合产生的成果。称之为“丸”的空间构成——首都中央车站与皇居位于林荫大道两端，其间是 CBD（中央商务区）。

如果比较同一时期建成的有乐町站周边地区，“丸”的空间构成更为突出。尽管有乐町至日比谷一带比丸之内繁华，但道路网与站前空间组织不太清晰。虽然震灾复兴规划也对其进行了土地区划整理，但依旧容易迷路。

出现这种情况，有一个重要原因：有乐町周边的铁路走向、车站布局没有顺应既有道路网络。斜向插入的铁路，会使行人一出站就摸不着方向。神田站亦如此。两座车站南北紧邻，都有着迷宫般的站前地区，与东京站形成鲜明对比。为什么铁路会斜向插入？主要是为使自南北延伸而来的铁路能顺利在东京站连接，以及东京站能正面朝向皇居。

正是相邻车站的特性，才有了皇居、中央车站、丸之内商务区井然有序的首都中心区面貌。空间逻辑如此清晰的站前地区，在世界范围内也很罕见。皇居象征旧秩序，中央车站与丸之内商务区则代表新秩序。三者不仅在物理空间上紧密相连，在城市设计上也形成呼应。

真是难以想象，直到16世纪末，现在的东京市中心都还只是海湾。单从填海造地与首都建设来看，东京可与阿姆斯特丹并称世界双璧。

站在东京站前，无论车站大楼或铁路网，还是周边道路网与商务区，都彰显了**近世**至近代城市的宏伟构想，以及为实现这一目标的不懈努力。日本现代首都面貌的诞生，与其说是上天恩赐，不如归功于明治以来的城市规划和实践。

横滨——岿然不动的城市轴

1. 原始城市轴本町通

1859 年开港后，横滨由关内（旧城）的外国人居留地一跃成为代表日本的港口城市。奇怪的是，横滨经历了爆发式的城市扩张，市中心居留地时期的空间结构却完好延续下来。这是为什么？

从车站步行前往中心途中，会很自然地将日本大通视作横滨的核心。日本大通幅宽 36 米，是连接横滨公园和港口的林荫大道，确实展现了城市中轴线的面貌（照片 1）。

最重要的是，这条道路带有“日本”二字，似乎代表着日本向世界开放贸易的磅礴气势。这种取名方式，与 1875 年的居留地町名如出一辙，当时的町名也用了日本各地藩名，如萨摩町、加贺町、尾张町、骏河町、丰后町、虾夷町等。

但日本大通并非横滨的原始城市轴。这条道路建于 1870 年前后，连接**波止场**和公园，1875 年改名日本大通。1879 年（横滨开港 20 周年）拓宽至现在的宽幅。此时，在横滨居住的外国人已达 2500 人，约占日本外国人总数的六成。

港町一般平行海岸扩张，自然形成平行海岸线的城市轴。但横滨的近代城市轴日本大通却垂直于海岸线。在日本大通建成前，横滨有怎样的城市面貌？

开港前的横滨是沙洲上的一处荒村，大致位于现地铁未来港线的马车道站至元町·中华街站周边。沙洲近陆地一侧是湿地，后来实施了新田开发。沙洲上略微隆起的脊线，现在建有本町通。沙洲西面（今马车道站周边）曾建有州干（州乾）弁天社，现弁天通原是神社**参道**。

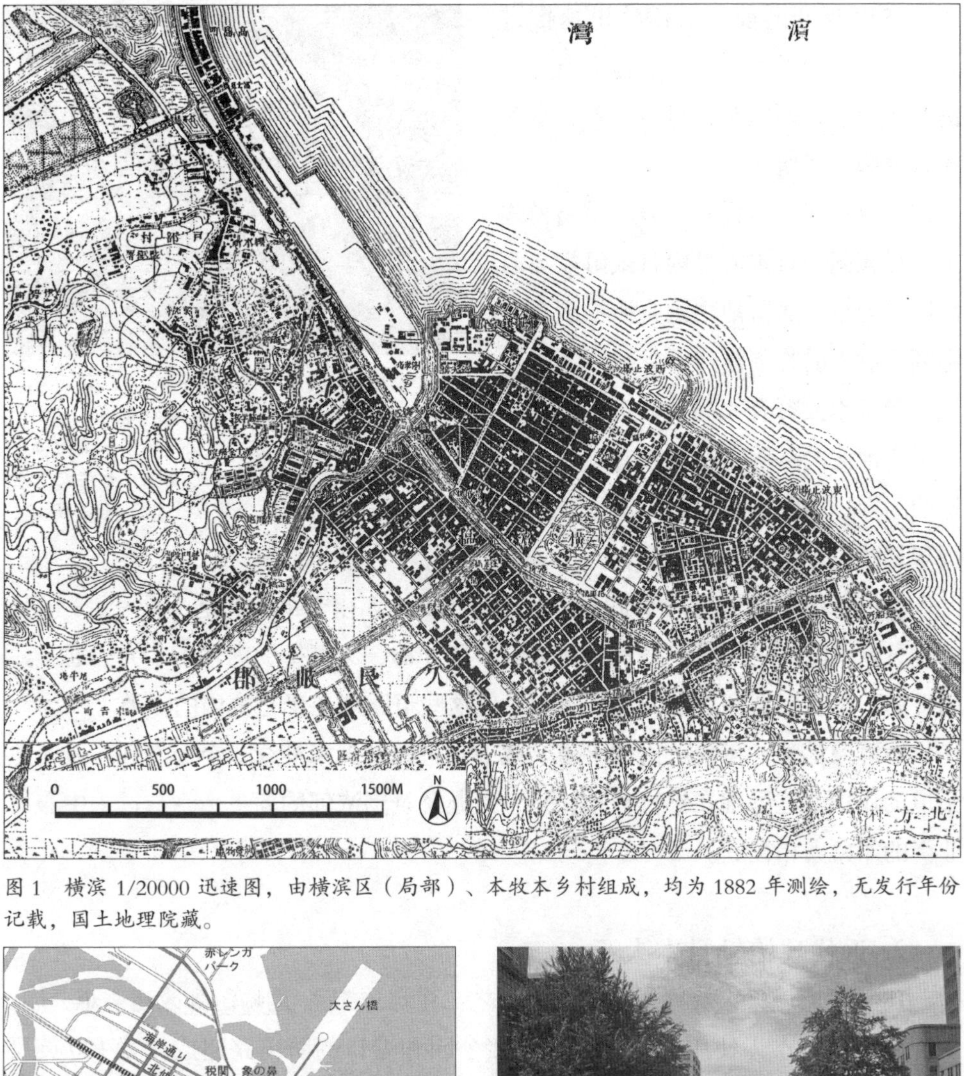

图 1　横滨 1/20000 迅速图，由横滨区（局部）、本牧本乡村组成，均为 1882 年测绘，无发行年份记载，国土地理院藏。

图 2　横滨市中心空间结构示意图。

照片 1　从海岸通南望今日本大通，正面是横滨公园，右手边隐约可见县厅舍。日本大通如今依然是城市的政治中心轴。

1859 年开港前夕，横滨迅速推进城市开发，建设了波止场和**运上所**。以运上所为界，西侧布置日本人町，东侧布置外国人居留地。

两侧地区建筑样式相异，道路模式也不尽相同。日本人町内日式**町家**与西洋民居混杂，居留地内则是栅栏围合的宅邸（后来的临街洋房）。外国人居留地不像日本人町有大马路。不过今横滨中华街地区的路网之所以没有顺应居留地的路网，是因为这里是由新田开发分批规划建设，而非自然形成。

照片 2　日本大通与本町通的路口，往西看本町通。本町通是港町横滨自古以来的东西向干线道路。平行海岸线，是东西贯穿横滨的办公轴。南侧（左手）不远处是横滨市开港纪念会馆（1917，旧开港纪念横滨会馆）的塔楼（通称杰克之塔）。

横滨首条贯穿港町的干道，是运上所正面（西南）的本町通（照片 2）。另外是日本人町内的道路，分别为元滨町、北仲街、本町街、南仲街、弁天通、太田町通。尽管幅宽和功能与过去不同，但这些道路现在仍是关内的干道。

本町通是唯一贯穿关内的干道，地下穿过地铁未来港线，至今发挥着城市主干道的作用。这里现在银行林立，是一条办公氛围浓郁的商务街，与过去中心商业街的印象大相径庭。

2. 近代政治轴日本大通

1866 年豚屋火灾烧毁了关内约三分之二建筑。之后，港崎游廓改建避难公园，供外国人和日本人使用。1871 年，连接公园和港口的防火路建成，宽 120 英尺（1 英尺约 0.3048 米），车行道共 40 英尺，两侧均设人行道与隔离带，分别为 10 英尺与 30 英尺。1875 年防火路取名日本大通，1877 年建成。

至此，与山手公园（1870）齐名的日本首批近代公园横滨公园、敷设侧沟与污水管的近代大街日本大通诞生。当时负责日本大通道路设计的是英国土木工程师**理查德·布兰顿**，被誉为日本灯塔之父。

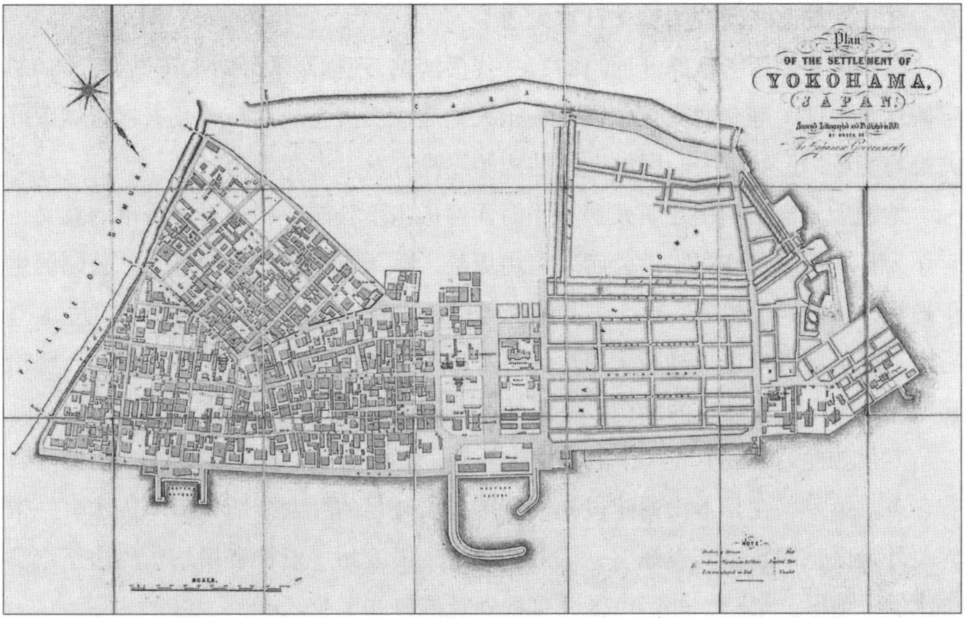

图 3　横滨居留地图（1870）。这是布兰顿为敷设下水道而绘制的测量图。图片中间两处长条状设施，就是后来被称为象鼻的码头。左侧码头称为东波止场（英国波止场），右侧码头称作西波止场（海关波止场）。图上描绘着刚刚诞生的日本大通（出处：《神户 • 横滨 • “开化物语”图录》，神户市立博物馆，1999 年，38 页）。

横滨由于是外国人自治区，所以几乎没有受到明治维新的影响。

新政府上台后，围绕日本大通建设了县厅舍、市厅舍、邮局与电话局等近代公共设施。日本大通也是居留地中唯一种植行道树的大街。

其中海关的设置对横滨影响最大。撤销运上所后，将海关设于波止场（当时形象地取名“象鼻”），位于日本大通尽端。至此，横滨形成了“海关—日本大通—横滨公园”的主体空间结构（图 3）。海关搬迁后，原址一度建有县厅舍。

日本大通始终代表横滨。至今，除县厅舍从日本大通尽端搬迁至西侧外，横滨地方法院、邮局、日本银行横滨分行、横滨开港资料馆等依旧位于原址。全长仅 300 米的日本大通，没有形成本町通、弁天通那般人来人往的繁华景象。因为日本大通是通往港口的城市轴，是代表权力的政治轴线。

也就是说，横滨市中心的空间结构，是先有东西向的商业轴（本町通），再有与之正交的南北向政治轴（日本大通）。

横滨后来经历了铁路开通（1872，一代横滨站，现称樱木町站）、车站搬迁（1928年搬迁至现址）等交通变化，以及关东大地震、二战与战后日本政府接管城市等灾难与变革，但城市中心区的空间结构始终没有发生大变化。

地震后，横滨利用建筑残骸填平海面建成山下公园。相比对于城市的意义，它作为日本首座“临海临港公园”名声更甚，赋予市中心全新的魅力。公园诞生于地震，可谓祸福相依。县厅舍和邮局等设施也在地震后于旧址重建（照片3）。后来，横滨新港口选址神奈川附近，日本大通尽头的海湾再没围垦。至此，明治初期规划建设的主体空间结构，幸运延续了下来。

不仅如此，城市中心区今依然生机勃勃，发挥着相应的城市机能。究其原因，有三点。第一，在日本大通建设初期就预留了充足的开发余地（伊势佐木町一带等关外地区，旧新田开发地）；第二，围垦现横滨站（旧神奈川站）周边至京滨（京浜）地区。第三，外拓市区，妥善外迁港口和工业区。

现在前往横滨市中心，依旧可见1870年代日本首批近代城市规划塑造的城市面貌。近年，横滨也为保护城市传统风貌不懈努力：重点保护了日本大通两侧历史建筑（照片4），2002年翻新了日本大通的人行道，几乎将其拓宽至旧时宽

照片3　现在的县厅舍。1928年。震灾后以公开募集方案为基础建设。据说肃穆的中央塔以五重塔为原型建造。县厅舍用地位于日本大通尽端西侧，自始至终建有行政设施。

图4　明信片《神奈川县厅与日本大通》。清晰展现了城市轴日本大通的道路风景。视角位于日本大通正面（东北）的海关上方（1873年左右）。

照片 4　横滨信息文化中心。面朝日本大通的低层建筑是 1929 年建成的旧横滨商工奖励馆，高层建筑为后来新建。2000 年开业。本町通一侧是与商工奖励馆高度一致的低层建筑。

照片 5　日本大通的人行道与植树带。起初两侧人行道和植树带各 40 英尺。震灾后，两侧两者合计各 7 米，2002 年两侧各 13.5 米，基本恢复了当初的样子。

照片 6　随着象鼻公园建成，视线得以通向大海的日本大通。城市设计就是为不断抓住这些机会而服务的。

照片 7　开港 150 周年工程之一象鼻公园，选自年轻设计师参与的设计竞赛（设计：小泉雅生），2009 年开业。正面塔楼是横滨海关（1934），通称女王之塔。

度（照片 5），等等。

比较有名的是象鼻公园改造。横滨市政府收购了运上所旧址的私人建筑，在此基础上修建象鼻公园。2009 年面向公众开放，弥补了长期以来无法在日本大通望见大海的遗憾（照片 6）。

今天站在日本大通远眺象鼻公园，会觉得这一新获得的开放视野是理所当然。确实，一条通向大海的道路，望不见大海才奇怪（照片 7）。

3. 拥有类似结构的函馆

拥有垂直海岸干道的港町，在日本少之又少。自然形成的港町往往平行海岸扩张。到了近代，港口地区通常是物流仓储用地，与市民的生活没有联系，因而也没有修建联系两者通路的必要。

横滨是港町中的特例，幕府末期同为港口城市的函馆亦是特例（图 5）。

图 5　函馆港心实景（局部，1880 年左右）。自海岸起第二条道路是弁天通，最宽阔的坡道是基坂（出处：《市立函馆图书馆馆藏 函馆古地图与绘图》，吉村博道编，道映写真，1988）。

函馆直达大海的干道是基坂。基坂连接海关和元町公园（位于箱馆**奉行所**）。这样的空间结构和横滨完全相同。另外，基坂同样是函馆的政治轴，而与之正交、通有电车的道路（连通弁天町、大町与末广町）同样是传统商业轴。

函馆旧城发源于供奉弁天社的箱馆村，可追溯至 18 世纪初期。弁天社的**门前町**弁天町同样热闹非凡。弁才天（弁财天）原本是印度的河神，供奉它的神社（弁天社）因此在海边并不奇怪。至于神社参道后来发展为城市轴、门前町成为市中心、神社根据《神佛分离令》改名等变化，则都有相似的历史背景。

函馆同样经历两场大火（1878、1879），借助近代城市规划才形成现代城市面貌。说起来，1975 年关内除了函馆町外，还有神户町和长崎町。这些町名均取自幕府末期的港口城市。

横滨与函馆当然也有不同点。由于地形差异，尽管同为港町，但城市风景完全不同。日本大通始终是横滨的城市轴，而基坂却没能在近代延续下来，函馆市中心后来转移站前地区和五稜郭周边。

4. 岿然不动的城市轴日本大通

明治维新开放的五座港口城市中，横滨的独特之处在于维系至今的行政中心区，即以日本大通为城市轴的市中心。

由于道路改建及车站开设等近代改造，任何一座城市的面貌都会发生巨大变化。西洋文明一举涌入的开港城市更是如此。但日本大通的地位从未动摇，始终是象征近代统治的县厅舍所在的政治轴线。

由于周边没有可依赖的母城，横滨的城市规划本身就具备顺应时代变化的灵活性。例如，规划没有将日本大通近端海岸填为工业港，公共设施始终位于市中心，市区外围长期是美国的军事用地以致无法迁出等。可以说，正是在这些因素共同作用下，日本大通才得以延续，维持着鲜活的中心功能。

最重要的一点是，关内所有土地都是开港时填埋浅滩获得。这是横滨和神户的最大区别。横滨开发用地充裕，日本大通才能成为“岿然不动的城市轴”。

如此说来，以伊势佐木町为中心的关外，原本也是 1656 ～ 1667 年填海而成的吉田新田（面积 120 公顷）。也就是说，北至大冈川、南至中村川（堀川）的横滨主城区，都是填海形成。填海造地在日本十分常见，东京、大阪、福冈等都是如此。但如果没有周密规划，日本大通城市轴的地位难以延续 150 年。

新潟——打开封闭的水网城市

1. 开港城市

德川幕府对外开放的五座港口城市是横滨、兵库（神户）、长崎、函馆与新潟，其中只有新潟的面貌不甚清晰，地形也不像能建设港口的样子。这是为什么？答案很简单，因为只有新潟的港口位于河口。新潟的历史可追溯至17世纪中叶，当时是新潟长冈藩的外港。同一时期（17世纪中期），青森作为弘前藩外港而建。但新潟位于靠近河口的开阔平原，城市风貌和背山靠海的**港町**青森有所不同。

河港城市通常顺应河流走向扩张，缺乏垂直河岸的拓展。为解决这一问题，新潟在城市中开凿了平行信浓川的内河道，即6**间**宽（约11米）的南北向物流干线寺町川和片原川（旧称西堀和东堀，现在是西堀通和东堀通的道路，照片1），使城市由线形拓展至带状。为连接信浓川，新潟又垂直开凿5条4间宽东西向河道，即白山堀、新津屋堀、新堀、广小路堀与御祭堀。如此一来，新潟构建起纵横河网，成长为一座巨大港町。城市南端（上）是白山神社，北端（下）则是日和山。

但是，新潟的河港因泥沙淤积变浅，不得不在1655年着手搬迁城市。搬迁对于新潟来说已是第二次，搬迁前的新潟也是1617年有计划搬迁古新潟的产物。第二次搬迁，自然也是对古新潟的再现。随城市搬迁，信浓川河道的走向也几经变更。

2. 规划商业城市

新潟拥有当时超前规划的城市中心（图2）——西堀、古町通（西堀和东堀

图 1　新潟 1/25000 地形图，由新潟北部（局部）、新潟南部（局部）组成，均为 1911 年测绘，1912 年发行。

之间）、东堀、本町通（东堀和旧信浓川之间）、大川前通（沿旧信浓川）5 条主轴线并驾齐驱，40 条小巷与之交错。幕末来访的旅行家**伊莎贝拉·伯德**《日本奥地纪行》的插图中能感受新潟的城市风景（图 4）：河道均设林荫道、河上桥梁林立，满载大米和蔬菜的船只川流不息。伊莎贝拉·伯德曾称赞："这是我迄今见过的最整洁、最舒适的城市。"

为防卫港口与城市，新潟在城市西缘布置了 30 余座寺院。虽然寺院群林立，但并非一般所见沿主路造起山门、围墙连绵不断的寺町。主路两侧反而遍布

照片1　现在的西堀通。西堀通6番町附近，往北看。沿街种有古朴的柳树。难以想象这里过去是承担着物流干线功能的气派河道。

图2　新潟市中心空间结构示意图。港町整体上呈平缓曲线。有趣的是，道路不是曲线，而是直线。道路与河道相交后改变走向，结果形成了扇形城市。

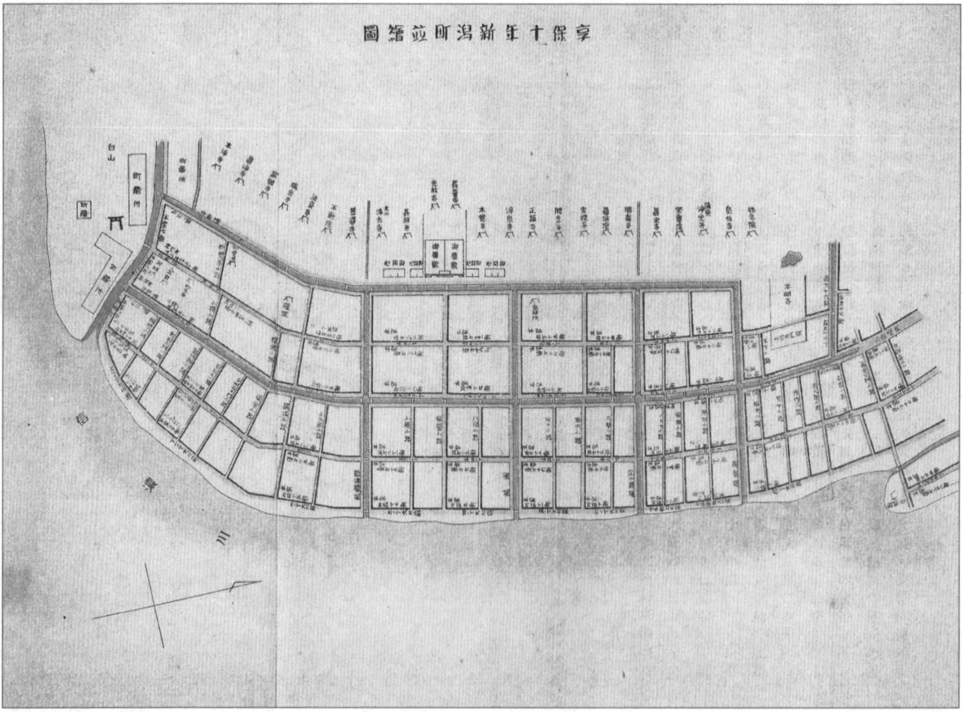

图3　享保十年新潟町地图。规划搬迁10年后，享保十年（1725）新潟的模样（出处：《新潟市史》通史篇Ⅰ 原始古代中世近世［上］1995，附图）。

商家，商家之间存在向内延伸的狭窄**参道**，参道尽头就是寺院。寺町不是按照各自的空间组织逻辑，而是以不损害主路的商业活动为前提划定领地——首先在城市整体层面上确定寺町布局，其次面向该界限修建**町家**，最后在内侧布置寺院。最初也规定了沿路各町准许经营的范围。

图 4　1878 年新潟的河道。《日本奥地纪行》（高梨健吉译，平凡社东洋文库，1973，134 页）。

轴线方面，首先以信浓川、西堀和东堀作为主轴线，其次插入古町通和本町通，最后是小路东新道与西新道。**花街**等场所就面向新道而建。在垂直方向上，开凿了 5 条几乎等距的河道与沿岸道路一起作为城市次要轴线。为了保障物流畅通，河道与道路的编排顺序经过缜密计算。

这样一来，便合理构建了一座规划商业城市：以河流与道路为轴线，突出贡米流通的中心职能。理论上，只要信浓川的河道满足通航需求，新潟就能承担北前船停泊港的职能，成为日本海沿岸的枢纽城市。无论河道形态，抑或经济职能，新潟都与阿姆斯特丹十分相似。

3. 打开封闭水网城市的近代化

自 17 世纪中期规划搬迁开始，新潟就是以水路为主的封闭水网城市。所谓“封闭”，是指水路网络既无法简单扩张，也难以部分填埋，缺乏灵活性。明治以后的地图便可证明这一点，即古町的道路网格至今几乎没有变化。

这样一来，新潟近代化的重要命题，就是如何向外打开这座稳固封闭的城市。新潟是由平民建造的城市，没有可以安置近代设施的武家地，在密密麻麻盖满房子的情况下迎来近代。为打破这样的困境，新潟采取了什么措施？

最关键的举措是将车站布置在旧城对岸的沼垂町，以及新建连接车站（1904

照片 2　万代桥。2004 年指定为国家重要文化财。道路是柾谷小路。背对新潟站，眺望对岸的旧城。

照片 3　现在的柾谷小路。向西望去。可以看到和西堀通相交的十字路口。道路尽头过去建有奉行所。这座城市过去以南北路为中轴，后来基于东西向主轴柾谷小路进行扩张。至今仍称为小路。

年根据新规章修建）与旧城之间的道路。

道路横跨信浓川的桥梁名为万代桥（Bandaibashi，原读音 Yorozuyobashi）。现在的万代桥是 1929 年建成的第三代桥，是新潟首座钢筋混凝土结构桥梁。万代桥作为新潟城市扩张的象征，设计上颇为用心（照片 2）。2004 年，万代桥被指定为国家重要文化财。

从 1908 年实施的市区改正看，万代桥在信浓川上的选址及其与旧城的连接是重点。连接万代桥与旧城的道路是柾谷小路，1928 年拓宽至 15 间，成为城市新轴线，打开了原本像困在壳中的新潟（照片 3）。

新潟此前的城市轴还是平行信浓川走向的道路，为了实现近代化，最终选择了与河道垂直信浓川的柾谷小路作为城市主轴线。

为什么是柾谷小路？因为柾谷小路位于 5 条次轴正中，且江户末期在尽端设有**奉行所**，是最能代表城市的中线。柾谷小路拓宽后，像标枪一样东西贯穿新潟，向外打开了封闭的城市。

函馆情况相似，同样延伸了连接港口和旧奉行所的道路（基坂）。基坂同样横穿奉行所旧址，将这块公共设施用地划分为左右两部分（市役所与警察署）。

新潟奉行所旧址原本也是官厅街，直到 1989 年设市后，搬迁到县厅旧址改名市役所。这一带如今已成为商业中心，遍布百货公司。

柾谷小路穿过奉行所旧址后，穿过寺町深处的沙丘台地向左折（左折路名为东中通），直达白山下的旧县厅舍（现市役所）。旧县厅舍一侧是白山神社，也是城市的南端。

现在，想要清晰感受新潟这条前人建造的近代城市中轴线，从新潟站出站后沿东大通・柾谷小路一路漫步至西堀通就可以。1963 年，车站搬迁到了柾谷小路的东延路尽端。城市中心位于旧河道西堀・东堀、近世规划道路古町通・本町通与近代干线柾谷小路的交汇处。另外，**道路元标**设置在柾谷小路与本町通的交叉口（本町十字路口），这是国道 7 号的起点，也是通往京都的国道 8 号的起点，还是始于东京日本桥的国道 17 号（中山路・三国**街道**）的终点。这也是新潟首处设置红绿灯的路口。

4. 河道填埋

河道象征着水都新潟，但二战后因洪水频发等问题，被视为交通拥堵的原因。1955 年的大火是全面填埋河道的契机。大火后，河道填埋成为火灾复兴**土地区划整理**的重点。到 1964 年举办国家体育大会时，几乎所有河道都已填平。其间当然也有反对的声音。特别是西堀，无论石砌护岸，还是沿街的近代建筑，都代表柳都新潟的独特风景。作为新潟之源的河道不应这样简单就被填埋。

但反对的声音被波涛汹涌的近代化呼声掩盖。

1955 年的大火也好，1964 年的地震也好，如果提早或晚四五十年发生，河道绝不会被如此简单地填埋，新潟一定会再生成漂亮的水都。如果是 50 年前，会按照传统施工技艺重建河道；如果是 50 年后，河道作为水都再生的亮点，一定会被留下。

如今走在市中心，会发现填平河道所建的道路很宽敞，各具特色。相对而言，古町通与本町通略显狭窄了（照片 4）。古町通两侧是东新道（现称锅茶屋通，照片 5）、西新道等更狭窄的餐饮街，由数条宽 1 间甚至不足 1 间的小巷连接（照片 6）。宽度迥异的道路像鬼脚图一样蔓延开来，形成复杂而有趣的风景。

照片 4　古町通西侧，现在的上古町。正面可以看到白山神社的鸟居。西堀通和东堀通这两条商业街之间没有河道，被设计成类似白山神社参道风貌的趣味拱廊街。

照片 5　位于古町通和东堀通之间的东新道。向北看。道路比古町和本町还要窄。到了晚上，是很热闹的餐饮街。

道路铺装与业态也因地点而异。有的是全盖型拱廊，有的是雁木风柱廊，还有的餐馆较多，有的则住房较多。近世道路的近代化，仿佛一场藏品盛宴。随处可见丰富细节的水网城市新潟，证明了一点：即使是只由纵横道路构成，城市也能细腻有致。

照片 6　从东新道通往古町通的狭窄小巷。据新潟大学教授冈崎笃行所说，过去人们称之为“へやなかさ（Heyanakasa，屋中）”或“だしあい（Dashiai，互有地）”。

富山——从南向北转换朝向的城市

1. 从富山站往南走

从富山站**表玄关**南口出站，往南走向旧城，会发现站前有 5 条走向不同的道路，一时不知该往哪走。在站前集中 5 条放射状道路的县都城市，只有富山和鹿儿岛，它们都经历了**战灾复兴土地区划整理**。

富山在二战时基本被毁，受灾程度仅次于被核爆的广岛和长崎。战后实施的区划整理，几乎抹去了城下町的痕迹。尽管如此，富山随处可见为满足新时代要求的不懈努力。

五条大道，均是朝向车站前的巨大环岛而建（照片 1）。2015 年北陆新干线开通，站前面貌焕然一新。

五条大道之中设有中央隔离带、笔直南延的榉树大道最引人注目。这是贯穿富山的城址大通（照片 2），是诞生于战灾复兴的城市轴。沿着城址大通往南走到松川河畔，左手边（东）是市役所，右手边是富山县民会馆以及富山县厅舍所在的官厅街（照片 3）。过了松川，右手边是富山城旧址。

2. 昔日大河遗迹松川

这道现在不足 10 米宽的小河松川，实际上是现代富山得以成形的幕后主角。

城市的护城河松川曾是神通川的主流，在城下町西面蜿蜒北上。

明治以后，为缓解频发的洪涝灾害，富山于 1901 年推进松川分流工程（驰越新设工事），开凿直达日本海的分水渠。1928 年开展松川荒废河漫滩填埋（共

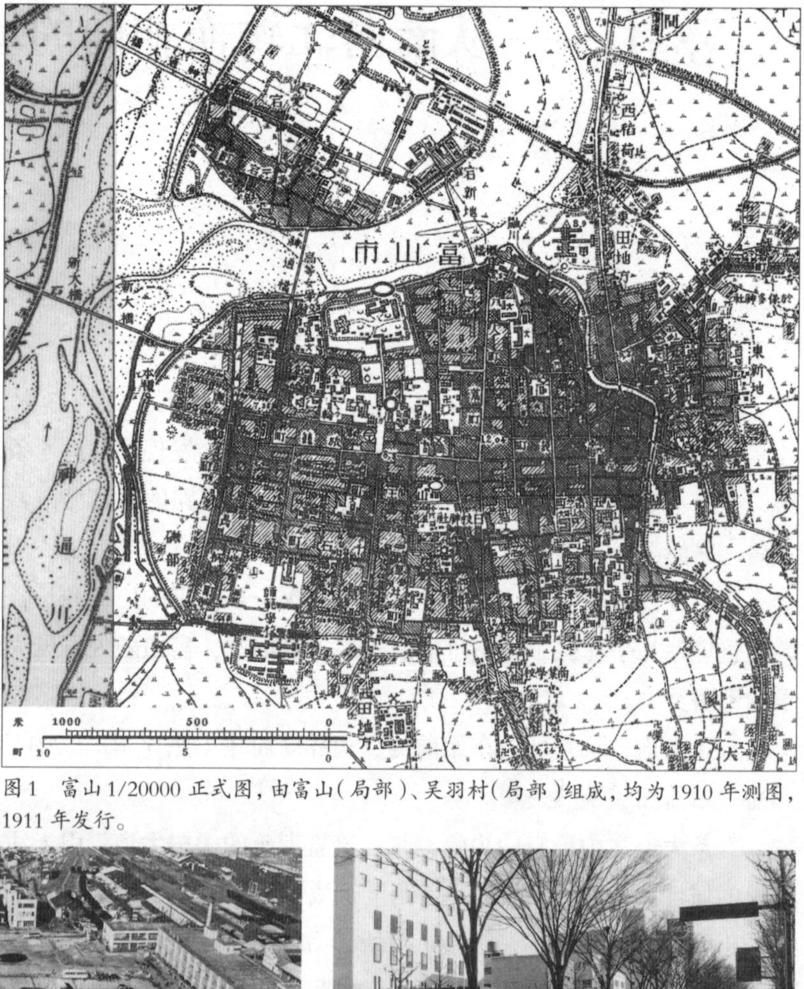

图 1　富山 1/20000 正式图，由富山（局部）、吴羽村（局部）组成，均为 1910 年测图，1911 年发行。

照片 1　诞生于战灾复兴的站前环岛。在后来的改造中消失了。随着北陆新干线开通，站前广场焕然一新（出处：《战灾复兴志》第 7 卷城市篇Ⅳ，建设省编，城市规划协会，1960，291 页）。

照片 2　城址大通。向南看。战灾复兴规划建造的富山南北主轴线。

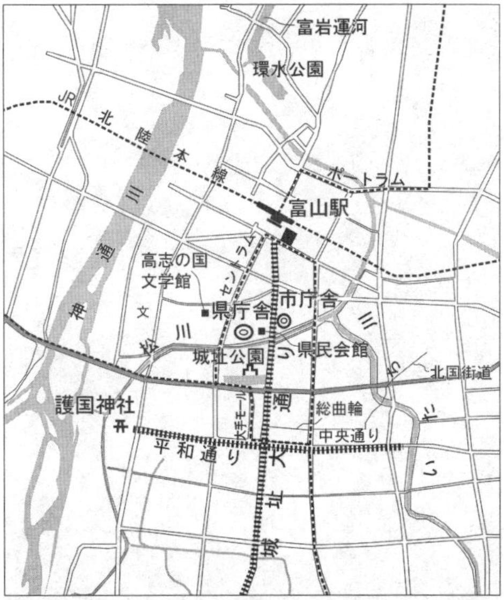

图 2　富山市中心空间结构示意图。

照片 3　蜿蜒流过市内的松川，曾是神通川的主流。城市的历史保留在这条长长的曲线。

计 112 公顷）、土地区划整理及富岩运河开凿三件配套项目。

至此，历史上一直起隔绝外部作用的松川填埋后开始近代规划建设。

除首都东京的震灾复兴外，富山的近代城市规划与京都的土地区划整理是日本战前规模最大的规划。

之后，这里先建成县厅舍（原位于城堡内）、电气大楼、中学（现富山中部高中）、小学、NHK 富山广播电台、日本兴业银行富山支行（现 Mizuho 银行富山支行），后建成的县民会馆、市政厅、知事公舍（现高志国文学馆）等设施。原本隔绝城市的大河松川，转变为城市中心。

现在松川蜿蜒穿行于市中心，种满樱花树。富山的道路基本是直线，而松川与另一条支流鼬川（いたち川）却是优美自然的曲线，依然保留过去的大河风貌，非常珍贵。

还有一点能让人切实感受松川曾是大河，即船桥旁的常夜灯（照片 4、5）。漫步松川河畔，会发现城址大通的盐仓桥西侧第二座桥（“舟桥”的南桥头）旁，立着一盏常夜灯。这里是船桥南町，松川原来的南岸。

沿松川东行约 200 米到船桥北町，能惊喜地发现另一盏常夜灯。这里是图 3 浮世绘描绘的船桥风景。通过这对常夜灯，现在依旧能感知昔日大河松川的尺度。

仔细观察，会发现填河而建的道路平行松川蜿蜒前行，与其他道路走向区别

照片 4　松川沿岸的常夜灯，船桥南町。江户时期拴着许多船只的船桥，就这样保留在地名里。

照片 5　另一盏常夜灯。船桥北町。两盏常夜灯相距 200 米左右。

明显。城址大通上有一条与之斜向交叉的道路，这也是旧松川的支流。

3. 十字展开的城市

沿着城址大通继续南下，经过富山城址公园后进入总曲轮拱廊商业街，来到一番町路口。该路口正是战后将富山市区分割成四部分的十字路口。路口的南北路是时称县厅线的城址大通，东西路是时称总曲轮线的平和通。

十字路口周边现在是富山的市中心。1980 年左右，这里集中百货商店和银行，但繁华程度远不及东面的电车道樱桥通沿线和电车站西町周边。这处十字路口后来逐渐吸引重要公共设施进驻，才成为城市中心。

通过十字轴线道路推进城市近代化的方法，在日本十分普遍。东京震后也利用南北大路昭和通与东西大路靖国通十字展开城市。

特殊的是，富山的平和通不是贯穿城市的干道，在规划和实际建设中都只是

图 3　越中之国富山船桥风景，旧神通川（现称松川）上架设着船桥的绘图。图中描绘的一对常夜灯保留至今。

照片 6　通往护国神社的平和通。附近路段设有漂亮的绿植隔离带。

通至护国神社（照片 6）。在护国神社向东看平和通，能正面望见过去的信仰中心立山。此外，平和通在战前还是电车道。

城址大通通往堪称现代城市功能之首的新干线车站，两侧平行的电车道是战前规划的。这两条避开城堡铺设的电车道，开设了有名的环状线。2009 年，这两条南北路再次连通为 Sentoramu（法语“中心”，后称环状线）其正中贯穿而过二战后修建的城址大通。

再绕城堡转转。南侧南侧大手线（大手モール）呈现一派崭新的城市形象，开设市电，沿线建有 1999 年祯文彦设计的富山国际会议场。这是明治首条从城堡中央的县厅舍向南直抵旧大手门的道路，其北段因此称为大手道。过去富山城下町北临松川，城市只能向南扩张。填埋松川后，富山往北新建市区，开通车站。由此，进入城堡的交通流线，从由南至北转换为由北至南。

古道北陆道过去自西北穿过松川进入城下町，从富山城西侧辗转至南侧，最后从东侧绕出（图 4）。城下町东西两侧分别是**町人地**与**武家地**，东南侧则是**寺町**（现梅泽町寺院群）。

外护城河的填埋模糊了城下町旧貌，但北陆道以平和通的新身份延续下来。另外，北陆道东向贯穿城下町时存在一处南折。这段南北路是现在连接总曲轮通和中央通的拱廊街，延续了城下町的记忆。

二战及后来的土地区划整理也对富山的城市面貌造成较大影响，但并未完全改变过去的道路、寺町、河流，甚至护城河、城堡等场所。城市记忆没有轻易消失。

富山既要保护城堡南侧的旧城区，又要在城堡北侧开辟全新交通要道，无疑面临巨大挑战。城市中心由南转北后，会使一些重要建筑朝向与道路走向产生背离。比如站前大道和大手线之间产生了接续问题。

通向城堡的道路，如何从近世的南向（由南至北）转换为近代的北向（由北至南），是富山面对的重大命题。

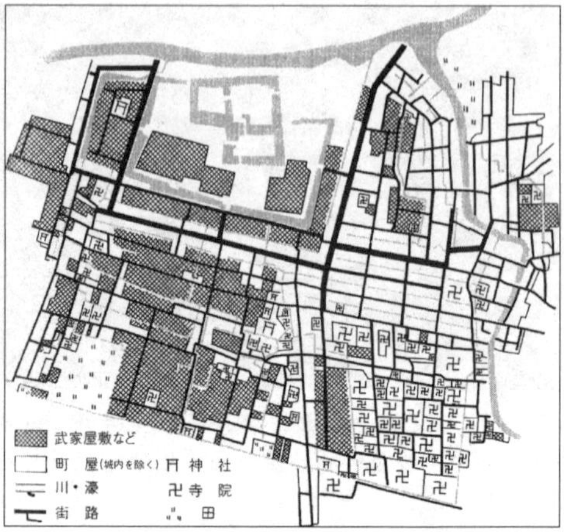

图 4　1854 年（安政元年）的富山城下町（出处：《城下町及其面貌变化》，藤冈谦二郎编。柳原书店，1983，第 97 页）。

4. 对比北陆三县县厅所在地

对比北陆三县县厅所在地，即富山、金泽与福井，会发现三座城市共同点很多。三座城市都曾是城下町，车站均临近市区（富山站位于松川北岸稍远处，福井站位于护城河边稍近处），县厅舍与市厅舍都位于城堡周边（金泽县厅舍近年搬迁至车站背面），车站背面同样通过土地区划整理进行规划开发。

富山和福井都实施了战灾复兴规划，在市中心规划十字干道。这两座城市也都根据气候条件布置宽阔人行道，市电也尚在运营，车站周边也正在推进连续立体交叉工程。总之，这两座城市今后的变化很值得期待。

这三座城市，同样拥有深受市民喜爱的大山，即富山吴羽山、金泽卯辰山、福井足羽山。也都有能够远眺的圣山，富山是立山，金泽和福井则是白山。

从城市与河流的关系看，富山位于神通川与常愿寺川中间，金泽位于犀川与浅野川之间，而福井则在足羽川和九头龙川之间。虽然尺度不一，但相对关系非常相似。三座城市最大的差异是河流的泛滥程度。富山的河流常常泛滥，正因如此才会产生松川，城市才会诞生于松川与鼬川之间的**扇状地**。富山独自面临治水这一关乎存亡的关键命题。也正是由于治水政策的差异，1883 年富山县从石川县独立。

换个角度看，富山可以说是一座水资源极其丰富的城市。车站北面存在人工挖掘的富岩运河，从富山站步行就能到达取水于运河的环水公园。开凿富岩运河挖出的沙土同样促成松川诞生。可以说，站北与站南存在因果关联。

5. 有轨电车带来的新风景

立于站前，再次细细品味四周，能切实感受富山的新气息。

2006 年在站北开通的富山轻轨港线。这是日本最早开通的轻轨交通（Light rail transit, LRT）。旧 JR 富山港线转换为轻轨后，不仅白天运行频次提高至 15 分钟一班，还延长了末班车时间，增加了车站数量。同时，电车停车场与站前广场都进行了改建，增设接驳辅道。这一系列提升服务品质的政策增加了客流量，确实达到预期效果。最重要的是，电车与停车位的新颖造型设计给城市带来了新风景。

2009 年 12 月，市中心的有轨电车线路向车站南侧延伸约 1 千米，从“コ”形连接成环线。环行一周约 20 分钟。在这条被命名为富山地方铁道富山市中心线的铁轨上，同样时髦的有轨电车港线在白天开始以 10 分钟间隔运行。这说明，环状线在 36 年后重生。

延伸线路位于江户时期大手门所在道路，即通往城堡的主要通道。这条道路现称大手线，是城市内重要的步行道，过去铺设有环状线的轨道。大手线的道路更新现已完成。如果从

照片 7　以富山城为背景，行驶在大手线的轻轨。这片新风景也成为紧凑城市的象征。

南往北看新修的大手线，复原后的富山城清晰映入眼帘，诞生了具有未来感的轻轨行驶过的新风景（照片 7）。城市南轴线洋溢着新的气息。

随着北陆新干线的开通，新富山站从地面站改为高架站。2019 年中，在高架站下方新设有轨电车线路，将车站南北两个独立的轻轨线路串联起来。由此，这里形成了“新干线与轻轨线路立体交叉、轻轨车站位于 JR 富山高架站之下”的综合交通枢纽，在日本独一无二。现在，从新干线富山站出站后，能直接换乘轻轨。

随着轻轨线路的串联，城市南北轴线融合的契机也已到来。

二战后形成的站前巨大环岛已经消失，但富山站正在努力营造迷人而具未来感的站前风景，规划中的北轴线，也很值得期待。

金泽——巨型城下町的变迁

1. 难以辨认的城下町

日本大城市中，金泽是在近代化的同时延续**城下町**空间结构的典范。随着2015年北陆新干线开通后，越来越多访客能切身感受到这一点。

但金泽并非典型城下町，相当特殊。城市内部均是小街区，像拼图一样组合成金泽。

这一点与江户、盛冈、德岛、熊本、鹿儿岛等城下町十分相似。

此外，几乎所有**近世**城下町都按宏大的规划构想进行建设，拥有一条清晰轴线，显示其强烈的秩序感。而以金泽城下町为代表的几座城下町，由于经历漫长发展史，内部空间就像葡萄，尽管个体相连，但难以辨认整体空间结构。

金泽庞大的规模，也是整体结构难以辨识的原因之一。同时，金泽又缺乏像名古屋和大阪那样由网格（至少主要部分如此）统领城市空间构成的决定性要素，这也是城市结构难以辨认的原因。当然，这不是因为金泽城下町没有建设构想，而是两者成因不同。金泽最早是一向宗的寺内町，于16世纪中叶在尾山御坊一带形成。随后又在御坊一带建设了现在的金泽城堡。相对而言，大阪与名古屋历史不长，完全是天下普请后新建的城市。

2. 双重环壕

金泽城下町曾建有内惣构堀（1599）、外惣构堀（1610）双重环壕，即内护城河与外护城河（照片1）。两者并非直线沟渠，看起来更像蜿蜒曲折的自然河川。

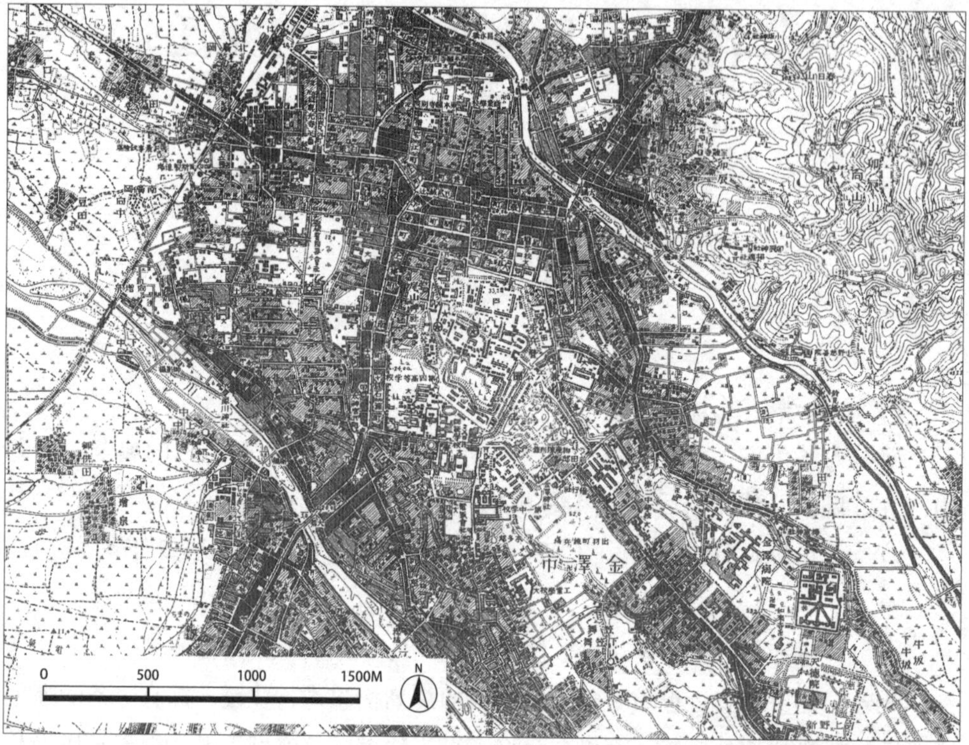

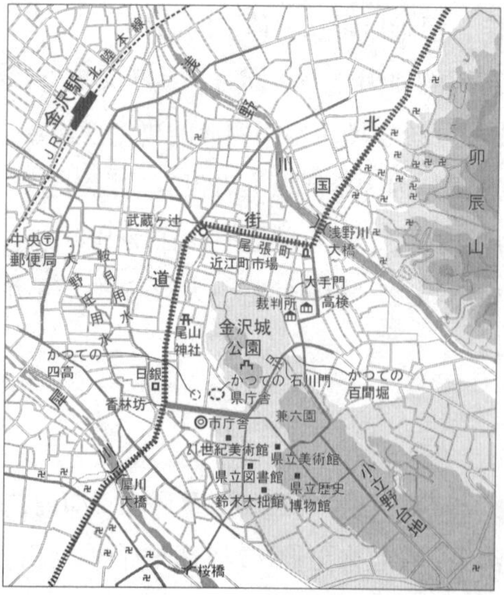

图 1　金泽 1/20000 图（局部），1909 年测绘，1910 年发行（上）。

照片 1　西外惣构堀现状。向东看。左手边是金泽 21 世纪美术馆背面。过去河道稍微再宽些。

图 2　金泽市中心空间结构示意图。市区除在金泽站建成后向西北方向扩张外，面貌和城下町时期相差不大（左）。

图 3　金泽之图（幕末）。道路网没有形成统一朝向和街区（出处：《金泽市史》资料编 18 刷绘图 • 地图，金泽市史编纂委员会编，1999）。

16世纪末至17世纪中叶，金泽城下町自内惣构堀内侧至外惣构堀外侧先后推进城市化。从一向宗寺内町时期的聚落诞生算起，大约花费一个世纪形成城市。漫长的发展史提高了辨认城市空间结构的难度。

从江户时期地图（图3）看，惣构堀内外两侧地区的道路模式不同，地势也存在一定高差。由内到外可以分为三层：内惣构堀内侧、内惣构堀与外惣构堀之间，以及外惣构堀外侧。再加上城外四个方向不同的街区，金泽就能划分成十个以上不同地区。如果纳入微地形等要素，还能进一步细分。

1631年、1635年与1759年三场大火灾后重建工作，奠定了金泽现代空间结构的基础，也进一步提高了辨认城市的难度。

同时，L形古道北国**街道**自东北至西南贯穿城市，进出城市的关口建有卯辰山寺院群（东北部）与**寺町**寺院群（西南部），再加上城市内部的小立野寺院群（东南部），三方守护的格局，使城下町结构更复杂。

城市中还存在着通向周边村落的放射状道路，包括石引道、鹤来道、宫腰往还、汤涌谷道、二俣道、野田道、御上使道、寺中村等道、栗崎道等。这种区域网络节点的特征，不仅要求城市做好防卫，同时也促进了政治经济中心的形成。

虽然从以上几个较大的方面可以解读金泽的构造，但城市街区尺度的要素就相对很少，比如城内没有明确轴线、通往城堡的主路也不太凸显、大手门周边也不是以武家地为主等等。

3. 近代的变化

如果再加上近代以后的变化，金泽的故事就更复杂了。

比如原来城内没有集中的武家地，大名家老（俸禄超过1万石，被称为加贺八家）的宅地围绕城堡四散分布。由于近代化过程中往往转武家地为公共设施用地，所以金泽的公共设施散布于城

照片2　尾张町南侧，大手堀与大手町街景。向东看。右手边隐约可见大手堀。大手门周边没有形成大型办公区。这也是金泽的特点之一。

堡周围，而不像一般城下町那样聚集于城堡大手门一侧。

大手门周边不仅没有延续行政功能，也没有建成大规模办公区（实际上是小规模办公区，照片 2）。这足以让人感受这座城市不可思议的近代化。

1896 年，金泽接收第九师团。翌年第九师司令部正式进驻二之丸（现金泽城公园）。为迈向“军都”，金泽全市上下齐心，开始完善城市基础设施。

樱桥（1897，后来三次重建，现在的桥建成于 1963 年）、犀川大桥（1898，后两次重建，现钢桁架桥建成于 1924 年）、通向野町广小路（路口名）干道等相继建成。现在寺町的道路宽阔，因为这是为当时通往练兵场和兵营而建的军用道路。

从另一角度看，因“军都”身份，金泽在近代化初期广泛建设军事一级的高规格道路，一定程度上规避了二战后高度成长期急速与廉价的近代化浪潮。

城市的商业街、餐饮街甚至茶馆文化也依靠军队的消费需求发展起来。

1877 年，石川县师范院校（1874）和女子师范学校（1875）等教育设施迁来广坂周边，之后还有第四高等学校迁入（1887，原第四高等中学校），金泽慢慢形成了“学都”风貌。

县厅舍及市厅舍的选址也值得一提。县厅一度迁至美川町，1873 年重回金泽后，在广坂建成县厅舍（今椎树迎宾馆洋楼是第二代县厅舍，照片 3）。

市厅舍自 1889 年金泽实行市制以后始终位于广坂的现址。县厅舍与市厅舍

照片 3　椎树迎宾馆（旧县厅舍）。左手边略微高起的树林是金泽城。周边现在是舒适开放空间广坂绿地。

照片 4　旧县厅舍和现市厅舍之间的广坂通。向东看。正面是兼六园。这周边集中了以县厅厅舍为代表的公共设施，包括师范学校、女子师范学校、第四高等学校等。

隔马路相对而建的格局持续百余年（照片 4，2003 年县厅舍搬迁至车站西侧现址）。

比较县厅，虽然市政府相对弱势，但从成立开始就选择了与县厅保持一定距离的位置不变，这是近代金泽城市中心较早稳固成形的原因。

道路元标通常被认为是城市中心，江户时期的金泽把**里程元标**设在御用商人集聚的尾张町。但近代以后，尾张町没能按照一般情况演化为中心商务区或商业区。主要原因是近代城市的活动中心，转移到了现在的百万石通附近。

如前所述，明治时期市厅、县厅等城市公共设施集中在广坂一带，以及二战后的武藏之辻再开发工程（目前仍在进行，首座建筑 1969 年竣工）与香林坊地区再开发工程（1970 ～ 1980）。近代城市轴沿北国街道，以武藏—香林坊为中心，南延至片町，北延至金泽站。金泽近年持续推进车站西侧地区城市开发，城市轴延伸至金泽新港。

金泽的近代化集中在城市西侧，成功使城下町及其周边地区避免了严峻的开发压力。

这主要归功于车站选址。

1898 年，金泽站在城下町西北端开通运营，正好位于犀川和浅野川中间。通常来说，铁路会沿市区边缘通过。这样的车站选址，为后来铁路东侧是历史城市、西侧是新城的城市发展格局奠定了基础。后来，为平衡新旧城发展，金泽制定了相应的发展政策。

这样的做法，与京都利用车站划分北部保护区与南部开发区非常相似。

4. 百间堀及其发展

金泽旧名尾山，是建于小立野舌状台地一端的城下町。出于防御目的，将台地挖断，在高处开凿了一块独立丘陵地，并将人工谷内填满水。这条人工河道称为百间堀。

百间堀规模极大，乍看之下不像护城河或山道，更像自然河流（照片 5）。兼六园就选址百间堀对岸（东南），能眺望风景，1874 年对外开放。

如前所述，百间堀对岸本是第九师团据点，战后改建为金泽大学，1996 年

照片 5　明治末年填埋百间堀修建的百间堀通，现为堀通的一部分。站在通往金泽城石川门的石川桥上向南望去。右手边是金泽城，左手边是兼六园。百间堀位于小立野台地的制高处，是为将城堡所在地变成单独一座山丘而开凿的。

照片 6　住宅区内的用水。这是穿过商业街、流经金泽站周边的鞍月水渠。

成为金泽城公园）。1910 年百间堀由军方无偿转让金泽市，后被填埋，翌年建成今百间堀通。

百间堀通是干道堀通的一部分，后成为环线。金泽从位于台地边缘的 U 形城市转型为环绕城堡的环形城市。就这样，这座巨型城下町顺利实现近代化。而百间堀从出于防御目的分割台地的护城河，转变为连接犀川与浅野川的干道。

如果不了解路名的历史，或许不会想到百间堀通曾是人工开凿的护城河。尤其是站在连接金泽城石川门和兼六园的石川桥（建于 1911 年，现在的桥重建于 1995 年），能从正上方眺望百间堀通，想象昔日风貌。气势磅礴的护城河，展现着 17 世纪初城下町建设构想的宏伟面貌，真切表明城市本身如同书籍，是一种能被阅读的存在。

不可思议的是，金泽虽有百间堀通，但护城河本身存在感出乎意料地弱。反而是城山这个耸立中央的绿色小山丘，让人印象深刻。

环顾护城河：现存的大手堀和 2010 年复原的蠑螈堀（いもり堀）相比城下町，规模尺度太小；白鸟堀虽然改为步行优先的白鸟路，但早已没有了护城河的风光；惣构堀现存河道只余 2–3 米（原宽 10 米），看上去更像是条城内小河，不再有外城壕的雄壮。

归根结底，金泽从没有过在护城河边建设并行道路的设想。原因可能是金泽没有遭受战争损害，因此不像其他城市可以在护城河边铺设干线道路，从而大规模改造城市。另外，百间堀两侧都是斜切面，不可能铺设道路，所以只能填埋。

5. 水渠的存在

金泽的魅力之一就是水渠众多，或在路边或建筑之间蜿蜒、或穿梭市区，可供饮用、防火、灌溉等用，形成独特的风景。

城市内现存水渠较多的县都除金泽外，还有松江与佐贺。两座城市的水渠和建筑道路相互交织。金泽的水渠则以复杂的走向见长。金泽和水乡佐贺的区别在于，其水网是在小山丘努力引水形成。

根据金泽市的调查，目前市内有 55 道水渠，总长度达 150 千米。这些水渠不仅用作生活和防火，一部分还兼作惣构堀、兼六园曲水等旧武家地的观赏用水，甚至还作为农业用水。这些水渠流量大、水质好。此外，水渠护岸以圆形河滩石堆砌而成，给金泽的风景增添了个性。

通常而言，出于安全考虑会选择在水边围上紧实的栅栏。但沿着大野庄渠（1590 年左右建成）、辰巳渠（1631 年建成）和鞍月渠（1644 ～ 1647 年建成）

照片 7　没有栏杆的水渠。这是流经武家地的大野庄用水。

照片 8　县厅舍搬迁后诞生的广坂绿地，是眺望城堡石墙绝好远望点。右手边的树林是金泽城。左边是椎树迎宾馆。

等市中心主要水渠行走，会发现人行道上没有设置设栏杆（照片7）。这说明水渠已融入金泽市民的生活。几乎没有市民主张设置安全防护栏，正是市民守护了金泽的风景。

6. 漫步城市

金泽各时期的痕迹叠合在一起，形成能让人感受历史层积的细致空间。道路绵延不断、其间流淌着多道水渠，长时间漫步也不会让人生厌。旧时的町名延续至今，依然十分鲜活。**町家**内部也保留着手工的传统。

另一方面，旧**町人地**依旧是商业中心，城市主体空间结构没有发生大变化。町人地一边对旧时痕迹浓郁的近江町市场实施再开发工程，另一边是现代设计的21世纪美术馆、铃木大拙馆。县厅舍旧址变为广阔的草坪，能远眺城堡石墙（照片8）。这是在城市中心有意识集中文化设施，使之成为“可步行城市·步行愉悦城市”而长期努力的成果。

在车站西侧开发新市区，成功减缓了旧市区的开发压力。行走于金泽，既能切实感受百间堀所展现的城下町构想，又能体会近代对这一构想的传承。漫步城市，如同阅读推理小说一样，十分惊险刺激。

福井——没有选择堀端通的近代化

1. 从福井站下车

从福井站下车后，会迷失方向感。总觉得福井站位于城北，JR 北陆本线是东西走向，北临日本海。这可能是受金泽和富山影响。但如果观察京都方向的列

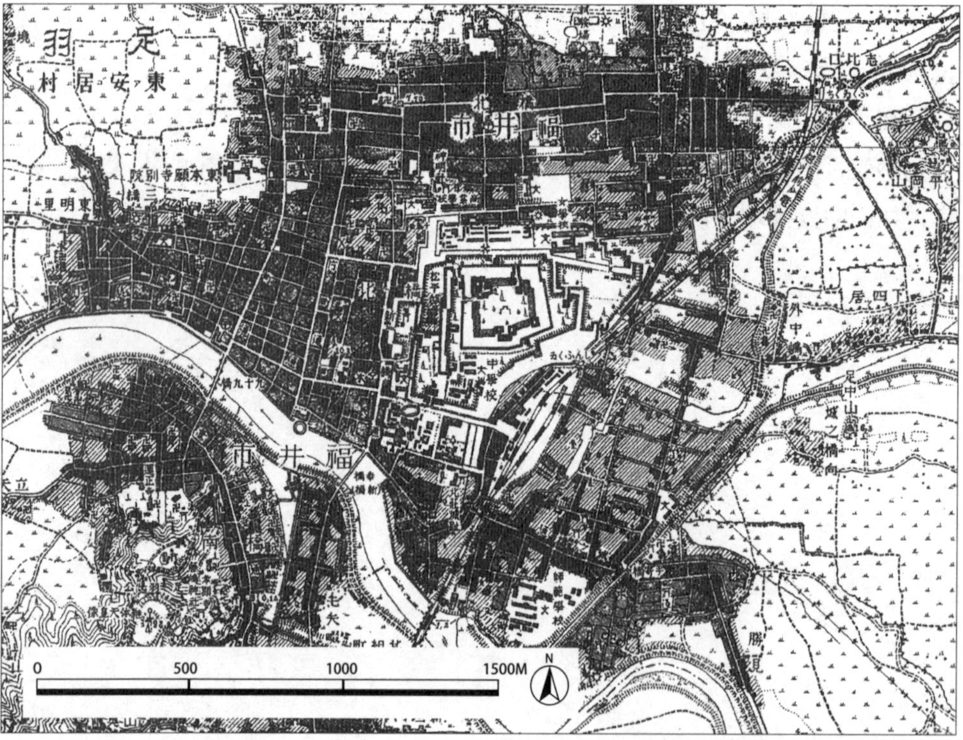

图 1　福井 1/20000 临时图，由福井西部（局部，1899 年测绘）、福井东部（局部，1902 年测绘）组成。

车走向，就能矫正这种错觉。京都位于福井南面，如果北陆本线是东西走向，那么开往京都的列车应自东向西行驶。但实际上却向东北驶入月台。北陆本线选择了距日本海较远的路线，从城东南的车站绕行，车站西口才是面向市中心的玄关口。

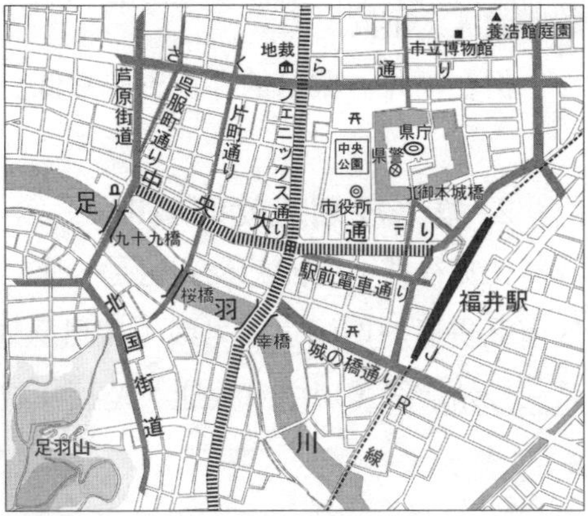

图 2　福井市中心空间结构示意图。可以看到，纵轴凤凰通与横轴中央大通构成的 500 米间隔道路网格，包围了城堡。

车站西口向西延伸的道路是福井最重要的干道中央大通（照片 1），与之垂直相交的是福井最重要的南北路凤凰通（フェニックス通，照片 2）。凤凰通开设有福井铁道福武线的有轨电车，自福井向南经鲭江至武生，全长 20.9 千米。由于只在福井市中心路段铺设钢轨，其余采用铁轨，造就了福井独特的城市风景。

福井以凤凰通和中央大通构成的十字轴为基准，在东西、南北方向上每隔约 500 米规划一条干道，形成大尺度的棋盘式道路网格。在这教科书式的近代道路规划下，漫步城市会感觉这是一座非常容易阅读的城市，和刚下车时摸不清方向

照片 1　从福井站西延的中央大通。向西看。过去是两侧设有双排绿植隔离带的林荫大道。现在绿植隔离带位于中央。近年来，随着北陆新干线开通，福井站东西站前广场焕然一新。

照片 2　北望作为南北轴线而建的凤凰通。经历战争和地震（1948），城市宛如不死鸟复生。凤凰通得名于 1985 年的公开征集。旧国道 8 号。道路中央铺设有福井铁道福武线的轨道。

的感受完全不同。

但在福井，城堡的存在感非常低。这是为什么？

2. 复兴规划造就的城市

初见福井，就能感受到这是一座经**战灾复兴**重新规划建设的城市。城市中心区南北贯通的旧国道 8 号线（现凤凰通）以及与之正交的 44 米宽东西向道路广路一号站前线（现中央大通）是福井城市规划的基准。

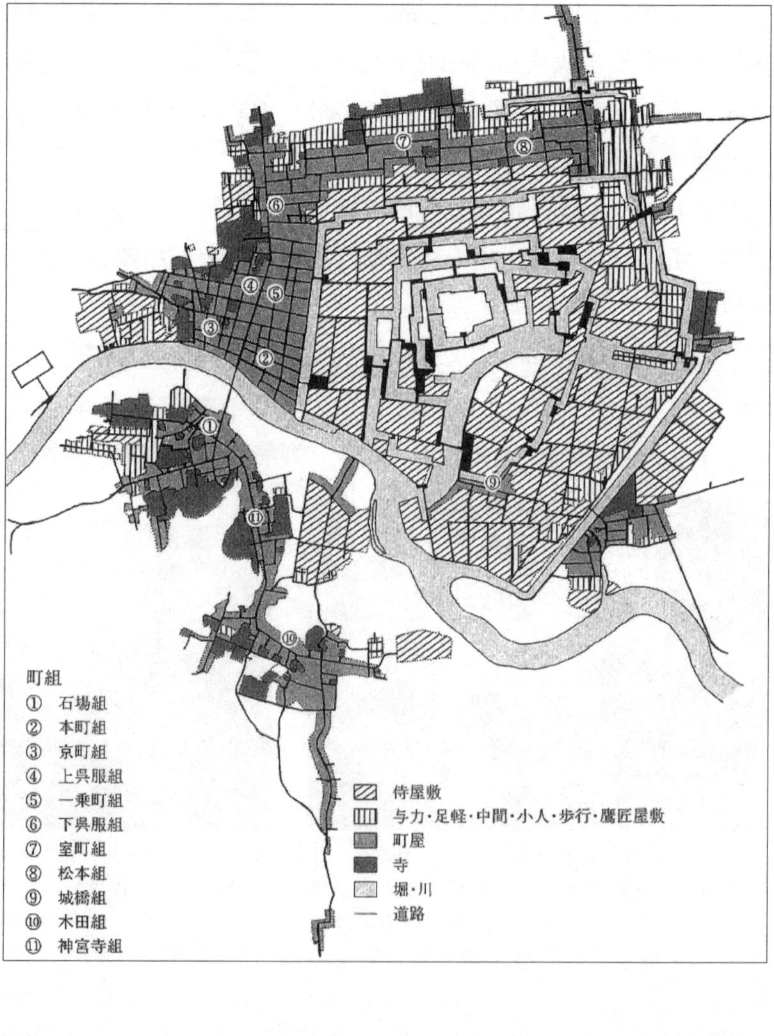

图 3　贞享二年（1685）的福井城下。北国街道从城堡西侧辗转至北侧（出处：《福井县史》通史篇 3 近世 1，福井县编，1994，494 页）。

但福井城市最初的构想并非让两条干道构成十字中心轴。1932 年，福井首份（旧版）城市道路规划获批。同样是采用 500 米间隔的路网模式，但尊重**城下町**时期形成的既有路网，主要道路并未采用直线型。

该规划还未实施，福井就遭遇了二战。1945 年 7 月 19 日的大空袭两小时内就烧毁了福井 95% 的建成市区。翌年（1946）5 月，福井制定了战灾复兴的第一份规划，目的是在整体上对受灾区域进行基本的区划整理，重新规划道路。这份规划经 1948 年大地震及之后的火灾多次修订，最终得以落实。

经历大空袭后不到三年，1948 年 6 月 28 日，福井发生直下型大地震，市区九成以上面积受灾。值得一提的是，“第七级”地震强度就因这次大地震设立。此外，1953～2004 年间福井还多次发生水灾。可见，福井是一座灾难频发的城市。基于这一点，当地政府和民众齐心协力，希望将福井建设成一座防灾城市。

与战前道路规划不同，战后道路规划以**土地区划整理**为基础，没有拘泥城下町时期的既有道路走向，大胆建设了直线形道路。《战灾复兴志》指出，战后复兴的关注点是“可持续的交通模式、防灾、美观等”。

二战前后的道路规划也存在共同点。最显著特征是避开城堡设计路网。现在行走在福井的干道上，无法看见福井城（照片 3），只有在大街区内部才能望见城堡。

一般情况下，城堡位于城市正中，战灾复兴等大规模道路规划通常会围绕城堡形成井字形路网。富山与和歌山就是典型，福井也属于这一类。如果城堡规模过大，干道形态会由井字形转换为环状，例如东京和松山。

照片 3　尽头望不见城堡的干线道路。摄于城堡南向交通要道节点，御本城桥。右侧建筑是县厅舍，左侧是县警察总局。由于护城河为逐步填埋，所以城堡没能正对干道。

无论城堡规模大小，环绕城堡的护城河都是道路规划的设计重点。通常会沿护城河修建一条漂亮道路，沿途可以直接领略城堡的风景，即打造所谓堀端通的城市观赏点。

福井却没有堀端通，在干道上既看不到护城河，也看不到城堡。这到底是怎么回事？

福井在大正与昭和初期填平了多道护城河，只剩下内护城河。今天福井并没有沿内护城河修建漂亮堀端通的规划构想。

从1922年福井的市区图（图4）看，1903年沿百间堀修建的笔直站前大道（现站前电车通），一度是福井的堀端通，沿途可以望见城堡。如果没有被填埋，沿护城河可以一路通向旧城区，福井城的存在感不会像如今这么低。

福井城的存在感低下，主要源于护城河的逐步填埋。作为68万石俸禄的大藩，福井城曾有五重护城河。但此后俸禄减少到25万石，不再需要这样大规模

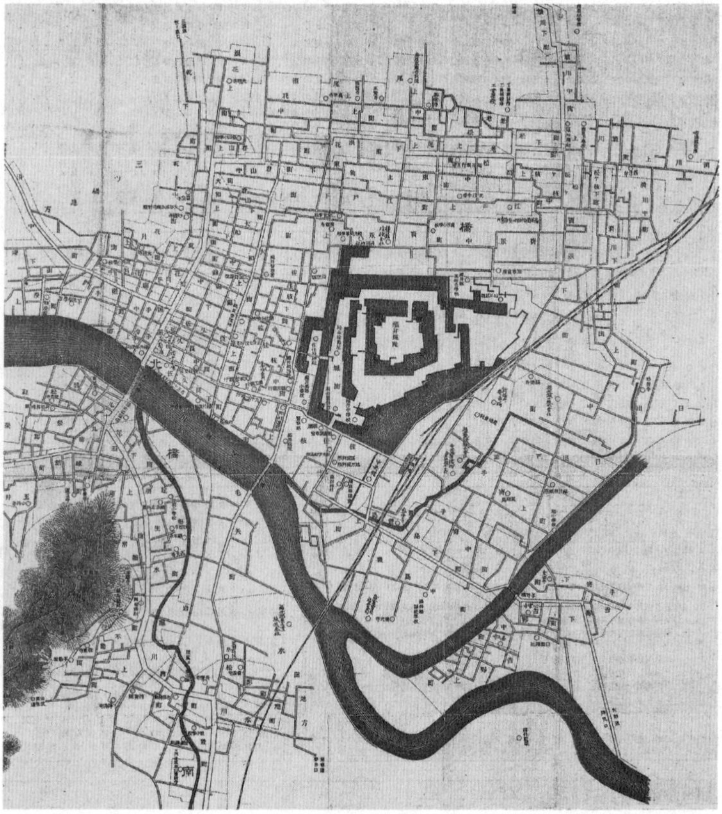

图4　福井市街地图（局部，1922）。图中车站前的宽阔护城河，是现已不存的百间堀（出处：《福井市史》资料编别卷，绘图·地图福井市编，1989，210–211页）

的护城河。尽管直到明治初期才开始逐步填埋，但诉求早已存在。

3. 福井站的位置

虽然路网没有延续城下町时期的构造，但是福井的战后复兴规划还是考虑了城堡的重要性。县厅舍与县警察总局就坐落于城堡内，周边还建有市厅舍与中央邮局，构成福井的行政中心。在这样的规划下，城堡的存在感大大提升。

县厅舍曾面向百间堀而建，位于今西武福井店周边。在城郭被旧城主松平家无偿捐赠福井县后，1912 年政府将县厅舍迁至城堡本丸内。政府希望将县厅舍旧址卖给个人，但始终无人问津。后来的福井市长熊谷太三郎接手这个项目，规划建设以儿童教育为主题的百货商店。1928 年，百货商店不倒翁屋（现西武福井）开业。县厅旧址转变成百货商店，这恐怕是唯一一例。

话题回到城堡内的县厅舍。县厅舍与福井站之间规划了一条斜路，通过内护城河南的御本城桥。一般网格城市很少规划斜向道路，这条斜路显示出战后复兴规划对于展示县厅形象的重视。但是，这条位于站前大道（站前广场）北侧的道路，却不太为人注意，流量也不大。这是为什么呢?

战后制定的规划中，为调整铁路绕行段为直线形，将铁路线与车站整体东移。新福井站西口站前广场正中规划一条通往县厅（城堡）的斜路，路上可直接看到城墙。后来由于国铁预算不足，在铁路建设前修订了规划（1952），不仅取消了绕行段改造，新车站也只是稍向北移至现址。但是，当时土地区划整理（斜路建设）已在推进，来不及修改道路规划，因此这条斜路在站前没有按照预想成为主要道路，偏离了步行者视线与行动流线。

还有其他地方，比如站前电车通，道路尽头是搬迁前车站所在（照片 4）。它和现在的站前大道（中央大通）之间的锐角，显露出车站搬迁的痕迹。新站前大道代表的商务轴和旧站前大道代表的商业轴，也是城市历史的重要叙述者。

新旧站前道路的锐角交汇点，也是这座城市的中心，即站前电车通与旧国道 8 号（现凤凰通）交汇的十字路口——大名町（照片 5）。或者可以这样理解，新旧两条站前道路，都是面向大名町铺设的。这个即是十字路口、又是变形五岔

照片 4　站前电车通，向西看。过去道路只铺设至市电福井站前停靠站前，即图中位置。随着站前广场整修和铁路线延伸，道路延伸至车站前。

照片 5　大名町交叉点，五岔路口。往西看，右手边是基于旧路改建的站前大道（站前电车通），左手边是诞生于战灾复兴的中央大通。战后福井站未按原计划布局、道路规划未能及时配合调整，形成两条站前大道共存的局面。

路口的大名町交叉点，是阅读城市战后复兴史的关键空间节点。

仔细想想，相比一般城下町的车站，福井站的位置异常接近城堡。或许正因为车站距离城堡太近，通往城堡的道路才没有建成漂亮的林荫大道。车站现址东侧曾是大规模城下町，不适合建设近代铁路。由此，福井填埋了宽阔的中护城河百间堀，用于铺设铁路线、开设车站。所以，车站和铁路线才会如此接近城堡。值得一提的是，百间堀的曲折走向，表明它曾是吉野川（现荒川）的河道。

从御泉水通往南顺着铁路通至站前的道路异常曲折，表现出自然河流般的蜿蜒走向。因此可以说旧时的交通干线吉野川，转换为了近代的 JR 北陆本线。土地区划整理实施后，这市内唯一曲折的道路，见证了吉野川成为百间堀，后又成为铁路的历史足迹。

明治中期，曾出现铺设铁路纵向贯穿本丸的方案，以及纵向贯穿城堡西侧二之丸的方案。前者遭旧城主强烈反对，后者因途经人口密集区，需增设铁路与道路立体交叉口、将导致城市交通严重受阻等原因遭地方反对。因此，只能选择现在的方案。

4. 九十九桥界限

铁路车站设在城堡东侧百间堀的这一决定，对城堡西侧的街区发展产生了很大影响。西侧过去是城市中心，有北国街道由南至北通过。南端跨足羽川过九十九桥，北端联系金泽。但现在这条古道已不再使用，城市中心也由西侧转向城堡东侧。

九十九桥曾是足羽川唯一的桥梁。九十九桥北桥头曾设有代表城市中心的**里程元标与道路元标**。这一带也是足羽川联系福井北面河港三国港的物流节点。也就是说，九十九桥是福井道路网与物流网络的起点。桥畔的本町通曾是城市中最热闹的商业街，但昭和时代以后，其地位逐渐被站前夺走，发展成商务街。

世事无常。但在九十九桥一带，还能切实感受到几个时期的历史积淀。

九十九桥的桥梁风貌，本身也经历了复杂的转变，从最初名为半石半木的"奇桥"到 1900 年的木造桁架桥，再到 1933 年和 1986 年两度重建的混凝土桥。无论在哪个阶段，九十九桥都是精心设计的名桥（照片 6）。自九十九桥北延的北国街道，经干线道路芦原街道右转。右转路段称为吴服町通，是区划整理中为数不多保留下来的**近世**干道。

现在漫步福井，脚下是足羽川优美曲线与河畔漂亮樱花道（照片 7），抬眼

照片 6　九十九桥北桥头。江户时期设有高札场。现设有明治时期里程元标的石质复原物。现在所见的钢筋混凝土桥建于 1986 年。

照片 7　在九十九桥所见赏樱胜地足羽川，曾是通往外港三国凑的交通节点。

就是足羽山的绿意。这两片自然风景，于 1938 年同时纳入**风致地区**。尽管福井实施了战后复兴规划等规划，但城市的自然大环境没有发生重大改变。因而如今在福井能同时领略非常不同的城市风景，一边是自然大地形风貌，另一边则是诞生于战灾复兴的城市风貌。

当然，希望能够出现增加福井城旧址存在感的第三处风致地区。福井站西口重建工程于 2016 年竣工，车站前的再开发大楼（ハピリン）也开业了。如果它们能与城堡产生联系，那么福井市中心又能形成一处核心区域。

甲府——表里反转的城市

1. 邻近城堡的甲府站

乘坐中央线从东京前往甲府，这列沿盆地北边缘行驶的列车正在减速，似乎马上要进入市区，此时甲府城（又称舞鹤城）的城墙在左手边一闪而过。列车到站了，总感觉有点像一脚踩进别人的房间，心里很不痛快。铁路线和车站为什么会这样布置？

甲府城坐落在南北向山脉的长缓坡地，南面是广阔的**町人地**，古道**甲州街道**从中穿过。如果铁路要避开町人地和古道，可以铺设在城市南缘。但这样会使车站距离市区过远，同时增加洪涝灾害风险。如果考虑北面，又有绵延的爱宕山阻碍。所以最稳妥的方案是紧挨城堡北侧**武家地**修建铁路。1903 年 JR 中央线就选在这里建成了。

图 1　甲府市中心空间结构示意图。

确定铁路布线后，要在哪里建设车站呢？甲府站选址受城市主要南北向道路影响。这条路从武田氏居馆旧址径直南下至市区，沿路经过元柳町、大工町、元连雀町与橘小路，是连接**中世**

图 2　甲府 1/20000 正式图，由甲府（局部）、松岛村（局部）组成，1908 年测绘，1910 年发行。

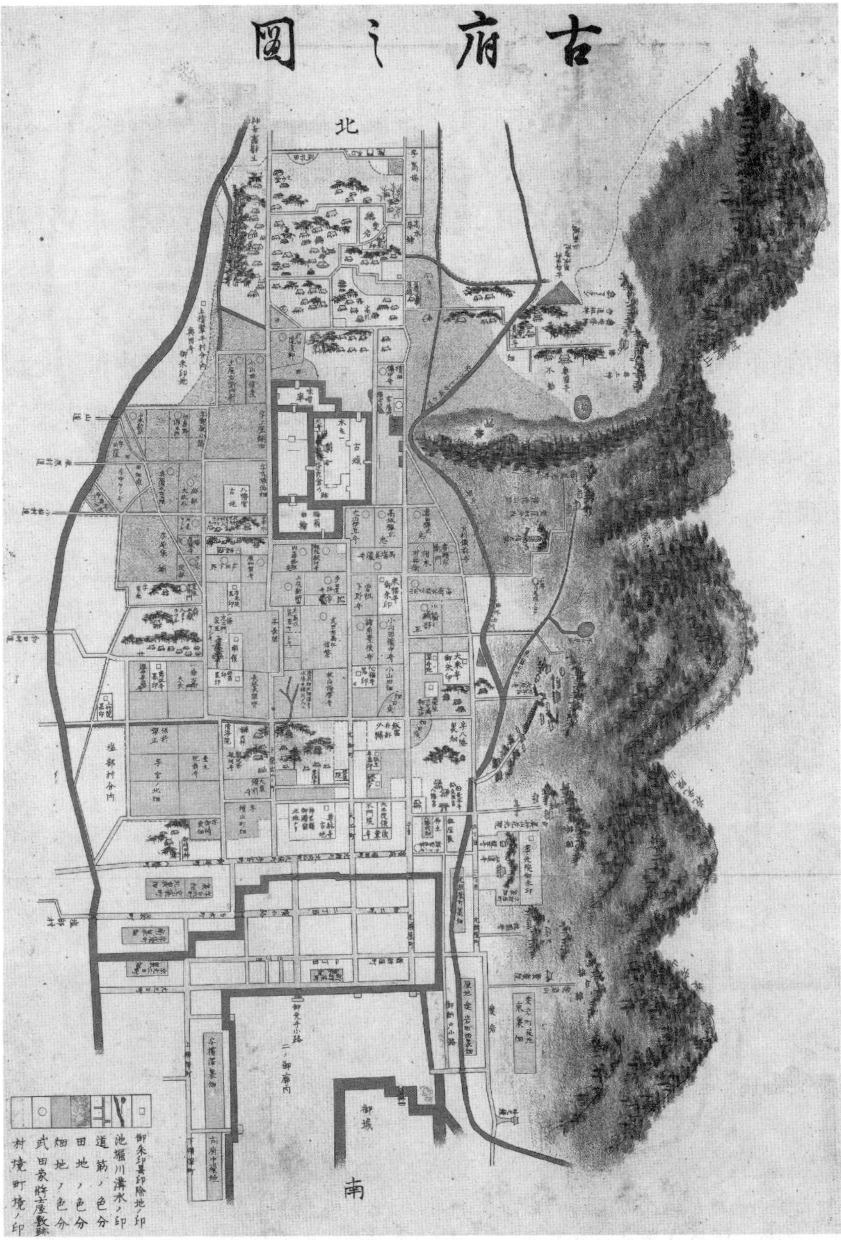

图 3　古府之图（出处：《甲府略志》，1918，32–33 页）。中央偏北护城河围合处是踯躅崎馆，现在是武田神社。

城下町与**近世城下町**的唯一道路。甲府站就选址这条道路的中心点，并将这条路分为南北两段，分别是平和通与武田通。

明治后，甲府站南侧地区成为“正面”，北侧地区的农田与住宅则是“背面”。直到城市化推进，尤其是今年快速城市再开发项目的实施，站北风貌才焕然一新。包括县立图书馆的新建、藤村纪念馆的迁建、山手御门的复原，以及甲州梦小路商业综合体的新建等。

1519 年，**武田信玄**的父亲信虎在名为踯躅崎的土地上修建居馆，并在居馆南侧建成中世城下町（图 3）。居馆旧址现在建有武田神社，沿用了中世纪土墙与壕沟环绕的设计手法，依旧能让人感受中世居馆的历史氛围。甲府，即甲斐府中，也是中世起的名字。

至今还能在站北找到中世城下町的痕迹，5 条平行等距的主干道由南向北展开。从甲府站北口出发，沿甲斐国总镇守武田神社边上的缓坡（即旧柳小路，现武田通，照片 1）往北走。这片地区三面环山、北高南低，具有绝佳防御优势，中世风情浓郁。一路所见基本是安静的住宅区，还会经过山梨大学，令人感叹甲府作为“学问之府”名不虚传。不远处便是武田神社（照片 2）。到武田神社后，回头向南，就能望见中世城市轴武田通。直到今天，武田神社周围依旧河道环绕，

照片 1　武田神社前向南延伸的武田通。向北看。自中世延续至今。历史道路在甲府随处可见，但武田通是北高南低的坡路。道路南端直抵甲府站。

照片 2　武田通北端的武田神社。旧武田氏居馆。建于 1519 年。武田信玄等三代人在此居住 60 余年。

弥漫着中世时代的氛围。踯躅崎馆是武田信虎、信玄、胜赖上下三代居住六十余年的居馆，现在是国家指定史迹。

1582年武田氏灭亡后，甲府一度处于动荡之中。1600年，统治者在居馆南方（稍偏西南）的**扇状地**制高点选取一座小山冈，新建甲府城及其城下町。这就是被称为新府中（下府中）的近世城下町，中世城下町则被称为古府中（上府中）。新府中位于古府中南侧。

甲州街道在南侧穿过新府中，街道南面是町人地。甲府城大手门朝南，从战国时期的“正面”古府中如今成为新府中的“背面”。这就是为什么称甲府为“表里反转”的城市。

2. 近世城下町的近代化

下了车，向甲府站南口走去，眼前是市区，站前大道平和通向南延伸。在1931年制定的甲府城市道路规划中，站前大道曾被命名为一等大路第三类第一号线（照片3）。平和通则是二战结束道路拓宽后新起的名字。现在沿路栽有漂亮榉树的平和通，近代之前是两道人工河。有些奇怪的是，从车站北口望向武田通能远远看见武田神社，从车站南口望向平和通，道路尽头却看不到任何标志性建筑。或许是因为甲府站车站大楼本身就是平和通上的地标。中世道路武田通与近代道路平和通的标志性建筑，均位于道路起点。

照片3　自甲府站南口南延的现代城市轴平和通南望。道路走向稍有曲折，因为平和通是填埋旧护城河而建。2017年，作为南口站前改善工程的一环重新修整。

但是，稍加翻阅甲府的历史，会发现甲府首条近代大街并非平和通，而是东侧与之平行的锦町通。锦町通改建自通向舞鹤城追手门的追手町，两侧曾是武家地。锦町通初建时，仅通至铁路线。二战后才南北延伸穿过铁路线，北延路段名为川鹤通。锦町通现在作为官厅街集中了县厅舍、法院、警察署、邮局等公共设施，都是些带露台的西洋风建筑。

1930 年，县厅舍北迁至车站南的现址。这里当时在城堡内部（后来外濠填埋，城堡仅剩中央的核心区），原先建有县立甲府中学，即今甲府第一高中。同年，市厅舍搬迁至县厅舍旧址。此前市厅舍一直位于相生町的小学旧址（1914 ～ 1930）。市厅舍现址曾建有柳町户长役场、县立医院、师范学校、劝业制丝厂等城市设施。1877 年访问日本的英国公使欧内斯特 · 沙图在其著作《日本旅行日记》中这样描述当时的甲府：“据我所知，在规模相似的城市中，这里西洋式建筑的数量是日本第一。”

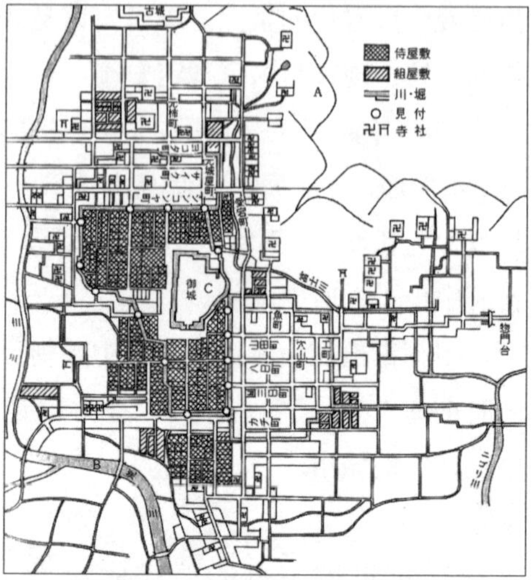

图 4　甲府地图。1889 年甲府实行市制时的城市风貌（出处：《城下町及其面貌》藤冈谦二郎编。柳原书店，1983，211 页。樋口节夫作图）。

照片 4　近代初期的正面大街，舞鹤通（旧锦町通）。坐西朝东的县厅舍和法院，建筑正面采用西洋风格立面。甲府的近代象征。

1962 年，锦町通铺设有通称马粪电（ボロ電）的山梨铁道电车线，是城市中人流量较大的道路。正是“道路县令”藤村紫朗将锦町通打造为今天所见的城市行政轴舞鹤通。藤村原任山梨县权令，后于 1873 ～ 1887 年担任山梨县县令（县知事）。藤村认为，以县厅舍为核心整齐排列的西式风貌，才能代表近代甲府的形象。藤村积极拆除甲府城内旧建筑，并在城内修建劝业制丝厂和葡萄酒厂的事迹流传至今。

另一位对甲府近代城市建设做出重大贡献的人是声名赫赫的栃木县令**三岛通庸**（后任山形县令、福岛县令）。在宇都宫与山形，三岛都采取了在道路尽头建设高耸县厅舍的巴洛克式手法。但在甲府却选择沿街布置西洋建筑来塑造近代县都的面貌。最终诞生了沿街集中布置华丽近代建筑的舞鹤通，以此象征文明开化。

照片 5 春日町购物中心商业街街景。令人惊讶的是，这里曾是武家地。甲府的城市开发战略是在旧武家地上划出纵横窄路，构成商业区。

现在行走在舞鹤通，已很难区分周边的旧武家地与旧町人地。分隔城郭内外的护城河被填埋了，城郭内的小路也改为锦町、常盘町、红梅町、春日町等华丽名字，旧时的痕迹已难以辨认（照片 5）。这是为了塑造四民平等（士农工商）的文化城市形象吗？又或者说，甲府的武家文化本就没那么深厚。

像甲府这样无法辨别旧武家地的城市很少。自**柳泽吉保**时期开始，甲府就是幕府直辖领地。但甲府没有大名及其家臣入驻，武家地更接近幕府的职员住宅。

仔细观察，旧武家地的商业区与东侧旧町人地上的道路宽度差异明显，接续时形成岔口，正是这座城市发展的足迹。

如此形成的近代行政中心，遍是带阳台的“藤村式建筑”，即所谓拟洋风建筑。明治初期拟洋风建筑经藤村县令推行，在山梨县内大批建设。但它们几乎没有留存至现代，现在只能从藤村纪念馆感受当时的建筑风格。该建筑始建于 1875 年，原是睦泽学校，现在是国家指定重要文化财。藤村纪念馆也是历史的宝贵见证者，自武田神社搬迁至车站北口后还更新了展陈。

甲府的另一特色则是公共设施在车站周边再次聚首。县厅舍与市厅舍都曾搬迁，但自始至终没有离开市中心。更确切地说，一直位于追手门（今市役所东路口）旁。除这两栋建筑外，车站大楼、县文化会馆、县立图书馆，甚至主要的百货商店都位于城堡周边半径 500 米范围内。

甲府的南北轴是舞鹤通，而东西轴则是甲州街道商业街。旧甲州街道从东面进入甲府，沿着城东通西进，与八日町通相交后左转（南），沿着**宿场町**柳町（现称游龟通）南下，途中拐两三个弯穿过旧城区，再沿美术馆通往西延伸。城东通原本名为常盘通，为连接站前大道（平和通）与当时的商业中心柳町一带而建，拓宽后成为现在所见、代表城市正面的城东通。

如此说来，甲府的南北轴和东西轴都经历过表里反转。

近世时期的甲府很重视规划由东面进入城市的通道，但对西面进入的通道缺乏考虑。这显然是因为东面联系重要的江户城。明治以后，城市西端布置了大量近代化设施，再加上平和通的延伸，使主要入城方向转至西面。甲府入城的方向，也经历了表里反转。

3. 保留近代初期改造的城市

舞鹤城南侧是近世城下町的中心区，北侧紧挨中央线，西侧又建成站前大道平和通。这三片地区在近代化过程中都一定程度上改变了原貌，因此只有城堡东南侧较好延续了旧城区的传统肌理。另一方面，多亏近世城下町町人地的网格道路还能满足交通需求，所以在经过近代初期的改造后，城市中依旧留存着传统风貌区。

本地人似乎对这些难以保存的痕迹不以为然。他们认为近八成市区在二战中被毁，城市的历史在二战后的重建中被抹去。甲府的棋盘式町人地早在江户时期就已确定，甲州街道自东向西呈之字形贯穿其中。后续扩张中也采用了棋盘式路网，城市既有路网进一步延伸，现在已很难区分哪里才是旧城区了。

另外，本地人将战国武将武田信玄视作最重要的英雄，但实际上近世城下町的后续发展与武田信玄几乎没什么联系，实在令人唏嘘不已。

近年甲府拆除了当初填埋内护城河而建的县民会馆，如今在县民会馆前的迎城路口（スクランブル，路口名早晚也会变更吧）能清晰看到甲府城的石墙了。1930 年始建于迎城路口的山梨县厅旧本馆也于 2015 年改建完成，建筑坐南朝北，这里能将近世统治象征的甲斐府中城与近代统治象征的山梨旧县厅舍尽收眼底，甚至还可以看到其后的县厅舍新主楼（1963）和防灾新馆（2013 年，照片 6）。

从明治初年至今，县厅舍从未离开这片毗邻城堡的土地。拥有一处能将城市景色尽收眼底的观景点，这或许也是甲府的城市个性。

另一方面，甲府在旧时城堡的主入口追手门前建成舞鹤通，将城堡与县厅舍这两座不同时代的标识建筑分隔开。在乐屋曲轮旧址上建设的县厅建筑群，是“反转”旧城堡形成的近代标志性建筑。这也是象征甲府反转城市的风景之一。

照片6　从县民会馆前十字路口往北看。右手边（东）是甲府城，左手边是山梨县厅舍旧主楼，右手边是县厅舍防灾新馆。过去右手边跟前建有县民会馆，再往里一些建有县警大楼，无法直接看到城堡的石墙。

最后，登上近世城郭旧址，即今舞鹤城公园的城墙，如今的甲府一览无余。眼下的城区乍看像近代建筑群的无序集合体，但仔细观察会发现北面的缓坡呈现中世城市的风貌，南面是近世城下町，脚下则是近代基础设施铁路，远处还可以看到亘古不变的富士山。周边则集中了城堡、县厅舍、市厅舍、车站、商业街、百货商店等城市中心区要素。此地不仅集中反映甲府不断反转的城市史，同时也很好维系了现代城市中心的紧凑性。

真是耐人寻味的城市风景。

长野——从神社开始扩张的城市

1. 历史悠久的门前町

从长野站出站，穿过新修的站前广场向前（西）走约百米（照片 1），在末广町交叉点（路口名）右转，便是善光寺的**表参道**。这条道路现在称作中央通，两旁栽植着莲香树，但这个普通路名既无法体现长野悠久的历史，也无法体现这是**门前町**的表参道。眼前的中央通南段呈西南东北走向，站在这里还无法望见善光寺（照片 2）。

中央通在十三丁石[①]转向正北，从这里就能远远望见善光寺了。一町约 109 米，所以出站后步行约 1.4 千米，就能看到善光寺（照片 3）。参道在这里开始从平路转为缓坡路，直到大门町附近变得相当陡峭。这段坡路又称大门通。四国的金比罗宫（航海之神）也是这样，越靠近本堂（正殿），坡道和阶梯就越陡峭。这种登高祈祷的路径设计是有意规划的。

过了大门十字路口（大门交差点）向北，道路改铺石板，车道边窄，更有门前町的风貌（照片 4）。正面可见仁王门。通往仁王门的参道，为步行者专用道。参道往北到达 T 字路口，即善光寺交叉点（旧称大门町上行止）。这里设有道路元标（照片 5）。自南而来的北国街道就是在此东折后北上，也是曾经的高札场所在。参拜善光寺，从其交叉点开始，拾级而上是 18 世纪初始建的石板路，然后到达仁王门。

① 中央通以长野站为起点，直抵善光寺。沿路共有十八个町，长野站位于第十八町，各町均设有丁石。

图 1　长野 1/50000 地形图（局部），1912 年测绘，1913 年发行。

照片 1　末广町交叉点，长野站前与善光寺参道之间的路口。这里完全看不到善光寺。

照片 2　善光寺参道南端，往北看。道路缓缓向左拐，还看不见善光寺。

图 2　长野市中心空间结构示意图。跨越千年的门前町，在连接善光寺与长野站的南北轴上新建联系县厅舍与市厅舍的东西轴，城市由此从线状转型为面状，逐步完善。

照片 3　北上许久，才看到善光寺。

照片 4　大门町的道路。周边地区曾是宿场町。正面能望见仁王门。

照片5　善光寺交叉点。右手边可见大正八年的“长野市道路元标”。善光寺交叉点以北参道为步行道。所谓的善光寺街道（北国街道）沿着参道北上，在善光寺交叉点（车行道T字路口）右转通向直江津。

照片6　穿过仁王门，就到了寺院门前的土特产商业街。向北看。到1707年为止，这里建着如来堂。正面望见的是三门（山门）。

仁王门以北曾建有堂庭，现在则是沿路开设土特产店的寺前商业街（照片6）。1707年善光寺本堂搬迁至现址前，那时仁王门周边伫立着宽文兴建（1666）的如来堂。从现代道路网架看，仁王门周边地区过去应是城市中心区，有三处佐证。第一，仁王门东西南北四个方向均是直线形道路；第二，仁王门本身架设在道路之上；第三，仁王门两侧小路结构齐整，建筑排布严谨。

照片7　元善町西侧街景。向北看。子院和宿坊林立。这里直到江户初期都属于善光寺伽蓝的领地。仁王门周边道路整齐，可以看出是城市传统中心区。

仁王门周边现在仍建有天台宗、净土宗两个宗派的子院（支寺院）与宿坊（寺内住宿处），让人切实感受到宗教城市的风情（照片7，善光寺由天台宗与净土宗两个宗派的寺院群共同管理）。沿着参道再往前走便是山门。18世纪初，山门随善光寺本堂北迁至此，新旧址之间的土地也开辟为广阔寺院领地。寺院中央，正是国宝善光寺本堂。

这真是精心排布组织的参道空间序列。

不过，这还不足以让人感叹“不愧是善光寺”。善光寺始建于 7 世纪中叶，据说平安末期就已是广受崇敬的寺院，所以门前町应当是在上千年时间中慢慢形成的。善光寺不是特权者建设，而是罕见地因平民信仰逐渐形成的寺院，因此不可能是建设之初统一规划的产物。此外，长野还是北国街道的**宿场町**，宗教文化并不是其唯一特色。

历史悠久的城市通常意味着蜿蜒狭窄的道路与自然有机的空间。但长野的主干道（善光寺表参道），如同依尺子一笔画出，像现代规划的道路。历经千年形成的门前町为有如此明显的人为空间操作的痕迹?

2. 强势表参道与弱势小路

从 17 世纪下半叶的地图（图 3）可以看出，当时宽文如来堂位于今仁王门所在处，北面（今大门南交叉点）流淌着钟铸川，其上架设着通向大门町的桥。当时只有大门町可以设旅馆。可见，如来堂周围矩形道路也是过去伽蓝的界限。

再看 1879 年的长野町图（图 4），表参道沿线直到西光寺的稍南处都被标记为住宅区。现在昭和通南部还是当时城市的边缘。

事实上，图 4 描绘的整座城市，就连小路也是经过规划的。规划范围从元善町到大门町周边，最远到钟铸川附近的后町。规模大约为从现在 JR 长野站到山门的三分之一。这片地区过去应是善光寺的领地，南面是松代**藩**统辖的妻科村，东面则是幕府统辖的权堂村。由于裾花川贯穿城市，**中世**时期城市南部地区用地极其细碎。

这样看来，直到明治初期，都可用小巧玲珑来形容长野。明治以后，长野村（习惯称为善光寺町，1874 年成为长野町）陆续吞并周边村庄，急速扩张。现在的长野实际上是村庄集合体。

值得一提的是，长野是唯一以门前町为基础的县都。1876 年，由于筑摩县县厅舍（位于松本）在火灾中烧毁，筑摩县原信浓国部分置入长野县。从此，长野成为信州（信浓国别称）的行政中心。

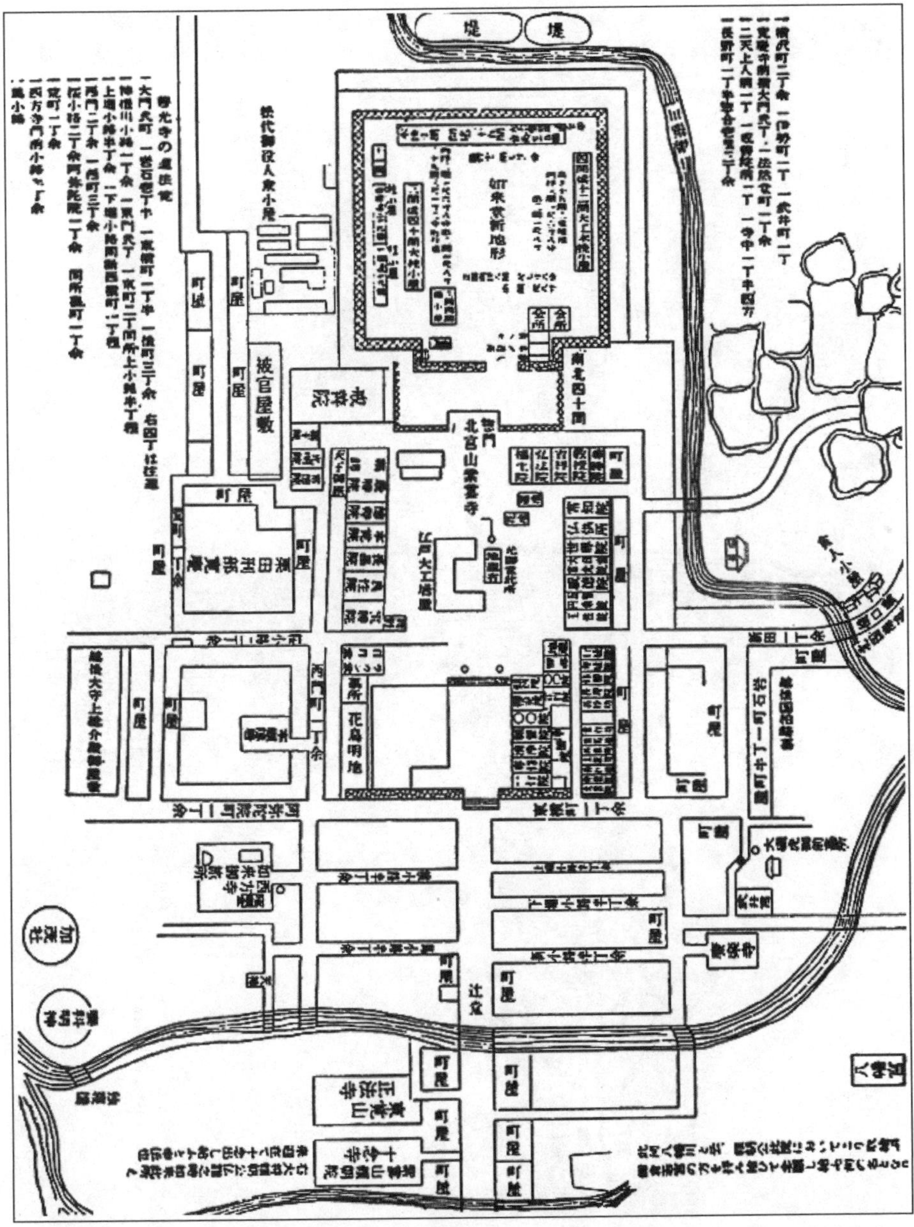

图 3　元禄年间（1688 ~ 1704）的善光寺町平面图。金堂（如来堂）差不多位于图中央，1642 年烧毁。1707 年重建于现在本堂所在地的北侧。图中以“如来堂新地形”表示建设预定地（出处：《长野县史》通史篇 4，长野县史刊行会，1987，420 页）。

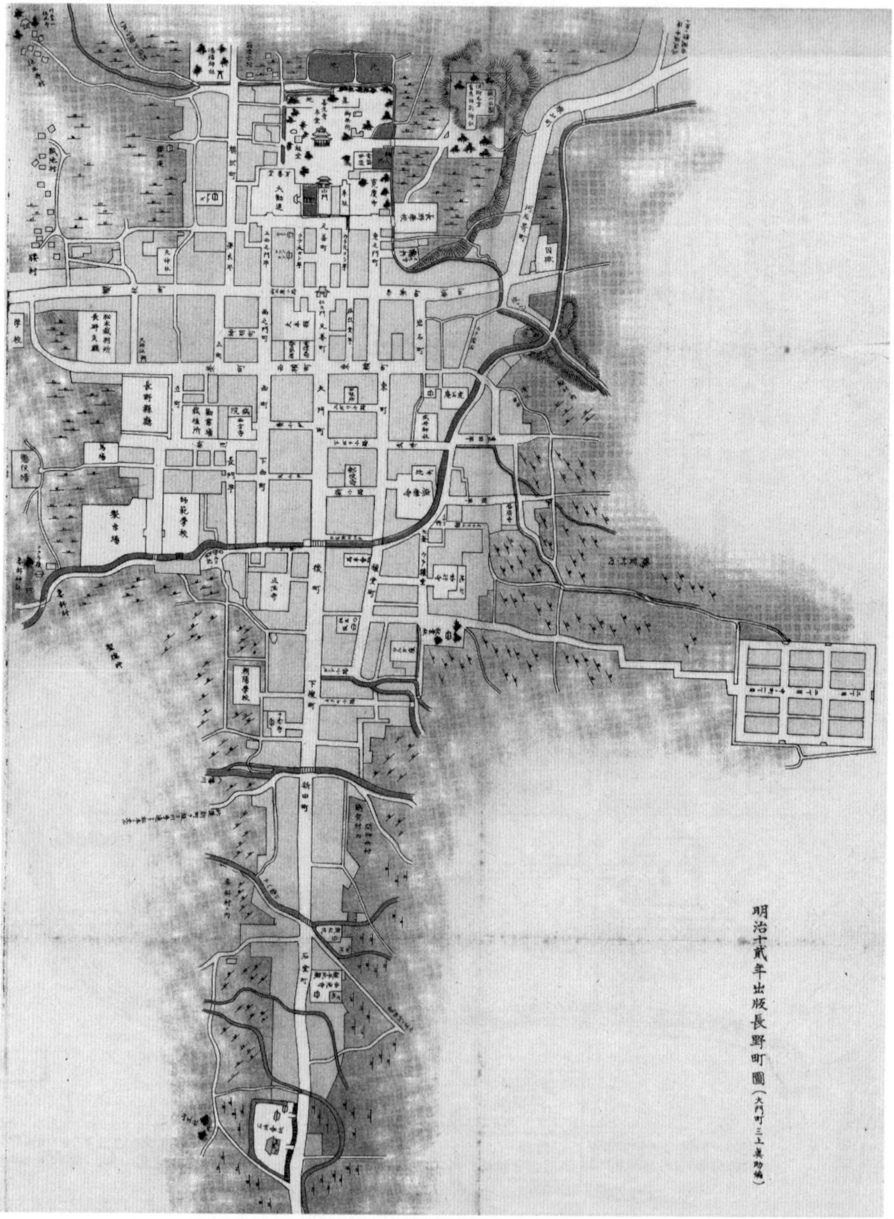

图 4　1879 年的长野町图。东边远处描绘的是鹤贺新地的游郭。曾是权堂水茶屋町。县厅舍位于今信州大学教育学部校区周边（出处：《长野市史》，长野市政府编，1925，278–279 页）。

话题回到道路模式上。不难发现，离善光寺越近小路越密集，町名也大多东西对称，比如东之门町、西之门町、东横町、西横町、东町、西町等，好像经过规划建设。在北侧有三条道路分别经仁王门、大门和大门南横向穿越参道，南侧则几乎没有（昭和时期新建的昭和通除外）。

大门以南的东西路，基本与参道呈 T 字相交。且参道周边地区遍布与参道走向无关、向东南方向延伸的曲折小路。这些小路过去是裾花川支流。善光寺正是位于向东南流淌的裾花川所在的**扇状地**。

江户初期为应对洪水，裾花川河道调整，从扇状地西端（昭和通西端）以南改为南北向。腾出的南侧土地与新开垦水田保证后来城市建设所需用地，加速了门前町的发展。同时，裾花川逐渐被分流成多道支流，即现在所见的曲折小径。

这些小河自北起分别为钟铸川、中泽川、北八幡川、南八幡川、古川等，后来大部分都被填埋成小路，唯有北八幡川与南八幡川保留至今，从中仍能窥见过去的湿地风貌（照片 8）。特别是北八幡川，河道在地上、地下交替穿行，走向如蛇行，呈现一派奇妙风景。

可见长野市中心自西北向东南延伸的曲折小路，是因满足周围农村用水需求发展而来的城市空间形态。

照片 8　延续旧时河川风情的小路。这里恐怕是小河分流点。现在是车站前的小吃街。

照片 9　昭和通，与参道正交的东西路。从中央通往东看。道路远处是市厅舍，眼前是县厅舍。左手边看到的是复合再开发大楼 TOi-GO，新城中心。

长野这座城市，以表参道为骨架，自由形成的众多小路构成城乡融合的风貌。

但表参道（中央通）并非自古以来的中轴线。1924 年前，表参道仅在大门町周边路段路幅较宽，南段仅宽 2 间半，还有不规则岔口。

道路拓宽后很长一段时间内，表参道两侧人行道上架着拱廊，削弱了参道风情。直到 1996 年拱廊连同电线杆一并拆除。经历了很长时间才恢复其历史特征。另外表参道与车站也没有直接联系。1888 年在北国街道交叉口附近开通长野站。就是现在的善光寺第十八丁目站出站后，需往前走约一丁目，到末广町十字路口右转，才能到达表参道。

从规划意图明显的善光寺周边南下，一路可以感受到参道及其背后小路之间的鲜明对比。到了长野站附近，最容易迷路。新干线延伸至金泽后，长野重建站前广场，站前地区才整洁起来。新站前广场设计方案获得 2017 年都市景观大奖。

3. 观察公共设施布局

漫步表参道，会注意到这条路上除了善光寺邮局这座知名历史建筑外，几乎没有任何公共设施。门前町的主要道路自古以来就被认定是面向参拜人群的商业街。即使县厅搬迁至长野，表参道沿路也无法腾出足够用地。县厅、旧市役所、法院、中央邮局、信州大学教育学部、国家联合厅舍等大部分城市设施，都选址坡道上方的西侧地区。

1871 年，县厅在西方寺租了一间房子临时办公。1874 年，长野在今信州大学校园周边建成县厅舍，县厅迁入办公。1908 年，大火烧毁县厅舍。1913 年，县厅舍往南搬迁至现址。为防止县厅从长野迁往松本，长野市提供了县厅舍新建所需土地和资金，还新建了从参道通往县厅舍的道路寿町通以及昭和通县厅段。长野已开始试图将这座依赖参道发展的线形城市转型为面状城市。

影响布局的还有古代条里制形成的上下概念。门前町没有依照地形规则，南北轴线参道本身没按照地形走向，道路尽头的善光寺也不是扇形地的制高点。条里制以南北向路为基准，地势较高的西侧被尊为“上”，所以重要的近代行政设施都布置在这里。

参道东侧地势较低，自然而然形成下町与**花街**。今权堂拱廊街西入口在江户时期曾聚集水茶屋。1878 年，水茶屋整体搬迁至今权堂拱廊街东端，并改名鹤贺游郭（图 4）。过去通往水茶屋与鹤贺游郭的通道，后来发展为权堂拱廊街，周边建有长野电铁地下车站权堂站。这就是为什么长野市中心只有表参道以东建成拱廊商业街（权堂拱廊街）。相生通同样架有拱廊，但并非商业街。1913 年，相生通建成，西面连接前往花街的道路。1961 年相生通上架起了拱廊。

长野市厅舍所在地几经变更。市厅舍最初（1898）位于当时县厅东侧的若松町，1908 年起一度位于县厅舍现址旁，至 1965 年搬迁到参道东侧现址。

造成市厅舍多次搬迁的缘由，主要是昭和通的建设。

为与善光寺至车站的参道这一南北轴相抗衡，近代长野设计了连接县厅舍与市厅舍的东西轴昭和通（照片 9）。这两处行政设施过去在大门町西侧并排而建，现在位于参道两侧由东西轴昭和通连接。昭和通的建设让长野逐渐从线形城市转变为面状城市，构成长野近代的城市形象。

1998 年，为迎接奥运会，长野围绕车站东口推进地区开发建设，城市风貌发生巨大变化。而通往善光寺的车站西口一侧地区也推进了诸如长野大通建设等工程，但以表参道为核心的城市传统空间结构没有受到太大影响。

相较中世以后的城市南北轴，近代城市开发围绕东西向腹地及其连接轴展开。而现代城市开发重点则基本是城市东部地区（长野站东口一侧），没有涉及西侧城市传统空间结构。这是因为城市西侧有善光寺这座无法撼动的重要建筑。

过于规整、看似毫无个性的参道会让人误以为它诞生于近代，实际上则是近世就存在的城市中轴线，缓慢演变成如今这样。长野仅在战争结束前两天受到空袭，只有车站和医院遭到破坏。长野的历史稳步积淀，可以追溯至中世，近代逐渐向南扩张城区，是一座自然生长的城市。

这样的城市或许在欧洲和中国屡见不鲜，但对战国至近代初期基本上都是规划城市的日本来说，是弥足珍贵的特例。此外，结合自然地形精心设计寺院空间的门前町，也使城市面貌更富层次。相较欧洲和中国，日本城市内部地形更复杂，蕴藏了日本城市的个性。

岐阜——关原合战的遗产城市

1. 城市的方向

虽然体现各不相同，但每座城市或多或少总有朝向，即所谓的“方向性”。

城市的方向性，既受河流、山脉等自然地形因素影响，也受信仰轴线（**参道**）、集群活动（干道）等人文因素影响。岐阜的城市方向发生转换且十分清晰，这是其城市个性所在。

具体是怎样的方向性？

想要直观感受岐阜的城市方向并不容易。从岐阜站出站后到底该往哪个方向走，很难找到头绪。车站正面是径直向北延伸的宽敞大道金华桥通，但在路上无法直接望见道路北端的市中心（照片1）。从现代地图看，县厅舍与市厅舍等主要公共设施也没有布置在市中心。

照片1　岐阜站前广场（信长ゆめ广场）及其前方北延的金华桥通。看不见道路尽端的旧城区。站前广场中央是金光闪闪的织田信长铜像。据说信长实际住在金华山顶的岐阜城，而不是山脚下的御殿。

观察明治时期的城市地图（图1），似乎可以找到身处车站却感受不到城市方向性的缘由。岐阜站北面是岐阜旧城区，南面是加纳旧城区，车站位于两片城区的边缘交界处。岐阜站建设时，周边还只是田野。车站建成后，南北两片旧城区开始向车站扩张，开始推进城市化建设。

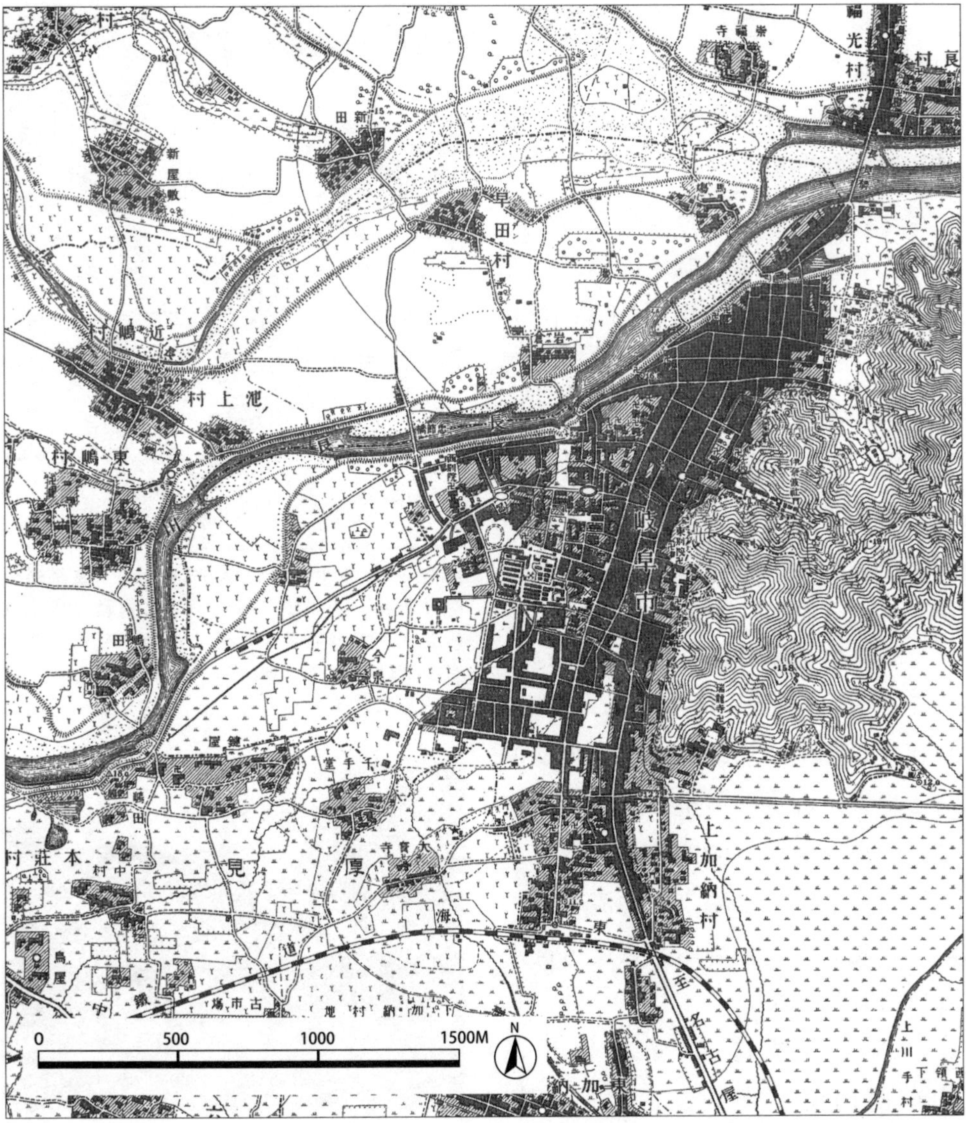

图 1　岐阜 1/20000 正式图（局部，1891 年测绘，1893 年发行）。值得注意的是，岐阜站前的神田町通（现长良桥通）是一条直线路。比起神田町通，地图上标记为“名古屋道”的中山道支路是更主要的道路，现称お鮨街道。

从岐阜站下车后，无论是往北走向岐阜旧城区，还是往南走向加纳旧城区，都有一种时光倒流的感觉，很难找到城市的方向。

在哪里才能切实感受岐阜的城市方向？答案是岐阜旧城区的伊奈波神社。从神社前的参道向西望去（照片2），或站在伊奈波神社北面岐阜市历史博物馆前的路口向西看去。在这两处位置，能切实感受到城市背靠金华山（稻叶山）向东延伸。岐阜是一座完全发源于长良川中游流域小规模**扇状地**的城市。

图2　岐阜市中心空间结构示意图。长良桥通的两度折拐，是城市从纵型城下町到横型城下町的变迁。旧惣构北侧本是土堤与护城河。大约在16世纪后半期，城市南扩，新建区旧称外町，含伊奈波神社。

岐阜位于东高西低的平缓坡地，依托东西向主轴线建设城区，城区外围则是**城下町**的防御设施惣構（城壕）与土堤，两者均保留至今。防御设施外侧是自北向西流淌的大河长良川，下游设有河港，是城市的物流干线。岐阜正是诞生于金华山与长良川这样独特的地理环境。

照片2　伊奈波通东望。平缓上坡路的尽头是伊奈波神社，其后是金华山。可以感受这是城市的轴线。城下町建设初期，岐阜以东西路为主轴线。

由于旧城区主轴线本町正是东西向的，岐阜自古是一座朝向西面的城市。本町东面直抵金华山顶岐阜城大手门（正门），是城下町的主要通道。战国时期的城下町普遍以本町为核心，即所谓纵型城下町。近世将街道作为核心引入城市后形成的城下町，称为横型城下町。

另外，金华山顶修筑城堡的山城形态，也是战争频繁的时代产物。可以说岐阜的旧城中心遗留了浓重的战国色彩。本町往西越过土堤后，连接区域干道京道。岐阜以山城为城市防御核心，同时又面向河流开放。

岐阜始建于 1539 年，1567 年被**织田信长**占据并改建成岐阜城下町。同时，织田信长将其从“井口”改名“岐阜”。这是县都中少有的将战国记忆保存完好的城市。

岐阜拥最初有两条主轴线，一条是从山脚下大手门经由七曲口登上金华山的东西向山路本町（古图上写作七曲通，照片 3），另一条是北侧从百曲口登上城堡的东西路大桑町（现称大久和町，古图上写作百曲通）。织田信长虽居住在金华山上的岐阜城，但官方活动在山脚下，也就是百曲口北面的御殿（现岐阜公园内）举行。

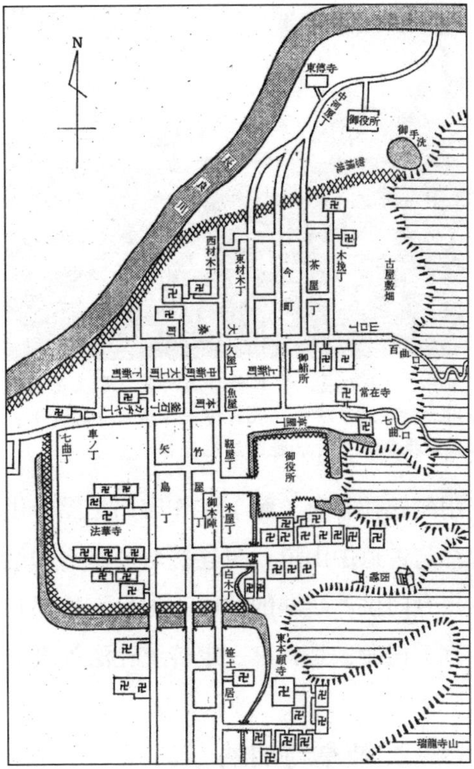

图 3　岐阜町平面图（享保年间〔1716 ~ 1736〕，德川林政史研究所所藏）。自百曲口与七曲口通往金华山的东西路是城下町的原始轴线。（出处：《岐阜市史》通史篇 近世，岐阜市篇，岐阜市，1981，204 页）。

本町、大桑町这两条东西向主轴线，及其间自靭屋町通至米屋町的南北向主轴线，形成战国时期岐阜城市活动的中心线。

三条轴线所在片区后来称为内町。内町南界是现在伊奈波神社的参道（伊奈波通，1593 年伊奈波神社搬迁至现址），北界则是自玉井町向南流淌的忠节排水渠南堤。可以说，内町是由护城河与自然河流、惣構与土堤连贯围合而成的战国城市空间（图 3）。后期，城市自内町进一步向南扩张，扩张区称为外町。

城市原来的南北向主轴线现在称作鲇街道（照片 4），得名于“在长良川利

照片3　本町筋。背靠金华山西望，尽头是长良川。脚下这段路现称长良桥通（国道256号），道路很宽，旧时痕迹荡然无存。

照片4　现名鲇街道，是岐阜城下町的南北主轴线。曾是连接岐阜与加纳的道路。道路缓缓曲折的走向，说明它是自古形成的。

用鸬鹚捕香鱼（鲇）制作寿司（鲇）供奉将军家”的故事。鲇街道不仅连接起岐阜与古道中山道，更连接着岐阜与加纳，地位举足轻重。值得一提的是，在长良川专门供养鸬鹚的鹈匠，由皇室机关宫内厅下设的式部职（掌管庆典、雅乐等事宜）任命，是具有一定传统礼法等级的职业。

2. 岐阜与加纳

尽管战国时期岐阜城下町形成了如此别致的城市风貌，之后却经历了其他城市未曾遭遇的坎坷。

关原合战之后的1601年，织田信长嫡孙织田秀信担任城主，放弃了岐阜城，各自对立，直到南边新建城下町。岐阜的大部分功能转移到新建的中山道**宿场町**加纳城下町。战国时期以乐市闻名的“加纳市场”位于今橿森神社门前，若宫町一丁目十字路口周边。加纳城下町就建在该处以南位置。

岐阜旧城区同一时期由幕府下设奉行阵屋管理，自1619年编入尾张**藩**（江户幕府御三家之一）。岐阜虽不再是独立的城下町，但本身没有荒废，以商业城市的身份延续下来。

但是，岐阜不受加纳城下町统治，反而作为独立繁荣的商业城市迎来了明治时期。岐阜和加纳相距约3千米，直到中间建成车站后逐渐融为一体。

江户时期的岐阜有了最大的亲藩尾张藩这一后盾，其商业腹地似乎超越了藩的范围。现在岐阜市中心同样拥有比其他县都城市更强烈的向郊外扩散倾向。这种倾向，并非因为岐阜在江户时期没有城主建设城堡（仅以城下维系命脉），反而可能是商业城市外溢的传统特性所致。

尽管拥有强烈的扩散倾向，但东边有金华山，北至西侧是长良川，岐阜只能选择向南扩张。城市的方向性由此诞生。

岐阜南面的加纳城下町，由于紧挨着岐阜这座来势汹汹的商业城市，附近还有尾张与名古屋等大城下町，不只是近世时期，明治后也很难改善自身发展劣势。加纳城下町，最初是十万**石**的加纳藩城下町（幕府末期由永井氏统治，三万二千石）。当时十万石的城下町还有新发田（新潟县）、大圣寺（石川县）、松代（长野县）与宇和岛（爱媛县）。

这些城下町后来都独立发展成了一座城市，并呈现出历史城市的特点。反观加纳，今在城堡旧址上建成加纳公园，规模还不及街区公园，真是令人唏嘘不已。

不过，这不单是加纳的问题，恐怕也与德川幕府没有在名古屋周边部署足以威胁名古屋的大城下町有关。在广阔的浓尾平原及其周边地区，仅设名古屋一座大城市，应当是故意为之。这一情形与江户幕府在关八州仅仅建造了江户与水户两座大规模城下町非常相似。在幕府统治下，加纳始终以防卫与统筹地区为核心功能，没有得到良好发展。

3. 向南扩张的城区

1871年**废藩置县**后，岐阜县设立，县厅从旧笠松县转移至岐阜。岐阜城区相继建成以县厅舍为核心的近代城市公共设施，包括邮政所（后称邮局）、法院、警察署、医院、学校、监狱等。后来进一步建成车站、市厅舍、公会堂等。

值得注意的是县厅舍选址对这些近代城市设施的选址起主导作用。县厅最初借用西本愿寺的岐阜别院办公。1874年，岐阜旧城区南缘的司町建成县厅舍，现为县综合大楼。

县厅舍周边集中了师范学校、中学、女子学校等教育设施，以及警察局、法院、监狱、医院等公共设施。1888 年，岐阜推行市制，市厅舍选址在县厅舍南侧邻接土地上。1920 年，**道路元标**设置在县厅前，这一地区成为岐阜的新中心。

1919 年，市役所向南搬迁至法院旧址。从市役所通抵车站的直线道路是岐阜站的首条站前大道八**间**道，现在称作长良桥通（照片 5）。现在市厅舍南侧蜿蜒蛇行的东西向道路曾是河流。

岐阜旧城区向南扩张的新开发区随处可见这种“微妙的弯曲”，它们原来都是护城河与水路。岐阜旧城区南侧地区地势较低，小河密布。城市开发因此受到阻碍。

就这样，岐阜旧城区南边建起近代城市设施。如果岐阜城没有被放弃，那么城堡周边的旧**武家地**在近代会收归新政府，建成城市公共设施。然而，岐阜以没有武士阶层的商业城市身份迎来近代，象征新时代的城市设施只能布置在城市边缘（南）。

以伊奈波伸社参道伊奈波通为轴线西进的旧城区、南向扩张的新城区，均体现了明治前半期岐阜的城市风貌。

现在的站前大道长良桥通（国道 256 号）向北延伸，途中存在两处呈 90 度的大右拐。长良桥通自站前北上，至东西路本町后右拐与之连接，后北上经由南北路材木町，在岐阜公园前再度右拐接续大桑町，后再北上。也就是说，岐阜新

照片 5　长良桥通。从名铁岐阜站往北看。旧称八间道与神田町通。首条近代规划道路，是连接车站和旧城区的全新南北轴。

照片 6　背对岐阜站，北望长良桥通。长良桥通自现名铁岐阜站向西南拐去，通往岐阜站。这是岐阜站西迁的结果。

城区的南北轴在北端两度右拐，是为了接续旧城区最初的两条轴线。这条路线也是岐阜有轨电车行驶的路线，足以说明其重要程度。

这两处方向的转换，可以视作明治接续江户，乃至战国的痕迹吧。

4. 再往南

1887 年，车站开设，加快了岐阜城区南扩的步伐。1887 年初建的车站位于加纳村边，即今岐阜站东侧临近处，称作加纳停车场。翌年车站改名岐阜停车场，并稍向西搬迁。

联系车站与岐阜旧城区的首条道路是八间道（后称神田町通，现长良桥通）。后来由于 1913 年车站向西搬迁至现址，长良桥通的起始段改变了道路走向，自名铁岐阜站向西南延伸至岐阜站前（照片 6）。

1888 年，是岐阜城市重心全面南下的关键时间点。岐阜不仅开设了车站，建成作为**市区改正**第一步的八间道，还建成金津游郭，以及通抵游郭的柳濑道等。

金津游郭也是促进城区南扩的关键要素。金津游郭最初位于八间道的道路中心点西侧，今柳濑本通拱廊商业街西端。也就是说，游郭建成后，柳濑成为前往游郭的东西向通道，迎来发展契机。1960 年，柳濑加盖拱廊。将人流量大的旧干道改建为拱廊街的例子在日本屡见不鲜。柳濑并非连接车站与旧城区的南北向主路，但人流量更大，因此改建为拱廊街。

照片 7　1958 年的神田町通（现长良桥通）。照片 6 稍北侧，现长良桥通拐弯处向北看。左侧办公楼是十六银行总行。现在同一位置建着总行新大楼。远处高楼是位于柳濑的丸物百货商店（后称岐阜百货商店，现称岐阜中日大楼）（出处：《岐阜市史》史料篇 现代，岐阜市编，1980，第 36 页）。

岐阜城市建设的关键问题之一，就是如何平衡南北新旧城区，使两者不发生脱节。站前至这片南扩新城区，为此在早期实施了市区改正，又在二战时强制实施了四次建筑疏散，扎实推进了城市建设。至二战前，城市规划实施进度

照片 8　自 JR 岐阜站北延的金华桥通，北望。诞生于战灾复兴区划整理的新城市南北轴。位于神田町通（现长良桥通）西面，与之并行。

照片 9　岐阜东西通。与鮨街道的交叉口东望。岐阜旧城区与站前地区之间，通过土地区划整理建成的新东西路，是战后全新的东西向主轴线。

已过半，这在其他城市是无法实现的。

尽管城市在二战毁于一旦，但战后的战灾复兴道路规划基本继承战前制定的城市规划，并得到有效实施。如图 4 所示，复兴规划在长良桥通西侧追加了一条全新的宽阔城市轴，即从车站北延的 36 米宽岐阜站忠线（平和通，现金华桥通，照片 8），并将其与 33 米宽的金町金园町线（现称岐阜东西通，照片 9）垂直相交，构建起十字形的空间格局。

图 4　岐阜复兴土地区划整理设计图。旧城区以南地区推进大规模区划整理（出处：《战灾复兴志》第 6 卷都市篇Ⅲ，建设省编，城市规划协会，1958，173 页）。

从城市南北路的情况看，会发现岐阜同时也在向西侧扩张。从最早的南北轴（现鮨街道），到车站开通后建成的商业轴线神田町通（现长良桥通），再到二战后新增的车行干道金华桥通。岐阜自旧城区在南扩同时又向西蔓延。

二战结束后，返乡人士曾在简陋棚屋中出售旧衣物，后逐渐发展成现车站前的纺织批发市场。车站与纺织批发市场相邻布局的奇异构造，能从城市南扩的历史中窥见其缘由。

近年，车站周边地区正开展热火朝天的再开发工程。事实上，自 1997 年铁路线高架化起，站前地区面貌就已发生变化。2009 年，岐阜车站前竖立起身披斗篷、金光闪闪的织田信长雕像。岐阜是由织田信长改建、筑城并实施乐市乐座（为使城下市区繁荣而采取的商业政策）而不断繁荣的城市，城市的名字也是织田信长所起。因此看到这座雕像时，很容易理解岐阜市民爱戴织田信长，将其视为岐阜象征的心情。

讽刺的是，尽管织田信长对岐阜城下町造成了深远影响，但他的后代却抛弃了岐阜城，在南面新建加纳城下町，将城市发展的资源分散两地。

岐阜与加纳虽通过岐阜站形成一片连续建成区，但远未达到过去岐阜城下町那般浑然一体的程度。在这个意义上，岐阜似乎继承了关原合战遗产的意象。虽然所有城市都是历史的产物，但如岐阜一般，城市面貌归结于一场战役的城市，少之又少。

提到关原合战，不由想起这场战争的胜利者德川家康。在静冈站前也铸造了他的铜像。也是在 2009 年建造，是家康入骏府城四百周年的纪念工程。战争双方又在同年新铸铜像，不能不感叹历史的奇遇。

静冈——鲜活的札之辻

1. 清晰的町人地与模糊的武家地

访客走出静冈站会无法理解这样的站前布局：国道 1 号横跨车站前方，以致行人进出车站须借助地下通道横穿国道。铁路车站作为城市核心公共交通设施，出入站行人交通本应优先，但静冈站前却规划了大交通流量的国家干道。尽管这样说对静冈人有些失礼，但静冈站前的布局，让人不太愉快。

不过打起精神在静冈的大街小巷里走一走，还是会有各种有趣的发现。沿着地下人行道往前（西北）走，来到绀屋町地下街。地下街上方是绀屋町通，向西连接吴服町通。

这里虽是静冈的中心区，但道路并不宽敞，看上去像是延续了江户时期的城市风貌，很容易令人想起旧时的热闹景象（照片 1）。吴服町通是旧东海道的核心路段，绀屋町通则是昭和初期从吴服町通东延至车站的道路。两条道路保持了过去的路宽，具有宜人的步行尺度。

照片 1　吴服町通街景。今川氏时代以后的城市传统大街。可以看出道路十分整齐。因为这是战灾复兴规划的一环，在吴服町通设置防火建筑带，建成连续的耐火建筑群。

静冈，旧名骏府，1607 年**德川家康**修建了骏府城**城下町**，让这里成为鼎鼎有名的隐居大御所。时间上，这座城下町属于最晚一批建设的城下町。这片土地上曾建设国府（**律令制藩**国政厅所

照片 2　七间町通。与吴服町通正交的道路。据说东海道引入城市前，位于城市的西面。道路尽端是县厅舍主楼。

照片 3　吴服町通和七间町通的交叉口曾是札之辻。背对县厅舍往西看。现在也是繁华的中心区。左右方向道路是吴服町通，往前延伸的道路是七间町通。

在地），后由今川氏建成府中城，自 1582 年家康入城后重建府中城，并改名骏府城。新城堡与城下町就是在先前骏府城基础上扩建的。

骏府城下町建设时，首先在城堡西南侧引入规整道路，划定间隔 50 **间**（90 米）宽的棋盘式街区，来布置**町人地**，并将在其中建设之字形的东海道延伸路段。城堡其他三个方位布局**武家地**。

町人地由横平竖直的正方形街区构成，且临街町家的朝向似乎是固定的。在城堡附近，町家主要朝向吴服町通和两替町通建设，两条道路平行于城濠；在远离城堡的街区，町家则朝向通往城堡的道路（垂直于城濠）建设。

但七间町通是个例外。它是直抵城堡的纵向干道，其中连接吴服町通、两替町通的路段，临近城堡的路段，临街建筑却没有正面朝向城堡，而朝向七间町通。估计因为七间通是东海道的核心路段。现在两侧种有行道树，可在步行尺度上能让人感受到过去它作为城市主干道的风貌（照片 2）。

静冈的东海道是从京都延伸来的，行人在路上就能看到骏府城的天守，和与之相对的富士山。城下町选择将网格状町人地布置在城堡西南侧，也是希望将富士山景观引入骏府。德川将这一规划理念也应用于名古屋城下町的建设中。名古屋也建设了约 50 间宽的网格式町人地，只不过位于城堡正南。将自然景观引入

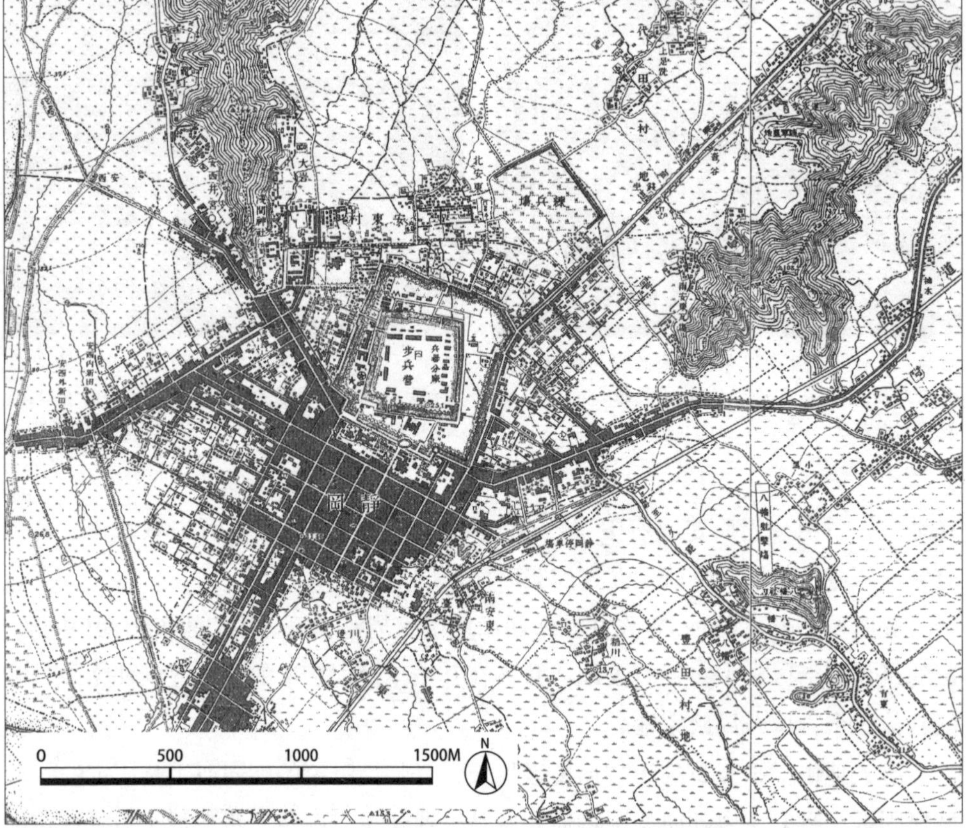

图 1　静冈 1/20000 正式图（局部，1889 年测绘，1891 年发行）。1889 年 2 月开设的静冈站，图中尚在建设。

城下町，在城下町的尺度内进行景观规划，静冈是一个典型。

话题回到七间町。七间町通与吴服町通的交叉口曾是札之辻，设有**高札场**，是城市人流量最大的场所（照片 3）。静冈的伊势丹百货商店，就像纽约的时代广场，现在就位于札之辻旁。此外，札之辻旁还设有**里程元标**。静冈在江户初期的核心区，至今仍是城市商业中心，真是鲜活而又罕见。

从 1889 年测绘的 1/20000 正式图（图 1）看，静冈站周边还没有开发，如今的市中心商业区几乎都在图中描绘出来了。静冈在江户时期的町人地几乎原封不动延续到了近代。

相比于旧町人地至今仍然繁荣，静冈旧武家地的后续开发利用逊色不少。这也是静冈与其他城市不同的地方。

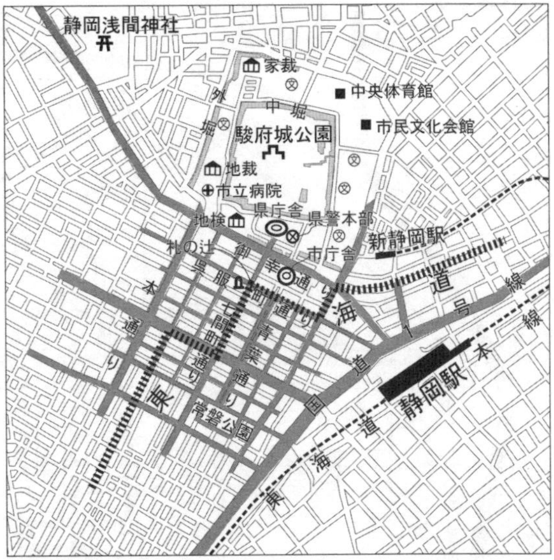

图 2　静冈市中心空间结构示意图。城市面貌与图 3 的道路网相差不大。几条干道规整叠合在道路系统中。

骏府城下町是作为德川家康的居城（大御所）通过**天下普请**大规模重建的，在 1631 年就成为江户幕府的直辖领地，武家地像现在的公务员住宅区一样。由于城堡管理人员频繁更替而不断变化，与周边地区格格不入。在武家地范围缩小、空地农田化现象严重的情况下，静冈迎来了明治时期。城堡似乎在江户晚期就荒废了。也许是这个原因，静冈现在缺乏动力美化护城河畔，也没有沿河修筑漂亮的道路。

1890 年静冈市买下了这片旧城堡用地并集中开发，使得城市公共设施大多集中在骏府城公园周边，即外护城河（约四分之三保留）与中护城河（全部保留）之间。1896 年，为了让陆军步兵部队进驻，静冈将城堡的核心区本丸捐赠给陆军省，并填埋了本丸的护城河。旧本丸在二战结束后成为骏府城公园，外围环绕公共设施。

而公共设施外围的旧武家地现在功能单一，除了南部是商业区，其余几乎都是安静的住宅区。

静冈的市中心，不仅有平坦广阔的骏府城公园，周边留下了精致的护城河，还有面朝公园的宽阔官厅街与文教区，但几乎没有留下旧武家地的痕迹。而旧武家地南面的城市商业区延续至今，依然活力满满，形成奇妙对比。

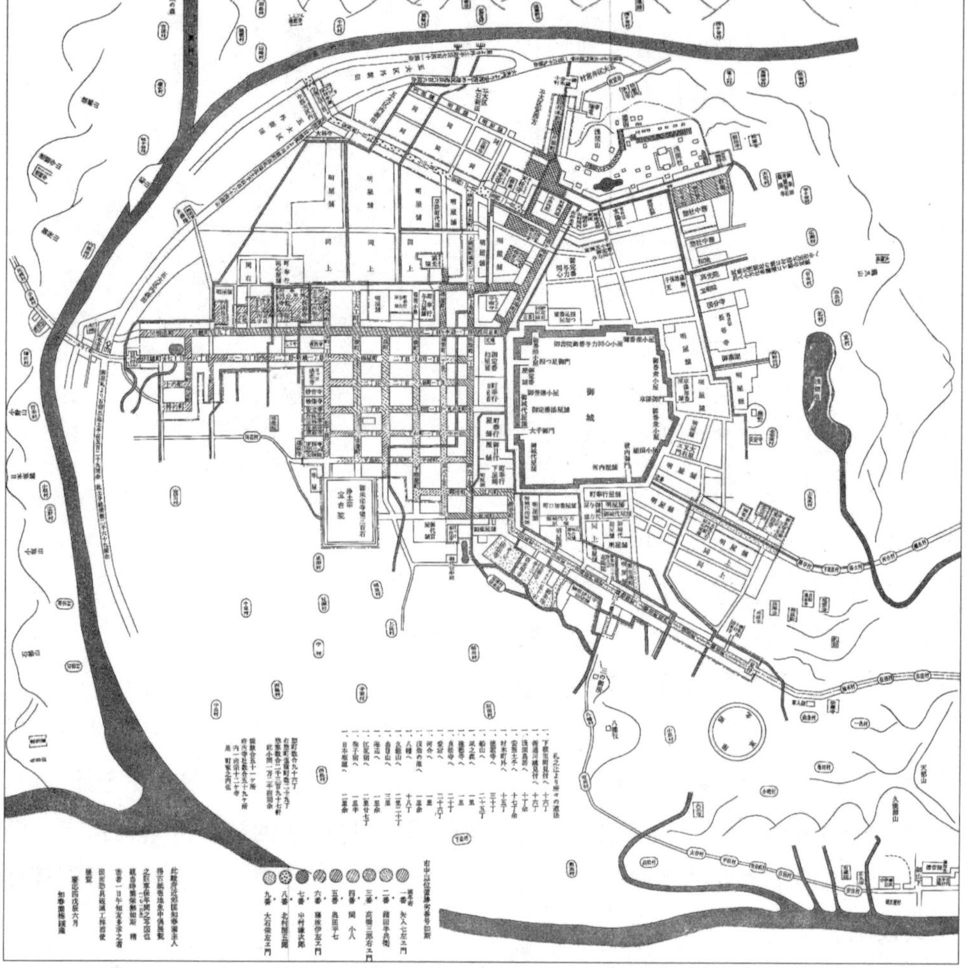

图 3　骏府近郊地图（局部），1868 年。南侧町人地以外的“明屋铺”标记很醒目。东海道从图中的左上至右下穿城而过。环绕的河流是安倍川。（出处：《静冈市史》近代，静冈市役所，1969 年，20–21 页）。

2. 方形街区的近代化演绎

近世初期建造的町人地至今仍是城市繁华的中心商业区，但内部空间并非一成不变。町人地在明治以后不断推进近代化改造，这也是其持续繁华的原因之一。近代化过程对町人地的改变，就是打开封闭的网格，为道路增添新空间的过程。

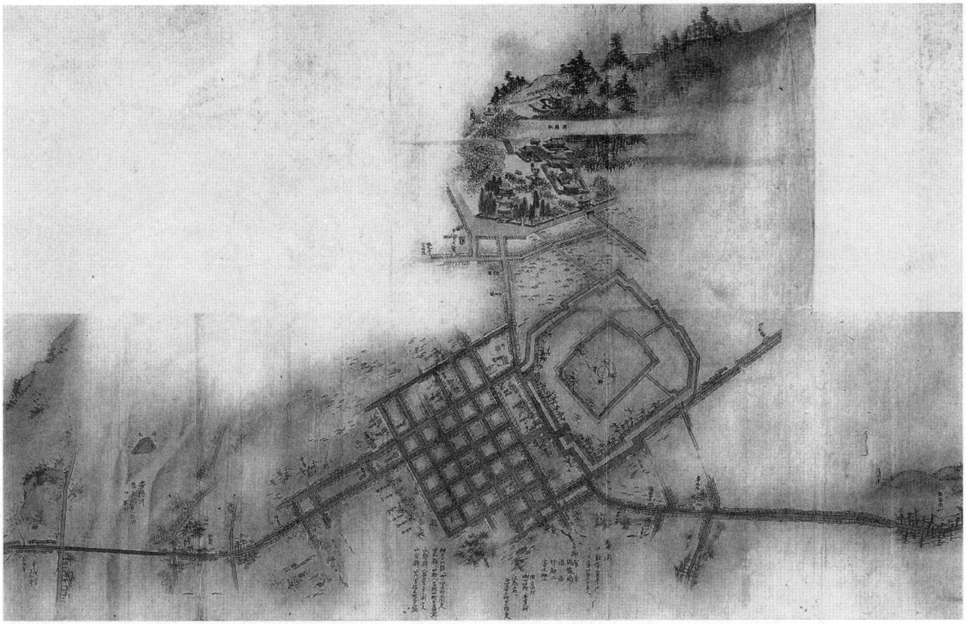

图 4　1878 年（明治十一年）的静冈市区。只描绘了城堡、町人地、东海道与北面的浅间社。（出处：《静冈市史》第 3 卷，静冈市役所编，1973 年，封面画）。

另一方面，设置标志性建筑也是一种打开城市空间的方式，县厅舍的建设是很好的例子。或许因为一直是热闹大街，七间町通是唯一穿过内护城河抵达城堡的道路。1889 年建成的二层红砖样式旧静冈县厅舍，位于七间町通北端。

照片 4　七间町通北端的县厅舍主楼。

1937 年，县厅舍在旧址重建主楼，保留至今。现在沿七间町通往北走向骏府城公园，能清楚看到县厅舍主楼这栋明快的西班牙式建筑（照片 4）。县厅舍主楼体量适中，没有给周边空间带来压抑，给人留下了很好的印象。

县厅舍所在地在江户中期以后一度设有城番屋敷（守城武士住所）。而县厅

图 5　东海道分段地块俯视图（1806），可以看出札之辻周边的样子（出处：《东海道分段绘图》第 7 卷，儿玉幸多主编，东京美术，1980）。

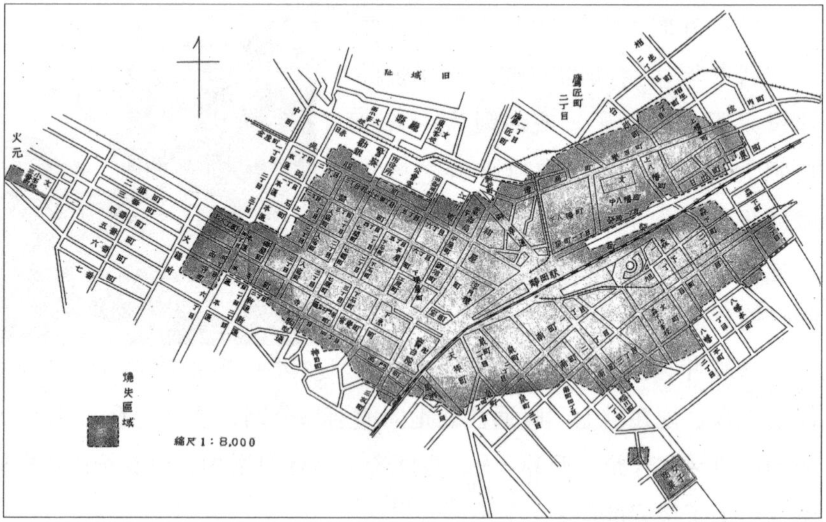

图 6　1940 年静冈大火烧毁区域。几乎覆盖了整片市中心。之后，用作防火地的青叶通建成。（出处：《静冈市火灾志》静冈县篇，静冈县，1942，封面画）。

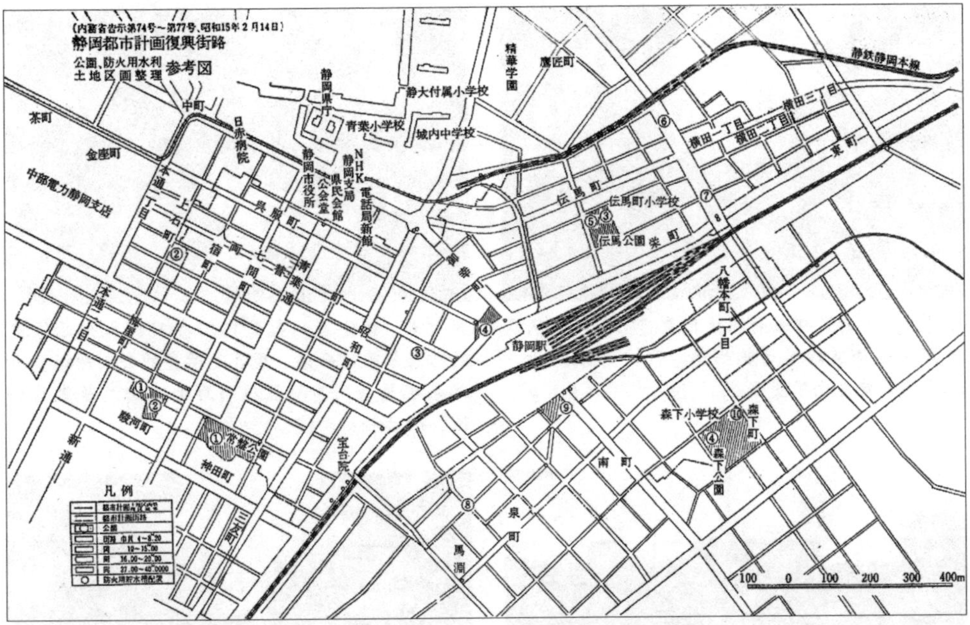

图 7　静冈大火（1940）后复兴土地区划整理中的复兴道路图。规划建设竣工前的 1945 年 6 月，静冈遭遇二战。战后静冈实施战灾复兴土地区划整理，设计范围扩大至周边区域，重点地区在 1964 年前大致完成。如图所示，旧町人地正方形街区中央插入了窄路，被分割为南北两部分。现在静冈的市中心就是基于这张规划图形成（出处：《静冈市史》，近代静冈市役所编，1969，782 页）。

舍前方（南）的七日町通与吴服町通交叉口又是札之辻。如图 5 所示，高高挂起的公告牌背靠城堡，正对着町人地。高札场现已不存，原址北侧建设的县厅舍背靠城堡，正对城市，仿佛“近代的高札场”，象征近代城市的形象。

七间町通南端曾是**寺町**，道路在这里中断。根据静冈首个城市道路规划，七间町通自 1928 年起花费四年时间修建，最终穿过寺町。由此，城市的主轴线被打通，原本封闭的网格空间向外打开（照片 5）。

另一方面，1934 年市厅舍在县厅舍东南方的町奉行屋敷旧址上建成。市厅舍正面朝向御幸通（现在距离城堡最近的横向道路），是一栋精心设计的西班牙风格建筑，庄严肃穆，比县厅舍主楼多了一幢高耸的塔楼。这两栋设计风格迥异的西洋建筑都由**中村兴资平**设计，隔着御幸通彼此稍稍错开斜对，形成奇异而又迷人的构图。

照片 5　从七间町通南端往北看。七间町通从这里向南延伸道路名为驹形通。江户时期以后，路面铺装就发生了变化。

照片 6　青叶通。基于 1940 年静冈大火后修建的防火带改建而来，现在是漂亮的公园绿道。道路北端是静冈市葵区役所厅舍，南端是常盘公园，两者相对而建。

照片 7　青叶通南端的常盘公园，具有明确方向性（北）的公园。

照片 8　青叶通北端静冈市厅舍新馆，葵区役所。市厅舍与公园在青叶通两端相望。因此，市厅舍也具有了明确的正面性（南）。

市厅舍建设时，没有选在当时的道路尽端以凸显标志性，但在后续城市规划中重新得以体现。1940 年的静冈大火（图 6）烧毁了 5000 余栋房屋，受灾面积 35 万坪。大火后，静冈立即实施大火复兴**土地区划整理**（图 7），规划了宽 36 米、全长 525 米的宽阔防火带，并在很短时间内将其建成。这条防火带就是现在静冈的标志性道路青叶通（照片 6）。

青叶通南端与寺町之间曾是墓地。墓地整体搬迁后，旧址改建常盘公园。不同于一般公园，常盘公园具有明确的方向，内部建筑均面向（东北）青叶通而建

（照片 7）。青叶通北端则是 1987 年新修的 17 层市厅舍新（静冈市厅舍新馆·葵区役所），恰巧与常盘公园相对而建（照片 8）。

前述吴服町通两侧三层建筑，也是二战后**防火建筑带**的成果之一。相比之下，没有统一修建耐火建筑的七间町通，不如吴服町通整齐有致，正如照片 1 与照片 2 的对比。

近世的城市网格街区经过近代独具匠心的规划设计，成了如今的样子。

3. 站前地区的变化

近代城市规划为方形街区带来的意义远不仅此。大火复兴后不久，静冈围绕火灾地区实施**战灾复兴**土地区划整理，规划间隔约 500 米的宽阔干线道路网并将旧町人地围合在内。静冈站前的国道 1 号线就是干道网中的一条。

也就是说，将国道 1 号平行铁路线铺设于车站前方的设计，尽管干扰了静冈站前的步行流线，却保护了吴服町、七间町和札之辻等从城下町时代发展来的商业中心区。

不仅如此，为了更好连接城下町与静冈站，只能将静冈站选址在尽可能靠近市区的地方，这样也不可避免地与国道 1 号相遇。如此想来，似乎也可以原谅站前广场的使用不便。

1929 年，国道 1 号贯通。几乎同一时间，昭和通（静冈站若松町线，现称江川町通）建成，和御幸通（自站前通往县厅舍的静冈站江川町线，照片 9）垂直相交于骏府城公园东南角的江川町路口，保持至今。

照片 9　直通车站的御幸通。向北看。是顺畅连接车站与县厅舍·市厅舍的道路，建于 1934 年。所在路口是名为江川町的五岔路口。

现在沿着站前大道御幸通向西漫步至江川町路口，会意外发现除御幸通、江川町通外，路口东边还有一条斜向道路插入形成五岔路口。实际上，江川町通与右手边的斜向道路，才是连贯的旧东海道，其余三条道路则是近代新建的。这处五岔路口是昭和初期第一期道路规划的建设成果，同时也是江户初期城市规划（城下町时期从城外规划引入城内的旧东海道，即江川町通与东边的斜向道路）与昭和初期城市规划（御幸通和江川町通）邂逅的地方，离骏府城公园不远。

静冈是一座大城市，但车站、城堡、县厅舍、市厅舍、中心商业区，均集中在一片地区，空间非常紧凑。

4. 商业区的高度洄游性

静冈另一特色是其商业区高度的“洄游性”。因为城市由方形街区构成，方向性强，漫步其中不易迷路，也不费劲。道路游人如织、车水马龙，很是繁华。

静冈不仅有吴服町、七间町这样繁华的商业街，城市中的里弄小巷也有各自独特的韵味。因为方形网格街区是从江户时期延续至今，繁华的商业核心才能持续向外蔓延，现已扩张至新静冈站周边。

静冈至今没有在市中心修建全盖式拱廊商业街，此外县都城市中只有山形、福岛、名古屋也未修建，这是很罕见的。为提高街区洄游性，静冈通过土地区划整理町人地中央，像劈开似的在边长 50 间的方形街区里引入一条平行吴服町通的东西路（现昭和通）。之后，静冈才成功塑造出尺度与特点迥异的里弄小巷。

迄今为止，静冈的繁华场所没有单独集中在某处，真是多亏了市中心的高度步行洄游性。过去的城市中心札之辻，现在仍作为繁华的核心大放异彩。从这个意义上说，静冈与高松可以说分别是日本东西城市中的“横纲”（日本相扑运动员资格的最高级）。

为什么市中心能一直保持这种繁华？推测来看，是由于战前就将中护城河与外护城河之间紧紧环绕骏府城的三之丸确定为公共用地，建设县厅、法院、市立医院、市民文化会馆及各种各样学校等新式公共设施。因此，城市传统中心商业区没有被占用，始终维持高度集中的商业功能，活力源源不断。从静冈的经验看，地区兴衰与多重因素相关。如今看待城市的发展，也应有长远眼光。

名古屋——斗转星移的市中心

1. 名古屋有城市个性吗

名古屋一度称为“白色的街”，因为城市中四处可见缺乏个性的笔直道路、

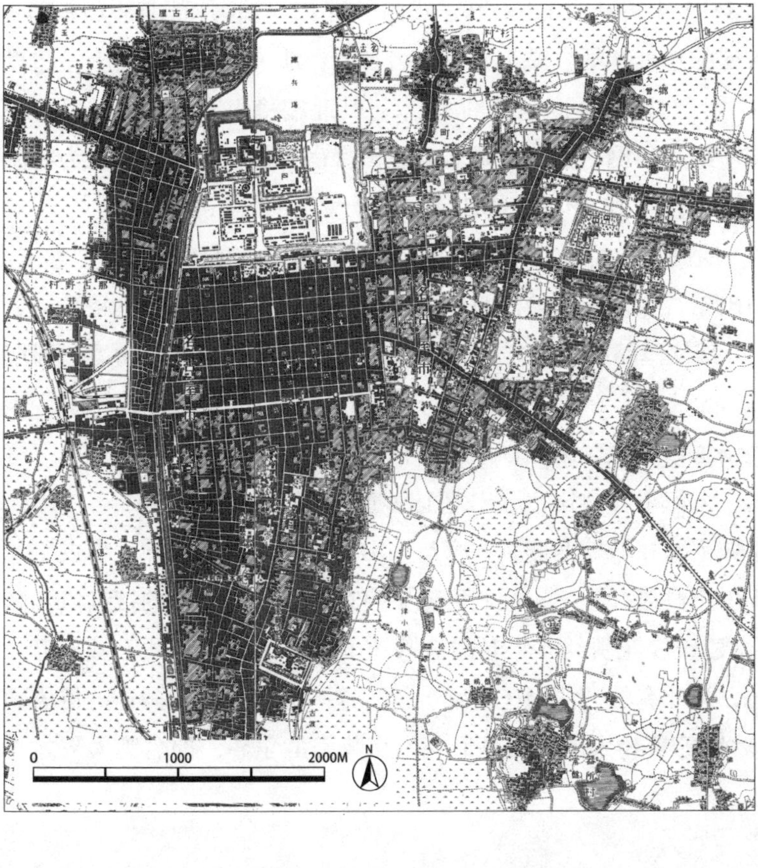

图 1　名古屋 1/20000 正式图，由名古屋（局部，1891 年测绘，1893 年发行）、枇杷岛（局部，1898 年测绘，1898 年发行）组成。当时中央线的铁路还未建成。现在的中央线是沿台地南端至东端北上的走向，当时也有从台地北端向东铺设的方案。

规则均质的棋盘式路网、排列着白花花方盒子般建筑的醒目街区。这一绰号对名古屋平淡无奇风景的描述过于直白，想来并不能愉快接受。

平坦宽阔的地形和四通八达的宽阔大道，使名古屋的空间结构难以把握，强化了这种城市意象。此外，名古屋的中心商业区位于大津通与广小路通交汇处的町人地边缘。这两条道路历史上并不出名，既不地处城市中心，也非江户时期传统干道，因此使中心商业区难以识别。

为什么城市中心最终会迁移到这样一个地方？让我们带着这个疑问，开始阅读名古屋这座城市。

2. 选址的奥妙

通过比较阅读 1891 年实测的 1/20000 正式图（图 1）与地形模式图（图 3），可以初步了解名古屋的选址特征。城市坐落在名古屋台地・热田台地之上，边界与台地轮廓基本一致。台地整体高低差约 10 米，其北端稳坐着名古屋城，再往北是低洼地；南端呈细长的倒三角状，是名为热田宫宿的宿场；西侧边缘为物流干道堀川；东侧边缘布置今 JR 中央本线鹤舞站至千种站的铁路线。

从图上看，名古屋的地形特征并不好把握，只有实地走访才可感知其中意味。例如，从名古屋站出站，会发现面前向东延伸至堀川前的大道樱通是一条缓慢上行坡道（照片 1），其他道路亦如此。上行坡道尽头，便是热田台地西缘，即堀川运河的开凿位置。

旧时的区域性干道东海道，就是以热田宫宿为起点，经过日本人熟知的"海上七里"通往桑名。东海道在热田宿分出北上岔道美浓**街道**（美浓路）。美浓街道一路直抵名古屋城下，在城墙西侧垂井宿与中山道连接。由此可知，名古屋是战略要地，在木曾川东侧居高临下，控制区域干道东海道与中山道的接续点。名古屋城自 1610 年始建设，花费约 4 年时间，搬迁了整个清洲（清须）**城下町**，据说涉及 6 万余人，为此有了"清洲（清须）越"这一形容大规模搬迁的俗语。在建设完成 10 年后城郭被卷入因德川幕府与丰臣势力的争斗，即名为大阪之阵的战役。

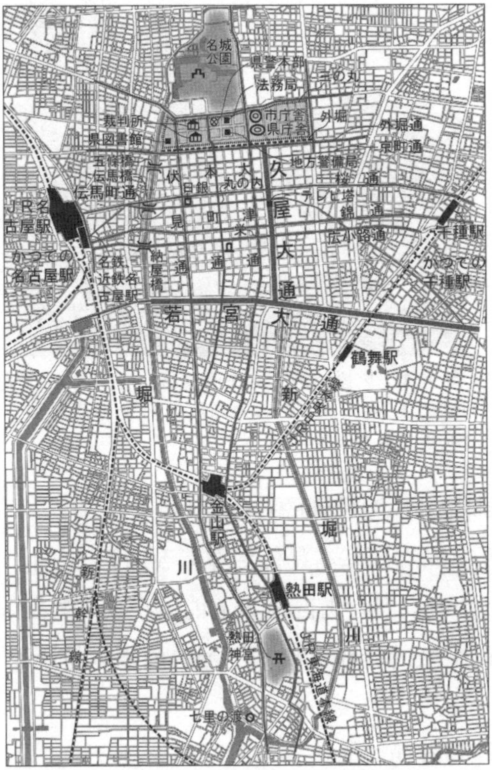

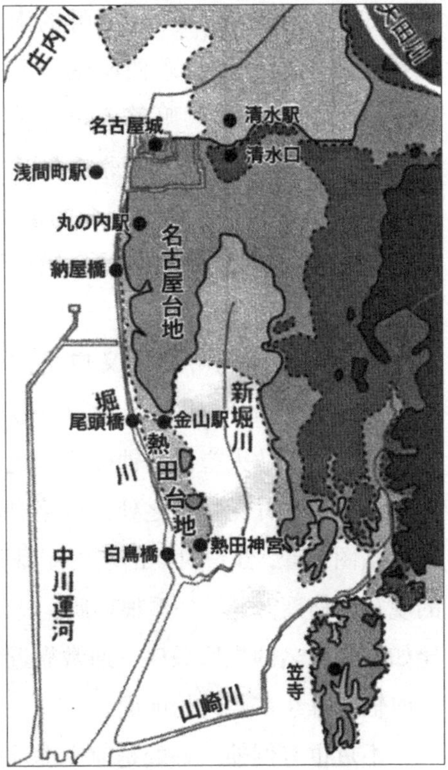

图 2　名古屋市中心空间结构示意图。本町通位于台地的山脊线。JR 中央本线沿台地边缘，蜿蜒而过。

图 3　名古屋台地、热田台地与堀川（出处：《堀川——历史与文化的探索》，伊藤正博、泽井铃一，Arumu 出版社，2014，4 页）。

美浓街道在热田神宫门前北上，到达城下（被称为本町通，保留至今），最终抵达大手门。美浓街道不仅是位于台地中央的山脊线，也正好是棋盘状城市的中轴线。值得一提的是，在城市内部道路普遍宽 3 间的时代，本町通就已是宽 5 间的大道了。

3．源于网格的城市规划

如今，几乎所有道路都已拓宽，旧时的城市格局难以识别。所幸，大部分道路延用了旧名。只是本町通的道路宽度相较于这些道路略显狭窄，很难想象它过去是城市的中轴线。

如果说**近世**名古屋城下町的南北轴线是本町通，那么东西向轴线又是哪一条？答案是传马町筋（现称传马町通），也就是美浓街道北上抵达传马町本町十字路口后向西拐弯的道路。在同一个路口右转向东延伸的道路则是通往饭田的饭田街道。

照片 1　从樱桥桥头向东看樱通。可以感受到缓缓的上坡。道路尽端天际线是热田台地边缘，也是开凿堀川的位置。

本町通与传马町筋交叉口是江户时期的城市中心（札之辻），一旁建有传马会所、防火望楼、钟楼等建筑。如今除了整齐并无特殊之处，该路口仿佛哪里都能见到的普通街角。

从图 4 看，江户时期的名古屋城下町布局规划基本是侧沿宽幅 50 间（京间）的规整网格展开。乍一看很均质，没什么个性。但在街区命名上能体现规划特征，比如街区命名的先后顺序，通常靠近名古屋城的排在远离其一侧的前面、位于南北向轴线排在东西向的前面。

不过也有例外。一处是前文提及的传马町筋，另一处是京町筋。

沿传马町筋由东向西，将传马町从从一丁目到八丁目命名。但有例外，传马町筋与本町通交叉口的街区，使用了本町的前缀进行命名。这一选择，体现出本町通曾为名古屋城市轴线，比传马町筋更为重要的地位。沿本町通北上经过外护城河到达大手门，过了大手门就是城内的三之丸，即现在的官厅街。

京町筋位于**町家**地区最北端，是城市交通的分界线，南侧道路向北行至京町筋。向东连接通往木曾的上街道（木曾街道）、通往善光寺的下街道（善光寺道）、以及通往濑户的濑户街道。向西经由五条桥跨越堀川，接续美浓街道。

此时再看图 1，名古屋中心有计划建设的町人地，其正方形的街区形态明显区别于周边。町人地中央南北贯通的本町通，是城市中轴线。因此，即便道路网格机械均质，一眼看去缺乏特征，细读之后仍能感觉到其中的规划思想体现。

4. 新东西轴引入——广小路通

进入明治时期，日本各地均开始建设象征新时代的县厅舍，名古屋的情况稍有不同。县厅舍选址既避开了留有天守和御殿的本丸，也没有选择本丸外侧的二之丸、西之丸，或是更外围的三之丸（上级**武家地**）等较理想的场地。原因是这些常见备选都在 1871 年收归兵部省（后称陆军省），成为名古屋镇台（后称陆军第三师团）军事用地。

名古屋县厅舍最终落在广小路东端，即今中日大楼周边。广小路是江户时期就有的道路，建设县厅舍时仅通至久屋町筋，还未东西贯通。

1877 年县厅舍建成，新政府结束在本愿寺别院的临时办公，搬入这座二层和洋折中式大楼。彼时广小路与本町通的路口在东南与西南角已分别建成名古屋邮政役所（1871，后称名古屋一等邮局）与名古屋电信局（1872）。

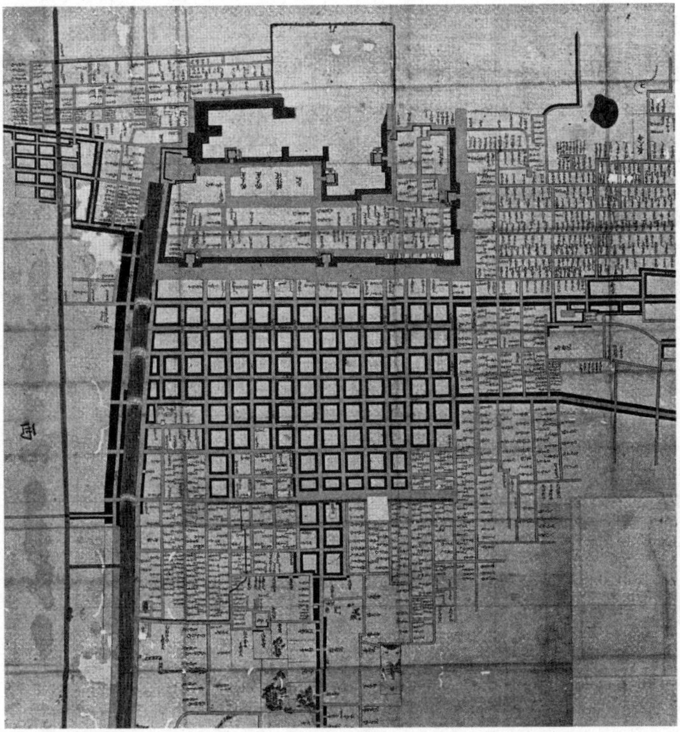

图 4　万治时期（1658 ~ 1661）名古屋城下平面图（局部，出处：《中部市街古图》原田伴彦、西川幸治、矢守一彦编，鹿岛出版社，1979，图 11）。

就这样，广小路周边逐步汇集公共建筑，作为城市干道崭露头角。1660 年名古屋大火之后，政府将广小路首拓宽为 15 间的大路，东段划为防火地段。第二次拓宽是 1881 年，通往堀川的西段被拓宽为 13 间的大路。

广小路的第三次改造，是图 1 发行的 1893 年。

如图所示，当时市区西侧已铺设铁路并建成名古屋站。该站于 1886 年开设，最初为名护屋火车站。为联系站前地区，新建了跨越堀川联通广小路的 10 间宽大路。改造后，广小路成为连接各地区的东西向主干道。同年，跨越堀川的纳屋桥被改为拱桥。

1889 年 7 月，东海道线全线开通，名古屋成为东京与京都之间的交通枢纽城市。当时的车站位于现 JR 名古屋站南侧，即名铁百货总店附近。

言及名古屋站，便会一并提到站前那条从 Midland Square（百货商店）南侧通向樱通国际中心站的道路，斜向延伸，略显奇怪突兀（照片 2）。考察其形成原因可知，当时这是一条连接车站与传马桥（物资集散中心）的重要通道。后来车站北迁，道路也失去了原有意义。

回到广小路的话题。

随着新东西轴广小路的形成，城市中心商业区顺着堀川南移。从原来的传马町筋转移到了广小路，从原来架设在传马町筋上的传马桥转移到了架设在广小路

照片 2　右边斜向道路是从名古屋站前通向传马町筋的道路。左边道路是 Midland Square 东侧小路。这个锐角交叉点的出现，有充分的历史原因。

照片 3　本町通与广小路通十字路口，名为广小路本町。东南角立有道路元标，表明这里曾是大正时期名古屋的城市核心。

上的纳屋桥。1889年名古屋设市，在广小路与大津通相交的荣十字路口西南角建成了市厅舍（现Merusa荣总店）。

至此，城市核心从原本的札之辻（本町通与传马町筋路口），转移到了广小路和本町通的十字路口，并设置象征城市新中心的**道路元标**（照片3，现设道路元标为复原物）。

照片4　描绘了昭和初期行幸本町道路景观的明信片。上书“（名古屋）行幸本町通”与英文“Main Street, Nagoya”。值得注意的是，当时的街道上已看不见电线杆与电线。

如今广小路周边树木葱郁、依然气派，但已不再是城市主轴线。与本町通的交叉口，也成了随处可见的普通路口。当然相比江户时期的札之辻还是要宽敞些。

体现类似特征的还有本町通。1928年，为举行天皇登基大典纪念仪式，将本町通中间约1千米路段（广小路到大手门）拓宽至8间，率先实施电线地下化工程，并改名行幸本町（1929年昭和天皇巡幸）。从明信片（照片4）可一窥当时沿街建设装饰一新的场景。只是这样的城市风景早已毁于战争。县都城市中仅有鸟取的若樱街道，还保留了那时的风貌（参考鸟取章照片1）。

5. 为什么是广小路通

为什么站前大道没有通向传统商业街传马町筋，而是广小路?

恐怕考虑到道路建设的便利性。建成车站后，需要新建道路连接车站与堀川。而当时堀川东侧已有宽阔的广小路，这也是从堀川直抵市中心最快的路线，那么从车站新建连接广小路的道路是最简便的方法。为此，当时的车站也选在相较于今车站更南侧的地方。

同时，这样还能形成车站与县厅舍分踞两端的空间结构，从视觉上强化近代统治象征（鸟取拥有相似的空间结构）。

1898年，这段全长约2.2千米的道路开通了全日本继京都之后最古老的有轨电车——名古屋电气铁路广小路线（荣町线）。至此，从车站直抵县厅舍的宽阔大道广小路，成为象征近代名古屋的全新城市轴。

20 世纪以后，广小路进一步稳固了城市东西轴的地位（照片 5）。1900 年铺设的中央线，沿名古屋台地东缘展开通往多治见，同年千种站开通、县厅舍搬迁至原址东北侧。1902 年，开始建设广小路与千种站的直通道路。1903 年 1 月，广小路东段建设完成，有轨电车沿广小路线直通千种站（当时千种站位于现千种站南侧约 300 米处）。

照片 5　在广小路通与本町通十字路口往东看。宽度适宜的道路两侧，名牌商店鳞次栉比，散发着传统商业大街的风情。

随后，广小路不断向两侧延伸，向东接续东山通，向西穿过名古屋站后接续太阁通，是名古屋最长的东西向道路。如今的广小路，连接名古屋站、千种站及更东侧的东山公园，成为名古屋最重要的干道之一。但在名古屋站北移，并建成如今全新的站前大道樱通（最初宽 24 间）后，广小路也不再连接站前大道。

6. 新南北轴的登场——大津通

如果说名古屋城市的东西轴线形成于近代明治初期，那么南北轴线又是何时形成的呢？

名古屋城下开府以后，城市中最繁华的道路始终是本町通。但有轨电车东西向广小路线建成后，南北向选线问题让本町通的地位受到挑战。

最初当然选择了本町通，也制定了从本町御门（第三师团前）至热田的具体路线。

本町通虽然比一般道路宽 2 京间，实际上也只是 5 京间（约 8 米）的道路。因此在本町通上铺设有轨电车轨道，会使道路变得非常狭窄。本町通沿路经营着众多老字号商铺，这些商人不可能轻易同意拓宽道路。因此，在本町通铺设有轨电车的方案，遭到强烈反对，就搁置下来。

于是才有了<u>大津町</u>（大津通原名，本町通东面的第四条道路）。1902 年，大津町拓宽工程启动。1908 年，拓宽至 13 间的大津町，开始运营广小路至热田站的有轨电车<u>热田线</u>，即今大津通南半段。

这样一来，名古屋、千种、热田三座主要车站间的 T 形道路使车站间联系更顺畅。而大津通与广小路通这两条主要道路交汇处（现荣十字路口），也日渐显露其重要性。

照片 6　并排建在大津通东侧的县厅舍（右，1938）与市厅舍（左，1933）。二者均于 2015 年作为近代日式建筑代表被指定为重要文化财。两座大楼现仍在使用。

大津通周边逐渐聚集了众多重要商店，如 1910 年搬迁至荣十字路口西南角的伊藤百货（旧松坂屋百货，1925 年再次搬迁至南大津町现址），及 1915 年在荣十字路口近广小路现址开业的百货店十一屋（旧丸荣百货）。重要政治设施也在后来搬入大津通与外护城河交汇处，如 1933 年建成的市厅舍和 1938 年建成的县厅舍（照片 6）。此后，大津通作为城市主轴线的地位得到确立。

7. 战灾复兴构想——宽阔道路

除上述内容外，二战前名古屋的重要建设工程，还有 1937 年名古屋站迁址及开辟站前大道樱通并数次改造（初建时宽 24 间，战后拓宽至 50 米，即堀川以东段，又新建堀川以西段）。但这些建设都没对名古屋的城市结构造成重大影响。

使名古屋的城市结构发生变化的是战争及其后的复兴。

名古屋是战备航空产业的集中地，因此成为二战空袭的主要对象。根据《新修名古屋市史》的记载，名古屋经历大小空袭共计 65 次，来袭 B29 轰炸机 2597 架次，仅已知的下投炸弹就超过 1.45 万吨。全城死亡 7858 人，受伤 10378 人，被毁房屋 135416 栋，受灾面积约 3850 公顷，约占整个市区的 24%。江户时期形成的城市中心（旧城下町部分）基本化为灰烬。

毁坏殆尽的名古屋几乎完全参照战灾复兴规划进行重建。这种几乎完整反映规划的城市建设屈指可数，名古屋因此闻名于世。

历时约 36 年的城市重建，总面积达 34 平方千米，几近覆盖整个旧市区。根据复兴规划中的**土地区划整理**，修建了两条百米宽公园路（主轴线）、两条 50 米宽干线道路以及大小公园若干，以及 300 处寺院墓地的整体搬迁，等等。

名古屋与仙台、广岛、大分等地并列为战灾复兴模范城市，其成功有以下共同点。第一，这些城市的复兴规划都是由**田渊寿郎**为代表的规划师设计；第二，行政长官领导有方；第三，县厅舍和市厅舍免于战火，规划方案得以迅速制定。

下文试从现代城市规划的视角解读这份以道路为核心的复兴规划。

首先，道路规划以城下町建设之初的棋盘式路网为基准，实现道路的活用和拓宽。因此，17 世纪的功能性城市规划在 20 世纪中期也得以充分发挥作用，这是复兴规划顺利实施的一大原因。从这个意义上说，名古屋虽因战争发生遭到重大毁坏，但城市主体空间结构却延续下来。名古屋市中心的道路也几乎原封不动沿用了江户时期的旧名。

另外，复兴规划也新建了一些道路，北起依次为外堀通、樱通和锦通。有趣的是，这些道路南侧都有一条江户时期的传统干道，依次为京町通、传马町通和广小路。可以猜想这些道路恐怕是为了代替旧时的干道。

其次，值得讨论的还有复兴规划中新建的百米宽公园路——久屋大通和若宫大通。

为什么要新建这两条公园路？或许是为了依托东西向的若宫大通（当时路线名为矢场町线）、南北向的久屋大通（当时路线名为久屋町线）及其南侧的新堀川以构建防火带，并“借助 100 米宽道路将城市分割成四部分”。100 米宽是当时城市防火带规划的最高标准。因此可以看出这两条公园路修建的主要目的是城市防灾。

当时名古屋已有两条通过**建筑疏散**拓宽至 50 米的防火带（樱通和伏见通），修建 100 米宽防火带，对满腔热忱的规划师来说，既充满了挑战，也十分有意义。

又为什么这两条百米宽防火带会选在久屋町筋和矢场町筋？

从南北向防火要求看，路线选定时需要在连接城堡和新堀川的同时不能破坏既有的中心商业区，为此选择当时南北干线大津町通东侧、町家地区东缘的久屋町筋最为合适。在将久屋町筋修建成防火带时，没有选择将其拓宽，反而是将久屋町筋及其西侧锻冶屋町筋之间地块从北到南一并征用。这样一来，防火带宽度就是街区宽度加上两条道路的宽度之和，正好约100米（照片7）。

照片7　久屋大通，在名古屋电视塔往北看。中央是与樱通相交的十字路口，左边远处可以看到名古屋公园的绿意。

东西方向防火带的选定参考了以往的道路规划，拓宽若宫大通至100米。若宫大通周边地区位于南北台地交界的鞍部区域，狭长低洼的地形本来就不利于建设住宅，始终没有城市化。

就这样，棋盘状的名古屋市区，在战后形成崭新的十字轴。

这一十字轴虽然赋予名古屋全新的城市空间结构，但没有成为新的城市中心，也没能带动城市发展，反而起了阻碍作用。如今站在两条公园路的交叉口（若宫大通久屋十字路口），只能看到名古屋二号高速东山线高架下空旷冷清的公园，感受不到城市中心该有的繁华。

8. 战灾复兴构想——军事用地功能转换

名古屋的另一特征是军事用地的功能转变。名古屋原本是第三师团司令部所在军都，城堡内外广阔的土地都是军事用地。战争结束后，这一地区成为闲置地，亟需重新规划利用。其他师团所在城市如仙台、金泽、广岛、熊本等亦是如此。

在名古屋，城市规划将大部分军事用地改建为公园，将三之丸地区改为城市行政中心区。

不过，战前的三之丸地区就已建设有县厅舍。法院、大使馆等行政设施自然集中于此，城市规划只是反映了当时的状况。规划主要的工作，是确保三之丸以外分别改建为公园的用地，形成连续的公园系统。规划通过保留三之丸的外护城河、设定道路宽幅 30 米、建筑后退 15 米等手段，最终成功创造出绿意盎然的城市中心。

这是名古屋特有的战后城市构想。如此看来，名古屋绝非毫无个性的“白色的街”，而是随着时代变幻不断丰满自身的彩色之城。

9. 名古屋与静冈

名古屋与静冈都是**德川家康**晚年建造的城下町，因此拥有相似特征：城堡均选址平原，城下均为边长 50 京间的正方形网格城市；旧时的札之辻都设在城市中央北上直抵城堡的道路前；经历了战争与复兴，县厅舍和市厅舍也都依旧矗立在城堡脚下。铁路车站都与市区相邻，站前大道都从车站前径直通向市中心等。

两座城市也有不同之处，主要体现在市中心。静冈虽经历道路规划与重建，但城市主体空间结构几乎没有变化，现在市中心的核心依然是札之辻，旧时的干道依旧繁华。而名古屋，在近代以后的道路规划中，市中心几经变更。

这样的差异源于何处？是城市规模的差距，还是地方主观的建设意愿？如是后者，是为了未来发展情愿改变现状，还是更希望保持现状？当然，其中肯定有当时执政者与官僚首脑们的认知差异。

城市真是让人感到不可思议。伴随时代变化不断发生变化，可能也是城市的一种个性。

津——界定地区的桥

1. 从津站出发

1608 年，筑城名手**藤堂高虎**攻下津，对其进行了大规模改造，建成津**城下町**。

津城下町拥有岩田川与安浓川（后称塔世川）南北两道天然护城河。两条河流中央的平原上建造了城堡，城堡西面是临接武家地的内陆，东面是町人地面向大海。町人地道路曲折，伊势**街道**（又称参宫街道，是参拜伊势神宫的古道）贯穿南北。据说伊势街道原本位于远离城市的海滨，是高虎筑城时引入的。

但站在津站前，很难想象这座城市曾是城下町。站前大道没有将车站与任何有象征意义的设施连接起来，包括相距仅 2 千米的城堡。

从车站背面的西口出站，爬上坡道，进入县厅舍，是从津站前往县厅舍的最快路线。但很难在途中感受到县厅舍应有的气派模样。

县厅舍这座建筑建设的郊外，与城下町隔河相望。为什么明治时期会将车站与县厅舍均选址郊区？

2. 津的选址与参宫街道

寻找这些问题的答案前，让我们先总览城市的区域环境。

津市地处伊势平原，东临伊势湾。伊势平原的海岸线上近乎等距离排列着几座规模相似的城市，北起分别是桑名市、四日市市、铃鹿市、津市、松阪市、伊势市（宇治山田）等。这些城市均依托区域干道东海道和伊势街道。津在中世时期作为大规模凑町被称为安浓津，是有名的日本三津之一。其余两津是博多津和

图 1　津 1/20000 正式图，由津（局部）、久居町（局部）组成，均为 1898 年测绘，1898 年发行。

堺津，后者旧称坊津。1498 年，原本的安浓津因明应大地震和海啸荒废。

在古代，伊势平原是通往大和国[①]的**玄关口**，官道经过伊势平原向西直抵平城京[②]。

后来国家道路交通网络建设避开伊势平原，选择经过其北面的关原等地，使津等城市逐渐脱离了国家经济发展的主轴线。例如东海道线（后称东海道本线）铁路选择沿美浓路·中山道铺设，经过关原直抵米原。日本首条高速公路名神道以及东海道新干线也选择经过关原。

所幸旧东海道和伊势街道在近代仍发挥着区域干道的作用。1920 年政府颁布《道路法》后，将国道 1 号（此前为东京至横滨）的路线确定为从东京至伊势神宫。1952 年颁布新《道路法》后，国道 1 号的终点改为大阪。此后，国道 1 号的走向几乎没有变化：沿着旧东海道进入三重县境内，经四日市市、龟山市（铃鹿市西面）、关町通向大阪。

伊势神宫自明治以后始终是日本的观光胜地。参拜神宫（参宫）的铁路线建设受到各方高度重视，保障了这片地区的交通条件。

正如地方民谣所唱，“伊势于津、津于伊势”。津不仅是伊势街道沿线的节点城市，还是三重县行政中心城市，城市因此而兴。

3. 河与桥界定的近代化

了解了区域环境后再从城市层面阅读津的故事，会另有一番收获。

近世建设的标准化城下町，往往会将区域交通干道引入城市，来改善交通条件、奠定发展基础。津城下町也不例外。但是，具体要怎么将拥有巨大交通流量的伊势街道引入呢?

如图 1 所示，伊势街道蜿蜒通过城市。它穿过城市南北河流的地方架设有两座桥梁，分别是岩田桥和塔世桥，也就是城市的南北门户。津以这两座桥为端点，

① 律令制下的令制国之一，领域相当于今奈良县。

② 奈良时代京城，位于现奈良市西郊。

新铺设一条直线形道路，作为伊势街道的辅道。

直线辅道建设后，津填埋了护城河、将旧武家地开发为住宅区。从图 1 看，直到 1898 年，城堡内护城河和外护城河也基本留存。仔细观察可以发现在城堡外护城河外侧，伊势街道整体向东侧凸起（呈东向的“凸”字形）。为什么原本的直线形交通要道在进入城市后变得如此曲折？这是因为，直线形道路使得城市一览无遗，不利于防御。所以要将道路改为曲折的形态。这样一来伊势街道也能兼作津观音（观音寺）的门前大街（大门通）。

填埋工程于 1889 年启动，图 1 展现的是工程启动初期的城市风貌。1889 年，新政府将包括护城河在内的旧城堡用地卖给了旧藩主。后来，基本填埋内护城河东南地区（丸之内），进行城市化改造（照片 1）。

经过上述开发建设，伊势街道沿街高楼拔地而起，形成了现代化街区。而伊势街道幅宽 3 间没有改变，只不过从城下町时期的大街变为现代城市中的小道。

特别值得注意的是，无论城下町时期，还是现代大城市也好，津市一直延

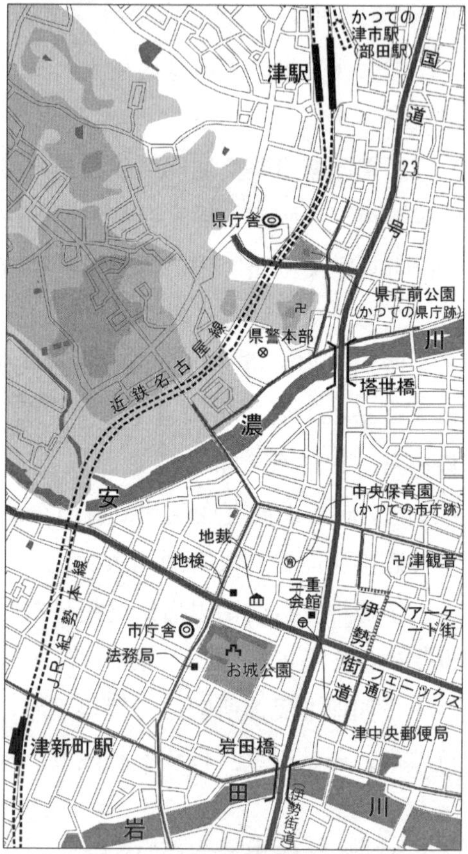

图 2　津市中心空间结构示意图。

照片 1　从城堡公园东北角城墙南望。东侧原本是内护城河，现已填埋，是城堡公园入口。

照片 2　现在的岩田桥与岩田川。从河流北岸南望，也就是从桥内看向桥南。这里不仅是守护津城下町的南侧据点，也是自江户以后的繁华中心。

照片 3　塔世桥。站在桥南向北看。桥梁架设于守卫城市的天然护城河安浓川。经过这座桥，顺着伊势街道南下，就能到达城堡。

续了通过道路连接岩田桥和塔世桥的建设构想。

津自古就有桥北、桥内、桥南这样的地名。岩田桥以南区域称桥南，塔世桥以北区域称桥北，两桥之间的中心市区则称为桥内。从这些地名中可以明显感受到，岩田桥和塔世桥是界定地区的基准。

岩田桥（照片 2）自古一直是城市的重要节点。岩田桥在城下町建设以前就存在，桥南地区则建于江户初期。过去，伊势街道上设有两座**高札场**，一处位于城市内的津观音前，另一处就位于岩田桥东侧，也就是伊势街道和伊贺街道的路口。大正时期的**道路元标**和现在的代表性商业建筑松菱百货也都设于岩田桥周边。

塔世桥（照片 3）不及岩田桥历史悠久，但也可追溯至 17 世纪后半期。

从地理区域看，伊势街道东侧是近海低洼地，城堡西北侧则是丘陵地。因此，伊势街道的走向及架设桥梁的位置并没有太多选择。

新建辅路是城下町古道近代化的常用方式。但津没有止步于此，继续推进城市规划工作。

1919 年《都市计画法》出台和《市街地建筑物法》（涉及单体建筑物）同时在大城市实施。1925 年，津被指定为试点城市，按照新法制定城市规划。1931 年，新规划获批。

严格来说，对大部分日本城市而言，二战前制定的规划方案不能称为有效的城市规划。因为这些规划方案大多由于战争没能得到落实，战后又根据新的现状条件与建设愿景大幅修改。但津是特例。

1933 年，津按照规划方案推进建设，对桥内伊势街道和旧国道 1 号（现在是国道 23 号）开展道路整治，1939 年竣工。新建成的旧国道 1 号路宽 20 米，居中分割了旧町人地和武家地。或许是因为这条道路是日本国道的一号线，所以进展才这么顺利。

岩田桥和塔世桥在此过程中改建为混凝土桥，位置稍有变更，但城市空间基本结构没有发生变化。

此时津的城市面貌已成形，如果持续和平发展，津观音前的旧伊势街道和旧国道 1 号之间或许会产生有趣的“洄游性”。不幸的是，战争随即爆发，城市面貌发生重大变化。

4. 战灾复兴后的变化

二战及战灾复兴规划决定了津市当前的城市风貌。

1945 年 7 月 28 日，津市遭遇大空袭。桥内和桥南市区化为灰烬，战前就建成的旧国道 1 号也化为乌有。

幸运的是，以直道连接岩田桥和塔世桥的规划构想，如同城市基因一般被继承下来。一方面是地形决定了津难以铺设宽阔辅道。更重要的是，岩田桥是联结城市空间结构的中心点。

二战后，津针对桥内、桥南地区的 293 公顷土地实施了战灾复兴土地区划整理。

连接岩田桥与塔世桥的旧国道 1 号被拓宽至 50 米（图 3）。后来，由于国道番号调整，旧国道 1 号变更为国道 23 号。国道 23 号由高速公路、绿化带、慢行车道和人行道构成，现在是双向八车道的交通干道（照片 4）。

经土地区划整理，津建成了城市的东西向主轴线凤凰通(フェニックス通り)。凤凰通和国道 23 号交汇于桥内地区的中心位置，即城堡公园东北端（照片 5）。

凤凰通的中央隔离带上种有棕榈树（フェニックス），是一条双向四车道城市干道。沿凤凰通向东至渚町，换乘高速船后 45 分钟到达中部国际机场（2005 年数据）。

通过以上建设，津市延续并改良了二战前的城市规划思路。新建的凤凰通与国道 23 号相交，顺利完成了城下町的近代化改造，津市成为近代城市规划的优等生。

但也随之失去不少特点。

连接岩田桥和塔世桥的国道，原本是联系城市各地区的主干道，现在却因巨大的交通流量转变为割裂城市的要素。国道与凤凰通十字相交的路口，本该成长为引领城市发展的城市中心，但由于规模过大，反而很难塑造城市形象了（照片 6）。

1956 年，该路口建起了现代商业综合体三重会馆，使地理上的中心成为真正的城市中心点。1999 年北迁，原址改建中央邮局，路口的繁华景象随之消失殆尽。

近代初期，津的城市中心在哪里？答案还是旧伊势街道（津观音前的大门通）。这里最早建有**本阵**与银札会所，明治时期建有邮局和百五银行总行，是名副其实的城市中心。这段道路现已被改建为 L 形拱廊商业街，失去了往日

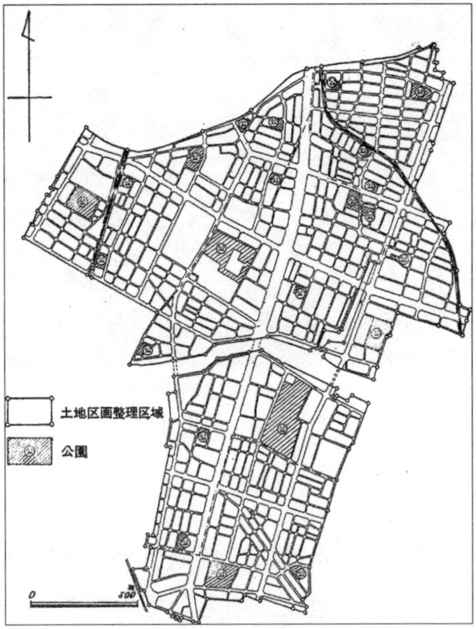

图 3　津复兴土地区划整理设计图。图中央东西向空白带是岩田川。（出处：《战灾复兴志》第 8 卷 都市篇 5，建设省编，城市规划协会，471 页）

照片 4　现在的国道 23 号，从城下町稍北侧向南看。

照片 5　凤凰通，是与国道 23 号垂直相交的东西向主轴线。望向东侧。径直通向渚町。

照片 6　国道 23 号与凤凰通的路口东望。照片跟前向里侧延伸的道路是凤凰通。道路被机动车占据的风景。

的活力。

此外还有津城（现城堡公园）存在感很低的问题。如此重要的标志物，在城市干道上甚至无法望见。更为重要的一点是，津站远离传统城市中心，从车站出站无法步行直达市中心。于是便回到本章开头提出的问题，为什么明治时期会将车站与县厅舍选址郊区？

5. 远离城下町的车站与县厅舍

通常而言，城下町的公共设施会在近代化过程中经历一次或多次搬迁，但大部分仍集中在城堡周边的武家地，很少迁到其他地方。津十分特殊，县厅舍、县警察本部等县级公共设施没有选址旧武家地，而是远离城下町的桥北地区。城市的中心车站也位于郊区，也没有遵照惯例建在步行可达市中心的位置。津税务署后来也搬迁到了津站附近。这是为什么？

桥北首座大型公共设施是 1879 年建成的县厅舍，西临铁路，现为县厅前公园（照片 7），西面紧挨着铁路线。

县厅舍为什么会选在郊区？明治初期，只有津在远离城市中心的地方建设县厅舍。况且，津市原为城下町，在城堡附近寻找一块闲置的旧武家地建设县厅舍应该并不困难。

照片 7　县厅前公园。1879～1964 年建有旧县厅舍。后来，旧县厅舍整体搬迁至明治村，如照片 8 所示。新县厅舍就建在拍摄这张照片背面的小山丘上。

照片 8　搬迁至明治村的旧三重县厅舍。建筑位于明治村正门，是明治村最引人注目的标识物。建于 1879 年，1964 年拆卸，1966 年搬迁。1968 年被指定为重要文化财。

原因似乎与三重县复杂的设县背景相关。

1871 年，新政府推行**废藩置县**。由于县域范围不断调整，津从属的县多次变化。1871 年起从属津县，1872 年 1 月起从属安浓津县，1872 年 3 月起从属旧三重县，1876 年旧三重县与度会县合并形成新三重县，直到今天。说起来，三重县名来自四日市所在的三重郡，和现在的县都津没什么关系。

县域范围发生多次变更，县厅舍的位置也随之改变。津县时期位于津城内，安浓津县时期位于大门町，旧三重县时期位于四日市的阵屋前。1873 年 12 月准备合并旧三重县和度会县，县厅迁至安浓津，在旧藩校有造馆（现 NTT 西日本三重支行，津站东面）临时办公。可能是由于县域频繁合并重组，三重县县厅始终借用其他建筑临时办公，没有新建政府大楼。

1878 年，县厅迁入桥北新建的白墙木结构双层政府大楼。1964 年这座建筑整体搬迁至明治村保存。现在到访明治村，还能看到旧三重县厅舍（照片 8）。

经过复杂的调整，县厅最终选定在津。规模也好，选址也好，县厅舍的建设应当比其他公共设施投注更多精力才对。为什么会选址桥北？

相比明治初期集中建设的其他公共设施，县厅舍正式建设的时间节点较晚，这时已难在城堡周边找到合适用地。

从地图上看，城堡内护城河西面今市厅舍所在地块规模较大，更适合建设县厅舍。这块土地最初是二之丸御殿，明治以后很长时间是旧师范院校（其建筑同样搬迁到了明治村）。旧师范院校是旧藩校近代化改造的产物，后来发展成三重大学，才迁至城北。1979 年，建设了市厅舍，当时县厅舍还未搬来。

照片 9　在县厅前公园向东看，眼前道路是通向伊势街道的下坡路。

城内没有合适用地，县厅舍只能建在塔世桥附近。所在土地位于丘陵顶部，能较好展现新时代的统治面貌。建成的县厅舍正面朝东，辅楼如双翼般展开，东侧坡道连接伊势街道，威风凛凛地俯视整座城市。

县厅舍再次搬迁后，原址改为县厅前公园。站在公园向东望去，眼前是缓缓下行的坡道，一路直抵伊势街道（现国道 23 号西侧的道路，旧伊势街道的一段）。这样的风景，似乎能令人联想起过去威风凛凛的县厅舍（照片 9）。县厅舍选址的确经过缜密考量。

那么，为什么车站也没有建在旧城区？

现在的津站是 JR 纪势本线、近铁名古屋线、伊势铁道交汇所在，主要往返名古屋（津东北方）。但初期的铁路规划不是这样的。

最早的铁路是津支线（现称 JR 纪势本线），是关西铁路（名古屋至京都）龟山站（津西北方）向南延伸的支线，方便关西地区居民前往伊势神宫参拜。

1891 年，津支线从一身田延伸至津，津站开通。铁路线西北向东南，沿着津西面的丘陵边缘一直通到靠近伊势街道的地方。可能铁路由北而来，所以当时才选城北空地建设车站。

此后铁路线进一步向南延伸至宇治山田，由于县厅舍在津站南侧，不得不大幅向西绕行。

1917 年，铁路运营商近铁修建了连接津和四日市的伊势铁路（后来依次改称伊势电气铁路、参宫急行电铁、关西急行铁路），在津站东北方开通津市站（后称部呼站）。津市站现已拆除，铁路也于 1932 年改线通往津站。

6. 未来的发展

随着车站的开通，桥北也形成了城市中心。如果能一直维持旧城、新城的双核格局就好了。遗憾的是，战争摧毁了城市。战后复兴规划又抹去了地区的个性。现在的津，就像大海上漂浮不定的船，很难找准基点。

从城市的形成史看，津在未来至少应该保护好岩田桥、塔世桥周边地区。毕竟，这是城市锚点所在。

两座桥梁的国道 23 号现已是车行干道，与之正交的凤凰通是步行优先道路。全靠凤凰通维持了城堡和伊势街道的紧密联系。津城旧址现在改作城堡公园，是城市中独一无二的绿色空间。大门通既是寺院的门前大街，又是拱廊商业街，也是城市特色所在。

国道 23 号与凤凰通相交的路口，如果细致打磨，也能成为展现城下町近代化的窗口。

最后是车站。过去津站是铁路终点站，现在则是城市玄关口。如果能平衡这两重身份，自然也就明了未来的发展方向。

我在城市规划领域从事多年，不赞同近代城市规划摧毁了津市个性的说法。相信城市规划能够为津的城市再生贡献力量。津发展至今的城市营造历史，应当成为挖掘城市财富的切入点，为城市再生指明方向。

仔细一想，留在明治村威风凛凛的旧三重县厅舍，即前三重县师范院校（1888 年初建，1928 年改名张市藏持小学，1973 年迁至明治村），其“和洋折衷”的建筑风格也能体现明治时期的日本精神。是这座城市赋予了建筑特色，真希望它能再迁回津。

大津——多层难读城市

1. 难读城市的多重面貌

世上有晦涩地名，也有难读城市。难读是指无法获取方向感，不知该往哪走。县都中，大津在日本难读城市中排名第一。

大津拥有大津站和滨大津站两个**玄关口**，最近在城北还建成大津京站（2008年西大津站改名），但没有一座车站能代表大津的城市形象，城市中心也难以找到。

通常，城市中会有本町和几处传统商业中心，拱廊街一般代表城市中心。但大津没有本町，延续着大津历史的拱廊街中町通，却难以视作现在的城市中心。

大津曾是通往京都的玄关口，是人流与物流的集散地。历史上，曾以“大津百町”来形容大津城市规模之大。在东海道沿线各城市中，大津曾是仅次于江户与京都的第三大城市。由于集散地属性，大津拥有自东海道分岔、相互平行的三条传统道路，强化了城市难读的特性。

到访大津，往往不知该去哪里。为什么会这样？因为大津城市面貌多样，且随着时代发展不断变化。

大津作为面向琵琶湖的**港町**，是江户时期名号“大津百艘船”的特权驳船（回船）基地。特别在西回航线还没发展起来的江户初期，大津是从日本海出发经由敦贺和小浜运送巨量物资的流通据点，琵琶湖岸各**藩**栈房鳞次栉比。

大津还是琵琶湖的水上航线枢纽，联系着今津与坚田等琵琶湖沿岸港口，是众多小船只停泊的港町。大津还是联系东海道的水上航线渡口，**近世**通往矢桥，近代通往长浜。

图 1　大津 1/20000 临时图（局部），1889 年测绘，1892 年发行。

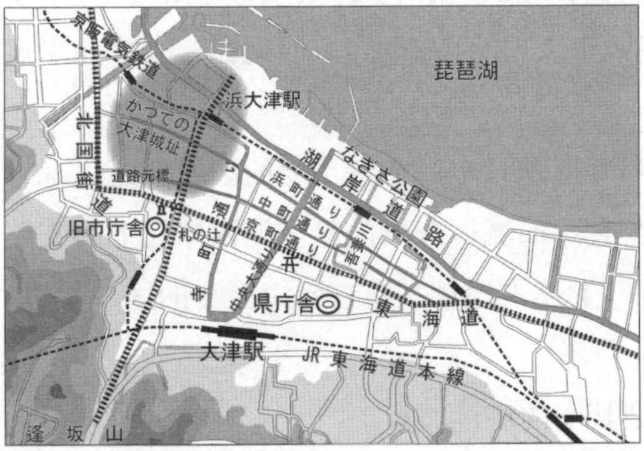

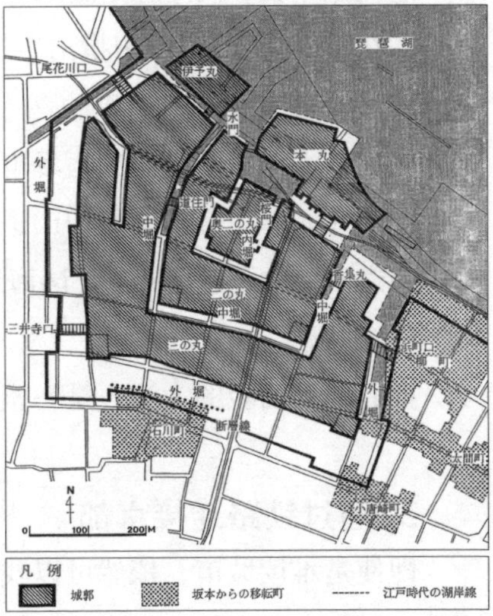

图 2　大津市中心空间结构示意图。大津曾是城下町、港町与宿场町。城市西北部原是三井寺门前町。

图 3　大津城复原图。图中本丸位于今滨大津站北侧周边。1601 年将城墙石料用于建设膳所城。图中城郭在江户时期已荡然无存。如今再看这片地区，几乎无法感受过去的痕迹。

17 世纪末期至关原合战这段不长时间大津还是**城下町**。确切地说，大津以 1586 年左右修筑的城下町为基础，附加了**宿场町**功能。1586 年以前城堡位于坂本，城堡改建大津后，城内町人一并迁移至大津。可以说，大津最初就拥有大规模城区。

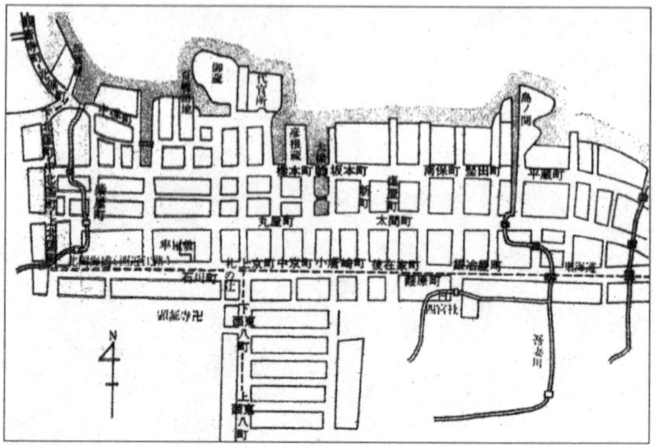

图 4　江户初期的大津町，可以看出一度有三条道路贯穿城郭。（出处：《新修大津市史》近世前期第三卷，大津市篇，1980 年，401 页）

大津城毁于关原合战，旧址开辟新道路，护城河也被填埋。大津城完全变成**町人地**，城市更加难以辨认。

德川幕府时期，大津成为天领（幕府直辖领地），大津城本丸扩建至琵琶湖内，后来建成大津代官所和御藏（收纳幕府直辖地年贡米的仓库，图 3、图 4）。从功能与政治意义来看，本丸可以说是大津的城市中心。但现在，本丸旧址即使和再开发大楼明日都滨大津仅有一路之隔，也无法称为城市中心。

追溯至**中世**，大津还是园城寺（三井寺）的**门前町**。路易斯 · 弗洛伊斯（Luis Frois）在 1571 年的信件中指出，这座城市人口有 2000 人。但现在，大津几乎没有门前町的历史痕迹。

最后，大津是东海道的宿场町。东海道是日本过去最重要的区域干道之一，在大津东北面草津分出支路中山道，在大津旧城区分出沿琵琶湖西岸北上的支路北国**街道**（又称西近江路、北国海道）。上述古道都是自古延续至今的区域干道，历史感浓厚。

拥有多重面貌的大津，是一座名副其实的难读城市。

2. 通过铁路连接京都

即使是难读城市，依然可以找到阅读的突破口。着眼近代，每座城市在近代化转型时存在各自需要解决的问题，这些问题及其解决方式，正是解读城市的线索。大津面临的主要问题是如何与京都连接。

如前所述，大津起着京都东部窗口的作用。但大津与京都之间有东山、逢坂山两座大山阻隔。此外，大津海拔高出京都约 50 米。这些地形因素的影响，在以步行为主要交通的时代并不是突出问题。到了近代，如何通过铁路连接京都，成为大津亟待解决的问题。更棘手的是，如何在高处挖隧道、通过陡坡将铁路线通至大津城区。

大津旧时的铁路玄关口不是现在的大津站，而是现滨大津站（一代大津站）。自京都出发的列车南下经过全长 664.8 米的古老逢坂隧道（受英国人指导，作为日本人自己建设的首条隧道，名垂青史），抵达膳所站（旧马场站，二代大津站）。1880 年，膳所站至滨大津站的铁路线建成，但逢坂隧道的滋贺县出口与滨大津站之间有 45 米高差，为此必须采用之字形线路下坡。

此前，从西边延伸来的铁路东海道线仅通至大津，乘客需换乘轮船前往长浜，因此换乘车站周边一度形成闹市区。1889 年东海道线继续延伸并全线开通后，自旧膳所站至滨大津站的铁路线成了没太大用处的支线，后来改建为大津电车轨道的一段（今京阪电铁石山坂本线的一部分）。

为直线联结京都与大津站、解决铁路需要经过陡坡的问题，1912 年新建成逢坂山隧道与东山隧道，湖国（滋贺县别称）新玄关口从膳所站变更至新建成的现代木结构三代大津站，同时拓宽寺町通。

现在的大津站，是 1975 年建成的第四代车站，位于三代车站大楼东侧 80 米处。铁路建设过程中为了实现大津与京都顺畅连接四次变更车站选址。在这样的背景下，大津的城市中心变得难以辨认。

至此，大津与京都间的国铁线路确定，但无论大津站还是京都站都与建成市区存在一定距离。为此，1912 年建成京津电气轨道（京津电车，现称京阪电车京津线），直抵京都三条大桥和大津札之过（设有**高札场**、人流量最大场所）。这条铁路线几乎与旧东海道并行，顺利连接起两座城市的中心。1925 年，大津拓宽札之过北边的窄路，电车线路进一步延伸到滨大津站。

如此一来，最初为联系大津与京都的城际铁路，也成为琵琶湖岸城市的内部铁路。

1931年的大津站（今滨大津站）和现在膳所站之间的支线，沿琵琶湖西岸北上建成江若铁路，进一步延伸至近江今津站。由此，滨大津站成为琵琶湖西岸地区前往京都的换乘车站，交通枢纽功能加强。

1969年，国铁湖西线获批，江若铁路停用，大半改作湖西线铁路。在最初规划中，湖西线从盐津站前往滨大津站，后变更为不经过滨大津站直接向西穿越群山通往京都。这一变化导致东海道线（琵琶湖线）换乘站变成京都东面的山科站，滨大津站不再是地区枢纽车站，大津的城市中心再次模糊起来。

大津连接京都的铁路从东海道线变为湖西线过程中，原本其最重要的地区枢纽功能逐渐丧失。

照片1　旧小舟入的常夜灯。港口痕迹依稀可见。自滨町通往北通往琵琶湖的小路。向南看。

照片2　海滨公园（なぎさ公園）。向东看。填湖而成的水岸。

3. 从大津站到三条道路

从现在的大津站出发吧！出了车站，中央大通径直往北通向琵琶湖，眼前的大津坐落在湖岸平缓坡地，而大津站则位于城区背面（南）高地上。

1981年，站前地区实施**土地区划整理**，建成30米宽的新城市轴中央大通（照片3）。几乎贯穿1909年建成的县女子师范学校（后县师范学校女子部，滋贺大学前身）。

照片 3　中央大通，自大津站前径直北上至琵琶湖。这片地区南高北低，从南向北看。诞生于 1981 年站前土地区划整理的干线道路。

照片 4　京町通。旧东海道一部分。可见，这是一条能远眺的直线道路。旧东海道进入大津后分岔为三条道路，自靠山一侧起依次为京町通、中町通、滨町通。

沿中央大通走向琵琶湖岸，会经过三条与中央大通相交的古老道路，南起分别是京町通（东海道，照片 4）、中町通和浜町通。部分路段是单行道，路面不宽，十分安静。这三条旧路是近世初期延续至今的大津主干道。

二战时，大津中心城区所幸未受空袭。大津实施的**建筑疏散**，也仅拆迁县厅舍、市厅舍、大津站、日赤滋贺医院、大津邮局等点状建筑。大津的城市空间结构在二战前后没有发生重大变化。

漫步中央大通，能切实感受近代以前的城市空间结构。这是多么珍贵的体验！

大津作为宿场町，竟有三条主干道？通常来说，宿场町仅沿一条干道发展。而大津的三条旧干道还在城市东端锐角相交，十分有趣。

东海道如同三叉戟分为三条道路（照片 5）。道路分成两股形成宿场町的情况就十分少见，只有同在东海道沿线的水口宿（滋贺县甲贺市）一例，三叉戟状规划道路网更罕见。更令人感到不可思议的是，东海道选择从距离琵琶湖最远的第三条路线（即京町通）通过。这样设计是为了让东海道远离港町市中心，从靠山一侧绕行吗？

此外，仔细观察，三条道路似乎性格迥异。

京町通过去是东海道的主要通道，还是代表大津的传统商业街，现已是住宅区中一条安静道路，古道氛围最浓厚。中町通后来成为大津的首条拱廊街，最初

照片 5　大津东端。左侧道路是后续分岔为中町通与京町通的东海道，右侧道路则是已分岔的滨町通。

照片 6　札之辻，建有红绿灯的十字路口，向南看。照片中左拐道路是东海道，右拐道路是北国街道。十字路口右手边（西）用地过去是町役场。道路中央的铁路线是京阪京津线。

称作菱屋町商业街（1955）。而浜町通，过去就是批发商店的集中地，商业氛围浓厚。

然而，在后来与大型商店的竞争中，中町通和浜町街逐渐从原先能货比三家的传统商业街，演变成如今车站前的普通商业街。中町通在战后发展惊人，近年一直是大津的零售商业中心。浜町通现在是金融街，银行林立。

一般而言，宿场町发展依托的主要道路自然弯曲，或是人为将其弯曲以分隔空间，避免形成开阔的直线视野。有趣的是，从道路本身形态特征看，这三条道路都是可以远眺的直线。

旧城区以寺町通为界分为东西两部分，西部道路都是曲线型，没有形成开阔视野。东西部空间结构迥异，令人费解。

或许因寺町通西部过去是大津城，经历了和东部地区不同的近代化改造。尽管距离城堡拆除的 17 世纪初已过去 400 余年，仍能从道路细微弯曲的走向中感受城堡存在的痕迹。

沿着京町西行，不一会儿就来到过去设置高札场的场所，也就是大津的札之辻。东海道在此处朝南拐向八丁筋（现国道 161 号）开始上坡，之后的路段名为北国街道。札之辻是东海道与北国街道的分岔点，也曾是城市中心。

1889～1916 年大津实行町制期间，札之辻西南角用地被选为**町役场**用地（1898 年开始为市役所），后来建成 1912 年开通的京津电气轨道（京津电车，1925 年延伸至滨大津站）终点站。大津市**道路元标**现在仍设置在札之辻西南角的旧市厅舍前。

后来又发生了什么让旧札之辻变成现在随处可见的普通路口（照片 6），连名字也没有。町役场旧址矗立着一幢毫无特色（失礼了）的二层私人建筑。大津的城市中心去了哪里？

琵琶湖岸填埋开发浪潮吞没了大津城本丸、代官所、御藏和港口，这些历史上的城市中心设施改建成港口旅客终点站、滨湖公园、琵琶湖宾馆和购物中心。

但从积极角度看，得益于旅游胜地琵琶湖，这些填埋地还不至于成为工厂或物流基地。湖岸现在也被保护得很好，是一座美丽的公园。

城市南面曾是耕地的小高平地，现在建有县厅舍（1888 年始建，现所见县厅舍建于 1939 年）、地方法院（1890 年至现址）等公共设施。城市西面曾是步兵第九联队驻扎地，战后成为进驻军营地的大津 A 地区，现在建有皇子山综合运动公园、市厅舍等。

近代大型城市设施都仿佛环绕旧城区选址而没有集中布局。

大津正中三条旧路，宛如处在历史真空袋，得以延续。小河流吾妻川缓缓流入琵琶湖，好像一根丝线，将三条古老道路缝合于城市。尽管地形北低南高，河流走向却异常曲折，想必其中也藏着漫长历史中的某些故事吧。

大津作为京都东玄关口而兴，由于离京都太近，为塑造迈向现代的城市中心苦恼不已。大津这座城市正面临其他城市难以想象的困难。

京都——网格惯性城市

1. 京都历史悠久吗

京都是大家公认的历史都城，不久前迎来迁都1200周年纪念。棋盘状路网延续至今，古刹随处可见。

京都古代道路网格，既有84米宽的朱雀大路，也有12米宽的小路，和现代城市路网有点相像，但又没那么像。这是因为京都网格来自大宅邸（寝殿造り），一座由围墙围合的宅邸就是一个街区。以现在眼光看，是冷清又奇异的城市风景。至于寺院方面，平安京（京都古称）内也只有东寺和西寺两座寺院，和现在相去甚远。

后来，城市中宽阔道路两侧被侵占为私有土地，名为“巷所”，道路愈加狭窄。据说在12世纪，就连朱雀大路上也有牛马放养，城市中盗贼横行。而现在的千本通，几乎想不到它曾是朱雀大路。

不合时代的规划终将失败，即使是古代京都最重要的天皇礼仪空间大内里，后来也荒废了。今天走在千本丸太町的路口周边，也很难感受到这曾是大内里（照片1）。

京都网格道路沿线在13世纪开始发展。15世纪后半期，京都主路两旁建起民居，线形社区依托道路成形。曾经的大内里先是成了名为“内野”的荒地，后来集中建设**町家**，进而形成如今的城区。不可思议的是，今天的内野，依然延续了古代网格状街区形态。这是发展的“惯性”所致？是受周边街区的影响吗？

但内野的道路网格没有大宫通以东地区那么规则。例如，贯穿整座城市的干

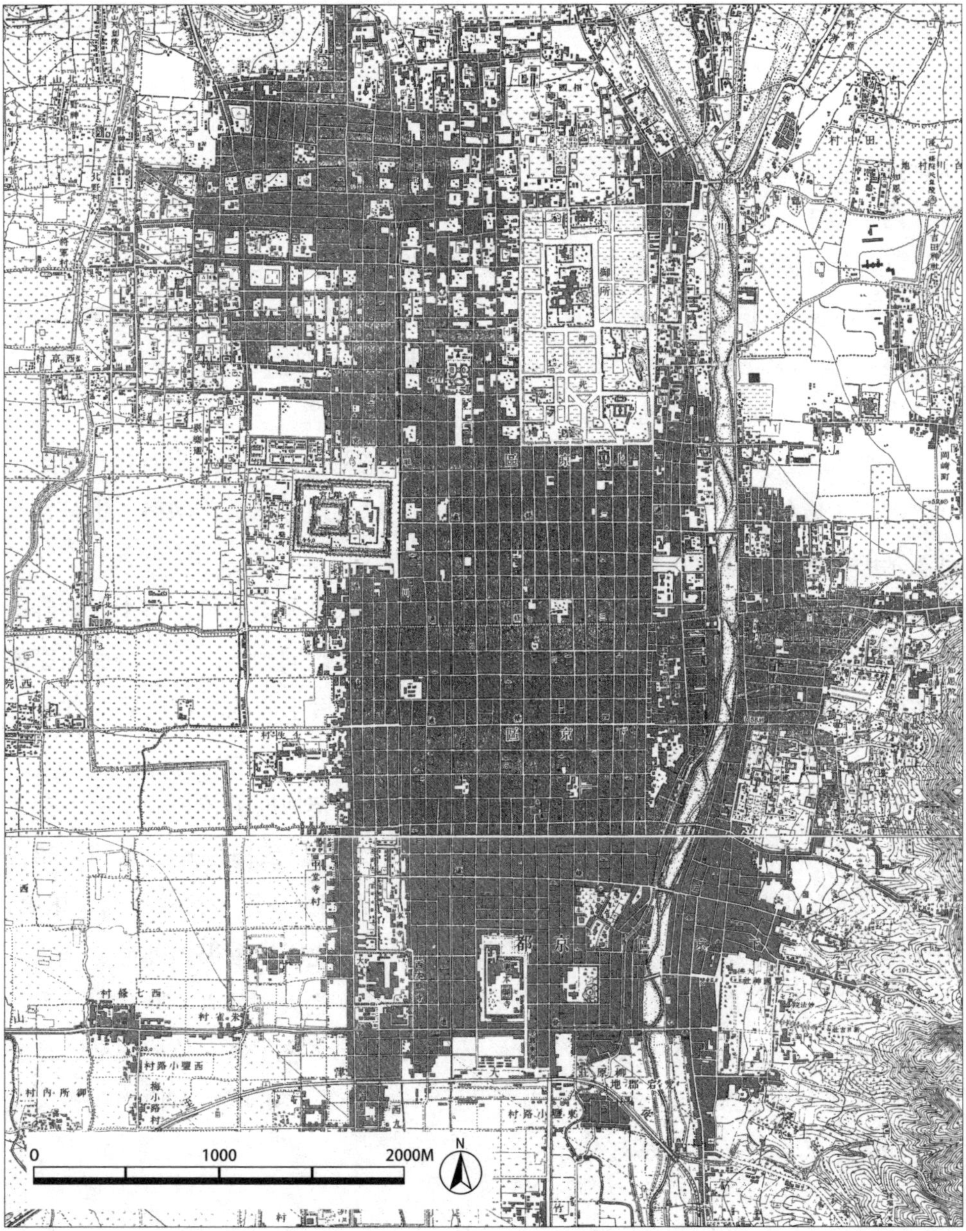

图 1　京都 1/20000 临时图，由京都（局部，1889 年测绘，1892 年发行）、伏见（局部，1889 年测绘，1895 年发行）组成。当时京都城区西界是二条城周边。正在修建东海道本线。

道丸太町通、今出川通在进入旧大内里后，都有点儿曲折，并非直线。从道路网中，可以看到地区的发展历史。

15 世纪中期，应仁之乱和火灾的接连发生，导致京都的荒废。战国时期，京都仅以上京与下京两座小村落维系命脉，两者通过室町通勉强联系。现在，京都市内（洛中[①]）已无平安京时期的建筑。

观察图 1 展现的 1899 年京都城市风貌可知，城市基本由南北向狭长的长方形街区构成，而非古代的正方形街区。这样的城市形态，源自**丰臣秀吉** 1590–1591 年实施的**天正地割**政策及此后同样的土地分割，即在 40 丈（约 120 米）的正方形街区中央加建南北向道路。

仔细观察，只有下京中央部仍维持正方形道路网格，没有延续南北向道路，清晰展现了应仁之乱中幸存的城市风貌。另外，这片正方形道路网格，也是京都祇园祭的主要巡行场所（鉾町）。

此外，秀吉还将公家集中布置在御所（即今京都御苑）周围，将南北向**寺町**布置围绕土堤等进行大规模城市改造。同年（1590），同为战国三杰的**德川家康**入主江户。16 世纪末的城市建设与改造，和 20 世纪后半叶的城市扩张一样，都是城市发展史上的大变革。

现代地图所标识的御所和二条城位置，并非它们建成时的位置。室町时期建成的花之御所旧址现在是同志社大学室町校区，1569 年**织田信长**为**足利义昭**修建的旧二条城旧址则位于今京都府厅周边。而秀吉在旧大内里一角营造的聚乐第，由于建成后仅数年就被拆除，一点痕迹都没留下，就连旧址也很难确定。

江户时期，京都发展相对稳定。如今提及京都，绝大多数人会联想起公家和町人（平民），但事实上京都大名藩邸（即大名宅邸）也很多。幕府末期，京都作为政治城市急速推进建设，城市中藩邸数量达 76 藩、98 所。据说当时各大名藩邸所容纳武士也高达 2 万左右。

① 为仿照唐朝首都西京长安东京洛阳，京都西半右京称长安，东半左京称洛阳。右京式微后，左京洛阳成为京都代名词。

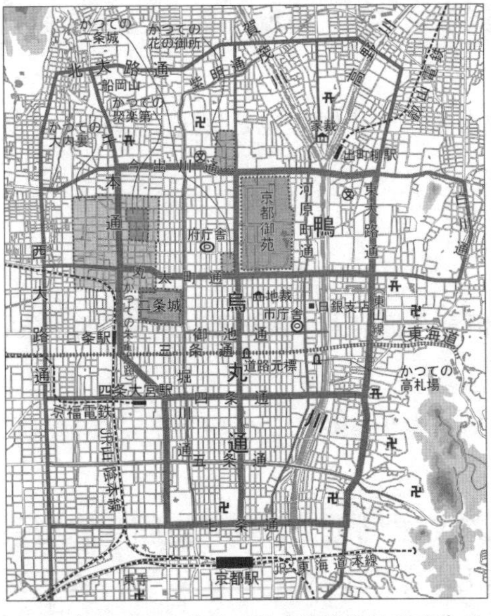

图 2　京都城市示意图。聚乐第等设施位置基于《京都的历史》（京都市编，学艺书林）推测。

照片 1　从千本丸太町路口往南看。过去大极殿周边。千本通叠合于旧朱雀大路，但无法联想到这里曾是大内里。

照片 2　望向釜座通北面。正面是府厅舍。直接转用自京都守护职宅邸旧址，是京都罕见的视觉中心。

进入明治时期，藩邸用地因版籍奉还成为公共用地。京都宫家（皇室）与公家几乎整体搬迁至东京，腾出土地一并归公。此外，神社寺院领地也基本收归新政府，除转卖给个人成为宅地，大部分作为公园、医院、学校、酒店等公共设施与商业用地，其中学校居多。

现在京都府厅舍所在地是江户时期京都守护职的宅邸旧址（照片 2，在那之前是遍布町家的城区），而市厅舍就建在原来的本能寺内（并非 16 世纪讨伐信长的本能寺）。

京都旧时各藩的宅邸用地后来转化为酒店用地，例如旧古河藩邸（京都 ANA 皇冠饭店）、旧长州藩邸（京都大仓饭店）和旧越前藩邸（旧京都国际酒店），所以酒店不像奈良那样缺乏。

据说京都只有东寺的用地界限从古至今没有变更。也就是说，以东寺东面的大宫通为基准，能确定古代城市布局。

这样看来，京都其实是一座“突变城市”，大火频发也是促进京都骤然变化的重要因素之一。

2. 网格惯性

有趣的是，京都发生如此大的变化，但至今仍给人“颇有历史渊源”的印象。这是为什么？

或许因京都没有经历二战炮火，即使城市发生变化，仍保留着平安京时期形成的网格状道路。

回顾京都迄今的变迁，几乎所有土地都仅在“街区”尺度下发生利用改造，只有御所、二条城、聚乐第，以及东寺等几处大规模寺院例外。因为一个街区容纳不下的设施，也只有大寺院和城堡。如此说来，京都就像一个个街区拼成的拼图，即街区用途只在网格内部变化，主要空间结构不会受到影响。

另外，京都也几乎没有在干道路口、中央、尽头建设纪念碑或纪念性建筑物（京都府厅舍是极其罕见的例外，照片 2）。哪怕京都塔也建在街区内。古代京都是公家、武家、工商业者和农民等各个阶级共同居住的场所，虽然城市面貌会因时代交替发生变化，但上至天皇、下到平民百姓，一直生活在网格状街区中。

这样一来，无论是道路宽度变化，还是周边景观变迁，都不会改变网格状的结构特征。即使道路时而出现岔口或弯曲，也不会影响城市全局（照片 3、照片 4）。网格状街区似乎是这座城市发展惯性的突出表现。

此外，即使是秀吉实行的天正地割政策，实际上也只是在下京的正方形街区中央规划了 5 条南北路（东起分别是御幸町通、富小路通、堺町通、岩上通、黑门通，均为押小路以南路段），其他均是最初就建好的南北向道路。

在一个地区大面积建造方格网街区很不容易。不仅要考虑河流、丘陵等既有地形，还要处理好业已形成的历史构造。

为实现这一目标，选址十分重要。尽管网格看似代表平等，但实际建成的城

照片3　平安京的道路网格。因两侧后来私有化，道路变窄，但仍未脱离网格。西洞院通和竹屋町通的交叉口虽稍有错位，但依然是十字路口的面貌。

照片4　佛光寺通。路宽已然变化、走向稍有弯曲，但也可说是笔直的路。从与寺町通交叉口往西看。古代京都最窄的小路也有12米宽，尽管后来两侧私有化，路宽减小，但依然是笔直的道路。

市却象征赤裸裸的权力。这恐怕是世界上大部分政治中心城市的特点。

仅凭延续至今的城市网格与道路名，就足以将京都视作历史悠久的古都吗？

网格的发展存在其特定逻辑，因此需要明晰其延续与消亡的原因。

广场自古以来具有汇聚人流的功能，是城市的中心场所。从古希腊的露天广场（Agora），到王宫前广场、大教堂前广场，再到几乎所有西班牙殖民城市都有的中央广场，以及现代中国的天安门广场，利用广场展现城市中心形象的例子不胜枚举。但中国及日本的古代都城并不这样设计。

日本在**中世**时期也存在类似城市庭园等聚集公众的核心场所。但中世之后，日本城市没有发展出以广场为核心的空间形态，大概是因为社寺领地和名胜承担了广场的功能。

道路也是人们聚集的场所（更确切地说，是闲逛的地方）。随着名为“町屋（町家）”的住宅建设，大部分道路成为交通场所、商业场所和工作场所的集合体。町屋面街部分“見せ（Mise）”原为展示物品和信息的动词，之后衍生出同一读音的名词“店”，意为店铺。道路开始承载信息流通功能。

应仁之乱前京都人流量最大的场所位于町小路（现新町通）和四条（现四条通）相交的四条町路口，室町幕府时期在此设置了**高札场**。

3. 通过扩建道路实现城市近代化

正如绪论所述，对非起源于城下町的城市，进入近代时需解决“在哪里建设新的城市设施”这一问题。

札幌和宫崎等近代新建城市，可以直接将问题的答案作为城市建设的主线索。但历史悠久的城市，其应对方式各不相同。由于不存在可供转换的旧**武家地**，非城下町城市需要被迫拆除一些建筑。而京都存在众多藩邸与公家旧址，更具特殊性。

确定城市扩张方向是线形城市近代化的一大问题。浦和等以宿场为中心、沿古道发展的**宿场町**和长野等寺社门前、沿**参道**发展的**门前町**这类线形城市，可在建成区两旁找到大规模公共用地。城市的面上扩张本身就是线形城市近代化的一大问题。而青森和新潟等**港町**，建筑密集的中心商业区平行水岸而建，近代公共设施只能选址城市边缘。此外，港町还需将城市交通从水路转换为陆路。

而历史都城京都的近代化，存在更多需解决的问题。京都虽经历无数次城市转型，但始终保持稳定的城市基础设施、传统风貌与经济条件良好的社区。

仅仅将网格内部空地转用为近代城市设施用地，就能完成城市近代化吗？当然不可能，还需进行相应的城市改造，包括拓宽干道、疏导交通、建造连接车站和市中心的全新标志设施等。

意外的是，通过道路扩建，京都在城市近代化过程中加强了系统性与整体性。

现在提及京都，总存在一种主要得益于古代城市规划、近代没有大规模改造的刻板印象，然而至少二战前的京都并非如此。日本大部分县都城市在二战前都制定了城市规划，但在执行前就爆发了战争。战后更新各地县都按照**土地区划整理**修建近代道路。但京都更早就开始积极推进城市改造。

京都在二战后和其他城市一样，将城市建设重点从中心区转移到郊区开发上。或许因为京都中心区在二战前就已完成了一定程度的道路建设吧。

4.1906 年建成的七条干道

京都的近代化需要从 1906 年同期实施的三大工程入手梳理，即琵琶湖二次疏浚、自来水、道路扩建等三项工程。道路扩建工程除扩大幅宽外，还包括实施人车分离、道路铺装、市区电车轨道铺设、道路拓宽、敷设自来水管等。也许正因如此，京都的道路工程才称为“扩建（拡築）”，而非“拓宽（拡幅）”。推进这一构想落地的是时任京都市长**西乡菊次郎**。

1907 年 3 月，市议会通过决议建设以下 4 条东西向道路路和 3 条南北向道路。

东西向道路（北起）

今出川线：千本—东山线段，宽 8 ～ 10 间；

丸太町线：千本—东山线段，宽 10 ～ 12 间；

四条线：大宫—八坂段，宽 12 间；

七条线：大宫—东山线段，宽 12 间。

南北向道路（西起）

千本大宫线：今出川—七条段，宽 8 间；

乌丸线：今出川—盐小路段，宽 10 ～ 15 间；

东山线：一条—七条段，宽 8 间。

原规划中的御池通和大和大路则由于预算不足而被放弃。

道路的实际建设与规划存在出入，但大致都在 1912 年竣工（图 3）。

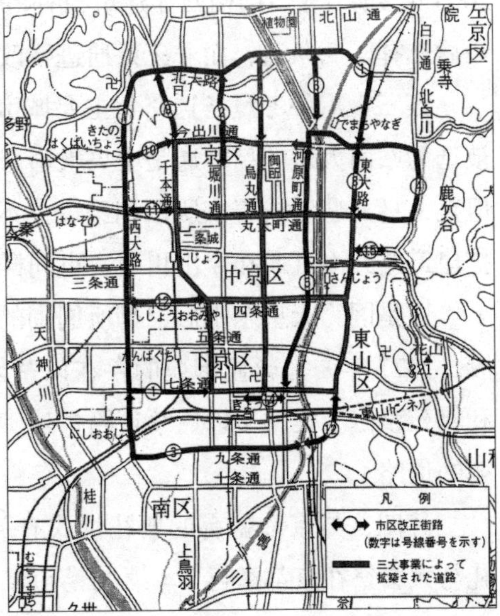

图 3　始于 1906 年的三大工程，因市区改正扩建的道路。可见，京都大部分干线道路网在战前建成。御池通、五条通、堀川通等道路基于战时建筑疏散的防空带建成，图中没有描绘（出处：《建设行政的进展——京都市建设局小史》，建设局小史编委员会编，京都市建设局，1983，27 页）。

到这里或许会有几个疑问。为什么会选择这些路线？为什么会制定这样的规划？为什么能在短时间内完工？

首先是路线选定问题。

古代京都城市道路有大路小路之分。明治初年，所有道路都统一为同样宽度。地区间虽然繁华程度不同，但没有必要反映在道路宽度上。由于写作时未收集到当时规划立案的行政文件与市议会讨论详细内容，所以这里只能以规划角度大致推测。

其一，备选路间隔需相对均等（现在间隔大约 500 米）。旧大路也可备选为干线道路，四条大路、七条大路、大宫大路等都属此类。

其二，备选路要连接区域道路网。例如，三条通是区域干道东海道的起始路段，因此纳入备选。另外，扩建当时只有 3 间宽的商业街三条通与寺町通能促进商业发展。

可以预想到，拓宽店铺密集的三条通会遭到地方极力反对，而且征地费用也很高，并不现实。另外，三条通两侧已建有中京邮局（1902）、日本银行京都分行（1906，今京都文化博物馆分馆所在地）、第一银行京都分行（1906，现已不存，2003 年复原）等砖结构西洋建筑，拆除成本高，推进拓宽工程存在困难。正因如此，最后选择了四条通，而非三条通进行改造。

其三，需要考量备选路与主要城市设施的关系。例如，三条南北向道路中，被选为站前大道的乌丸通是中央大道。这显然是希望乌丸通发挥朱雀大路的功能。但是，乌丸通紧挨着御所西侧经过，不是直抵御苑的核心通道。另外两条东西向扩建道路丸太町通和今出川通，也同样沿着御苑的南北边界通过。

这是因为天皇东幸后，御所周围的公家陆续迁至东京，京都御所周边官地荒废。1877 年，为彰显御苑的存在以整修其外围道路，推进了京都御所保存工程和御苑整修工程。所以后续道路扩建工程才选择沿御苑用地的道路，而非直抵御苑的道路。

其四，与京都特有的典礼仪式有关。1889 年制定的旧皇室典范规定“即位礼与大尝祭在京都举行”（第 11 条）。乌丸通被修整为通往天皇御所的行幸道，宽 15 间，是京都城内最宽的道路。在 1915 年举行的大正大礼（大典）中，乌丸通—丸太町通被用作行幸道（顺带一提，道路扩建前的行幸仪式沿着乌丸通—三条通—堺町通的路线、从堺町御门进入御苑）。此外，在仪式筹备过程中还改建京都站、扩建站前广场、修整京都御苑。大礼之际，东京也同样改建东京站，修整从皇居到车站的道路。可以说大正天皇从皇宫前往京都御所的行幸仪式也决定了京都城市的建设方向。

昭和大礼（1928）时，新京阪铁路（现阪急京都本线、天神桥站—京都西院站［现西院站］段）和奈良电气铁道（现近铁京都线、京都站—西大寺站［现大和西大寺站］段的开通，也归功于行幸仪式。

第二个问题是为何会制定这样面状展开的道路扩建规划?

规划扩建的道路全部并设了有轨电车。众所周知，京都是日本第一个建设路面电车的城市，但1895年营业的京电为适应狭窄道路，全线铺设窄轨，运输能力有限。扩建道路与其说只是道路规划，不如说很大层面上是为了重新铺设标准铁轨。这也是为什么1912年市电重新投入使用的时间与扩建道路完工同步。

为适应市电运营的交通网络，道路扩建规划自然是面状铺开的形式。

且京都原本就是一座基于网格规划的城市，这一点也决定了后续道路网规划的特点。可以说，京都的城市结构本身就体现了它的“规划”特征。

最后，为什么能在短时间内实施规划?

不仅要归功于西乡市长的领导能力、以法郎计价的外债资金支持、因市电营业良好顺利还款等多方原因，更重要的是利用了市民对京都衰退的危机感。

5. 后续开发

上述七条干道建设外，京都的城市改造还实施了其他道路工程。

1919年旧版《都市计画法》颁布后，京都制定了《京都市区改正设计》，即在洛外部分实施土地区划整理，推进干道建设工程等（图3，外侧道路网）。1930～1935年，建成西大路通与北大路通全路段、以及当时东大路通（东山通）尚未贯通的七条通以南至九条通路段和丸太町通以北至北大路通路段。同一时期，河原町通和九条通建成。京都的网格自此向外扩展一圈。

这次道路规划也体现了网格的惯性。原本三大工程中只有位于东山线与乌丸通中间的河原町通拓宽并贯穿街区。当初曾规划将高濑川暗渠化，拓宽木屋町线，后来由于市民抗议才变更为建设河原町通。

战时的**建筑疏散**中，规划也继续发挥作用。

1945年3月，御池通、五条通、八条通、堀川通和紫明通一带被指定建设60米宽防空带，从3月中旬至4月中旬拆除5万余栋房屋。

其中，御池通一带应是变化最明显的区域（照片5）。如今，御池通是市厅舍前东西向50米宽大街，但道路东西两端非常不自然。道路东端经鸭川连接川端通后就断了，西端到JR二条站突然从双向六车道变窄为双向双车道。这是因为御池通是由建筑疏散空地带改建而来的。

照片5　御池通。基于建筑疏散空地带而建。从京都市厅舍前往西看。

战后这些疏散空地立即被规划为道路用地，发展成现在所见的主干道。从其布局看，堀川通位于千本通和乌丸通中间，御池通位于丸太町通和四条通中间，五条通位于四条通和七条通中间。战后新建主干道均位于三大工程拓宽道路之间。

就这样，京都市中心的主干道在战后不久就建成。在战后如此迅速建成主干道的城市，也只有京都。也是因为二战中没有遭到破坏，但主要还是因为不断延续了网格状街区的形态。旧规划唤起新规划，京都是一座历代规划叠加而成的城市。

在战后的快速建设时期，京都市中心基础设施得以快速推进：市电整体停用（1987）改为地铁（1981年始），川端通（1987年始，随京阪本线地下化，修建地面路）建成，京都车站大楼（1997年始）重建等。建设工程如火如荼，但依旧保持古都形象，正是因为延续了网格的惯性。

新京都车站大楼形似一座巨型大门，象征从乌丸通进入京都，是现代版的罗城门（平安京都城正门）。正是这座城市的网格，才能诞生如此构想。乌丸通承担起朱雀大路的功能后，城南缺少与城北船冈山一样的标识性节点，相较之下，新京都车站大楼可以看作新地标。

京都市的**道路元标**则位于三条通与乌丸通十字路口东南角（照片 6），也是**近世**大街与近代“朱雀大路”相交的十字路口。将大正的中心设置在近世和近代交汇处，真是意味深长。

城市规划绝非全盘否定过去。好的道路规划可以结合城市过去和现在的特征，以保持历史城市的形象。作为一名规划从业者，能从京都近代史中学习到这一点，令我不胜欢喜。

照片 6　三条乌丸交叉口东南角的京都市道路元标。位于近世干道（三条通）和近代干道（乌丸通）的交点。也就是说，大正时期的城市中心位于近世和近代的交点。

大阪——延续秀吉构想的城市

1. 大阪站、难波站与连接二者的御堂筋

从JR大阪站下车，随着熙熙攘攘的人潮走向“中央南口”。这是JR大阪站的主要出口，能换乘阪急电铁与阪神电铁，上方还盖有百货商店。出站后，面前是高楼大厦鳞次栉比的城市风景。这片站前地区称作梅田，是城市副中心之一。穿梭在梅田的楼宇间，若是想要走向中之岛，竟会有些不知所措。

梅田宽阔的道路四通八达，二战后黑市迅速蔓延的时代氛围一扫而光，但多少保留了旧时容易迷路的样子（照片1）。奇怪的是，印象中的大阪是一座清晰明朗的网格城市，由棋盘式道路网架构成。为什么大阪站前会如同迷宫一般，令人摸不着方向？

带着疑问，从梅田往南边走，经过宽阔的梅田新道十字路口（现国道1号终点、国道2号起点），眼前依旧是迷宫般的闹市区。这里是曾根崎新地，是大阪市中心北边的商业区。

接着向南走，就到了堂岛川河畔，河对岸是成排的办公大楼。这才离开那片迷宫般的地区，终于找到城市的方向感（照片2）。穿过堂岛川便是中之岛，经中之岛南边的土佐堀川，就到了船场（地区名）。走到这里就不会迷路了，因为大阪是一座漂亮的网格城市。

船场整体呈矩形，由北侧大川（旧淀川，自东向西流淌，至中之岛分流为堂岛川、土佐堀川）与土佐堀川、东侧东横堀川（1594年开凿，照片3）、西侧西横堀川（1600～1620年开凿）、南侧长堀川（1619～1622年开凿）五条河道围合。

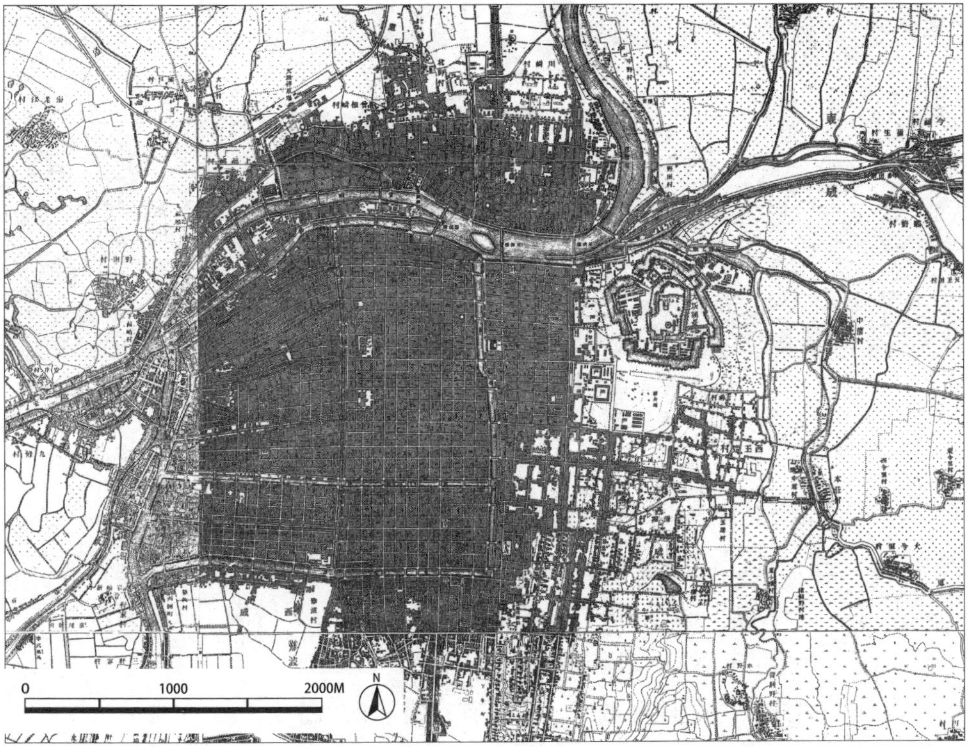

图 1 大阪 1/20000 迅速图，由大坂（局部，1885 年测绘）、天王寺村（局部，1886 年测绘）、天保山（局部，1885 年测绘）、尼崎（局部，1885 年测绘）组成，均无发行年份记载，国土地理院藏。

照片 1 大阪站前，站在阪神前的十字路口向东南看。正面是御堂筋起点，旧梅田新道。照片右前方通往左侧道路是扇町通，保留了旧时走向，容易迷路。

照片 2 中之岛北望堂岛川。左手边的桥是在御堂筋建设时新架设的大江桥，右手边（南侧）最内侧建筑是大阪市厅舍，前面是日本银行大阪支行。

照片 3　东横堀川，站在高丽桥上往南看。河道上方是阪神高速 1 号环线，水面很浅。正好拍到道顿崛与大阪城之间往来的船只。

照片 4　道顿堀川，戎桥附近。大阪运河中唯一没有上盖的河流，能让人感受到旧时的模样。近年修筑了河畔游步道，人们能更接近河流。

若是将范围扩大至长堀川南边的道顿堀川（1612 ～ 1615 年开凿，东西向河道，照片 4），这一地区合称为岛之内。船场与岛之内呈规整的棋盘式路网，道路呈正南北和正东西走向，街区几乎都是宽 40 **间**的正方形。各堀（人工河道）均为物流干线，供运量五百**石**、千石的船只通航。

为什么如此漂亮的规划城市，会拥有迷宫般的站前地区，并且城市中还存在大阪站前与难波站前两片站前地区？答案很简单，因为这两座车站都选址自然村落。

1874 年，大阪东面是遍布各氏族仓库的物流干线大川，北面已形成**花街**与酒馆街等娱乐区。因此，官设铁路梅田站（现称大阪站）就选址靠近娱乐区的城市北边缘附近。这里是堂岛北面（两者间原有河道，后填埋）的曾根崎村。

照片 5　御堂筋是宽 24 间的城市主干道，站在本町通十字路口北望。1919 年获批，1926 年始建，1937 年建成，修建了 11 年。

大阪南**玄关口**难波站则选址难波村，这是和大阪相邻的自然村落。难波站前迷宫般的道路网架，就是基于旧时的村道而建。1885年，阪堺铁路难波站开设。铁路后来更名南海电铁，是大阪最早开通的私营铁路。难波村北面是人工挖掘的东西向河道道顿堀川，其北面就是规划城市大阪。城市南边靠近难波站的新地同样形成了花街、商业街等娱乐区。

为连接南北玄关口，1926～1937年大阪沿大阪站前、中之岛、难波站前修建了大路御堂筋（照片5）。御堂筋穿过堂岛川、土佐堀川时，架设了大江桥和淀屋桥等现代混凝土桥，是近代大阪的城市主干道。不过，大阪站前至淀屋桥的路段，是1908年建成的梅田新道，后来成为御堂筋的一部分。

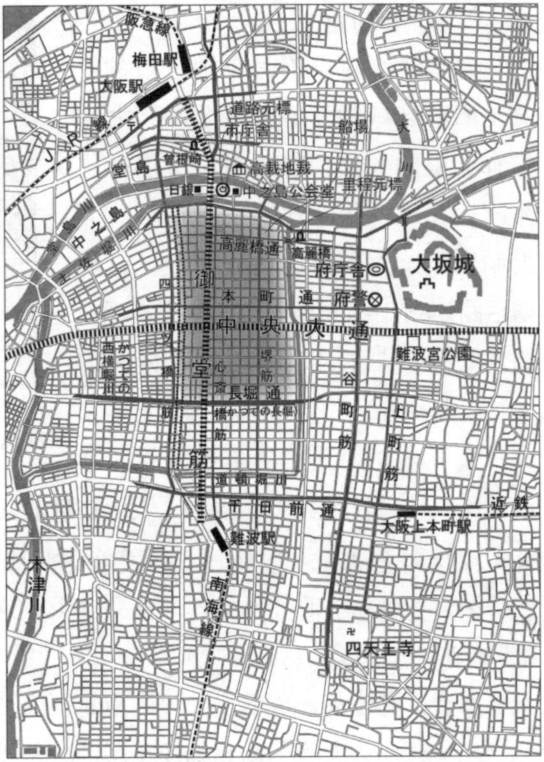

图2　大阪市中心空间结构示意图。市中心形态自图3的17世纪中期以后就没有太大变化。仅仅只是引入几条干线、拓宽少许道路、铺设铁路线。

至此，通过明治中后期诞生的南北双核难波站、大阪站（分为私营和官设），以及大正时期将它们连接起来的御堂筋，近代大阪的城市空间结构就这样确定了下来。

富有启发性的是，大阪的发展面向城市中的居民，而非港口。古代依托贸易港而兴的大阪，其城市主干道并非连接车站（大阪站）与港口（筑港）的路线，而是连接南北两座车站（地区商业中心）的路线。或许正是这一点，人们逐渐淡化了大阪曾是港口城市的印象。

2. 道路的近代化

御堂筋的建设不是单独进行的。由于旧时区域物流不依赖陆路，大阪没有宽敞的大路，需要对城市进行整体改造。1919 年获得内阁批准后，大阪制定了《大阪**市区改正**设计》，规划道路 64 条，昭和初期实际建成 40 条。御堂筋最引人注目，是唯一宽 24 间的大路（照片 6）。

照片 6　明信片，御堂筋刚建成不久的道路风景。这里有“以都市美著称的御堂筋街景”。1919 年《大阪市区改正设计》制定完成，御堂筋规划为 21 间宽，1937 年建成。

主导该规划立案的是当时的助理市长**关一**（后任市长）。根据《大阪**市区改正**设计》，大阪在御堂筋地下修建了首条地铁御堂筋线。1933 年，御堂筋线开通一期线路，北起分别是梅田站、淀屋桥站、本町站、心斋桥站。即使到今天，这些古老车站依旧洋溢着“创建新城市”的时代气息。

那么，御堂筋建成前，大阪的南北轴线又在哪里？

江户时期，大阪的南北轴线是堺筋，位于御堂筋东面，是通向堺的古道纪州**街道**的一部分。到了近代，堺筋两旁批发商铺和百货商店林立，是大阪数一数二的商业街。

现在大阪还有另一条南北轴线四桥筋，位于御堂筋西面。1908 年，四桥筋上开通运营市电南北线，连接起大阪站、凑町站（1889 年开设，后称 JR 难波站，现址经搬迁），以及南海电铁的难波站。

同一时期，长堀通上开通运营另一条线路市电东西线。市电南北线和市电东西线在城市中画出了一个十字。紧接着，1912 年开通市电堺筋线。

二战时，大阪遭遇 8 次大规模空袭，受灾面积达 50 平方千米，大阪环状线内部及西至大阪港地区被夷为平地。**战灾复兴**规划提出建设与御堂筋相交的东西向大道，即后来最高路宽达 80 米的中央大通。中央大通虽是车行交通干线，却难以称之为和御堂筋匹敌的城市主干道。关东大地震前建成的御堂筋，作为城市

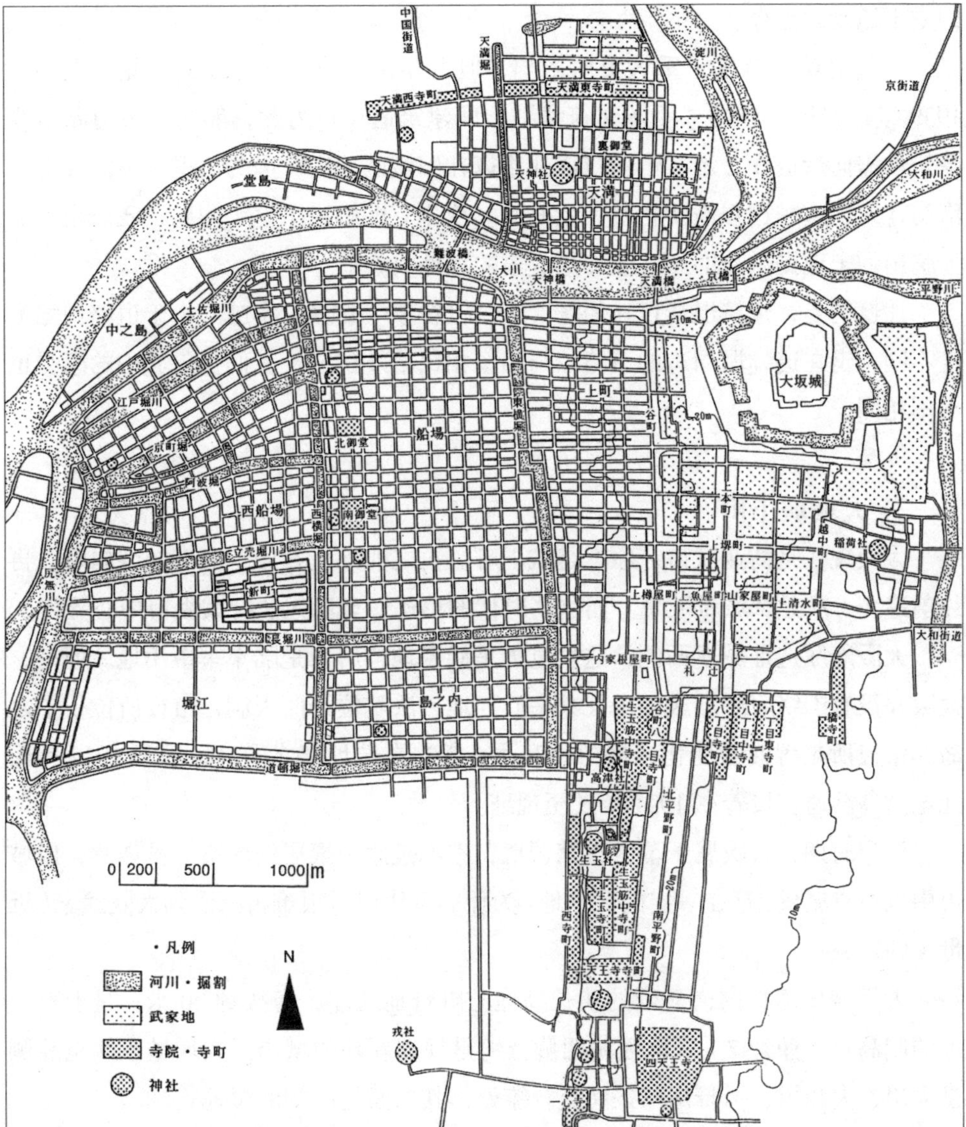

图 3　明历期（1655 ～ 1658）大坂城下町复原图。1655 年左右，大坂最早的模样。堀江周边的低洼地尚在开发（出处：《住在城里：大阪市都市住宅史》，大阪市都市住宅史编辑委员会编，平凡社，1989，118 页）。

的主干道延续至今。

二战对城市带来了重大负面影响，但也存在因战争才实现的规划。例如，1939 年在船场实施的“船场建筑线”，即建筑退让。为此，船场一带道路沿线建筑均需向后退让 2 米。但建筑退让难以在旧城区落实，因为后退距离需要拆除沿街建筑，这一过程需要花费大量时间。战争立即解决了这个问题，政府也无需为腾出的土地提供补助。这或许是战争的意外收获吧。

遗憾的是，建筑退让仅在船场实施，没在整个岛之内实施。由于道路规划宽度不同，走在道顿堀周边的道路，与船场相比格外狭窄，人们行走其中的感受也大不相同。

3. 大坂城下町

大阪现在是商业城市，原本是城下町。再之前则是石山本愿寺的**寺内町**。再往前追溯，应是都城难波京。而这些时代的痕迹，现已无法在大阪市中心寻得。

大阪府厅选址城堡西侧，这里过去是**武家地**，后来是陆军军事用地。但是，大阪并没有围绕府厅形成城市公共中心。地方法院位于西天满，市役所位于中之岛。市役所位置几经变化，最初和府厅一起选在选址江之子岛，后于 1912 年搬迁至堂岛浜通，接着在 1921 年迁至现址。

江户时期，大阪属于幕府直辖领地，本不是武士聚居的城市。虽如此，但城市中也筑有城堡，存在一定的武家地。为什么近代以后很难再感受到大阪武家（**近世**）的印象？

大坂城坐落在向南蔓延的狭长高地上町台地北端，海拔约 20 米，是上町台地的制高点（照片 7）。大坂城西侧低地是规划新建的城市。大坂城东侧至北侧是大川、大和川、平野川三条河流合流处，其东面是广阔的湿地。

1583 年，**丰臣秀吉**以四天王寺、大坂城为南北参照，在上町台地西侧低地修筑城下町（参考图 3）。也就是说，大阪最初是一座南北向城市。北端点是寝屋川（大坂城北，大川支流）上的京桥（照片 8），即京街道的起点。京桥桥北设有**高札场**，曾是城市最热闹的地方。现在提及“京桥”这一地名，马上会联想

照片 7　本町通，大手门前往西看。左手边是大阪历史博物馆，日本广播协会（NHK），右手边是大阪府警察总局。这些设施都建在上町台地。能切实感受到这是一段下坡路。

照片 8　京桥北，向南看。这里曾设有高札场，是古道京街道的重要路段。

到 JR 线的京桥站。但事实上，JR 京桥站站名取自京桥，桥梁本身历史更悠久。

1594 年，大坂城下町在城市西部开凿南北向河道东横堀川（运河惣構堀的一部分，即船场东界），并将上町（城下町北部，靠近大坂城的城区）划作三之丸武家地。至此，大阪始终是一座以南北方向为主的城市。

1597 年，大坂城下町规划向西扩张，有计划开发东横堀川西侧地区，即船场。那时大约开发至心斋桥筋（御堂筋东侧第一条南北向道路）周边，城市西界大约扩张至御堂。

做出如上推测的证明是，御堂筋东西两侧道路接续时形成了几处微妙岔口。而旧西横堀川以西地区存在更多道路岔口。这说明城市是有计划分次推进扩张的。

1614 年，大坂之役爆发。1619 年，大阪开启战后复兴，选定北组、南组、天满组三片地区为市区，旧称大坂三乡。北组和南组均属船场，将它们划分开来的是本町通。大坂三乡构成的旧城区称为“古町”。此后，大阪进一步向西推进开发至木津川，建成西船场、堀江等地区，合称“新町”。

为什么大坂城下町选择向西扩张？因为城市西面拥有港口和大规模未开发地。尽管西侧是低洼地，但将开凿运河挖出的土垫高地基，就能建设住宅，而新开凿的运河还能通船，因此向西扩张是一举三得的开发建设。从城市扩张模式看，大阪和阿姆斯特丹十分相似。

如此一来，从16世纪末期开始，大阪的城市发展方向由南北转换为东西向。在大川以南的旧城区古町，东西向道路称为“通”，宽4间3分，南北向道路称为“筋”，宽3间3分。

另外，古町正方形街区内部存在一条中线，这是自东向西修筑的排水道太阁下水。由此，街区内各**町家**背对太阁下水、正面朝向道路而建。古町所在地区的地势本就东高西低，在修筑东西向排水道后，东西方向自然成为城市的主要方向。这一特征至今保留在自东向西的街区命名顺序，即靠近城堡的街区为一丁目。

4. 横轴与纵轴

江户时期大阪城市的轴线以东西向为主，可以称为横轴城市，其中的代表轴线是高丽桥通（照片9）。

船场北面的高丽桥通是前往城堡的主要通道。城堡正门前建有东町**奉行所**和谷町代官所（西町奉行所旧址）。高丽桥通东端点是高丽桥（架设在东横堀川），过桥后接续城下町内的岛町通，路上能正面望见城堡的天守。高丽桥通向西通至船场后，沿街均是吴服店，热闹非凡。旧三井越后屋总店（现三越百货）也建在高丽桥通。

高丽桥西桥头设有高札场，在明治时期设有**里程元标**，代表它曾是城市中心。高丽桥体量很小，但属12座公仪桥（幕府负责维修的官方桥梁）之一，也是近代最早（1870）改建为铁桥的桥梁。直到1919年，大阪与其他城市的距离都以高丽桥为起点计算。1919年颁布旧《道路法》后，**道路元标**变更至中之岛市厅前。1952年，变更至御堂筋的梅田新道十字路口。

现在，高丽桥通是一条非常普通的商业街，高丽桥上甚至立着阪神高速的桥墩。曾代表城市主轴线与中心的道路和桥梁，几乎已失去了旧时面貌（照片10）。

江户时期如此清晰的横轴城市，为什么会在近代转变为纵轴城市？原因正如前所述。近代以后，大阪通过南北车站难波站和大阪站、连接二者的御堂筋，构

照片 9　高丽桥西，向东看。高速公路的高架背面。高丽桥西曾设有高札场，后来设置了里程元标。

照片 10　高丽桥通，在高丽桥西向东看。高速公路就建在河道上，真叫人痛心。

建起了城市的纵向发展格局。

至此，可对大阪城市发展历程中的“方向”变化进行梳理。

古代的难波京是一座南北向的纵轴城市，城内建有径直通向宫城正门的南北主轴线朱雀大路。难波宫所在的上町台地，自古以来存在南北贯穿的古道熊野街道。

后来，大阪成为石山本愿寺的寺内町。尽管不甚清晰，但可以确定这时的大阪仍是一座南北向的纵轴城市。到了江户时期，城市虽一度以东西路为主轴线，但建设之初是以四天王寺和大坂城南北基准的规划城市。四天王寺本身就是难波京空间格局的构成要素，在秀吉建设大坂城下町时，再次成为城市轴线的基准。

城市的变迁总让人意犹未尽。也就是说，到建成城下町为止，大阪始终是一座南北向的纵轴城市。城市发展方向也契合上町台地的自然走向。

其后，大阪开始向西扩张，从纵轴城市转型为横轴城市。究其原因，或许是秀吉在建设城下町之初就已有如下设想。首先建造纵轴城市，容纳武家地、**寺町**、近郊搬来的町家地区；其次将纵轴城市改建为横轴城市，向西扩张至临近淀川的**港町**。秀吉在统一日本的同时，提出如此宏大的城市规划，并付诸实施，着实令人敬畏。另外，大阪还是首座建在平原上的巨型城下町。

特立独行的事物总会受到时代质疑。这座延续秀吉宏伟构想的规划城市（船场、岛之内、西船场)历经四百余年积淀,终于受到了世人认可。大阪市中心三区(中央区、西区、北区)面积共计 24.4 平方千米,超过东京市中心三区面积总和之半。如此庞大的城市,早在江户初期就已建成。

但是,大阪自秀吉规划建成后,没有迎来新的辉煌。大阪的近代实践,与其说是新的尝试,不如说是蚕食旧时的丰功伟绩。或者说,至少是依附着过去的成果。修筑御堂筋(1926 ~ 1937)、划定船场建筑线(1939)、填埋长堀川(1960 ~ 1971)与西横堀川(1964 ~ 1971)、建设阪神高速公路(1964 年开通)等规划建设均是如此。

关于近代城市副中心的规划建设,代表例只有文首提及的大阪站前(梅田)与难波站前。这两处副中心尽管都活用了旧时的小路、拥有穿越迷宫般的步行乐趣,但在城市空间格局上发挥的功能不及旧时的大坂城与四天王寺,缺少更积极的意图。

现代大阪,似乎依旧围绕着 16 世纪末惊为天人的城市规划原地打转。一方面原因是,大阪的武家地规模过小,难以按照惯例利用闲置武家地推进城市近代化。更重要的原因是,大阪早在江户时期,就依托宏伟的构想实现了独特的城市风貌。

如此看来,秀吉真是一位绝代的城市规划大家。他规划的大阪超越了当时一般的近世城下町。这可能也是现代大阪城市发展没太受到近世束缚的原因。

神户——东迁的马赛克城市

1. 神户与横滨

在谈及开港城市时，常常将神户与横滨对比。两座城市拥有许多共同点。日本为避免在主要城市江户和大阪开设港口，便在周边新建港口城市，也就是横滨和神户。两座城市开港后迅速发展成大城市，以**居留地**为中心形成了具有西方气

图 1　神户 1/20000 临时图，由神户（局部，1885 年测绘，1888 年发行）、兵库（局部，1886 年测绘，1888 年发行）、须磨村（局部，1885 年测绘，1888 年发行）组成，国土地理院藏。

质的城市文化，至今担负着国际港口的职能。

但神户与横滨也有不少差异。

首先，两座城市地形不同，产生了许多差异。其中最显著的便是城市与港口之间的关系。横滨的港口开发区毗邻市中心，并在城市扩张过程中，有计划地逐步外迁。因此，横滨市中心与港口关系依旧密切，大海在城市中存在感很高。但是神户的港口开发区与居留地相邻，建成后未曾搬迁。并且后来在居留地与港口之间建成了阪神高速与阪神国道（国道 2 号），割裂了城市和港口的联系，这是因为神户所在的阪神地区背面（北）靠山、正面临海，只能选择在东西方向上发展交通、扩张城市。

其次，神户的城市空间结构较为复杂，横滨则简洁清晰。这与两座城市建成时的周边聚落有关。神户临近历史悠久的**凑**町兵库津（旧轮田泊），城市以居留地和兵库津为双核扩张。而横滨与神奈川宿距离很远，城市始终以日本大通为中轴扩张。

2. 海关的位置

开港城市的核心设施是**运上所**（最早称为凑会馆，后称海关），是海外物资运抵日本必须经过的关口。由此，运上所需要建在港口地区最靠近大海的地方，便于港口和外来船只互相确定位置。另外，运上所还是日本陆路运输的物流集散点，选址时需考虑与城市的联系。

五座开港城市运上所的布局模式详见图 2。

长崎和新潟开港前已是大规模**港町**，因此只能在远离市区的地方新建对外港口和运上所。横滨和函馆开港前是规模相对较小的村落，道路平行于海岸线（分别是弁天通、弁天町，均通向弁天社），又修建了垂直于海岸线的全新城市轴。新城市轴的近海端布局运上所，另一端修建游郭（现横滨公园）与幕府**奉行所**（后称**开拓使**函馆支厅、函馆公会堂），横滨与函馆的旧有城市轴都是祭祀水神弁财天的祠堂及通往祠堂的道路。

相对而言，运上所对神户的城市结构没有起到决定性作用。从 1867 年居留

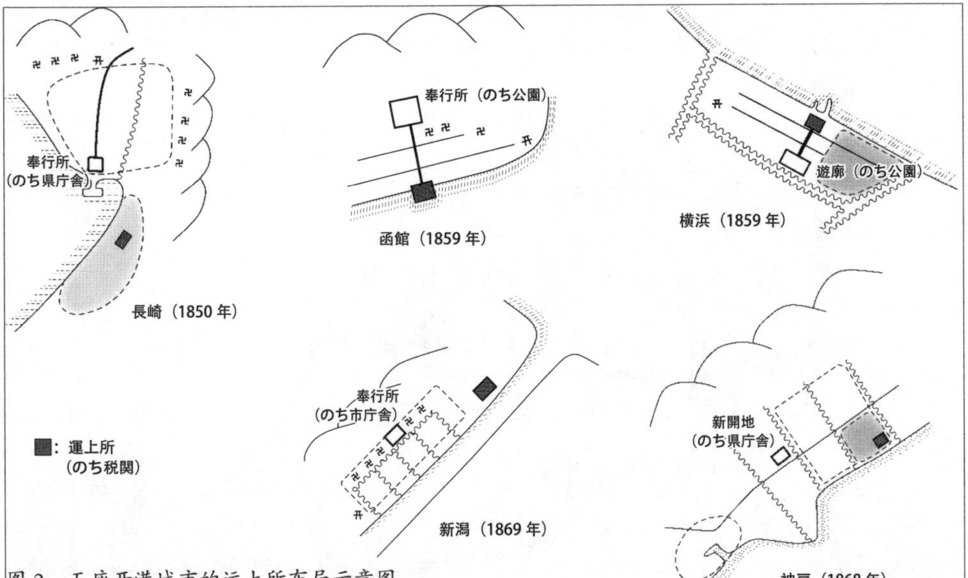

图 2　五座开港城市的运上所布局示意图。

地划分图（图 4）看，运上所（称为兵库运上所）位于居留地东南角，濒临旧生田川河口，即今神户海关北侧。这片地区的道路网后来发生了较大变化，但是京町筋和运上所的相对位置没有改变。

图 3　神户市中心空间结构示意图。至江户时期为止的城市中心兵库津，明治时期以后的城市中心居留地，其间东西扩张的城市中心区。连接新旧城市中心的要素有元町商业街与神户港（ハーバーランド，Harborland）等。从东边起，河流依次是生田川、鲤川和宇治川。

五座开港城市中，神户是建设新城条件最完备的城市。为什么运上所没能像其他开港城市一样决定神户的城市结构?

存在以下几点原因。

首先，神户居留地规划的重点在于居留地本身。

居留地被定位为自给自足的

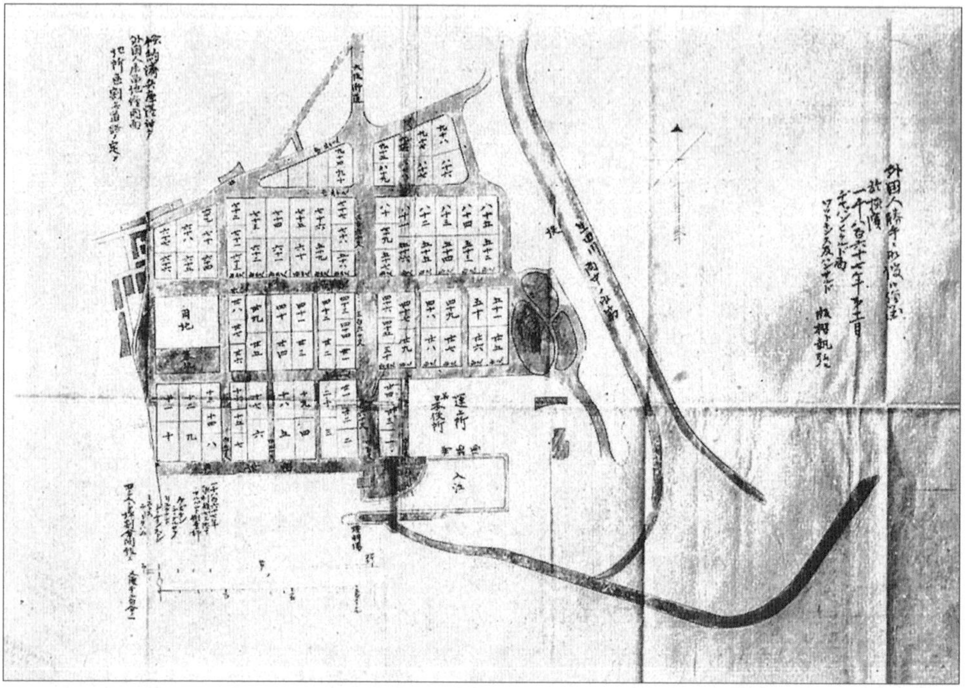

图 4　首版居留地划分图（1867）。规划将北面的大坂街道向南延伸至居留地内，道路取名京町筋。实际没有建成。（出处：《神户市史》第 1 集，附图，神户市役所）

现代住区，由大路围合，正中布局宽 90 英尺（1 英尺等于 0.3048 米）的南北向大道京町筋（照片 1），又规划两条东西向和四条南北向人行道。两侧设有绿带、游步道和游园（1876，供在日外国人使用，后称东游园地）。

为保证从京町筋能直望大海，运上所特意建在京町筋尽端东侧。这样功能主义的选址，是为满足居留地居民的使用需求，但缺乏从城市整体层面考虑。居留地的道路网自成体系，没有与地块北侧的区域干道西国街道连接。

照片 1　京町筋。站在京町筋与仲町通路口往北看。京町筋尽管是居留地的中轴，但并非横滨日本大通那样的行政轴。

为什么居留地规划如此独立？是为了隔断居留地和外部地区吗？

一方面是受到居留地规划师英国 W·J·哈特个人理念的影响，但影响最大的是规划设计条件。经幕府批准，居留地范围为旧生田川（现 Flower Road）以西、鲤川（现鲤川筋）以东地区，规模较小。居留地也不需要考虑容纳日本人，因为已有兵库津这一日本人聚居地。而核心设施运上所选址旧军事用地，这里原本建有神户海军操练所（**胜海舟**建立，1864—1865 年），很难纳入规划统筹考虑。运上所似乎在 1868 年 1 月 1 日神户开港前就已建成。

不过居留地内部环境反而因“与外部割裂”的规划设计，比周边地区优越，深受外国人好评。今天，旧居留地的道路走向、宽度和街区规模等与其他地区完全不同，犹如一块“颜色突兀的马赛克瓷砖”镶嵌在城市中。居留地的时代特征就这样延续了下来。

反观横滨，旧居留地后来不断与周边地区产生联系，本身特点被削弱。不过，横滨外国人居住区规模很小，约占市区五分之一，且有日本人混居。由此看来，如今神户在营造独特的城市风貌时，必须加强对旧居留地的把握。

神户建成居留地后，因为旧生田川的泛滥、人口饱和等原因，外国人居住区扩大至旧生田川以西、鲤川以东、六甲山山麓以南地区，并允许日本人混住。由此，原本居留地所特有的城市要素开始向外部扩散。

居留地内部两条道路率先向外延伸形成现在的城市道路南京町和海岸通。如县厅舍和法院等日方行政设施也选址居留地外部，兵库津距离居留地也不远，日方行政设施如此选址同样靠近日本人聚居地（兵库津）。

相比之下，横滨居留地新建在关内地区，规模较大，能容纳城市发展所需各种设施。且横滨居留地四面环水，与周边隔绝，将城市设施建在外部并不方便。

神户与横滨的建设初衷相同，但居留地规划及后续发展路径截然不同，城市个性迥异。

3. 快速城市化的应对

神户北侧靠山、南面近海，整体地形南北向起伏。道路蜿蜒蛇行，嵌入了开港城市的规划意图，漫步其中颇具趣味。

这座城市的“突兀之处”，不仅体现在旧居留地，还体现在商业街。神户现在的主要商业街有三宫中心街、三宫本通商业街、元町商业街（照片2）。前两条短商业街互相平行，西端与元町商业街错位连接。三条商业街彼此连通，但与周边地区格格不入。不像大阪心斋桥筋商业街，与城市整体形态完美契合。

照片2　元町商业街。向西看。1890年代由西国街道改建而来，保留了旧时蜿蜒蛇行的道路风貌。昭和初期，道路两端建成百货商店，由此被规划为中心商业街。

另外，开港前就已存在的生田神社及其参道（现称 Ikuta Road）同样有点格格不入。参道连接神社与旧西国街道，位于居留地北面。现在站在三宫中央通与京町筋的路口（建有一座鸟居）向北望去，还能看见生田神社。

为什么生田神社及其参道会突兀地镶嵌在城市中？因为这片地区的规划落后于城市化进程。明治维新前，兵库津人口规模稳定在2万人左右。1877～1887年，城市人口增至10万，到1901年激增至30万。1920年首次人口普查数据显示，神户人口规模已超60万。开港50年来，神户的人口规模增加了30倍。

横滨的人口在开港后同样激增，但两座城市扩张模式不同。横滨始终围绕开港新建的城市轴日本大通扩张；而神户则受到兵库津影响，形成以兵库津、居留地为双核的扩张模式。所以现在神户的城市形态宛如一根黄瓜，整座城市浑然一体。平行于海岸线的城市道路，像黄瓜皮上的条纹。城市中镶嵌的马赛克，正如黄瓜皮上的刺。

这样的城市形态，由这座城市的规划意图决定。

开港时，神户亟需解决的问题是连接居留地及其西侧约3千米的港町兵库津。为此，建成连接大阪与神户的铁路线，在兵库津东端开通终点站神户站（1874）。这是日本第二条铁路线，第一条铁路线连接东京新桥与横滨。道路方面，首先将居留地西面的旧西国街道改建成元町商业街，作为城市干道。其次，平行元町商

照片 3　Flower Road。从市厅舍前往北看。生田川河道经过向东改道，原河道填埋建成 Flower Road。是居留地东界。照片远处能看到三之宫站前的路口。

照片 4　鲤川筋街头北望。原来是鲤川，1875 年经暗渠化。照片远处左转道路的拐角处隐约可见旧河道痕迹。

业街，在其南面新建海岸通。海岸通西至宇治川，东与居留地南侧道路接续（1872）。最后，在元町商业街和海岸通之间新建荣通（1873）。

同时，因河流时常泛滥，神户对曾经分割地区的地上河采取改道、暗渠化等整治措施。涉及河流包括生田川（1871）、鲤川（1875）、湊川（1897 ～ 1901）、宇治川（1940 ～ 1972）。由此，新开辟 Flower Road（旧生田川）（照片 3）和加纳町（旧生田川）、鲤川筋（照片 4）和 Merca Road 宇治川商业街（メルカロード，旧宇治川）等道路。

之后，旧湊川沿线地区迅速推进城市化，建成湊川新开地。从湊川神社（1872），着手开发其周边地区，建成橘通、多闻通、中町通、古湊通（1873），再开发山麓地区，建成山本通、纸山手通、中山手通、下山手通等（1872 ～ 1890 年代）。

现在走在湊川新开地，还能隐约从蜿蜒起伏的道路中感受到旧时河流纵横交错的风貌。这也是体现神户个性的一块"马赛克"。

神户居留地原本规模过小，在开发中逐步扩大至六甲山山麓及海边，在山脚下修建了供外国人居住的异人馆，还在西面形成中国人居住的南京町（照片 5）。这些也代表了神户个性的"马赛克"。

后来，各地区不断推进开发，城市中的"马赛克"逐渐联结，让神户成为一

照片 5　中国人居住的南京町街头西望，位于居留地西侧。道路狭窄曲折，表现出与横滨中华街不同的风貌。

照片 6　兵库津，江户时期开凿的壕沟，是如今神户市的命脉。右侧是矶之町，左侧是船大工町。曾是联系大阪的物流枢纽，1875 年成为新川运河的一部分。

座由许多独立“马赛克”拼接而成的城市。

4. 中心区东迁

大阪周边地区开港最初选择是兵库津。但因神户村的港湾能遮蔽西风，便于船只停泊，最终在神户村插上了白羽箭（象征开港）。现在漫步兵库津，新川沿岸的港口风貌十分典型（照片 6），工厂、市场、卧城混杂，给人留下更深刻印象。这片地区的路网因**战灾复兴土地区划整理**彻底改变（图 5），现在已很难想象旧北前船终点的热闹场景了。

兵库津与居留地之间的空间也在同步近代化。神户的公共设施均建设在这里。例如明治时期诞生的县厅舍、裁判所、邮便役所（后称邮局）等近代行政设施，还有推行市制后设立的市厅舍。

因城市不断发展与扩张，县厅舍几度搬迁。1868 年 5 月，政府在兵库津尼崎**藩**阵屋旧址临时办公。1868 年 9 月搬迁到今地方法院所在地，1873 年，搬迁到今县公馆所在地，1912 年才搬到县公馆马路现址。搬迁过程中与县厅舍距离最近的 JR 车站也不断变化，从兵库站到神户站、元町站。神户市厅舍亦一路向东搬迁。相对而言，横滨县厅舍面朝日本大通，1868 年建成后始终位于横滨开

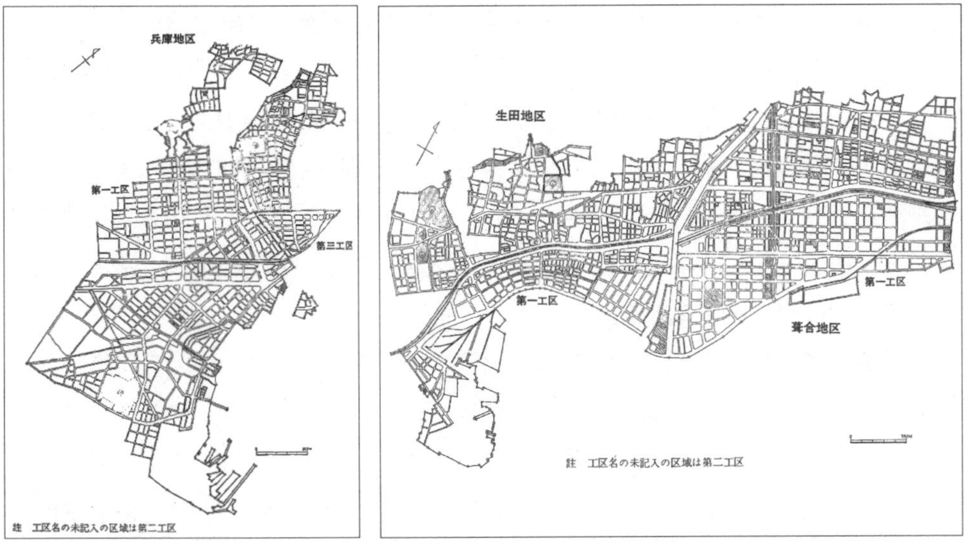

图 5　神户复兴土地区划整理设计图（部分）。神户战灾复兴土地区划整理涉及六个地区，自东起依次是滩、葺合、生田、兵库、长田和须磨。仅举例举葺合地区、生田地区和兵库地区。旧居留地和北野通以北地区未涉及。（出处：《战灾复兴志》第 9 卷都市篇 6，建设省编，城市规划协会，1970，622 ～ 625 页）

港规划的核心区（运上所旧址，最初称神奈川法院）。

神户未曾搬迁的主要公共设施大概只有 JR 神户站与神户邮局（1875，现神户中央邮局）。准确说，神户站车站大楼在地块内部也稍有变更，但没有迁出地块。

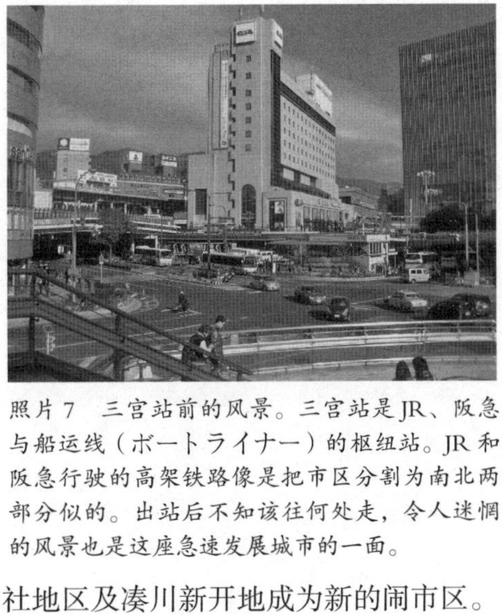

照片 7　三宫站前的风景。三宫站是 JR、阪急与船运线（ポートライナー）的枢纽站。JR 和阪急行驶的高架铁路像是把市区分割为南北两部分似的。出站后不知该往何处走，令人迷惘的风景也是这座急速发展城市的一面。

神户站选址旧凑川前，即兵库津与居留地之间的新市中心。随着车站开通，周边地区人流量增大，带动了发展。1909 年，里程元标就设置在神户站旁相生桥的桥头，临近车站的凑川神社地区及凑川新开地成为新的闹市区。

凑川新开地也陆续建成剧场和电影院，成为明治末期至大正年间的繁华中心。到了昭和初期，元町东西两端建成大丸百货和三越百货。城市中心区也向东迁移。

不仅如此，包括JR、阪神电铁、阪急电铁在内的城市交通枢纽也向东迁移。由于1931年铁路线高架化，三之宫站向东搬迁至现址，旧址改建元町站。阪神电铁则在1905年开通终点站阪神神户站，并在1933年迁往地下（现称阪神三宫站）。阪急电铁于1936年延伸至三宫，开通阪急神户站（现称阪急三宫站）。由此，三宫站成为神户新的交通枢纽。

每次到访神户，无论在哪里下车，不知如何前往市中心，总会感到焦躁。这大概是因为，现在的神户是由独自生长与变幻的“马赛克”拼合而成，并借助铁路和城市干道等将它们绑在一起。

但在市民眼中，JR、阪急电铁等不仅没有加强城市联系，反而割裂了城市，违背了“市约”。从战前开始，市民就强烈要求铁路线地下化。但铁路促进了商业街发展，这为它们争取了一定的支持。无法辨认城市中心在何处，正是这座“马赛克”城市的个性所在。

奈良——三条通主导的公园城市

1. 公园中的城市　城市中的公园

从近铁奈良站地下站台步行出站，眼前是宽阔的上行坡道登大路，通向东边东大寺。沿着登大路漫步，不一会就能看到奈良公园广阔的绿地，这才让人切实

图 1　奈良 1/20000 迅速图（局部），1887 年测绘，1889 年发行。国土地理院藏。

感觉到了奈良（照片 1）。47 座县都城市中，奈良独树一帜，既是公园中的城市，也是城市中的公园。

奈良有两座重要寺院，分别是东大寺与兴福寺。走在站前大道登大路上，能清晰地知晓东大寺的方位。但兴福寺，不仅寺院范围十分模糊，也无法使人感受到严谨的建筑布局构成，感觉是零星散布在公园里（照片 2）。这是怎么一回事？说起来，奈良公园指的又是从哪里到哪里？

另一方面，如果出站后没有直接往东走向奈良公园，而是往南走向拱廊商业街，会有一种完全不像在奈良的感觉（照片 3）。奈良公园与拱廊商业街距离很近，

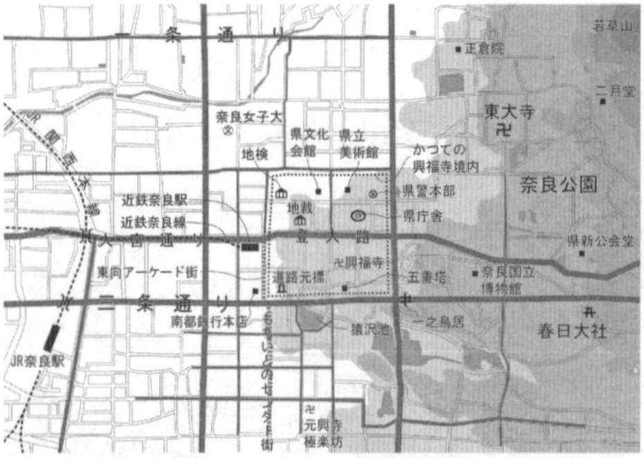

图 2　奈良市中心空间结构示意图。近世至近代的城市轴三条通，以及后来成为现代城市东西轴的大宫通・登大路。相对而言，奈良没有突出的南北轴。

照片 2　登大路，照片 1 稍往东处，向东看。右手（南）边是兴福寺的旧领地。正面是奈良公园的一部分。无法判断公园和寺院的边界。公园城市的面貌跃然纸上。

照片 1　登大路，向东看。远处可见春日山和若草山。过去均为兴福寺的领地。

照片 3　东向商业街。这是与兴福寺西界限相邻的古老道路奈良町的一部分。过去，东向商业街靠兴福寺一侧（东侧）没有商家，只有西侧才有店铺。

却让人难以感受到它们之间的关联。从目的来看，前来参拜的游客出站后显然会去东大寺和兴福寺，但这条拱廊商业街没有引导游客向东走，而朝着南边去了。更让人不解的是，这条拱廊街叫“东向”商业街①。

究竟如何行走，才能抓住这座城市的整体？让我们带着疑问，一起阅读奈良的故事。

2. 贯穿奈良町的三条通

奈良历史悠久，影响城市发展的因素众多，而其根本是神社寺院，势力极其强大。即使在日本各地修建城下町的**近世**，也并未建成城下町。虽然曾于1560年在北面的丘陵地建设多闻城，但1577年城堡被**织田信长**摧毁，后来再没建过城下町。基于这样的背景，奈良形成了独特的城市个性。

这样说来可能会将奈良与**门前町**长野混为一谈，两座城市都因寺院兴起。但本质并不相同。奈良起源于门前乡。门前乡是围绕神社寺院（在古代属于贵族的私家庄园）形成的聚落，主要服务参拜的来客。后来门前乡依托商业贸易逐渐独立，在江户时期形成名为奈良町的小规模商业城镇，延续至近代。

从近代初期的奈良町地图（图1）看，城镇大致在兴福寺西部与南部。自奈良町向外延伸的区域性干道，包括北上的京**街道**，东进的名张街道，西行的暗越奈良街道（南，在暗峠穿越生驹山地通向大阪）与一条街道（北）。向西延伸的两条道路，接续城内的三条大路（现称三条通）和旧一条大路。这样纵横铺展的道路网架，能让人切实感受到日本古代的**条里制**。

比较阅读图1与图2，可知JR关西本线的车站JR奈良站位于旧时三条通与城镇的交界处。这条铁路最初由大阪铁道会社负责修建，用于连接大阪和奈良。1890年，JR奈良站开始运营。1892年，JR关西本线大阪**凑**町至奈良段全线贯通。

为什么JR奈良站选址该处建设？因为三条通是近代奈良最重要的干线道路。从图1看，车站位于进入奈良的关口，当时也还未建成登大路·大宫通（位于三

---

① 商业街通常两侧都有建筑，但东向商业街过去只有西侧建有商店，东侧未建。商业街西侧的商店正面朝东，所以称为东向商业街。

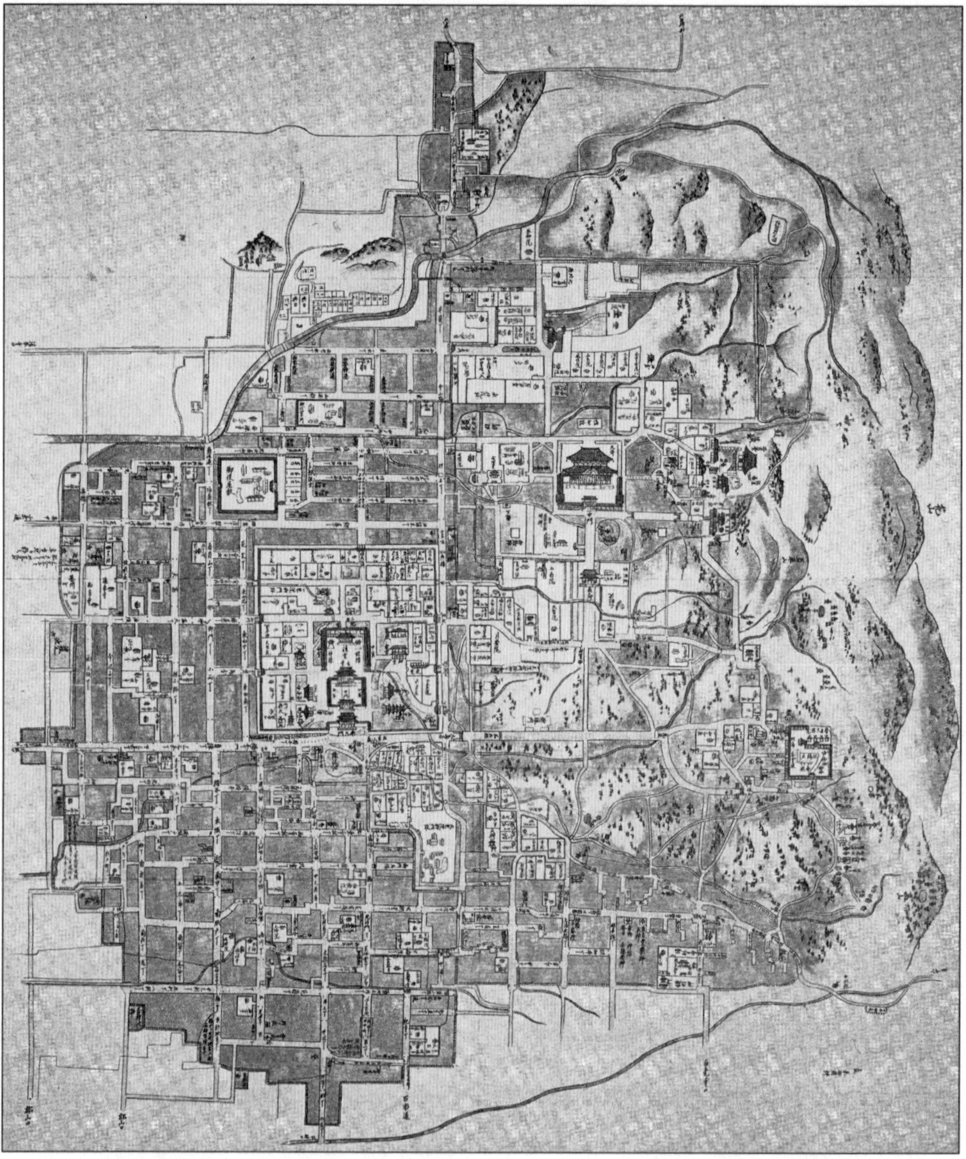

图 3 《和州南都绘图》（局部，天理图书馆藏）描绘了 1730 年代后半期的奈良。如图可知，兴福寺十分兴盛，寺院建筑鳞次栉比（出处：原田伴彦、西川幸治、矢守一彦编著《近畿市冲古图》鹿岛出版会，1978）。

条通北侧的城市干道）。从图3看，三条通从上坂经兴福寺南大门直抵春日大社，既是春日大社的**参道**，也是自古以来贯穿奈良的东西主轴线。

奈良有数条道路贯穿城镇东西，包括一条大路、二条大路、四条大路等，但其重要性都不及三条通。如图1所示，一条大路（现称一条通，图中写作一条街道）是直抵东大寺转害门的干道，但位于城市偏北部，与城市联系不密切；二条大路（现称二条通，位于现在奈良女子大学南侧）相对靠近城市，却在城市边界中断，没有进一步向西延伸，且"二条通"这个路名本身也不常用；四条大路则位于奈良町中央元兴寺的寺院内部（今市中心），原本就不是东西贯通城市的道路。

由此看来，三条通是进入奈良唯一的交通关口，也是城市最重要的东西向干道。这点也可从奈良传统祭典中窥见。奈良每年12月例行举办春日若宫的御祭（おん祭），其中御渡式（お渡り）的游行线路就是沿三条通自西向东行进，目的地为一之鸟居东侧的御旅所。

3. 行走三条通

出了JR奈良站，进入向东蜿蜒的上坡路三条通，眼前的风景缓缓变化，市中心繁华的氛围越来越浓郁（照片4）。最热闹的当属江户时期规格最高的桥本町，位于三条通与东向商业街拱廊（位于左手北侧，1962年建）和饼饭殿中心街拱廊（位于右手南侧，1955年建）的交汇处。

桥本町紧挨着兴福寺领地西界，位居兴福寺各町之首，是兴福寺寺门乡的组成部分。至于为何两条商业街均与三条通连接，估计是通过直达兴福寺西界的三条通，吸引西界通道的大量人流。

桥本町建有西洋风格的南都银行总行（1926，有形登陆文化财），银行正面朝向三条通（照片5）。从近铁奈良站出站沿东向商业街往南走，只能看到银行侧面。为什么是侧面？因为那时东西向的三条通才是主要道路，建筑自然正对主路。

沿着三条通继续往东走，就到了江户、明治、大正三个时期的城市中心，这里同时设有**高札场**、奈良县**里程元标**与奈良市**道路元标**。现在所见的三块标识都是复原物（照片6，原本位于桥本町的中心点，即现址西侧约20米处）。

照片 4　三条通。摄于 JR 奈良站稍东处。向东看。缓缓的上坡路。正在翻修道路。远处是春日山。

照片 5　三条通，再往东走，向东看。面朝三条通的南都银行总行。建筑右侧是东向商业街入口。

照片 6　三条通（桥本町），高札场、里程元标与道路元标复原物所在处。原本位置还要偏西一些，大约位于饼饭殿商业街（左）前。江户、明治、大正三个时期的路标集中一处，县都城市中仅有奈良如此。

照片 7　三条通，近兴福寺南大门旧址，往东看。正面远处是兴福寺五重塔（1426 年左右建，国宝）。本书写作的 2018 年，正在进行南大门复原工程。

接着往东走，右边可以窥见坡道下猿泽池的全貌，左边是兴福寺，正面的台阶上则是兴福寺南大门旧址（照片 7）。2018 年重建的兴福寺中金堂正面朝向三条通。因此走到这里，逐渐能感受到兴福寺的存在了。

再往前走，是红色的一之鸟居（照片 8）。穿过鸟居，是春日大社的参道。在此可以感受浓郁的神圣氛围，仿佛置身圣域。但这里还只是寺院南面的一部分，难以想象如此广阔的寺院，是如何转作奈良公园、成为名胜的。

沿着脚下的参道抵达春日大社社殿的过程中，沿路供奉的春日灯笼不断增多，仿佛告诉你终于进入了神社。

像这样走一走，才能真切地感受三条通作为春日大社参道的意味。

行走于三条通，不仅是通过一条热闹的大街，还在阅读一座城市的故事——这条传统城市的轴线道路是如何从古代延续至今、如何应对新时代的浪潮，其面貌又发生了怎样的变化。城市故事凝聚为一条直线道路的前世今生，体现出奈良城市稳固的特性。

照片 8　三条通，可以看到春日大社的一之鸟居（1638 年建）。这里过去是兴福寺和春日大社的交界。

4. 兴福寺领地的重大变化

漫步三条通，能真实感受奈良发展史，那么作为现代城市轴线的登大路呢？

登大路形成于明治之后，源于奈良寺院的巨大变化。比较图 1 和图 3 可知，登大路正好居中穿越旧兴福寺领地，将寺院分割成南北两部分。

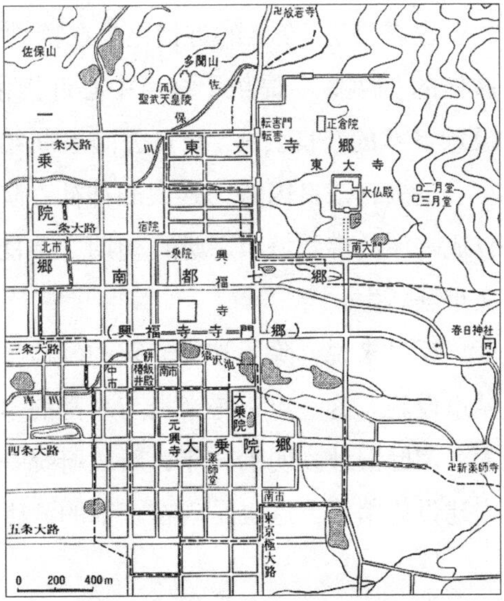

图 4　南都诸乡图（永岛福太郎原图改绘）（出处：《都市图的历史・日本篇》，矢守一彦，讲谈社，1974，437 页）。

1872 年，兴福寺一度废寺，众多建筑被毁，北侧的坊舍集中区收归公用。新政府在这片土地上开辟了登大路，沿路修建了县厅舍、法院、师范学校（现已搬迁）等近代公共设施，成为奈良城市的官厅街（后来新建县警本部和县文化会馆等）。就这样，旧兴福寺领地转为近代城市的公共设施用地。

兴福寺建寺源起于藤原氏，是中世时期奈良城的守护寺院，即便到了近世也还能凭朱印领取两万**石**俸禄。兴福寺与祭祀藤原氏氏神的春日大社渊源深厚，中世以后的权势地位远超东大寺。

但这种显赫的权势地位也导致了它在明治时期的迅速衰落。1868年，《**神佛分离令**》施行。兴福寺的僧侣，要么被迫还俗，要么改当春日大社的神职人员。兴福寺一度成为废地。**废佛毁释**的风行，造成兴福寺佛具和什器大量流失，以及寺院建筑的破坏。

如今已是世界遗产的兴福寺五重塔，在当时仅以五金工具的价格变卖给个人。也有关于烧毁五重塔的记载，据说是嫌拆除该塔花费太大，想一烧了之，但因火势蔓延危险遭居民反对，最终不了了之[①]。

随后，新政府于1871年颁布《**社寺领上知令**》，将兴福寺领地收归公用。奈良公园居然是在废佛毁释背景下诞生的。

也就是说，奈良的近代化是在牺牲神社寺院（尤其是寺院）基础上推进的。但这样的“牺牲”，提供了城市中心近代化所需的大量公共用地，最重要的，带来了绿意盎然的奈良公园。奈良公园不断纳入东部山地，成为规模巨大的城市公园。

过去，奈良因势力强大的神社寺院，直到近世初期也没有建设城下町，而是自成一派的佛教城市。近代初期，奈良借助兴福寺的寺院领地推进近代化，又一次重获新生。

反过来说，除了神社寺院的领地，奈良几乎没有其他空地可以集中建设近代城市设施。这一点正是奈良与京都的本质差别。京都的近代化建设，主要利用了大名宅邸旧址。明治初年，新政府统一收缴大名宅邸，改建为公共设施或转卖私人建设旅馆等。这也是现在京都的酒店数量远高于奈良的原因。

5. 近铁奈良站的选址

近铁奈良站的选址同样值得回顾。近铁奈良站如选址三条通，岂不是能更自然地成为奈良的**玄关**口吗？

这里也有故事可讲。

首先需要回答一个问题：近畿日本铁道奈良线的线路和终点站近铁奈良站的

---

① 辻善之助《日本文化史》第七卷，春秋社，1952，35.

位置，是怎样确定的呢？1890年，大阪铁道的奈良站开业。1914年，大阪电气轨道（后称关西急行铁道，今近畿日本铁道）的奈良站开始运营。奈良站是近铁奈良站前身，当时是地面站。

连接大阪上本町与奈良的大阪电气轨道，最初设想在三条通建设奈良站，也取得了建设许可。但作为人流较多的大路，在三条通建站的方案遭地方强烈反对。之后才改选东向中町，即位于大宫通南侧的现址。

最终方案选择其他用地，其实也是为了避免对三条通造成重大变化，可见三条通对奈良的重要性。去现在的三条通走一走，仍能感受到当时选择带来的影响：积极一面在于保护了行人优先的传统，消极一面是不再承担奈良玄关口的职能。

不由去想，如果当时选择在三条通修建近铁奈良站，又会有怎样的故事呢？

其实为了确定近铁奈良站的新选址，县政府、市政府、市议会展开过激烈论战。直到1914年，为了举办大正天皇即位纪念活动，铁路运营商决定拓宽大宫通与登大路接续的路段（现近铁奈良站以西的路段）。方案计划将道路拓宽至10间、并设铁路线。据说，正是因为铁路运营商愿意出资拓宽道路，国家和县政府才决定支持在大宫通建设近铁奈良站的方案。

就这样，铁路布线由最初的三条通变更到了大宫通沿线，车站具体位置尚待确定。在奈良公园内部设站的提案，因政府反对，最终选定奈良公园前的现址建

照片9　三条通，再往东，一之鸟居前。往东看。从这里开始就是春日大社的领地。显然，三条通也是春日大社的参道。

照片10　登大路，近铁奈良站前，向西看。远处的道路是大宫通，拓宽于大正天皇即位纪念仪式。由于采取了不同的道路拓宽施工技艺，登大路和大宫通之间存在约4–5米错位。

设。初建时为地面车站，1969 年在原址改建地下车站，翌年车站大楼开业。

如今，关东居民前往奈良，一般会在京都转乘近铁线。近铁线于 1928 年全线贯通，旧称奈良电气铁道，现称近畿日本铁道京都线。1928 年正好是昭和大礼（大典）举办那年。此后再也没有新修通往奈良的线路。有趣的是，代表奈良现代城市形象的大宫通与近铁奈良站（时称大轨奈良站），建设契机却是大正天皇、昭和天皇即位这样传统的国家纪念活动。

近铁奈良站的建设过程，也间接导致了“出站后稍显不可思议的奈良公园”这一感受。东大寺划入奈良公园后，旧有寺院领地的范围已不太清晰，但保留了原有参道从南入寺的走向，因此还能真切感受到原有的寺庙格局；相对而言，兴福寺的旧寺院领地不再完整，且正中新开一条贯通东西的宽阔道路，替代原有从南入寺的参道成为主要通道，因而很难再感受到原有寺庙的格局。

因此，读者也就可以理解：到达奈良后立刻沿着登大路往东走并非阅读这座城市的最佳路线，行走其中感到困惑也是自然。

6. 暧昧的奈良公园

回到最初的话题，奈良公园范围究竟如何，哪里才是公园边界？仔细想想，不仅奈良公园存在这样的问题，东京的上野公园、芝公园，京都的圆山公园亦是如此。

这些公园的共同之处，在于它们过去都是寺社地（神社寺院领地）。上野公园曾是宽永寺的寺社地，芝公园是增上寺的寺社地，圆山公园则是八坂神社与安养寺的领地。

说起来，“公园”这一用语最早出现于 1873 年，指由太政官宣布的群众游览场所。汉字“公园”，比其相应的欧语来源（英语 Park、法语 Jardin），更有革新和开化的意味。本来人们游览的首选地也是神社寺院。1871 年颁布《**社寺领上知令**》后，神社寺院除了建筑之外的领地均收归政府所有，大部分都改成了公园。

比如东京，就是在政令颁布后的 1873 年，公布了一批公园。除了以上提到的上野公园与芝公园，还有浅草公园（浅草寺）、深川公园（深川八幡寺）、飞鸟山公园（今轮寺）等 5 处。

奈良兴福寺情况比较特殊。由于寺院被整体取缔，1880 年总面积 44092 坪（约 0.1455 平方千米）的旧领地全部转为公园用地（即奈良公园）。到了 1881 年，兴福寺又得以重建，占据了部分公园用地。1889 年，若草山和春日山划入，奈良公园总面积达 1506 **町** 8 反 4 日亩 ①（约 0.1492 平方千米）。

除了多次用地范围调整，还有其他原因导致边界模糊。比如奈良公园存在 2 种不同的法定范围，包括根据 1919 年颁布的《史迹名胜天然纪念物保存法》（现《文化财保护法》构成之一）划定的国家指定名胜范围（1922）和根据 1956 年颁布的《都市公园法》划定的都市公园范围。现东大寺领地与兴福寺领地，属于国家指定名胜的奈良公园范围，但不属于都市公园的奈良公园范围。

此外还有奈良公园内部存在非公园用地的问题。正仓院（东大寺大佛殿西北方的宝库）、奈良国立博物馆等这些建筑用地还是国有土地。当然普通游客未必能感受这种用地的差异，可能会理所当然认为这两处建筑属于奈良公园。这其实也反映出管理制度与现实的脱节。

神社寺院为奈良的近代化提供了广阔土地，也带来了“暧昧的”奈良公园。

提到奈良，还会想起一位重要的日本美术评论家**欧内斯特·费诺洛萨**，1884 年到访奈良调查正仓院宝物的故事广为人知。当时同行的**九鬼隆一** ② 好奇他为什么闭口不谈对奈良城市的印象，便问为何？欧内斯特·费诺洛萨回答：

“承载千百年前美术巅峰的宝器，毗邻名山绵延不绝的参天老杉树林，神鹿徐徐踱步的静谧公园世界，广阔无垠，令人瞠目结舌，怎么去谈？” ③

这位可是毫不犹豫便将法隆寺梦殿秘藏不露的救世观音像公之于众的费诺洛萨啊！却被奈良城市的深度震慑，无法言语。当然我们也发现，他将这座城市（至少包含领地及其周边的范围）比作“宝器”，叫作“公园”。

漫步登大路，可以真切体会到奈良城市与公园融为一体的特征，也可以真切感受到奈良因历史而生的城市特征。

---

① 1 町 =10 反 =100 日亩 =3000 坪 =9917 平方米。

② 时任临时全国宝物调查负责人，后帝国博物馆首任馆长，贵族院议员。

③ 《奈良市史》通史 4，奈良市史编集审议会编，吉川弘文馆，156 页。

和歌山——接续远方车站的大构想

1. 和歌山站与和歌山市站

到访和歌山的旅客，选择在和歌山站下车，或是在和歌山市站下车，会对这座城市产生截然不同的第一印象。

乘坐南海电铁到和歌山市站，出站后郁郁葱葱的樟树映入眼帘，时间在慵懒而缓慢地流逝，这是南方城市的特色。而从和歌山站下车，眼前是宽阔笔挺的榉树大通（けやき大通り），让人感觉这是一座年轻而稍显急躁的城市。

为什么会产生截然这样不同的第一印象？为什么和歌山拥有两座相距很远的铁路车站？为什么还建专门建设了连接和歌山站与和歌山市站的纪势本线？另外，和歌山线与阪和线的铁路错综复杂交汇在一起，为什么会出现这样的布局？

另外和歌山的第一座车站既不是和歌山市站，也不是和歌山站，而是现在没什么客流的纪和站。这到底是怎么回事？

一般而言，铁路线会沿着建成市区边缘铺设并在城市边缘开设车站。但和歌山情况特殊，宽阔的河流纪之川在城市北面，隔开了堺、大阪等大城市。因此，铁路线选择在哪里穿过纪之川与城市接续，成为一个重要问题。

图 2 描绘了和歌山**城下町**早期的城市风貌。如图所示，和歌山城的正门位于城堡东北侧，面向城堡正门的道路是地区交通要道，现在名为本町通。为靠近地区交通要道，城市的**玄关口**（车站）自然选址于城市北面。

这座纪和站，旧称和歌山站，现在不再繁荣，没什么客流。但 1900 年以纪和站为起点的纪和铁道线，是和歌山首条全线开通的铁路。纪和铁道线沿纪之川

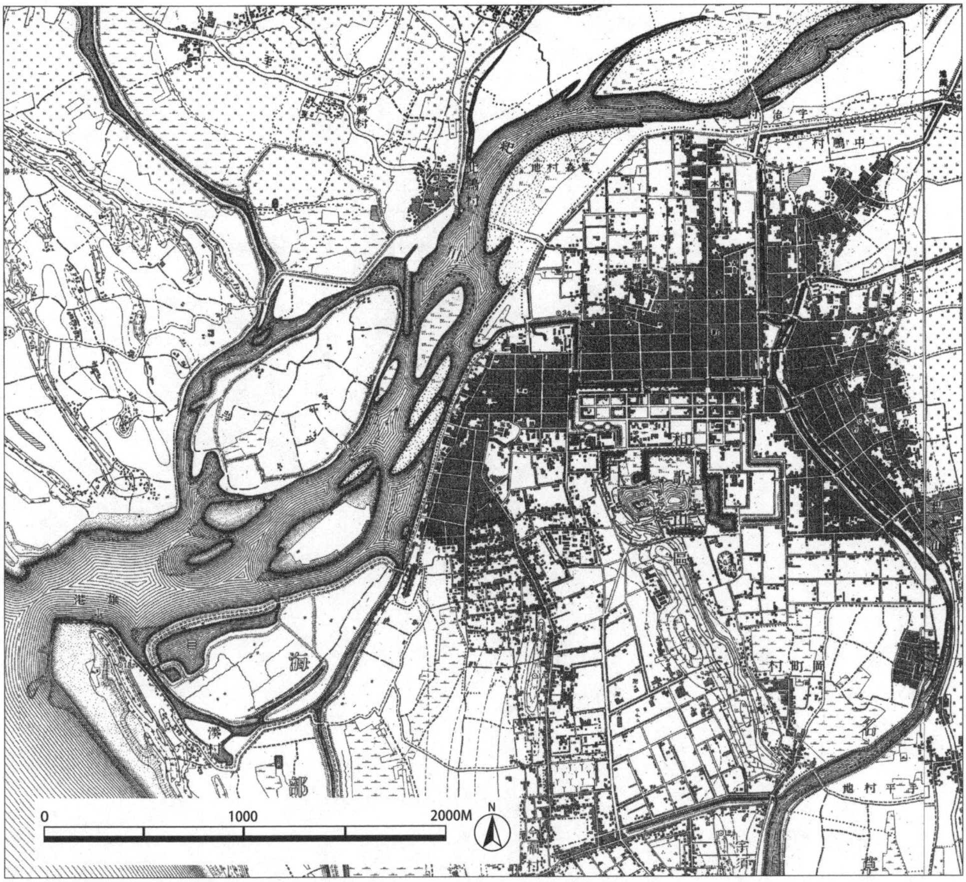

图 1　和歌山 1/20000 临时图，由和歌山（局部，1886 年测绘，1892 年发行）、秋月村（局部，1886 年测绘，1891 年发行）组成。

铺设，通往东北方向的桥本和五条（这段原始铁路已拆除），现在改称 JR 和歌山线。其布线选择据说受到了军方指示：为避免战时转运士兵时遭海上炮击，所以铁路线避开了海岸。

紧接着，在地方市民的期盼中，1903 年和歌山开通直达大阪难波的南海电铁，同时开设和歌山市站。同年，纪和铁道线西延至和歌山市站，和歌山市站成为城市的新玄关口。

实际在城市中走走看吧！从和歌山市站步行出站，向东走到本町通，沿着本

图 2　安政二年（1855）和歌山城下町图（《和歌山市史》第 10 卷，和歌山市史编纂委员会编，1992，附图 4）。

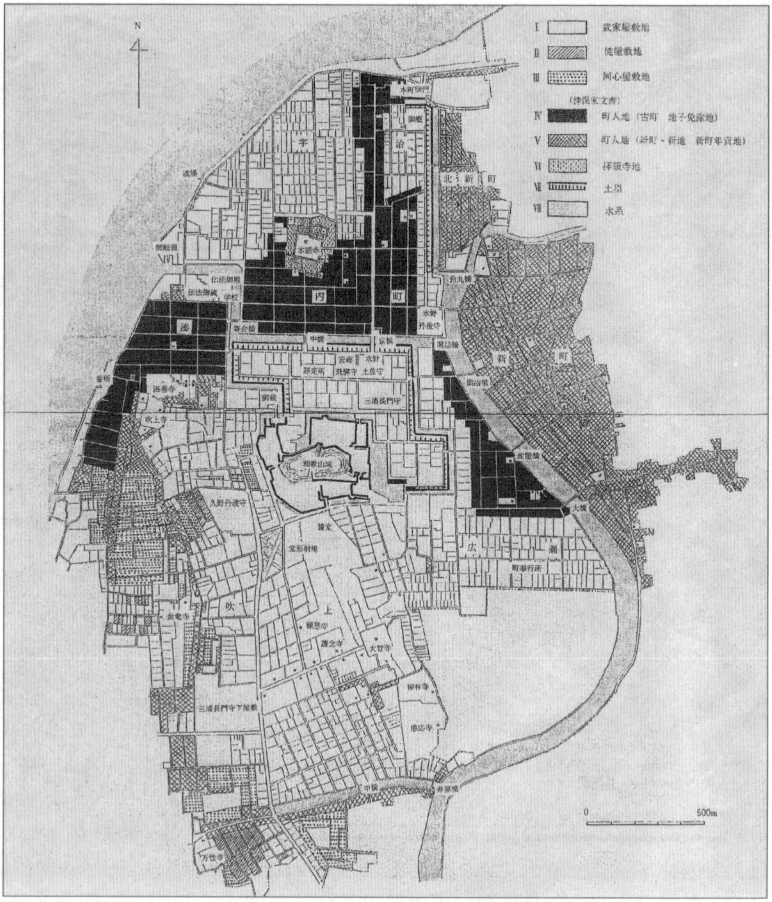

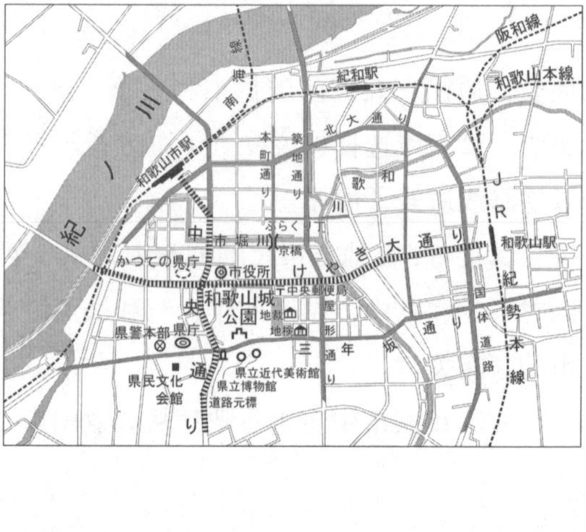

图 3　和歌山市中心空间结构示意图。根据战灾复兴规划，历史街区嵌在规则宽阔的网格状路网中。东西向轴线是榉树大通，南北向轴线是中央通。

町通往南走，不一会儿会经过市堀川（内河）。市堀川原是城堡的外护城河，京桥架设其上，周边还有本町二丁目。京桥一带是和歌山最热闹的地方，曾设有**高札场**、明治时期的**里程元标**及大正时期的**道路元标**，一直是和歌山的城市中心。道路元标后来迁往县厅前十字路口。眼前的京桥则是 1930 年改建的钢筋混凝土桥，桥柱设计精美，给游客留下了美好印象。回望本町通，宽敞整洁的道路风景，让人心旷神怡（照片 1）。

照片 1　架设在本町通的京桥。1930 年改建的混凝土桥。桥头曾设有高札场、里程元标、道路元标，是城市的核心。

本町通改建自旧时的区域干道纪州**街道**，是和歌山的主轴线。所以从和歌山市站出站，自然而然会走向本町通。1909 年，本町通从 4 间拓宽至 6 间，开设了和歌山首条有轨电车线路。如今已拓宽至 20 米。

照片 2　《纪伊国名所图绘》展现的京桥周边。市堀川的风景。向西看。

沿着本町通继续往南走，会看到一条宽敞的榉树大通，向东直抵和歌山站。沿着榉树大通一路向西走到西汀丁（路口）。在路口和榉树大通正交的道路是中央通，铺设了通往风景名胜和歌浦的电车道，两侧有县厅舍（现汀公园）与市厅舍、银行、Burakuricho（ぶらくり丁）商业街等。

奇怪的是，和歌山站选在远离传统主轴线本町通的现址。和歌山站开通于 1924 年，时称东和歌山站，为了方便修建环绕纪伊半岛的纪势线而将车站建在这里。1930年，为取客流，官营铁路阪和电铁建成阪和线。阪和线起于东和歌山站，止于大阪南侧的天王寺站，铁路线穿过和歌山北面山体后，走向大致平行南海电铁。由此，城市北面的和歌山市站与东面的东和歌山站，正式打响了角逐城市玄关口的战役。

同年，为了开发和歌川（和歌山城与东和歌山站之间的河流，整体走向呈东南至西北、再至东北）东面的大规模未开发地，和歌山新开通了一条的有轨电车线路，连接东和歌山站与和歌山城公园（和歌山城旧址）。城市的东西向主轴线逐渐成形（即后来的榉树大通）。相比北侧紧邻大河纪之川的和歌山市站，东和歌山站更象征了城市发展的可能性。

尽管如此，和歌山市站还是占据上风。第二次世界大战及其后的战灾复兴规划，使局面发生了变化。

2. 关注当下的战灾复兴构想

1945年7月9日，和歌山市中心遭遇大空袭，纪之川以南、和歌山城以北的城市中心区大约七成烧毁，面积达6.6平方千米。战后和歌山制定了全新的城市规划。

早在1931年，和歌山就完成了网格状的城市干道规划，但不包括榉树大通。战灾复兴规划在1931年旧版道路规划基础上加入了全新的复兴构想。

新构想以过去分据城市两端的两座车站为核心，各修建一条站前大道，正交于和歌山城西北角，也就是西汀丁。

东和歌山站站前大道宽50米，曾名东西路广路一号线、东和歌山站汀丁线，现称榉树大通（照片4）；和歌山市站站前大道宽36米，曾名南北路Ⅰ等一种一号线、市站新和歌浦线，现称中央通（照片5）。西汀丁周边则有旧县厅用地（今汀公园）、内护城河和市役所。

正如其名所示，榉树大通是城市内级别最高的林荫大道，共设有四列榉树。中央通则位列第二，隔离带上种有三列行道树，包括一列樟树。

榉树大通和中央通相交于城堡西北角，城堡东南角则是筑地通、屋形通与三

照片 3　依据战灾复兴规划建成的南海和歌山市站前广场。区划整理前（上）与区划整理后（下）（出处：《战灾复兴志》第 8 卷都市篇，建设省篇 5，城市规划协会，1970 年，600 页）。

照片 4　东西贯穿城市的榉树大通。往东看。战灾复兴的代表性道路。战后的东西向主轴线。和歌山站就位于榉树大通东端。

照片 5　南北贯穿城市的中央通。战后的南北向主轴线。从西汀丁往南看。左右延伸的道路是榉树大通。照片左侧是和歌山城公园。战灾复兴规划计划以十字形的空间格局打开这座城市，这处路口便是十字的交叉点。

照片 6　南海电铁和歌山市站的站前大道。向南看。中央隔离带成列种植的樟树令人印象深刻。

照片 7　内护城河东侧堀端通的风景。向南看。过去，其他护城河也如此在河道外侧种植松树。左手边是法院。

年坂通的交汇点。

就这样，和歌山形成了以城堡为中心的井字形道路骨架。此外还建成了连接和歌山市站与东和歌山站的环状道路，即现在的北大通与国体通。战后的新构想正是利用两座相距甚远的车站建成十字形与环形相接的漂亮道路网架。这些道路隔离带上的榉树、樟树构成了壮观的城市绿带。

战灾复兴规划还有一处特色，为了设施共享而将公园与小学结合设置。战后新建的 18 座公园几乎都是如此。例如，现在仍保留在市中心的本町小学和本町公园、城北小学和城北公园、大新小学和大新公园、雄凑小学和雄凑公园、广濑小学和冈东公园等。这些公园全都具备防灾功能，宽敞又气派。

关东大地震后，和歌山依旧按照上述思路新建了多座与小学相邻的震灾复兴小公园，很是出名。但震后新建的公园与小学空间联系并不紧密，不如战灾复兴规划新建的公园与小学。战灾复兴规划的构想仍在和歌山延续。

此后的发展就为世人所熟知：1968 年，旧和歌山站更名为纪和站，东和歌山站更名和歌山站，和歌山站逐渐成长为代表城市的玄关口。

3. 漫步城堡周边

依据教科书式的城市规划，和歌山在宽阔的十字路与环路上设置了漂亮的林荫道与人行道。和歌山的城市个性越来越开放，就好像美国城市所展现的面貌。尽管如此，现在依旧能从城山那片庄严的绿意中感受和歌山旧时的城下町风貌。

和歌山本是诞生于纪之川河口的**凑**町，关原合战后改建为**近世**城下町，1619年成为德川御三家的藩主居城之一，被进一步改建为大规模城下町。

据说，城市东侧南北流淌的和歌川曾是纪之川的主流，但现在却看不出昔日大河的痕迹。仔细观察和歌川，河道蜿蜒曲折汇入和歌浦的样子，的确像是自然形成的河川。

城市北侧东西向流淌的市堀川，河道笔直，中途还有两处直角拐弯，显然是人工挖掘的，兼有护城河和运河的功能。

从和歌山站出站沿着榉树大通前往市中心，需穿过和歌川。从南海电铁和歌山市站出站沿中央通走向市中心，需穿过市堀川。两条河流风貌完全不同，反映这座城市的发展历程。这就是漫步城市的乐趣。

现在走在市堀川边的道路上，可以看到公共设施围绕着城堡。公共设施群以市役所与中央邮局为代表，包括地方法院、地方检察厅、县立博物馆、县立现代美术馆、稍远处的县厅舍和县民文化会馆等。

而城堡以南坡地被称为冈山砂丘，设有**寺町**，城堡正位于虎伏山高处。和歌山城过去是军事用地，现在则是一座广阔的公园，自1901年起向公众开放。

但城堡内所有建筑几乎都毁于战争。1873年，太政官决定保存城郭，包括石墙在内的内护城河以内大部分空间得以延续。多亏这一决议，现在城堡周边拥有漂亮的夜景，构成了和歌山独特的风景线。

从城堡复原的大手门、一之桥沿和歌山传统大街本町通北上，一眼望见运河市堀川、架设其上的厚重京桥和北面的狭窄商业街。和歌山城市内大多数道路都成了车行干道，但本町通依旧步行优先。这得益于城市的干道系统都小心翼翼避开本町通。

如果说榉树大通和中央通是为车行交通而建的十字路，那么本町通与Burakuricho正是为步行而建的。

不可思议的是，Burakuricho拱廊街与传统大街本町通十字正交后，朝着远离城市的方向延伸。这恐怕是为了联系和歌川沿线的娱乐街。这么说来，城市中河流两岸并行拱廊街这种空间形态很少见，估计是让河流沿岸显得更为热闹吧。

现在提及战灾复兴期间制定的规划，脑海中浮现的尽是类似站前林荫大道这般大规模设施。但实际上也融合了地方元素。

照片 8　和歌山城南侧的三年坂通。向西看。右手边是城堡的石墙，左手边是安静的住宅区。

鸟取——现代轴线贯穿的层叠城市

1. 结构清晰的城下町

在某种意义上，鸟取是一座结构清晰的城市。

从鸟取站出站后往北望去，正面是直通鸟取城的宽阔大街若樱**街道**，城山久松山恢弘的山川风貌映入眼帘（照片 1）。1881 年重设鸟取县起，县厅舍就一直位于久松山山麓（1876 年，鸟取县一度并入岛根县）。县厅舍正面（南）朝向城市，和若樱街道另一端的鸟取站车站大楼远远相望。各县都城市中，只有鸟取拥有如此清晰的空间结构。

除若樱街道外，鸟取还有两条非常重要的道路，智头街道和鹿野街道。这三条道路以相等间隔平行通往城堡。智头街道尽头是地方法院，鹿野街道尽头是县立博物馆，两座建筑都位于久松山山麓。仔细观察，会发现三条道路走向并非完全的直线形，都在穿过袋川后稍向右折（照片 3），经过东西路片原通（市役所周边）时再次右偏。

三条道路走向变化并非偶然，与鸟取的城市发展史息息相关。

因为袋川曾是外护城河，袋川以内（北）地区属于江户时期的**城下町**。由于片原通由古老的水路惣构改建而来，惣构两岸既有道路走向并不一致，因而三条路的走向也在此改变。袋川的原始河道（第一代袋川）就位于惣构以北（图 3）。

现在的袋川已是第三代了，宽 7 **间**，河深 3 间半，1619 年修改为现在的走向。鸟取自 1602 年起开凿内护城河与旧袋川（第二代袋川），并在两条河流间建起**近世**城下町。

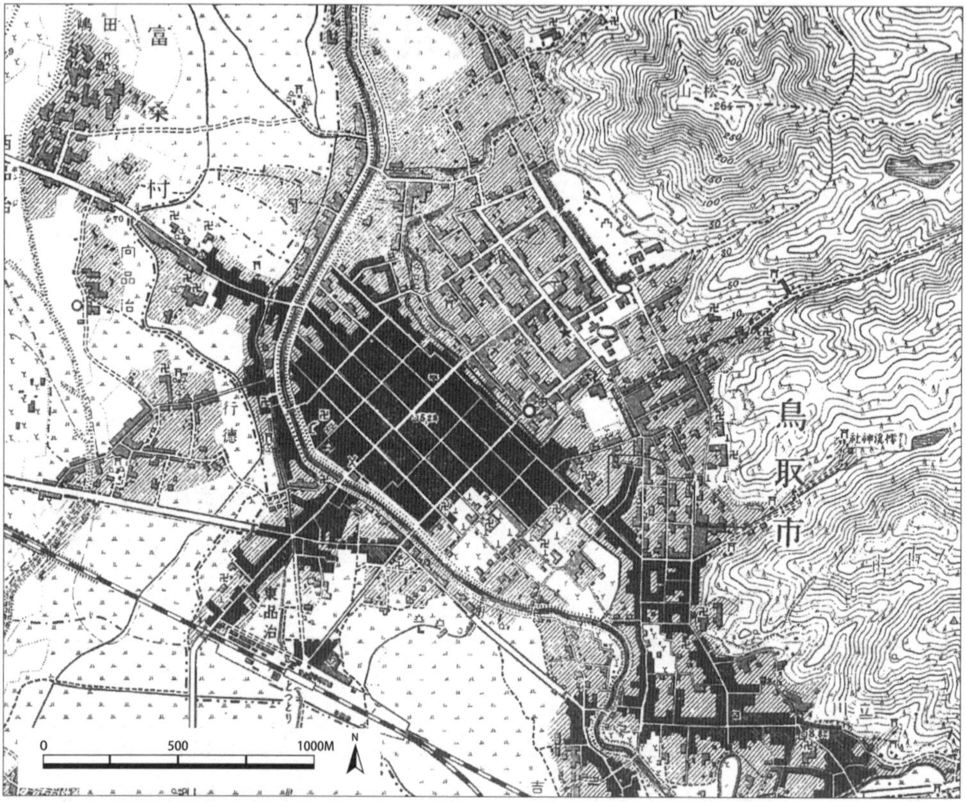

图1　鸟取市 1/20000 正式图（局部，1897 年测绘，1900 年发行）。鸟取站建于若樱街道南延路尽头。

照片1　若樱街道。连接鸟取站与县厅舍的站前大道。行走在若樱街道可远望县厅舍背后的城山久松山。鸟取唯一的现代轴。

照片2　若樱街道北端。正面是县厅舍，曾建有支藩与若樱藩宅邸（鸟取西馆）。县厅舍背面（东北）建有鸟取东馆（支藩鹿野藩宅邸），再后面建有知事公馆。

虽然很久以前久松山顶就建有城堡（1545），城下也有小规模街区。但真正意义上的城市建设是在关原合战后进行的。

旧袋川后来改称药研堀，一直保留至明治时期。而现在市役所南侧的蜿蜒道路，就是自旧惣构改建而来（照片 4）。鸟取城下町的规划道路均呈直线形，只有这条道路走向曲折，很是奇特。一想到这条道路曾是人工挖掘的河道，也能从中感受鸟取的历史痕迹。

17 世纪初建设城下町时，市区范围南至旧袋川。如图 4 所示，市区内规划了城堡、**武家地**（内护城河以内武家地称为内山下）和**町人地**（内护城河与旧袋川之间）。1619 年，由于城市扩张需要，旧袋川向南改道，位于袋川北面。新町人地以 40 间 ×60 间为模数进行规划建设，旧袋川以内几乎全部成了武家地。

1934 年，袋川再次向南改道，至车站以南地区，取名新袋川（第四代袋川，第三代袋川保留）。随着城市发展，袋川先后经历四次改道。

梳理前述可见发展过程。近世时期，鸟取城从久松山山顶改至西南麓，并围绕城堡开始建设城市。由于这片地区所处平原是千代川河漫滩低洼地，地形决定了城下町主体空间结构，市区只能从山脚下往南扩张。明治以后，鸟取进一步越过袋川向南扩张，逐渐形成现在的城市形态。

照片 3　若樱街道。看向东北方。若樱街道经过架设于袋川的若樱桥后向右偏，若樱桥以北是江户时期的旧町人地，跟前的若樱桥以南是明治以后建成的新市区。远处是久松山。

照片 4　片原通北侧小路。填埋自旧袋川，旧袋川后称药研堀。道路蜿蜒曲折的走向，说明曾是河道。

图 2　鸟取市中心空间结构示意图。

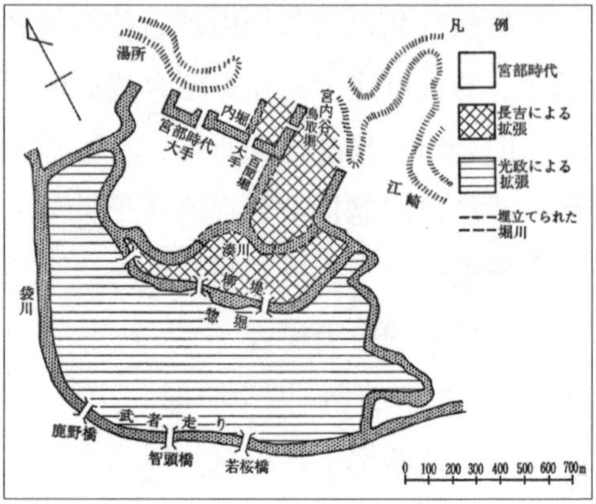

图 3　鸟取城下扩张变迁图。推测自《鸟府志》等文献。凡例中的"宫部时代"指羽柴秀吉的家臣宫部继润 1581 年入城内进行城市开发的时代。"长吉扩张"指 1600 年关原合战后成为城主的池田长吉推进的市区扩张。"光政扩张"指 1617 年自姬路转封的池田光政推进的市区扩张。光政于 1632 年迁居冈山（出处：《新修鸟取市史》第 2 卷，鸟取市篇，鸟取市，1988，175 页）。

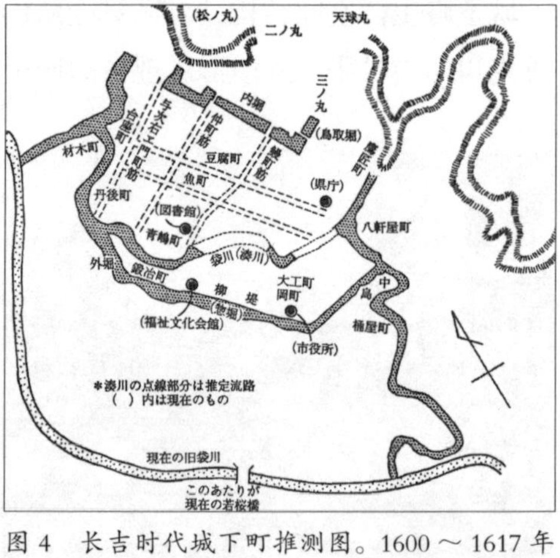

图 4　长吉时代城下町推测图。1600 ～ 1617 年池田长吉担任城主时，城下町早期面貌。图中记载的路名等现已不存。（出处：《新修鸟取市史》第 2 卷，鸟取市篇，1988，171 页）。

正因为这样的城市建设史，现在从鸟取站前沿若樱街道向市中心走去，能清晰感受到城市内部排列着四个层次的空间，即明治以后新市区—（袋川）—旧町人地—（旧惣构和旧袋川）—旧武家地—（山麓山手通）—旧城堡（用地基本用于建设公园和公共设施）。各层次空间的街区形态、道路结构和走向有着微妙差异。

鸟取的东北方是以久松山为首的连绵山地，因此城市只能向西南方向扩张，最终形成延续至今的清晰空间结构。公共设施自建成起也几乎没有搬迁，进一步稳固了鸟取的城市空间结构。这种空间结构与池田光政 1617 年迁居鸟取前所在的姬路城十分相似。都有面向城堡的横型町人地街区，正交贯穿街区直达城堡的三条道路，中间一条作为中心轴联系城堡大手门（正门）（图 5）。其中特别是从南面进入城市的道路结构。事实也是这样，现在鸟取的城市空间结构，就是光政转封后第二年（1619）开始建设的成果。值得一提的是，姬路与鸟取都有二阶町这个核心町人地的地名。

与姬路城下町的不同之处在于，鸟取拥有面朝城堡、顺应地形的四层空间结构。三条道路所构成的纵轴与四层空间所构成的横轴，随着时代变迁共同编织着这座城市。

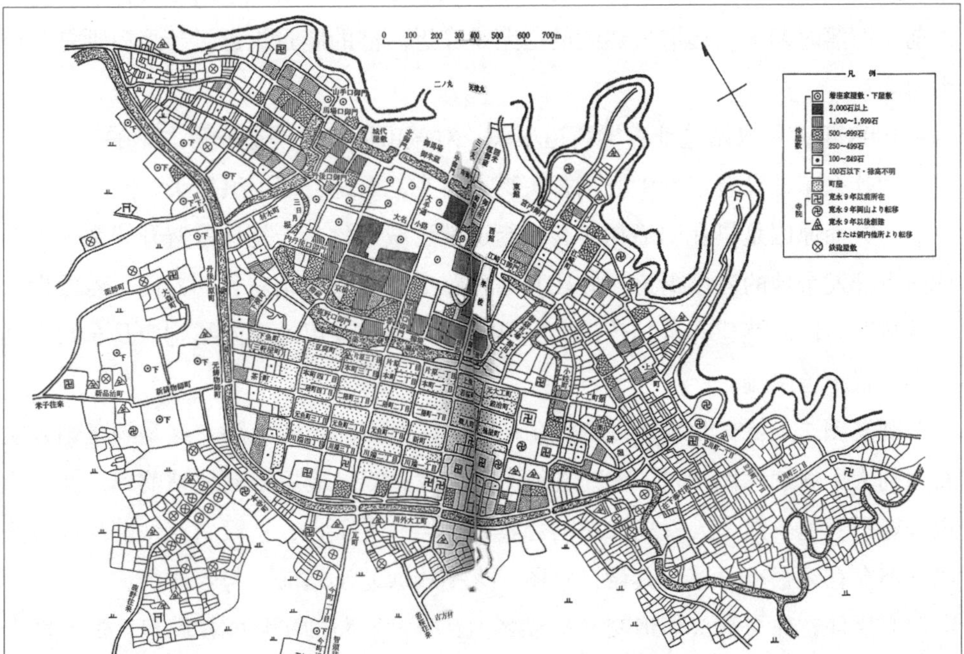

图 5　近世鸟取城下町家臣布局图（出处：《新修鸟取市史》第 2 卷，鸟取市篇，1988，171 页）。

2. 鸟取站与瓦町环岛

在已有三条轴线的情况下，中间轴线自然成为中心轴，鸟取亦如此。中间的智头街道将城下町分为上下两部分，又称上方往来。旧时，智头街道以东上游一侧称上构，智头街道以西下游一侧称下构。智头街道是**参勤交代**的道路，沿智头街道北行，眼前是漂亮的久松山，能感受到这条道路正是作为城市轴线而建（照片 5）。

照片 5　智头街道。看向东北方的久松山。道路尽头建有地方法院。智头街道在战前是城市中最热闹的地方。

有趣的是，智头街道只有在近代至二战前这段时间是城市的主要大街。近代以前（旧**藩**时期），鸟取最热闹的道路是靠近河港的鹿野街道，二战后则是若樱街道。

1908 年，鸟取站选址若樱街道尽头，对城市后续发展造成重大影响。

为什么车站没有选址中心轴智头街道尽头，而是若樱街道尽头？

一方面原因是早在明治初年智头街道就已城市化，于是鸟取避开智头街道选择尚有开发余地的若樱街道，并在其南延路尽头建造车站。另一方面，若樱街道北端自明治以后就建有全县政治象征县厅舍。当时设想的空间结构应是车站和县厅舍分置干道两端。

观察图 1，会发现鸟取站前存在一条通往西侧的斜向道路。这是随车站开设新建的太平线通（图 1）。通过这条道路，过去能以最短距离从站前到达智头街道和鹿野街道。而今天，鸟取站前已实施了再开发工程，这段斜路站前的起始路段已不存在，很难再感受其设计意图。太平线通起于站前（与若樱街道相同），向西北延伸，先与智头街道交叉形成名为瓦町六岔路的罕见六岔路口，后与鹿野街道相交。瓦町六岔路至今保留汽车单向右转通行的交通规则（照片 6）。市议会将这个六岔路口的设计意图解释为“连接智头街道及鹿野街道的四通八达之所”（《新修鸟取市史》第 4 卷，186 页）。

虽然现在六岔路口的形态有所改变（东侧道路不存），但仍可从中品读明治末期关于城市近代化的构想。

3. 若樱街道展现的近代化

成为战前大道的若樱街道，曾是 1933 年道路规划中最宽的城市道路停车场县厅线。设计路段宽 20 米，部分路段宽 22 米。规划最后未能实施。

鸟取没有遭遇战争破坏，但 1943 年的地震与 1952 年的大火同样对市区造成重大影响，城市形态被迫发生变化。

1943 年 9 月 10 日，鸟取发生大地震，震中位于市中心正下方。大地震造成 1210 人死亡、3869 人受伤、房屋 13295 栋全毁、房屋 14110 栋半毁、房屋 1287 栋被烧毁（全毁半毁房屋合计倒塌率达 85%），对城市尤其是市中心的**町家**地区造成毁灭性打击。

震后，若樱街道作为车站与县厅舍连接线的地位没有改变。1944 年 9 月通过的震灾复兴规划决定将若樱街道拓宽至 13.5 米而非 20 米。道路拓宽工程后续也顺利落实。但当地似乎对道路宽度变更有所不满。

1952 年 4 月 17 日的大火又是一场特大灾难，摧毁房屋 5228 栋，占鸟取总房屋数近半。国会当时正在审议《耐火建筑促进法》，该法提出在城市内设置防

照片 6　瓦町环岛。看向智头街道。同样能望见久松山。通过这处六岔路口，鸟取站和当时的商业街智头街道得以连接。

照片 7　若樱街道。站在若樱桥头看向东北方。附有塔楼的建筑是 2005 年新建。可以很清楚地看到 3 层长屋型耐火建筑构成的防火建筑带。

火建筑带以防止大火蔓延。由于发生了鸟取大火，法案在大火后不到一个月通过（1952.5.6），并于5月31日颁布实施。若樱街道被指定为第一号改造对象。

防火建筑带，是指出于防火目的在既成街区内建成带状分布钢筋混凝土结构或耐火砌体结构的建筑。建筑高度达到地面3层或11米以上。《耐火建筑促进法》颁布后的三年内，鸟取沿若樱街道建成94栋耐火建筑物和160栋近代建筑。其中近半数建筑采用了当时流行的装饰主义风格（照片7）。

在完成防火改造的同时，若樱街道拓宽至22米（部分路段20米），形成了山阴地区最早的近代建筑街区。这条近代日本城市建设史上璀璨的近代道路诞生了。

若樱街道改造的同时，也修建了袋川两侧道路（照片8）。若樱街道与袋川十字交叉形成城市防火屏障。以防火为目的的规划，不仅达到了防灾效果，同时也建成了近代化的道路和近水空间。

更进一步来看，防灾对策不仅促进了城市的近代化，还保留了原有城下町的核心空间结构。近世的街道转型为现代城市干道。这条干道联系起车站、城郭周围的市中心。真是极其出色的近代城市规划。

后来，防火带从鸟取推广至全国，主要应用于商业街。再往后，这项政策被编入1961年《防灾建筑街区造成法》中的《防灾建筑街区造成事业》及1969年《城市再开发法》中的《市区再开发事业》。现代日本各地都在倡导防火路线带建设，源头就是鸟取的若樱街道。

照片8　袋川。从鹿野街道的桥上南望。河道开凿于1619年。1952年的大火后，沿河岸在两侧建成道路。河道与沿河道路，共同构成防火带。

站前地区于1970～1985年实施大规模**土地区划整理**，和若樱街道平行的智头街道与鹿野街道宽度均为15米，片原通则拓宽至18米，鸟取市中心面貌从此焕然一新。

现在出鸟取站，沿若樱街道去往鸟取城，可见沿路排列着2–3层饶有近代风情的办公楼和商店。似乎能够想象当初一列排开建设的场景。这样的联排建筑，虽然会带来再开发的难度，但若考虑到这是在大火后短时间内达成的建设，就能更好地评价其高品质的联排长屋类型及空间设计。

像蛋糕卷一样在近世城下町外逐层加建新街区，古道若樱街道的近代化，保持山麓一带公共设施分区不变，造就了这座城市稳定的空间结构。

松江——水之变奏城市

1. 水系丰沛

日本县都中，松江拥有类型最丰富的水系。同样基于传统水文肌理而建的水城，还有佐贺和金泽。佐贺位于低洼平原，是一座水系纵横的**城下町**。金泽分布着 55 条水道，水流畅通，很是鲜活。而松江位于宍道湖旁，大有自然河川，小有溪流沟渠，是一座水系类型丰富的城市。松江的水由于混入海水，不能用于灌溉，这是一座建于淡咸水之上的城市。

1915 年，东京帝国大学学生**芥川龙之介**在松江度过了一个夏天，留下一篇随笔《松江印象记》。他在文中如此评价："来到松江，一下子就被城市中纵横流淌的河流与架设其上的座座木桥所吸引……松江几乎拥有除了海水以外其他'所有的水'。"

松江通过填埋低洼地而建，融合了过去宍道湖畔的两座滨湖村落白潟和末次。白潟是大桥川南侧的**町人地**，从南直到大桥分别布置竖町、天神町、白潟本町。而末次是大桥川北岸和京桥川之间的町人地，从东侧起分别布置末次本町（京店）、东茶町、西茶町、肇町、末次町。

大桥架设于 1607 年，同年开始建设城下町，1611 年基本建成。流经市内的溪流沟渠统称松江堀川，包括京桥川（照片 1）、米子川（照片 2）、北田川（照片 3）、田町川、四十间堀川、城山西堀川等。松江堀川几乎遍布整座城市，是围垦时的排水道，也是物资流通通道，同时兼作内外护城河。

松江堀川在城市中顺应地形流淌，水沟旁的堤岸也越来越自然，就像自然河

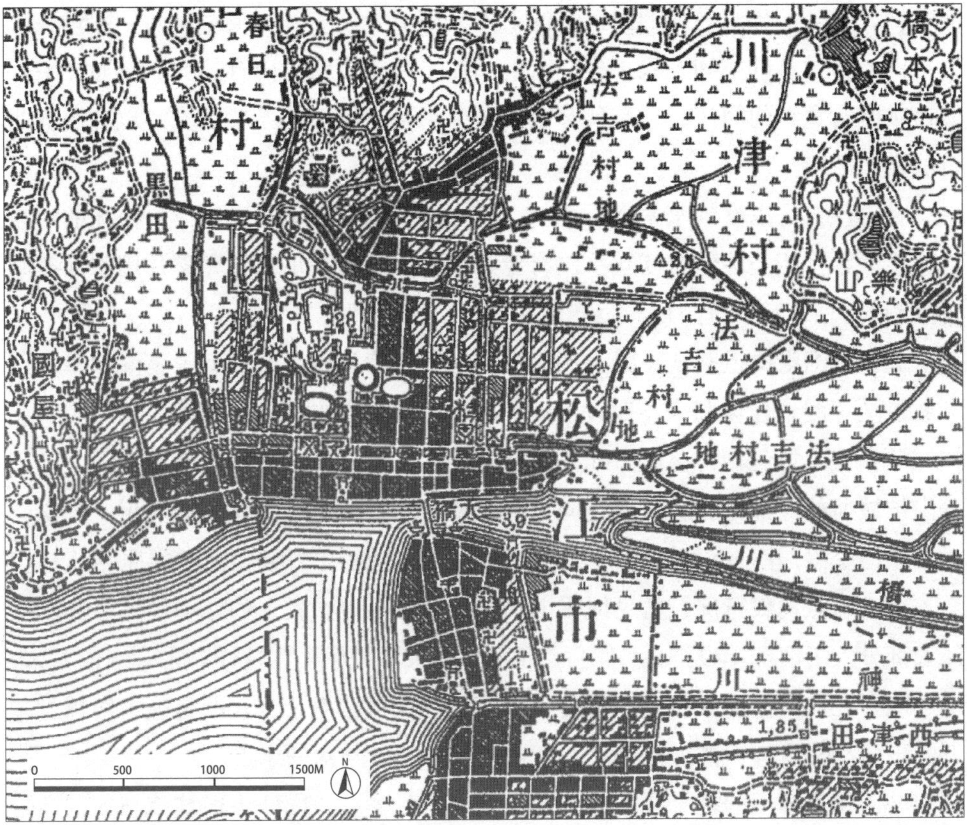

图 1　松江 1/50000 地形图，1899 年测绘，1901 年发行。

照片 1　京桥川，京店卡拉 OK 广场周边。向西看。右边（北）是武家地，左边是末次町人地。

照片 2　米子川，向北看。左边（西）是旧称内山下的上级武家地。远处是松江城天守。

流一样，大多汇合流入朝酌川，有的汇入大桥川注入中海（照片 4、照片 5）。

河流与建筑的空间关系多样，有的河流平行于道路，而有的河流连通住宅。城市中既有宽阔的河流，也有狭窄的小溪。由呈直线型的人工河流，也有蜿蜒曲折的自然河川。

在松江，可以看到水的多重面貌。正如大桥川的亲水堤岸那样，松江的水与日常生活紧密相关。但松江几乎没有像京都白川、高濑川，金泽鞍月用水那般潺潺流淌的淡水，“所有的水”来形容松江，有些夸张。

北护城河沿岸道路盐见绳手周边的空间可以隐约感受到这里曾是湿地，城下町通过填埋湿地建设起来（照片 6）。这附近保留了较好的**武家地**建筑风貌，北护城河和城山景色相得益彰。北护城河处于本丸所在龟田山和北侧的赤山之间，是内护城河的一部分。从河道走向与风貌看，北护城河简直像自然河川。据说开凿护城河挖出的沙土正好填埋土地，形成城堡东面的田町和西面的中原的地基。

还有一点比较特殊，盐见绳手的河道边只在人流量较大的路段设置栏杆。松江大部分人工河都不设护栏，像自然河流。如果不是像松江这样自古亲水的城市，不可能存在这种情况。就算不幸发生事故，在这里也不会有人严苛追求河川管理者的责任。从没有护栏这件小事，就可感知松江人与水的亲近。

城山稻荷神社的神幸祭（通称ホーランエンヤ），同样象征城市与水的亲密关系。每 10 年或 12 年一次的祭神仪式，将御神体载船拖航，顺大桥川前往中海，后逆意宇川而上至阿太加夜神社。祭典高潮是渡御祭和还御祭，众多船只在意宇川和大桥川上下颠簸，群众站在河岸观望。这时，河流是祭典的舞台，而河岸则是观众席，整个松江成为以水为主角的盛大剧场。

另外，大桥川和京桥川的名字反向来自于桥名（大桥和京桥），北堀川和四十间堀川等运河名来自开凿前河川的原名。

2. 发端于白潟和末次的城市

城市和水的关系主要体现在城市和船运的关系。水都松江的船运情况如何？松江发端于白潟和末次（照片 7）两个滨水村落，后建成城下町。松江将宍

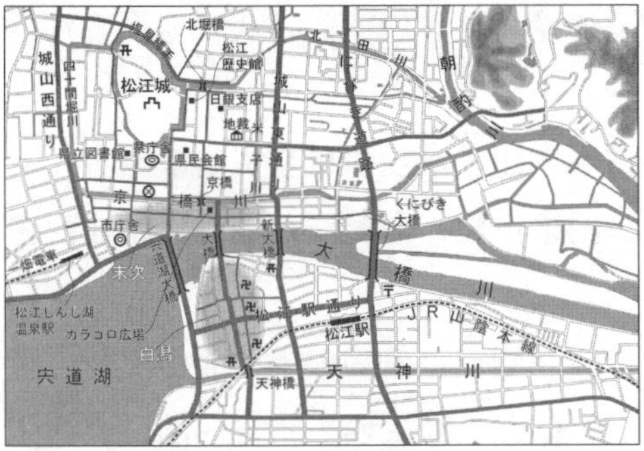

图 2　松江市中心空间结构示意图。

照片 5　堀川合流风景。北田川和朝酌川合流点附近。堀川下游呈现十分自然的河流风景。

照片 3　北田川，向西看。不远处是松江城天守，面前的桥是北堀桥。城下町时期北面入城的唯一一座桥，架设在北堀。

照片 6　从城山西堀川看到的盐见绳手。这周边的护城河有 60 米宽，全长 200 余米。削平山脊诞生的武家地与人工开凿的护城河。挖出的泥沙填高城下东西方低洼地，用作武家地。

照片 4　堀川合流风景。能真切感受填埋低洼地而成的武家地风貌。

照片 7　末次本町的商业风貌。据说 17 世纪初建设城下町前这里已是闹市区。

道湖沿岸及大桥川畔两片船运条件最好的土地设为町人地，而将武家地设置在城市内部（北侧）。

值得一提的是大桥桥头。桥头周边利用雁木接入水面筑成物资集散码头，名为渡海场。渡海场不仅是宍道湖·中海水运网络枢纽，同时联系经境港驶往西回航线的北前船航道，确保松江与大阪往来。

从陆路交通看，松江远离区域交通干道，北侧横亘着岛根半岛北山山脉，阻碍交通。因此城下町只能以南面船运为核心，而北、东、西三个方向陆路交通闭塞，形成鲜明对照。也正因缺乏陆路交通，松江没有经历干线道路引起的大规模城市改造，保留了可称作松江生命线的城下町面貌。或者说是因祸得福吧。

明治后至二战前，大桥两岸的京店和白潟本町一直是松江最热闹的商业区。

3. 城下町的意图

日本有30余座县都曾是城下町，但只有松江完整保留了城下町的防御系统。

城下町时期的主要防御手段是将城市划分为东西南北四片地区，各片区只能通过桥梁联系。现代城市中新架了多座桥梁，已很难感受当时的设计意图。过去，从南面进入城市，只能先通过天神川上的天神桥，经大桥川上的大桥到达白潟本町；从北面进入城市，则必须经过北堀桥；从西面进入城市，只能通过荒隈桥附近的旧堤道；东面是河流和低洼地，无法进入。

出于阻碍视线的防御目的，道路在桥头往往形成丁字路口（照片8）。即便是干道，也多将十字路特意错位相接。还有更复杂的情况，例如白潟本町和天神町的交叉口，在东西方向和南北方向都存在错位（照片9）。

这样的岔路口在一般城市中会被改造，而松江的岔路口却保留下来，这主要归功于市民的支持。也因为这些道路并不阻碍旧城发展：以车站为中心的新市区位于大桥川南面，与旧城有一定距离，城下町周边尚有较大开发余地，开发压力小。旧城内没有贯穿城市的传统大街以致交通流量不大。同时也不能否认规划引导的作用。

图1是1899年测绘的地形图，图3是17世纪初期城下町建设时期的地图。

照片 8　北堀桥桥北 T 字路口。在桥头无论往南看还是往西看，视线都会被岔口遮挡。

照片 9　天神町通，白潟本町和天神町交叉口。从东边看向西边。道路在东西方向与南北方向都存在错位。松江随处可见经过规划设计的岔路口，但像这样四条道路均错位的大型岔路口，很少见。

比较二者，会发现城市东北的住宅用地在明治时期甚至有所减少，而大桥川南北两侧河岸自**近世**以后就没什么变化。县都市中心滨水区能像这样延续下来的案例很少见。

4. 城市边缘的商业区和城市中心的行政区

无论近代以前发展环境多么安逸，近代以后，松江和其他城市一样面临很大社会变化。

松江近代化面临的第一个问题是行政设施选址。答案很明确，包括旧县厅舍（1909 年，第三代县厅舍搬迁至现址）、法院、师范学校、警察局、

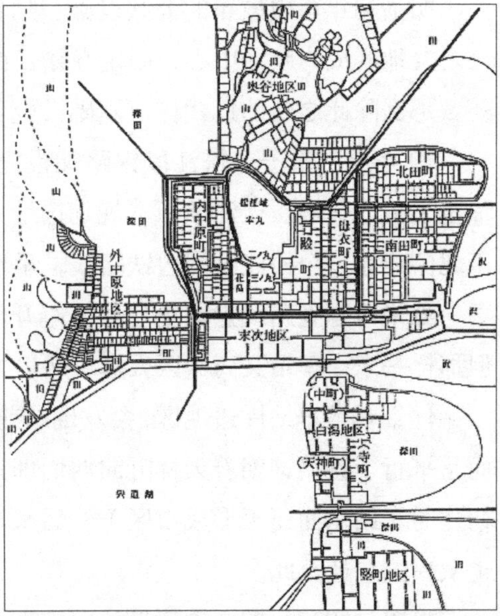

图 3　堀尾期松江城下町地图，附加了地图的版本。描绘了 1620 ~ 1633 年的面貌。（出处：《松江市故乡文库 5 城下町松江的诞生与町的构造》，松尾寿，松江市教育委员会，2008，154 页）。

税务局甚至监狱，以及后来的郡役所、市役所等主要行政设施集中布置在旧称内山下的内城，即三之丸、或殿町、母衣町等地，风貌延续至今。

照片 10　位于三之丸的县厅舍及其前方南北路。三之丸曾建有藩厅舍。往北看。直抵大手门的这条南北路是江户时期城下最宽、规格最高的道路。远处可见松江城天守。这周边是现代官厅街，曾于 1970 年被授予日本建筑学会赏（成就）。

但松江的行政设施也不全位于内山下，部分选址大桥川北岸与城堡之间的旧武家地，包括新县厅舍、市厅舍、县警察总局、县民会馆、县立图书馆、地方法院松江分院、松江日本银行等。1909 年前，旧藩厅建于县厅舍现址（照片 10）。

明治初年市内散布的公共设施，随着城市发展逐渐集中在城堡周边。于是，三之丸地区成为政治中心，固定在松江的空间版图上。

那么除此之外的近代城市基础设施建设又是如何完成的？

1908 年，米子—松江段铁路铺设完成，开设松江站。1931 年，山阴本线京都至下关段贯通。松江站原本规划选址天神川南岸稍远的东南方向上，后实际建于北侧洼地。今松江站周边铁路线，呈现不自然向北绕行的形态。

如果考虑到路线走向更自然、避开建成区的话，车站应设在更往南的位置，但那样一来，车站又离城区太远，所以才变成了现在这个样子。

仔细观察车站周边地区，会发现站前大道松江站通不是朝着大桥川向北延伸，而是平行于铁路，朝着天神町向西面即宍道湖方向（松江站通现在进一步东延，初建时车站东面还未形成市区）。后来车站周边逐渐形成商业中心区，城市中心也从白潟东迁至此。

接着是昭和初期规划建设的城市南北轴线，与松江站通垂直交叉，连接车站与天神町通。

1929 年松江开始填埋**寺町**东侧连接大桥川和天神川的和多见川，1934 年在大桥川架设新大桥。1932 年顺着新大桥修建 22 米宽道路，通称十二间道路。这条路后来进一步向北延伸，成为今城山东通。也就是说，近代松江的城市轴诞生于白潟旧有的南北轴之上。此后，将其他干道与这条主轴接续成为松江城市规划要点。

现在漫步城山东通，两旁多有路边小店，四十间堀川西边的城山西通也是如此。松江为保护市中心历史风貌区，不得不将商业区设在市区边缘。但将商业布置在车行干道边，多少有些煞风景。不过，商业区最起码没有规划在城郊，而与旧城区相邻。

城市是人生活的地方，因此要规划满足现代生活所需的设施。问题在于，该如何勾勒城市的发展愿景？若以延续当下的城市为出发点，如何在不施加过度负荷的同时顺利添加新要素？能否处理好这个问题，很大程度上决定了城市今后的吸引力。

松江选择将车站规划在整座城市东南角，并修建向西延伸站前大道和与之垂直的近代城市轴。尽管有结果导向意味，但这种方式的确巧妙地将现代城市功能融入历史城市。

1928 年，松江开通连接至出云市的一田电车北松江站（现松江宍道湖温泉站）。这座车站同样位于市区边缘（西），这是权衡后对旧城区影响程度最小的位置。选址在此避免了征收建成区土地的支出，还能兼顾新旧城关系。

1972 年，松江在西边填埋宍道湖岸，建成宍道湖大桥。1981 年，在东边架设国引大桥（くにびき大橋）。城市路网整体向外围扩大一圈，市区也进一步向松江站南面与东面扩张。

回顾大桥川上架设的四座大桥，大桥（近世至近代前半期）、新大桥（近代后半期）、宍道湖大桥和国引大桥（现代），各自象征不同时代的发展需求，也体现城市逐渐扩张的历史。四座大桥彼此保持一定距离，其间水面宽阔，一派和谐共生模样。这也是水城的另一种姿态。

冈山——倾注柳川环岛的构想

1. 直截了当的站前大道

从车站出站后，自车站正面径直向前延伸的宽敞大道，通常就是城市的主要轴线通路。北至札幌、南至鹿儿岛，符合这种情况的县都城市有 20 余座。只是，这些城市中轴线的规划“意图”，都不及冈山直截了当。

多数城市车站站前大道规划意图并不明显，会因绿道覆盖或巨大站前广场掩盖而看不见主要路段全貌；或者中轴线中途出现曲折或并不通向市中心或缺少具体标识物等情况。

而冈山站前大道的规划意图有目共睹——作为从冈山站通向冈山城的轴线存在。

桃太郎大通规整的直线形人行道格外宽敞，是本地市民公认的城市中轴线（照片 1）。

然而，正因为桃太郎大通是一条规划意图极其明快的城市中轴线，出站后城市一目了然，反倒觉得少了什么。

仅凭桃太郎大通，就可以断言这是一座“直截了当”的城市吗？为解读冈山，有必要回顾其城市的发展史，纠正可能的认知偏差。

2. 桃太郎大通的“意图”

行走在桃太郎大通，首先会被巨大的道路尺度吓一跳。道路总宽度 50 米，两侧人行道各宽约 10 米。人行道内设有自行车专用道（照片 1），机动车道设

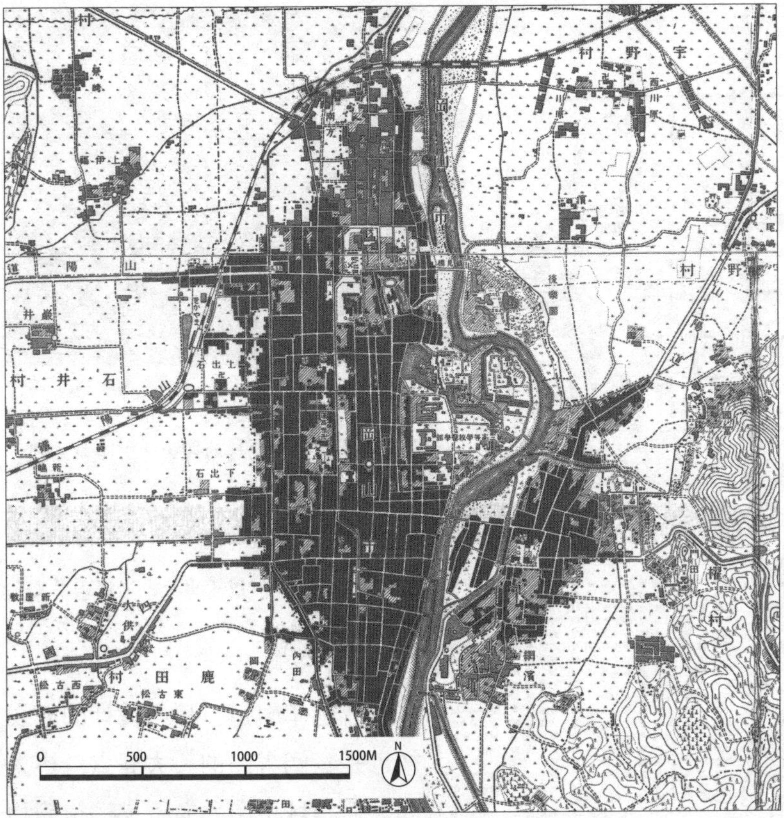

图 1 御野村 1/20000 正式图，由御野村(局部)、冈山（局部）组成，均为 1895 年测绘，1898 年发行。二战后，县厅舍与市厅舍在均从图中位置搬迁至现址。

照片 1 桃太郎大通。因战灾复兴诞生的冈山新城市轴。是连接车站与冈山城、全长 50 米的东西路。左边的电车站是冈山站前站。从站前往东看。尽头是旭川。

照片 2 建于旭川河湾的冈山城。从西边看。旭川现在不自然地向东侧绕行，形成一处河湾，原本是顺畅的南北走向。从这一视角望去，环绕城堡的蜿蜒河道多少展现着人工开凿的痕迹。

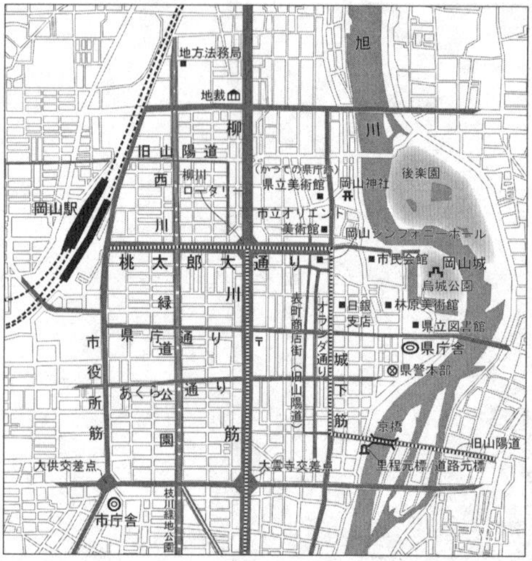

图 2　冈山市中心空间结构示意图。

照片 3　表町拱廊商业街。过去是山阳道（西国街道）。摄于中之町界隈。长达 1 千米的南北向拱廊街。山阳道在南边的西大寺町路口东拐，通往京桥。

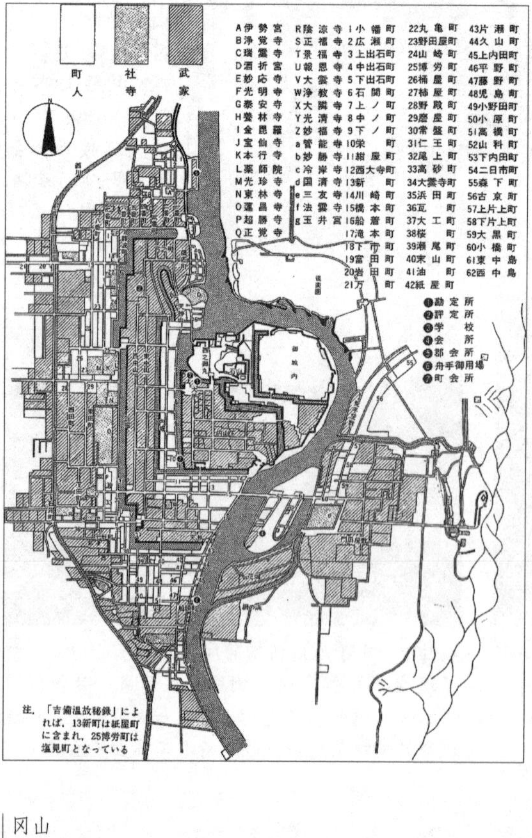

图 3　冈山城下町图（出处：《冈山县史》第 6 卷近代 Ⅰ，冈山县史编纂委员会编，1984，199 页）。

有有轨电车轨道，精心设计的电线杆也是宽阔大路的一大亮点。桃太郎大通与城市南北向干道柳川筋相交于一座巨大环岛。桃太郎大通尽头是名为“乌城道”的文化区，再往前（东）则是旭川（照片 2）。河边有冈山城、后乐园、县厅舍与冈山交响乐厅等。

桃太郎大通连接车站与市民中心，是名副其实的城市大道。

仔细解读冈山的空间结构，会发现其中蕴藏着一个明快的规划意图。桃太郎大道之所以能够称得上是城市大道，正是因为这点“意图”。

这个“意图”究竟是什么？一边漫步现场，一边回溯历史，就能理解了。

从冈山站出站，在车站周边行走一圈，首先会注意到：一般具有一定规模的城市中，会存在一条平行站前大道（车行干道）的商业街供行人漫步，而在冈山却找不到这样的步行商业街。站前虽然也有一条可供步行的拱廊街，但其尺度与设计，都很难算得上是象征冈山的商业街。总长度极为夸张的表町商业街才是冈山的象征（照片 3）。这是为什么？

回溯历史就不难理解，表町商业街自古道山阳道改建而来。从江户时期的绘图（图 3）看，从京都大阪延伸而来的山阳道（西国**街道**）从东南方进入冈山**城下町**，沿城下町南边缘与西边缘呈 L 形通过、半包围城堡，接着从西北方离开城下町，通往广岛。1597 年山阳道从外围改道至城下町内部，同一时期城下町东侧的旭川也调整走向。山阳道跨越旭川的京桥是当时冈山唯一的桥梁，周边很热闹，**高札场**、明治时期的**里程元标**和大正时期的**道路元标**曾设在京桥西桥头（照片 4）。城堡大手门（正门）正面朝南，正对着京桥。可见京桥西桥头是冈山的传统城市中心。

时冈山站选址远离城中最热闹的山阳道南段区域，位于西国街道向西延伸部分。站前商家也不多，与其说是城市的玄关口，倒不如说是后门。

但是 1891 年冈山站建成后，冈山经历了城市表里的反转。不仅入城方向发生改变，城市主轴线也从贯通城下町南北的山阳道，转为从车站向东入城的东西轴。这一转变其实就是桃太郎大通暗含的规划意图。

3. 城市轴转换

冈山城下町原本利用旭川引水，由内护城河、中护城河、外护城河等大小五重护城河（不仅护卫城堡、亦护卫城市）围合而成，加上外侧还有灌溉水渠西川，形成了东西方向多重封闭的空间结构。由此，城下町以南北向发展为主。

冈山的近代化与其他城市一样，填埋为防御修筑的护城河，拆除路上的栅门，自由来往，从此打开城市。同时在统领城市的南北轴外，增加了从车站向东联系城市的新东西轴。

照片 4　京桥西桥头。旁边立着道路元标。曾设有江户时期的高札场。

通常情况下，城下町推进道路近代化时，会选择沿护城河修筑一条能望见城堡天守的干道。冈山的内护城河位于城市尽头，其南侧与北侧都是旭川的南北向河道，无法修建贯通城市的南北向干道，内护城河最终保留下来，而其他护城河，包括外护城河（1875，今柳川筋）、中护城河（1880年填埋二之曲轮外侧段，1915～1917年填埋二之曲轮内侧段）、町家背面中护城河与外护城河之间河道（1871～1908）、西丸浦堀（1909）与城下町护城河难逃被埋为道路的命运。城下町护城河的痕迹逐渐消失，成了平常所见的道路与住宅用地。

或许是为了尽早消除这道将城下町分隔为城内与城外的护城河，确保城市顺利外扩，或是为了消除城市与乡村的差异，最晚开凿的外护城河最先填埋。

现在的柳川筋，就是被填埋的外护城河（照片5）。过去分隔城市内部与外部的护城河，在近代成为城市的主要南北轴。

从柳川筋东西两侧相异的街区模式中，也能看出柳川筋曾是分隔地区的护城河。在旧城下町（柳川筋以东）内的街区因山阳道走向呈南北狭长矩形，外侧（柳川筋以西）则是新市区，各街区接续东面旧市区的既有道路，呈东西狭长形态。

1891年3月，山阳铁道冈山站开业。冈山通过山阳道线与东海道线两条铁路，连接遥远的东京新桥站。这一阶段，冈山的主要交通由海路转变为陆路，冈山站确定为城市的玄关口，而此前的（海路）玄关口是京桥以西的西大寺町。由此，城市表里转变翻天覆地。

随着车站开设，冈山的当务之急是修建连接车站与建成市区的道路。桃太郎大通前身道路于1900年开通车站前至柳川筋的路段。如1895年测绘的正式图（图

照片 5　柳川筋。从磨屋町路口往南看。柳川筋曾是将城下町区分为内外的外护城河，也是 1875 年最早被填埋的护城河。柳川筋东侧（旧城下町）与西侧（外侧）的街区模式并不一致。

图 4　冈山复兴土地区划整理设计图（出处：《战灾复兴志》第 9 卷 都市篇 6，建设省编，城市规划协会，1970，506 页）。

1）所示，此前完全没有站前大道。此后建成首条通抵车站的道路始终是冈山最重要的任务之一。1927 年内阁批准的首份城市规划文件中显示，首条最宽道路（一等大路三类第一号线）是站前县厅线，宽 13 间半。其次是一等大路三类第二号线柳川线（宽 12 间，现柳川筋），设想通过与站前县厅线正交，形成开放的十字形格局。

1945 年 6 月 29 日，冈山遭遇大空袭，受灾面积 759 公顷，建成市区基本烧毁。根据 1946 年 6 月 13 日获批的**战灾复兴**规划，冈山建成从站前通至城堡的大路一号，即 50 米宽站前城下线（最初规划 70 米宽）。与之正交的是主要路段宽 36 米的柳川线。在这两条干道相交处，史无前例建成半径 60 米、面积 11300 平方米的巨大路口柳川十字路，即柳川环岛（柳川 Rotary）。

柳川环岛的确是冈山十字结构的象征。同样诞生于战灾复兴道路规划的广场式巨型路口，还有大分呈正方形的中央通昭和通交叉点，以及鹿儿岛呈变形五角形的新屋敷交叉点，三者并列为日本规模最大的路口广场。但这三座巨型广场路口，形态各不相同，圆形、正方形与五角形，是规划师的童心使然吗？由此可见，二战后的日本在城市规划（战灾复兴规划）上倾注心力。

冈山的巨型路口不止柳川环岛，还有大云寺交叉点、大供交叉点。令人讶异的是，再加上冈山站前广场，这四处巨大的长方形空间仅由四条干道交叉形成（即四条干道的四个叉口）。站在冈山站前广场看去，往东是通向冈山城（和县厅舍，只是县厅舍在二战后稍向南迁）的桃太郎大通，往南则是通向市厅舍的南北路市役所筋（照片 6）。就这样，在**近世**规划的城下町西侧，冈山实现了战后城市的规划梦想。

遗憾的是，如此精心设计的巨型路口广场，后来却没有成为城市中心。干道交叉口，无论是怎样的开放空间，都无法成为真正意义上聚集人流的“广场”，大分和鹿儿岛同理。即使只是一处路口，也需考虑不同行为的交流尺度（即车流与人流）。这是近代城市规划犯下的根本性错误之一，须铭记于心。

还有一点需注意，桃太郎大通是冈山最宽阔的道路，但不代表冈山市中心完全迁移到其西端的站前地区。城市繁华的核心区，还包括旧山阳道沿线，上之町至中之町、下之町一带。令人欣慰的是，这些地方的拱廊街沿用了旧町名。1960 ～ 1974 年，表町商业街规划建设为以钢筋混凝土为主的三层防灾建筑带，沿街相继完成防火建筑改造，同时拓宽了道路。社区建设至今持续。

照片 6　市役所筋。从幸町路口周边往南看。远处是市厅舍。建筑面朝大供路口（广场）而建，将其作为建筑前院。

照片 7　西川绿道公园。江户初期开凿的护城河西川，因战灾复兴规划成为干线道路，建设于 1974 ～ 1982 年，诞生现在所见的绿道公园面貌。

4. 西川绿道的理想

话题回到桃太郎大通。

出站后，沿桃太郎大通往东向柳川筋步行十分钟，在与柳川筋相距还有一半路程的地方，有一片绿意盎然的绿道公园，河水充沛，静静流淌。这西川绿道公园（照片 7）。公园中的河流是江户初期作为农业用水而开凿的西川・枝川（北段与南段不同命名），南北全长约 2.4 千米，中途分为几条支流，在城市内自北向南流淌。直到 1905 年建成自来水道为止，这条河道一直是居民做饭洗衣的生活用水来源。

其他护城河几乎都在近代初期被填埋。唯独西川既没填埋也没暗渠化，而变身为一座水量充沛、绿意盎然的细长公园延续至今。这是什么原因?

在城市经历二战后的高度成长期，西川与其他河流一样，河道污染严重。根据战灾复兴规划在西川两侧建设了西川线，共计双向四车道，宽 35 米。1963 年时任市长冈崎平夫实施了针对这条道路的改建计划，缩减车道宽度，在道路中央建设了以河道为轴线的绿道公园。1974 年开始建设，在桃太郎大通以南部分绿岛完成后将绿道向北延长约 1 千米，于 1982 年建成并延续至今。

绿道最初规划为步行专用道，因地方反对未能实现。现在的西川绿道公园，绿意不绝、水量富足、长达 2.4 千米，是这座城市的点睛之笔。这样的构想得益于冈崎市长的想象力与执行力。但不可忘却的是，战灾复兴规划在先行推进的道路整修、基础设施布局与西川沿岸车道缩辐等工程中，同样起着重要作用。

日本学界对**土地区划整理**造成土地个性消亡的批判从未停歇，但西川绿道可说是土地区划整理提升土地魅力的宝贵案例。秉持坚定的信念，即使是土地区划整理，也可以创造美好事物。

沿桃太郎大通从车站漫步至乌城（即冈山城），仔细观察沿途城市的发展过程，可以从各种角落发现城市建设的“意图”。可以说，城市就是展现这些创作意图的作品。

广岛——活用旧制与变革的再生城市

1. 改变城市结构的那颗炸弹

就目前走访城市而言，它们的近代发展愿景都是基于**中世**史与近代史描绘的。通过研究与分析会发现，这些城市的生命力源源不断从层叠的空间结构中迸发出来。但广岛是个特例。因为一颗炸弹，过去的**城下町**构造发生彻底变化。

二战后，世界各地采取的重建方式主要有以下三种：①重建城市并将城市面貌完全恢复至战前，表现得好像从未发生战争；②通过纪念碑等实物纪念战争，传承并改造城市肌理；③彻底新建。这些方式无一例外是为了淡忘战争。

以世界遗产闻名于世的波兰华沙，整座城市在纳粹德国空袭后几乎毁于一旦。波兰说服大家采取恢复原貌的方式重建承载其文化的城市（并非完全一成不变，改善了交通便利性与建筑内部空间使用）。

被誉为“东欧佛罗伦萨”的德国德累斯顿，由于二战结束前夕的联合空袭，几乎被夷为平地。**战灾复兴**时，德累斯顿保留了市中心成为废墟的中心教堂圣母大教堂“遗址”以纪念战争，即采用②的方式。

但德国统一后，圣母大教堂被要求按原貌重建。经过募捐和建设，圣母大教堂在 2005 年恢复原貌。德累斯顿的战后复兴路径从②转变为①。最近，德累斯顿也在努力将城市天际线复原成过去的样子。

而日本的城市几乎都选择彻底新建的方式，仅保留天守等城堡建筑。首都的震灾复兴和其余 200 多座城市的战灾复兴均是如此。

广岛是其中受灾情况最严重的城市。据 1955 年出版的《广岛市史概述》将

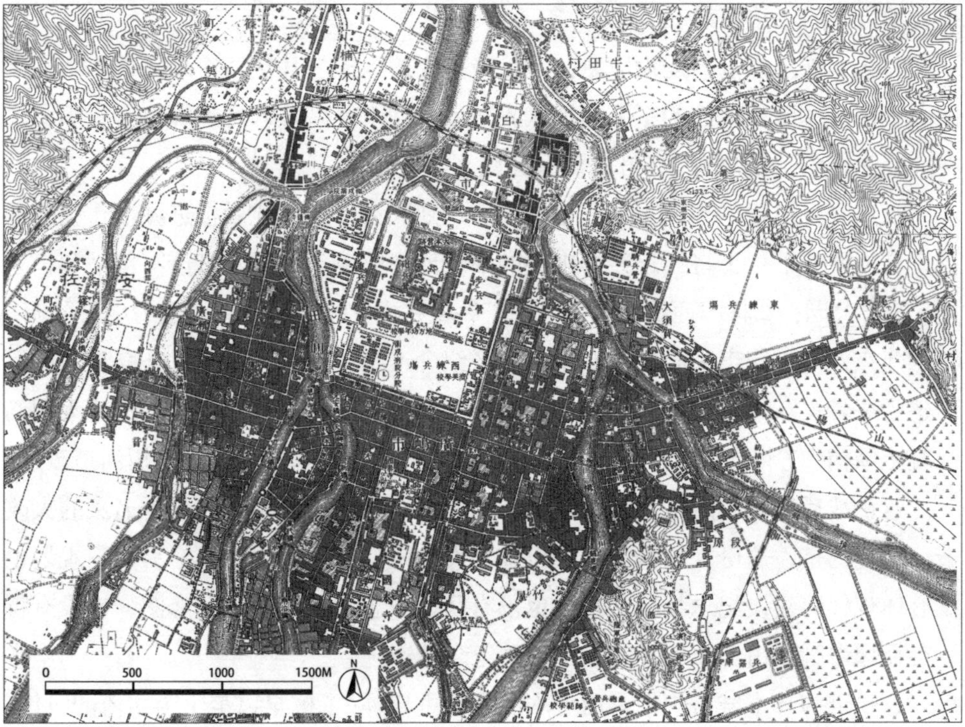

图 1　广岛 1/20000 正式图，由广岛（局部）、祇园（局部）组成，均于 1894 年测绘，1896 年发行。

图 2　广岛市中心空间结构示意图。和平大通是东西向主轴线，鲤城通是南北向主轴线。内郭重建在鲤城通北端、中央公园一角。

距离爆炸中心 2 千米以内地区称为“全溃全烧圈”，2.5 千米以内称为“房屋全溃圈”，3.5 千米以内称为“房屋半毁圈”，8 千米以内称为“屋顶破坏圈”。从江户时期发展起来的广岛城下町，几乎都位于全溃全烧圈内。可以说，整座城市被夷为平地。

二战后，广岛立即修订广岛复兴规划（1946 年 10 月）并完成大规模**土地区划整理**工作，规划两条 100 米宽道路。但这份规划实施难度很大，仅凭地方政府无法完成。

首先，恢复供水与建设应急住宅是最重要的工作。其次，广岛是靠军队支撑的旧军都，大面积转让的军事用地无人接手，城市复兴陷入窘迫境地。更不要说在实际工作中，还缺失 1/300 的测量原图。

虽然复兴过程困难重重，但这份战后规划成为了广岛此后推进城市建设的基础，其概要如下：①将靠近轰炸中心的中岛地区改建为和平（日语写作平和，下同）纪念公园；②将旧西练兵场（包含广岛城在内）的基町地区改建为中央公园；③修建东西向贯穿市中心的 100 米宽和平纪念道路；④将太田川七条支流两侧河岸建为绿带；⑤通过土地区划整理修建棋盘式干道网；⑥将市内桥梁改建为钢筋混凝土结构；⑦将市内寺院墓地搬迁至周边丘陵地的陵园；⑧将太田川河道改道。

这份战后即刻制定的规划大框架，最值得注意的是以纪念和平为名义的大改造。有趣的是，这份规划偏重基础设施建设，未涉及建筑物单体。另外，规划也没有体现任何建设纪念物的意识，也没有凸显纪念物“纪念”的意图，也没有特色突显原爆圆顶馆（原爆ドーム）这种纪念性遗迹。

这是因为日本城市规划多由土木工程师主导,除了极早以美学为主流的时代。这样一来，日本战灾复兴自然不会诞生象征性的景观设计（如校园规划中作为视觉中心的建筑物）。

2. 不可思议的和平大通、以之为基准的城市规划

战后复兴规划过程中，最令人瞩目的是百米宽的和平大通（平和大通り，照片 1、2）。原本规划中还有一条平行和平大通的百米路，但没有实际建成。

据说，二战后全日本大约规划了 24 条百米宽道路，实际只建成 3 条，分别是名古屋的若宫大通、久屋大通以及广岛的和平大通。札幌也有一条百米宽道路大通公园，是明治时期规划的城市防火用地。

在广岛艰难开展战后复兴时,执意修建一条与周边地区尺度大相径庭的道路,这是相当惊人的决定（照片 1）。

从城市规划角度看，和平大通匪夷所思之处颇多。最突出的是这条道路没有

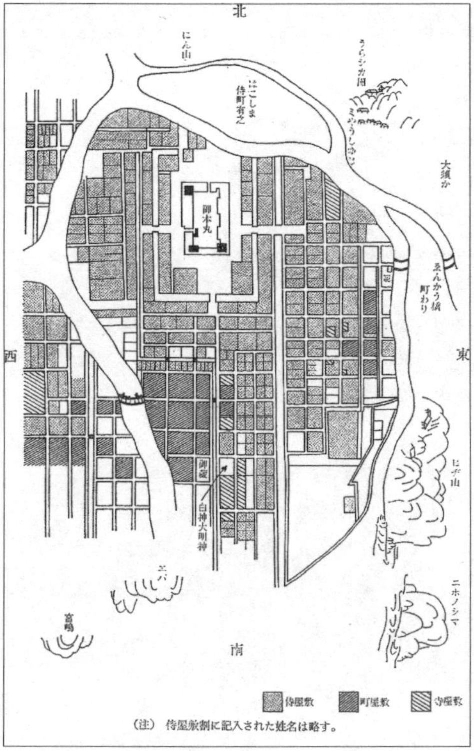

图 3　毛利时期广岛城下平面。毛利文库藏《芸州广岛城町划图》图解。1590，毛利氏为新城下町绘制的结构示意图。（出处：《广岛县史》总论，广岛县编，1984，152 页）。

照片 1　百米宽道路，1955 年前后的模样。经 1951 年公开征集，被命名为和平大通。可以看出，巨尺度的东西轴线与周边地区格格不入。自比治山向东看。（出处：《图说广岛市史》，广岛市公文书馆编，1989，169 页）。

照片 2　现在的和平大通。在道路东端鹤见桥往西看。和平大通以东边的比治山和西边的己斐之丘为起讫点（标识），呈东西走向。沿路绿带绿植来自日本及海外。

明确的起点和终点。规划新建大道时，通常会有意识表明道路起讫点。东京行幸通、仙台青叶通、和歌山榉树大通、冈山桃太郎大通等从车站通向城堡的大道；鸟取若樱**街道**、名古屋广小路通（旧县厅舍，现搬迁）等从车站通向县厅舍的大道；以及博多大博通和高知电车通的大道。尽管有的会改变走向而终点模糊，但至少起点是明确的。

而广岛的和平大通，道路起点和终点都不太明确。非要说的话，和平大通以东面比治山和西面己斐之丘（或以己斐地区，即现在西广岛站周边）为起讫点。

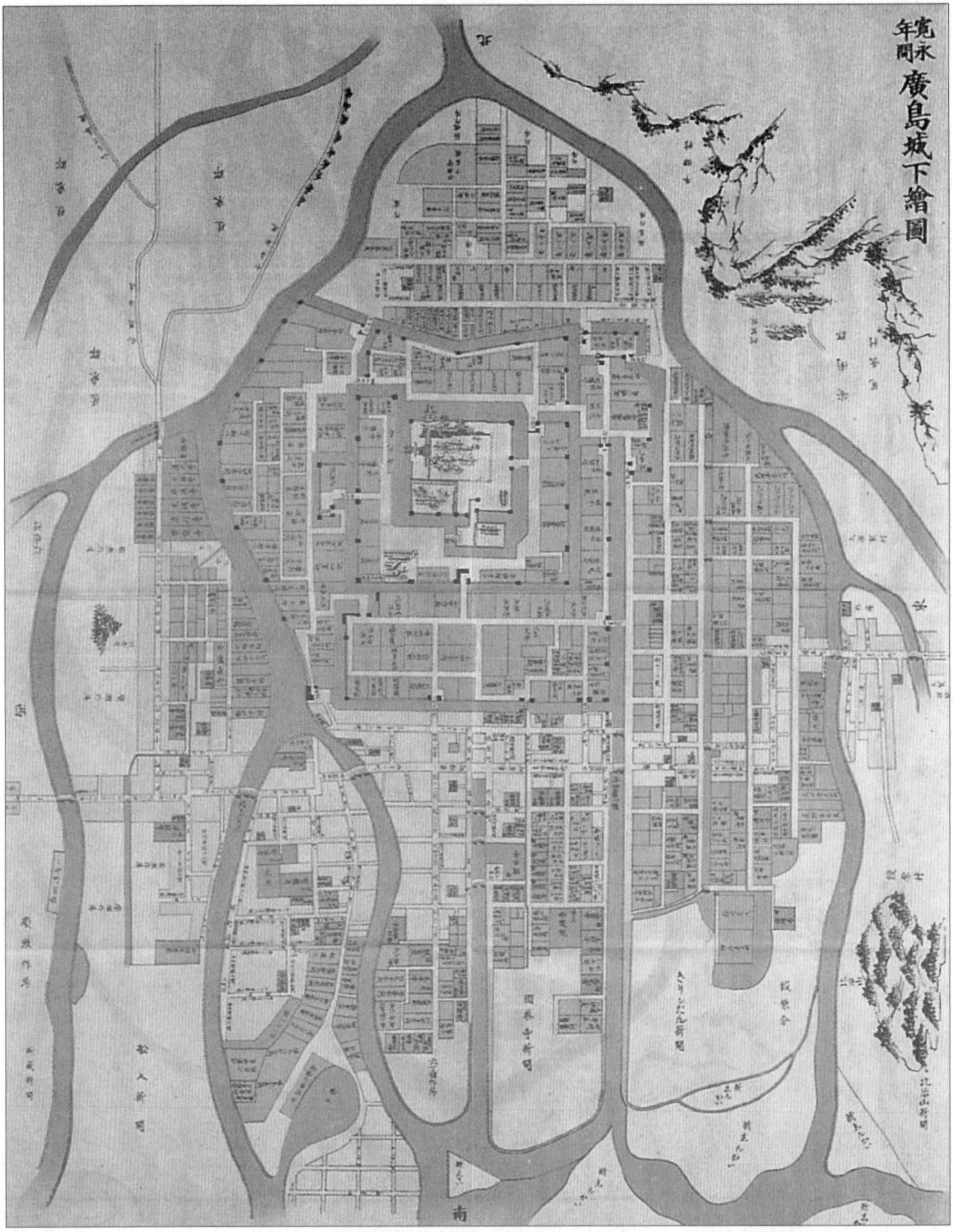

图 4　宽永年间（1624～1644）广岛城下图。17 世纪前半叶广岛城下町刚建成的模样。可知，这是一座建在三角洲上的网格城市（出处：广岛市史广岛市役所编，1924 年，附图）。

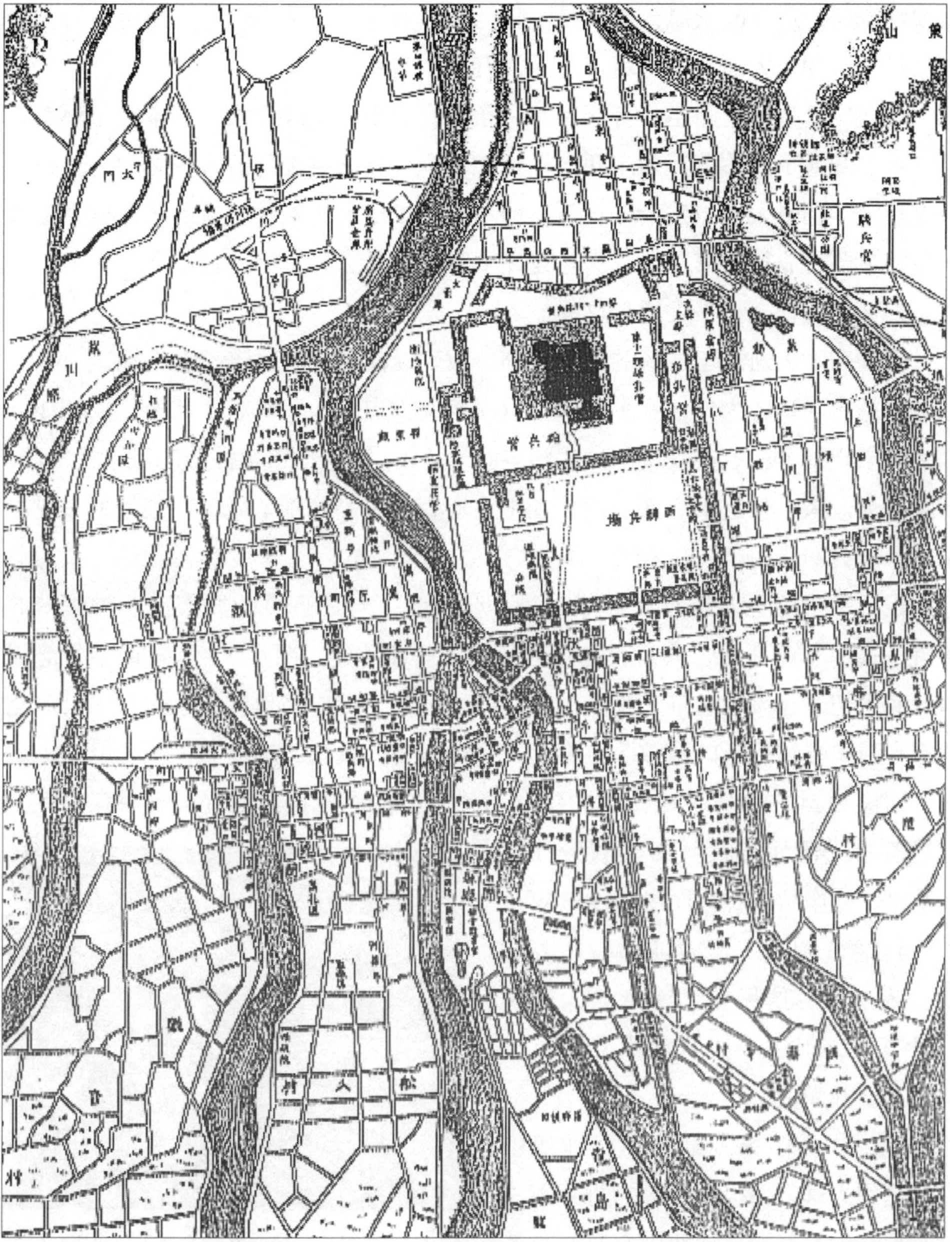

图 5　1891 年“广岛市街地图”（局部）。二战后大改造前的广岛没有直线形大道（出处：《图说广岛市史》，广岛公文书馆编，1989，附图）。

但起讫点仅是远处的景象，而不是实际能到达的地点，这样的道路闻所未闻。

另外，和平大通几乎与城市生活没有什么联系。

现代广岛生活道路主要有两条，一条是自旧山阳路改建而来的本通拱廊街，另一条是开通了有轨电车的东西向干道相生通（自**武家地**与**町人地之间**的外护城河改建）。和平大通虽然十分气派，但与市民生活毫不相关。看起来，似乎是为避免将主要商业街山阳路拓宽，才建设了和平大通。

那么，为什么和平大通会这样？

因为和平大通源于战前的防空规划，改建设前是战时**建筑疏散**空地。

这就容易理解为什么和平大通没有明确起讫点，也不具备生活道路的功能。因为防空规划本就该避开城市的生活空间。另外，防空地带也需分割城市密集区，起到防火效果。从这个意义上说，和平大通直截了当分割了城市，很好地完成了防空和防火的作用。

以和平大通为基准，广岛战后进一步修建了与之垂直的城市南北轴鲤城通（鲤城通原本就存在，只是在和平大通建成后才重建，照片 3）。同时，纪念战争的和平纪念公园也选址和平大通市中心段北侧，即中岛地区。不过和平公园竟然建在战争强制拆迁的疏散防空带上，真是历史的讽刺。

这座公园的建设方案来自 1949 年轰动一时的国际设计竞赛。当时东京大学助理教授**丹下健三**及其团队的设计方案从 132 项作品中脱颖而出。1950 年，和平纪念公园开工，1954 年竣工。值得一提的是，这场史无前例的大规模设计竞赛，引领了战后现代主义风格建筑的全新潮流。

照片 3　鲤城通。往北看。尽头是广岛城。鲤城通南半段是 1910–1911 年填埋旧西塔（堂）川而建。广岛二战后主要的城市南北轴。

竞赛中，多数方案选择在地块中心新建纪念碑。而拔得头筹的丹下案，没有这么做，首先在地块中心布局祈祷广场，保留其北侧建筑残骸并以其为北起点，其次设计向南延伸、与和平道大通正交的祈祷轴线；最后在该轴线上新建一座底部架空、形似大门的和平纪念建筑（照片 4），而保存下来的建筑残骸是原子弹爆炸中心圈附近唯一幸存的广岛县物产陈列馆（县产业奖励馆），后称原爆圆顶馆。简而言之，丹下案主要有以下设计理念：保留原爆圆顶馆为广岛的象征，并新建以门为意象的中心建筑；引入一条空阔的、清晰的城市轴线（祈祷轴线）；在地块中央布置祈祷广场。正是这样一份卓越的规划方案，才能从国际竞赛中脱颖而出。值得一提的是，和平纪念资料馆于 2006 年作为战后建筑被列为国家首批重要文化财，和平纪念公园翌年作为战后新建公园·庭院纳入国家首批风景名胜。

照片 4　从广岛和平纪念资料馆底层架空柱廊望向和平纪念公园和原爆圆顶馆。采用钢筋混凝土的原爆圆顶馆，是二战后全世界真正意义上第一座现代建筑。

为什么丹下健三对城市层面的空间设计具有如此卓越的想象力？恐怕和他在战后不久（1946）就报名参加东京大学广岛市复兴规划设计团队有关。另外，丹下曾就读旧制广岛高中，相对熟悉这座城市。

战前广岛最清晰的城市轴是从大手门径直南下的白神通（旧白神一至六丁目，又称本町一至六丁目，明治时期的地图上标注为大手町一至八丁目）。白神通最早可追溯至城下町初期，是那时能远眺广岛城天守阁的重要城市轴线。基于此，丹下设计了与之平行、能在和平纪念资料馆前一眼望见原爆圆顶馆的祈祷轴线。构建这样大尺度的空间设计，前期一定进行了相当扎实的城市调研。

仔细观察和平纪念公园的平面图，会发现规整的几何布局中存在一条不可思议的斜路。这条东北－西南走向的斜路是旧时的区域干道西国街道，道路东端是广岛最热闹的场所元安桥一带。元安桥头自古是广岛的城市中心，**高札场**、明治的**里程元标**、大正的**道路元标**都设置在这里，还能在桥头的植被中找到小块纪念石碑。和平纪念公园的规划方案，延续了城市记忆。

3. 战前的城市结构

丹下健三的公园规划向世界发出战后现代主义的信号，同时也委婉保留了广岛的城市记忆。自元安桥向东延伸的本通拱廊街，至今是广岛最热闹的商业街，这也是广岛战前城市记忆的一部分。

尽管战灾复兴土地区划整理大幅改变了城市肌理，但城市轴线与土地利用都继承旧制。战后广岛，并非从零新建。

现在开设市电的城市东西向轴线相生通，道路以北是行政中心区，道路以南是商业区，两侧功能与风貌不同。考虑到相生通曾经是外护城河，河流北岸曾是武家地（后来的军事用地），河流南岸曾是町人地。可以说用地功能也沿袭了旧制。

相生通南面的和平大通，在城下町时期是划分街区的道路。从这条脉络看，和平大通同样承载了城下町时期的记忆。

回顾图 1 所展现的广岛城下町，又会发现有趣之处。广岛位于太田川河口三角洲，整座城市被猿猴川、京桥川、元安川、本川、天满川等河流分割。但城市中心区却由数个 60 间宽的规则正方形街区构成，与自然风貌区别明显。这是 1589 年秀吉仿照大坂城下町初建的广岛城下町，原来由中护城河、外护城河、旧西塔（堂）川、平田屋川四条规整河流围合。

这些规整河道后来都被填埋，为新的城市道路奠定了基础。例如，1909–1910 年填埋的外护城河东西向河道成为现相生通，而南北向河道成为现白岛通。1910–1911 年填埋的西塔（堂）川成为现鲤城通。现在的中央通，则是 1915 年填埋平田屋川而建。

以这些道路为基准，广岛在战后土地区划整理中逐步形成如今的道路网架。可以说，现代广岛的道路结构也延续自城下町。

广岛的近代化，围绕和平大通与鲤城通构成的十字形展开。以十字形道路为基准推进近代化改造的县都中还有富山、福井、和歌山、大分等。但这些城市的十字轴线连接着车站，而广岛的鲤城通以城堡为起点。这是广岛城市空间中最显著的特色。

为什么鲤城通的起点是城堡？这要回顾它的建设过程。鲤城通首先建成南端道路，在塔（堂）川的基础上，后来进一步北延，穿过旧军事用地，通至城堡前。之后，鲤城通沿路建起县厅舍、市厅舍、市民医院、广岛美术馆、中央邮局和旧日本银行广岛分行等公共设施，成为崭新的城市南北轴线。

为什么广岛站选址偏离了城市主轴线？原因要追溯至明治中期。1894 年建设山阳铁道西终点时，为有效联系车站和宇品港，车站在二者中间的城市东北边缘。另一方面，这里周边比较宽阔，利于聚集士兵。当时正值日清战争（甲午战争）开战之际，据说从广岛站到宇品港的军事铁路线铺设，仅花费 18 天。铁路刚铺设完毕，战争就爆发了。战争期间，日本的军事大本营设置在广岛，明治天皇也长期居住于此，广岛成为日本临时首都。

遗憾的是，原子弹爆炸后，这段战前历史不再为人提及。广岛像是完全诞生于战后的城市，战前历史销声匿迹。

不论时代如何变迁，历史总是藏身于城市之间。即便被战争夷为平地的广岛，依然保留了战前城市的空间特征。

4. 水之都的复兴

回到战灾复兴的话题。复兴规划中还有一项不亚于和平大通的伟大成果，那就是滨水绿地整治工程（照片 5）。正如前文所述，这是战后规划的八大重点之一。

如今漫步广岛市中心，所及之处都有潺潺河流，沿河则是绿意盎然的游步道。太田川河口三角洲的河岸，几乎都设计成舒适的滨河公园（照片 6）。

照片 5　在和平大通旁的高层办公楼顶所看到的滨水绿地。往北看。中间的河是天满川。滨水绿地如同城市的绿带。

以和平大通为代表的直线道路与自然蜿蜒的滨河绿道交相辉映，如此美妙的空间布局，是现代广岛的一大特色。这样细腻有致的驳岸设计，在战灾复兴核心原爆圆顶馆周边水岸达到律动高潮

照片 6　元安川沿岸，万代桥周边游步道。往北看。水边没有设置围栏，给人留下深刻印象。“水”与“绿”，是广岛战后复兴的象征。

照片 7　原爆圆顶馆周边步行空间与滨水风景。从相生桥往东南看。元安川驳岸设计是战后土木设计的滥觞。河边没有户外广告。努力实践城市设计的成果。

（照片 7）。

广岛的情况又和通常意义上的现代城市设计有所不同。现代日本，水网与绿网是城市建设必需品。而广岛的“水”，不仅是城市中的河流，更是二战时期难民濒死之际拼命寻求的水；广岛的“绿”，也不仅是普通绿地，而是曾被认为不会生长草木的焦土，在战争结束后年萌生嫩芽、给市民带来希望的绿意。

广岛沿河的风景，是城市生活的润泽之源，也是城市再生希望的象征。如今人们习以为常的日常生活娱乐的空间，也曾是赋予梦想和希望、祈愿与安魂的空间。

山口——中世起源的年缟城市

1. 山口的年缟

近年命名的环境考古学专业术语年缟，译自英语“varve”。在水流扰动较少的湖沼中，在湖底层层沉淀形成的条纹模样堆积物，即年缟。福井县三方五湖之一水月湖的年缟就是较出名的一例。湖中年缟历史超过16万年，为世界提供了历史环境变动的珍贵资料。

水月湖通过其他湖泊与河流、大海相连，环境优越，湖底几乎不受扰动，所以才能积累历史这么悠久的年缟。

行走在有六百余年历史的山口，会觉得用“年缟”这个词来形容这座城市最贴切。因为山口的城市结构不曾受到大侵扰，历史形成的条纹模样如年缟般层层累积在城市中。从城市的历史入手，一起真切感受山口的年缟吧！

2. 中世的山口

山口据说是守护周防与长门的**大内弘世**1360年建设的，但由于缺少相关记载，并不一定正确。

大内氏的守护所大内馆其旧址保留至今（图2、照片1）。所谓大内馆，是指周围环绕土堤和护城河、宽百**间**的正方形城馆，仿照京都足利将军家的宅邸花之御所而建。建造这样的方形馆需符合**中世**都城营建礼制。

大内馆所在盆地四面环山，中央流淌着一之坂川，南面是干流椹野川，恰似京都鸭川与淀川的关系。山口自京都劝请祇园社与北野天满宫后，越发像京都了。

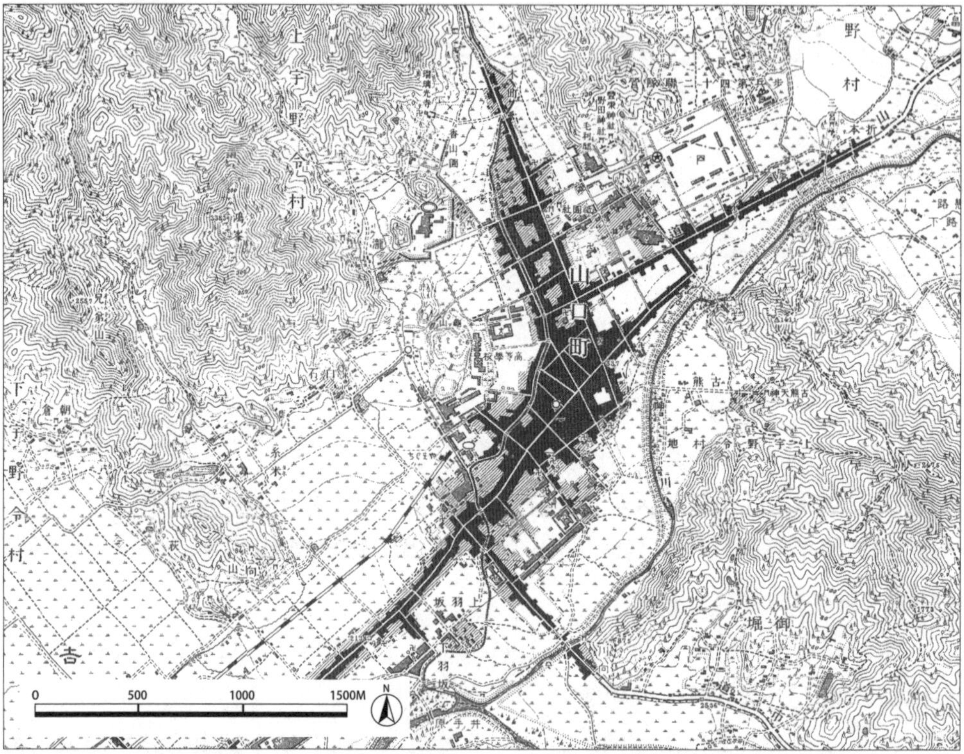

图 1　山口 1/20000 正式图（局部，1899 年测绘，1901 年发行）。

照片 1　右手边绿树掩映的是大内氏居馆筑山馆的旧址。道路边留有土垒。这里现在建有八坂神社和筑山神社等。国家指定史迹。眼前的道路是自中世延续至今的竖小路。向北看。

照片 2　竖小路，向南看。中世延续至今的道路。近世时期，它成为萩往还的一段，连接起萩和山阳道。江户时期，成为参勤交代途经的大路，一度是繁华的中心商业街。

1551年大内氏灭亡前，山口作为西京和东边的小田原都是因文化而兴的城市。应仁之乱（1467～1477）后，山口成了来自京都朝臣与文人的偏安之所，城市文化风雅一度匹敌京都，是中世数一数二的政治经济文化中心。

15世纪后期，画圣**雪舟**在山口居住30多年，创作了《山水长卷》等多部大作。当时，雪舟还乘坐遣明船来华，一睹当时文化中心的风采。雪舟之所以能远渡海外开阔视野，显然是因为大内氏有着遣船出航的经济实力。

图2　山口市中心空间结构示意图。

弗朗西斯科·塞维尔在1551年旅居山口的半年间也受到当地厚待，基督教传教活动颇具成效。他曾旅居日本两年，这半年是他最安定、成果最丰的岁月。

塞维尔暂居山口前一年曾从山口前往京都，希望从天皇那里得到许可在日本传教，但由于应仁之乱没能如愿。

次年他再次到访山口，向大内义隆献上原本要面呈天皇的礼物，其中包括来自印度总督的国书。当时，大内氏第三十一代大内义隆担任周防、长门、丰前、筑前、安艺、石见、备后七国守护，山口户数超过一万户，是中世的代表性城市。

3. 大内氏以后的山口

1551年，在塞维尔离开山口仅十几天后，极为富足的大内氏因家臣叛乱突然灭亡。

其后山口逐渐脱离历史主流。毛利氏取代大内氏统治这片土地，其据点是安艺国（后吉田藩、广岛县）。关原合战后，毛利氏领地只剩下周防与长门两国，但藩主居住的城堡并未建在山口或防府，而在萩。于是，山口就成了萩往还（古道名，连接萩和山阳道）上的边远小城市。

照片3　大殿大路，向西看。是与竖小路正交的东西路。原本是前往大内御殿的重要通路。道路不宽，完好地展现着历史风貌。

尽管政治地位下降，但山口在**近世**时期作为萩藩直辖地及许多在番藩士旅居的城市，居住密度始终很高，**武家地**也保持着相应规模。

中世以后远离主流历史舞台，山口这座城市产生了漂亮的年缟。城中层层积淀的历史痕迹，除上述大内氏宅邸旧址（筑山旧址，现八坂神社·筑山神社及其周边）外，还有大内馆政厅所在大殿旧址（大内氏馆旧址，今龙福寺及其周边）。大殿旧址周边的路网同样从中世延续至今。

过去萩往还的核心路段是竖小路，虽已无昔日繁华，仍是区域交通网络中的干道（照片2）。城市中还存在许多能让人联想起中世的路名，包括伊势大路、大殿大路（照片3）、锦小路、鞍马小路、德大寺小路、石原小路、筑山小路、御幸小路、诸愿小路等，这些道路的形态都反映着过去的城市肌理。桥梁方面则有虹桥、御局桥、琴水桥。此外，城市中还有天花与大殿、太刀卖（立卖）、大市与中市等具有中世风格的名字。

有深刻中世痕迹的城市，县都之中仅有山口。

江户时期以后，山口人口逐渐减少，到了幕府末期城中共有武士、下级武士、武士仆役长、臣下之臣的宅邸190栋、一般民宅1544栋，其中有103栋空屋（《山口市史》第254页）。

这时的山口，看起来就像是山野间的小乡村，但城市年缟还不致中断，原因有三：山口是源于大内氏的古都仍受到重视；山口是萩藩主**参勤交代**的交通要冲，设有供住宿的御茶屋；毛利家失去安艺国后，这座城市的许多寺院作为毛利家的菩提寺。

图 3 “大内时代山口古图”，少数描绘 16 世纪中叶山口的绘图之一。1909 年的摹本。绘图虽然并不精准，却较好展现了中世城市的面貌。大内氏居馆筑山馆在图上标注为大内御殿（县立山口图书馆藏）。

可以说，整个江户时期山口都是由平民百姓支撑起来的。附近的汤田温泉是山口的一大特色。其中心设有藩主专用的特别温泉。

4. 幕末至明治的山口

到了幕府末期，历史再一次发生变迁。

1863年，藩厅自萩转移至山口。几乎所有行政设施都随藩主一起搬迁到山口。山口在政治动乱中，因位于周防和长门的地理中心，受到重视。

这一时期，大部分城市设施选址一之坂川北岸，因为这里存在两块大规模用地。一处位于市区北面的坡地，原本建有藩的迎宾设施御茶屋，建筑体量巨大。从1899年的绘图（图1）看，一之坂川北岸也仅有御茶屋一座大型建筑。另一处位于龟山脚下，原本建有贵族宅邸御屋形，总用地面积与一座城堡相当。

御屋形后来改为藩厅的办公场所，所在用地现在建有县厅舍。藩厅正门藩厅门保留至今，一度作为县厅正门，现在是县厅的东门。而御茶屋所在用地后建成师范学校，现在是山口市厅舍与山口市民会馆。

明治以后藩厅南侧、大约龟山（现龟山公园）周边，明治以后修建了公会堂、博物馆与多所学校。这些城市设施后续改建为县立博物馆、县立图书馆、山口大学（后搬迁，原址改建县立美术馆）、市厅舍（1929年实行市制前是中市商业街）等各种公共设施。由此，龟山山麓成为山口的行政中心。

5. 漫步如今的山口

正如公园路（パークロード）所展现的城市形象，山口是典型的政治城市。

且近世以后从未成为商贸城市。因为山阳道沿线已有防府与三田尻等经济水平较高的城市，还有商贸中枢城市下关。

由于山口的交通条件并不理想，曾多次出现将县厅从山口迁至其他城市的提议，最终并未实现。而将政治中心和经济中心分离的少数派政策却在此得到执行。

提及政治城市一词，很容易联想到美国。美国各州的政治中心与经济中心都不是同一座城市，例如加利福尼亚州政府所在地不是旧金山或洛杉矶而是萨克拉

照片 4　过去建有轻便铁道山口站（中河原站），现在是一之坂川旁的喷泉广场。

照片 5　从山口站北延的站前大道。沿路是精心设计的低层商店。

门托。美国在国家整体层面上同样权衡了政治与经济的关系：政治中心位于华盛顿特区，经济中心位于纽约。

在其他国家同样能找到这样的权衡，例如德国的法兰克福与柏林、中国的上海与北京、越南的胡志明市与河内等。政治城市，大多给人庄重肃穆的城市印象，山口亦是如此。从山口站出发，实际在城市里走一走吧。

1913 年，JR 山口站开通，当时是从小郡站向东北延伸的铁路支线中的一站。小郡站现称新山口站，铁路支线后规划为山阴纵贯铁路，现在是山口线。此前，小郡和山口由轻便铁路连接。该线于 1910 年全线贯通，终点站中河原站设置在御茶屋桥前，也就是现在红砖创意空间南侧的喷泉广场附近（照片 4）。随着 JR 山口站开通，山口终于迎来了火车时代。

照片 6　中市拱廊街。米屋町界限，往西南看。旧石州街道的部分路段，是规模较大的拱廊街。城市中心区唯一的商业街。

山口站选址今市町南面市区边缘低地，南侧紧挨着椹野川支流天神川，天神川南岸则紧靠大山。从山口站出站后，沿站前大道往北走（照片 5），不一会儿会碰上一条东西向拱廊商业街旧石州**街道**（照片 6）。继续往北走，

照片 7　公园路，往北看。1980 年修建的县道，是绿意盎然的公园路。所有与之相交道路都采用下穿的形式。远处的建筑是县厅舍。从 JR 山口站下车，沿着站前大道一路北上，就能到达公园路。

照片 8　眼前的建筑是旧县厅舍，现在是山口县政资料馆，1916 年。其后的塔楼是 1984 年新建的县厅舍。新旧县厅舍前后紧挨。右手边新旧县会议事堂亦如此。

跨过一之坂川，市役所就位于道路尽头。再往前道路就向右拐了。这段路绿意盎然，称作公园路。市役所用地过去建有县师范学校。车站与学校分别位于站前大道两端，这样的城市结构十分契合“学都山口”这一名号。

前往市役所途中经过的旧石州街道拱廊街，是山口唯一成熟的商业街。拱廊街中心段呈直线型，两侧则稍显曲折。这样的道路线形，表明它曾是城市的主干道。旧时的干道延续至今，发展为生机勃勃的商业街，这也说明山口始终维持着江户以来稳定的城市结构。

拱廊街北的一之坂川，其河道走向几乎自古以来没有变化。从图 3 看，过去河流两侧道路遍布**町家**，商业气息浓厚。现在这里已是静谧的高级住宅区，但其中依然散落着别致的小店，似乎延续了传统风情。一之坂川沿岸有漂亮的樱花林荫道，因能看到萤火虫十分出名。一之坂川的小河川风情，犹如城市中一条别致的丝带，为山口带来了自然有机的城市氛围。原本在中世和近世切割城市的一之坂川，现在反而成了凝聚城市的向心力。虽然只是城市内部的一条小河，但创造出别具一格的秀丽风景，是舒缓身心的好去处。

接着，从市役所出发沿公园路缓坡道慢行，仿佛置身公园，两旁散布着图书馆、博物馆、美术馆等公共设施，尽头是县厅舍。县厅舍建在原藩厅后方，明治初期建成后未曾搬迁。

这条公园路位于一之坂川以北（原在山口大学校园内），于1980年建成，连接车站和县厅，沿路绿意充盈如同公园。公园路正式名称是县道203号严岛早间田线。为什么称为公园路？正如其名所示，这条道路仿佛贯穿于公园内部。事实上，在城市中心建成如此规模的公园路，在日本很少见。由此，从车站延伸至县厅舍的近代城市轴公园路，从中世、近世延续至今的道路轴石州街道和萩往还，以及更为古老、跨越多个时代、传承至今的河流轴一之坂川，三者共同编织出了山口年缟城市的大框架。

6. 年缟城市的缘由

那么，山口是如何平衡县都城市与年缟城市双重身份的？

最重要的原因是，山口没有经历二战。但“非战灾都市”在近代以后的发展路径也不尽相同。山口没有背负巨大的经济发展压力，以政治城市的身份迎来近代。过去也曾考虑将山阳本线通至山口，以带动城市和地区发展。但这一提案遭到地方反对没能落实。于是，山口便有了“万年町”这一绰号，时常被人奚落发展停滞不前。反过来看，正是因为没有规划干线铁路线与车站，山口才没有形成臃肿的站前地区。

尽管地方经济趋于夕阳化，但山口依旧是一县之都，能够维持一定的发展，没有完全衰落。适度的活力也为这座城市的年缟积累做出了贡献。

山口城市即使在发展过程中产生变化，也不是新事物完全取代旧事物，而是采取过去与未来有机融合的发展路径。最典型证据是，代表不同时代的四座政治建筑和谐分布在城市中心。正如照片8所展现的风景，昭和时代新建的新县厅舍（1984）、新县会议事堂（1975），紧挨着大正时期的西式建筑旧县厅舍、旧县会议事堂（均建于1916年，国家指定重要文化财）。能在一处就饱览山口的过去与未来。县都之中，仅有山口具备这样的特质。

这四座建筑所在用地，原本都是幕府末期的御屋形（实质是山口城）用地，后来建成藩厅舍。这些土地始终是公共设施用地，未曾出售给民间，也不曾成为军事用地。

这大概是因为，山口始终保持对历史的敬畏。无论大内时期、毛利氏时期，还是明治时期的历史都被保留下来，历史层层积淀形成轨迹，山口成为独一无二的年缟城市。

对历史怀有真挚的情感，也会进一步见证历史的诞生。例如，龟山公园本是1900年由新政府修建的公园。但现在，龟山公园最引人注目的是旧藩主铜像，公园本身也成为明治维新伟业的象征。这样的公园形象，是由尊重历史的市民集体募捐打造的。据记载，共有108525人捐款，金额达84497日元。

不仅是龟山公园，这座城市随处可见各时代的痕迹。

说到这，脑海中自然而然浮现出以下几处历史痕迹：代表中世的竖小路·萩往还，代表近代的石州街道及其中具有现代风格的拱廊街，代表幕末的藩厅门，代表明治大正的旧县厅舍与旧县会议事堂（两者现在合称县政资料馆），代表昭和的公园路及其周围的公共设施群、国道9号线（1963年竣工，现称县道204号线），代表平成的山口迎宾馆山口市菜香亭（2004年搬迁至现址，原址位于周边，1878年开业）与国道9号线山口辅路（现称国道9号线，1995年开通），等等。

自东北而来的一之坂川，仿佛城市脊梁，通过河上大小桥梁将这些历史要素斜缝起来，赋予山口独一无二的特性（照片9、照片10）。

照片9　一之坂川，向北侧的上游方向看。椹野川支流。依旧展现着自然的小河川风情。近年，一之坂川的樱花和萤火虫很有名。“西京”山口的一之坂川，可以比作京都的鸭川。

照片10　一之坂川沿岸的建筑风景。散布商店和事务所。河流两岸自中世起就建有道路。近世城下町的内部河流一般是起着防御功能的护城河，而山口的一之坂川似乎连接起两岸。

德岛——珠玉串联的集合城市

1. 充满谜团的城市

从JR德岛站出站后，会感到有些不可思议。

首先是车站与城堡的关系。德岛站朝南而建，背对德岛城，背面没有设置出入口。从车站前往城堡，需要先从南口出站，向东借助天桥穿越铁路线，才能到达城堡。车站与城堡背离的关系，全日本仅此一例。

其次是站前大道的走向。50米宽的气派大道新町桥通，自德岛站前通向新町川，穿越河流后直抵眉山山麓，止于缆车站前（照片1）。这条道路建设之初应该不是为了通向缆车站，最终也没有通到眉山上的眉山天神社。为什么会是这样的走向？

此外，城市中众多的Y字形三岔路（包括三岔拱廊街，照片2）、市役所偏离干道、城市中心难以分辨，等等，都给人一种不可思议的感觉。

2. 位于河口三角洲的城下町

上述疑问，可以在地图中找到答案。德岛城下町规划建设在大河吉野川河口三角洲上。现在城市中仍流淌着助任川、新町川等吉野川的支流。过去河网水系更复杂。对这片地区来说，这些河流既是起防御作用的护城河，也是物资流通的大动脉。

建设在河口三角洲的城下町还有广岛和萩等。但这些城市的河网都不及德岛复杂，城市也不是由众多零散小岛（中洲）构成。

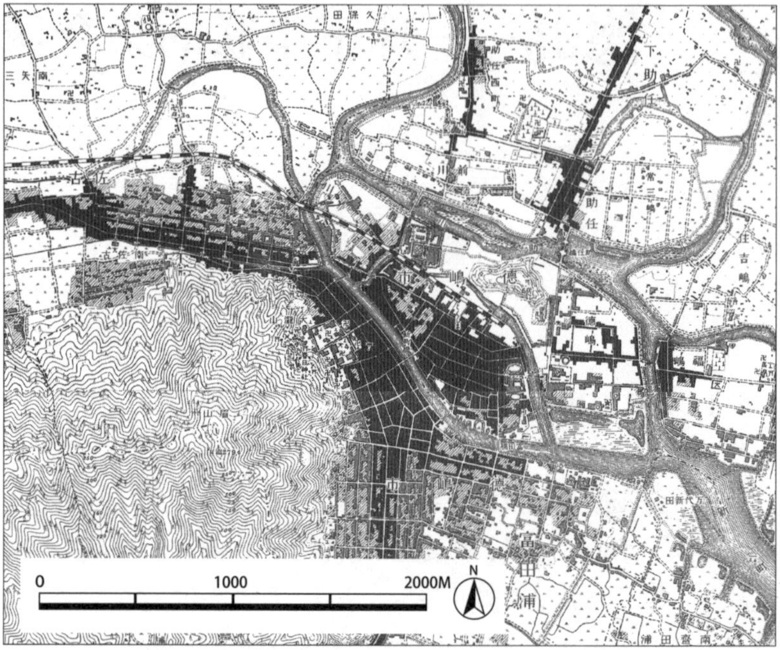

图 1 德岛 1/20000 正式图，由德岛北部（局部，1896 年测绘，1909 年局部调整，1910 年发行）、小松岛浦（局部，1896 年测绘，1899 年发行）组成。

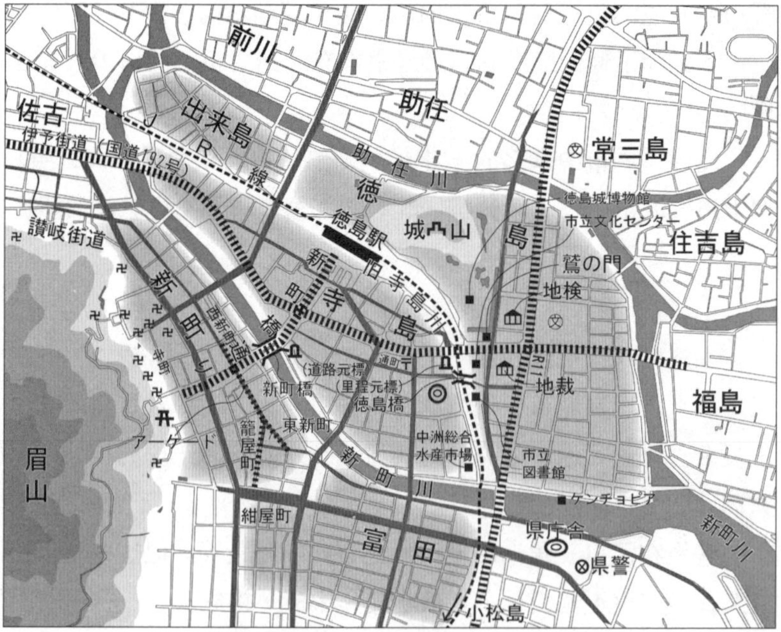

图 2 德岛市中心空间结构示意图。由于干线和新架桥梁，很难看到小珠玉之间的联系。

照片 1　新町桥通，从德岛站前经新町川直抵眉山山麓的大道。从站前看向西南方。正面右手边是眉山。这条道路本是建筑疏散空地，在战灾复兴时改建为道路。

照片 2　从东新町到宠屋町的 Y 字形拱廊。看向东南方。从江户初期绘图看，到这周边为止的地区是町人地，其外围是农田。后来这里成了武家地。

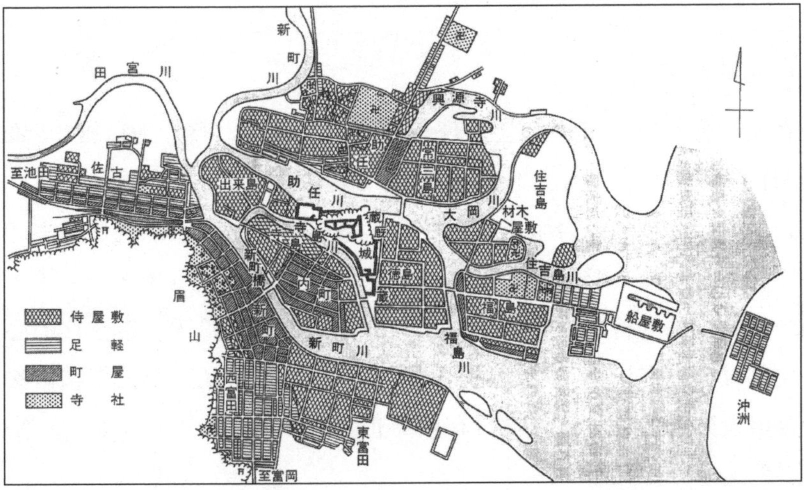

图 3　宽文十年德岛城下町图。城下町 1670 年的模样，可以看出每座“岛”都有自己独特的结构（出处：《城与城下町》，藤冈谦二郎主编，淡交社，1978，148 页）。

城堡与德岛站所在的这片地区呈葫芦形状，称为葫芦岛。筑城时，葫芦岛被岛内的纵横水系进一步细分为德岛、寺岛、出来岛三岛，城堡坐落在三岛之间（图 3）。葫芦岛又称内町，居住着从事靛蓝贸易等特权富商，周边的福岛、常三岛、住吉岛等也属于城下町范围。这些岛屿的名字均沿用至今。

寺岛与出来岛之间的河流在17世纪前半叶填埋，而寺岛与德岛之间的寺岛川一直保留到20世纪中叶（昭和中期）。

江户时期，进入城堡的主要关口是城山南麓的御殿（现德岛城博物馆周边）东南角，现在建着鹭之门的地方。前往城堡，需要沿伊予街道和讃岐街道等古道（区域干线道路）从西面进入新町，经过新町桥横跨新町川，右拐穿过通町，后经德岛桥北上至番所抵达德岛城。

德岛桥是这条路线中最重要的交通节点。在德岛桥西桥头靠寺岛一侧，伊予街道两旁曾建有两座家老的巨型官邸。其中一座称为贺岛屋敷，是县厅的临时办公场所。1930年，德岛在城市东南面新建县厅舍，县厅从贺岛屋敷迁出，市役所搬入。1874年里程元标也设在这里。德岛桥靠近城堡东侧，建有市厅舍与法院。从中可以看出德岛桥是德岛的城市中心。

3. 被填埋的寺岛川

葫芦岛现在又如何？行走其中，会发现寺岛川被填埋了，整片地区被JR铁路线和大交通量的国道11号与国道192号割裂，地区之间交通仅由天桥维系。寺岛川的痕迹如今只能在中洲综合水产市场一带稍微感知到一点，也就是过去寺岛川与新町川交汇的中洲港（旧德岛港）附近。

葫芦岛至今仍是德岛的行政中心。市役所与地方法院没有搬迁，市文化中心与市图书馆等公共设施也在周边。遗憾的是，现在不再能感受到这里曾是城市**玄关口**。因此如今市役所选址此地使人觉得有点突兀。

车站与城堡的关系亦如此。

1899年，阿波铁路（现JR德岛线一部分）从鸭岛向东延伸至德岛，开通终点站德岛站。寺岛川西段被填埋（如图1所示，车站以东段保留）。地区之间的关系也没有因铁路产生大变化，城堡和城下町始终处于分隔状态。铁路铺设前，两片地区由寺岛川分隔，铁路铺设后则由铁路线和寺岛川分隔。因此，德岛站才背对城堡，毕竟城堡与城下町两片地区本就没什么联系，反倒还形成了平衡的城市格局。车站北面是城堡，车站以南至新町川是城区，铁路与河流在中间起到分隔作用。

通常情况下，城堡四周是建成区，铁路难以通过。德岛正是利用兼作护城河的河道，才使这一关系成为可能。

此外，车站建设也没有对城市中心德岛桥造成影响，没有破坏城市的主体空间结构。近代铁路似乎与城市相处融洽。

遗憾的是，这样良好的空间关系如昙花一现。1913 年，铁路进一步延伸，通向日益重要的港口小松岛。因此，德岛站也不再是终点站，寺岛川日渐式微，其上架设的德岛桥也逐渐淡出人们的视野。

之后，德岛站收购周边土地不断扩大规模，国道 192 号（旧伊予街道）从葫芦岛正中东西贯穿而过，城堡与城市的联系进一步遭削弱。德岛城仿佛成了城市中的一座孤岛（照片 3）。

4. 新町桥今昔

德岛的另一个变化体现在新町桥通。这条道路是二战后建成规模最大的主干路，从车站前经新町桥直抵眉山山麓。新町桥通为什么呈现这样的走向？

如果将德岛桥一带比作彰显格调的客厅，那么新町桥一带就是这座城市人潮

照片 3　现在的德岛站。从新町桥通看向东北方。1992年重建的车站大楼已然呈现着现代的面貌。右手边隐约可见城山。车站背面没有出入口。车站与城堡完全相背。

照片 4　新町桥。原本是木桥，1878 年改建为德岛首座铁桥，1945 年 7 月被空袭摧毁。1952 年改建成现在这样的二重桥。桥头设有大正时期的道路元标。新町桥通路名正是取自这座桥，其重要性不言而喻。

拥挤的餐厅（照片 4）。德岛县（旧称阿波）以阿波舞（既指代舞蹈，也指代节日活动）闻名，其中又以德岛市的阿波舞最具代表性。现在会在新町桥通举办阿波舞，众多舞者聚集在此，热闹非凡。

原本德岛就以新町川为界分为内外两部分，新町川以内（北）属于内町（内城），新町川以外则属于新町（新城）。因为内町被特权商人的老字号商店占据，且新町交通条件优越，人流量较大，可开发用地规模较大。德岛城下町的平民闹市区就选择在新町一侧。

现在行走在新町，会发现各街区的规模与形态并不相同，这是因为各街区建成年代不同。此外也受到河流与山麓等客观因素影响。各街区的道路网自成体系。

新町桥不仅是界定地区的标志，还是连接新町与内町（以及城堡）城市防御节点，整个江户时期只有德岛如此设计。新町川河岸上遍布储藏靛蓝的仓库，因此也是货物流通的节点（图 5）。

到了明治时期，**武家地**收归新政府。内町商人失去特权，而新町的优势越发突出。德岛邮政经办处（1872 年，1881 年搬迁至西新町四丁目）与德岛电信分局（1877）都设置在新町。

这也是德岛站背对城堡、站前大道直通新町桥（新町桥通）的原因之一。另外，站前大道经过新町桥后左拐。因为新町桥以南地区是城下町时期就存在的旧城区。尽管站前大道完全采用近代的规模与设计，但从道路拐弯这一细节上，可以看出对城市记忆的尊重与保护。1920 年《道路法》颁布后，新町桥被指定为国道 21 号、国道 22 号的终点，**道路元标**设在北桥头。这些城市的变化，象征着城市中心从德岛桥转移到新町桥。

照片 5　从新町桥南向东看到的新町川。一体化建设的公园和护岸，有一处可使用的圆形剧场。这里是新町川沿岸新町栈步道的起点。

为什么现在新町桥通的规模远超其他道路，反而略显突兀？为什么新町桥通通到眉山山脚？答案就藏在近代城市规划之中。

德岛本地靛蓝业十分发达，整座城市因靛蓝而兴。由于没有大规模现代产业，德岛没有太大的近代化压力。明治以后，城市的近代化进程依旧缓慢。1889 年日本首次推行市制时，德岛在首批 36 座城市中位列第十，是四国地方规模最大的城市。德岛靛蓝业如此发达却是因为吉野川下游常发生洪涝灾害，不宜种植稻米。所以也说不清这究竟是福是祸。

河网密布，旧时可为供货物运输提供便利，在近代却阻碍城市发展。尽管 1935 年 4 月德岛根据城市规划实施了道路规划，但没有开展大刀阔斧的建设，城市没有发生大变化，一直较好保持了城下町的风貌。

直到二战爆发。

二战时，根据城市防空规划中的**建筑疏散**，德岛腾出了一片防空地带，即德岛站前大道的路线。二战后的**战灾复兴**将这处空地规划为市内唯一 50 米宽的大道广路新町桥通线。1946 年 3 月 30 日，战灾复兴院第四号告示批准了这条规划道路的建设。因此新町桥通才会通到眉山山脚后嘎然而止，主要是为了防火才会设计成笔直开阔的形态。道路中央还设计了种植华盛顿棕榈的隔离带，可谓名副其实的标志性大道。

5. 战后的珠城

1945 年 7 月 4 日，德岛遭遇大空袭，近七成市区烧毁。战后，德岛制定了战灾复兴**土地区划整理**（图 4）。这份规划于 1958 年 9 月 25 日获批，设计规模调整过三次，但仍涉及 240 公顷土地。

区划整理重点是站前地区，在此引入数条大规模干道，其余地区基本遵照战前的既有路网，与其他城市的战后规划没有太大差别。

但实际走一走，会发现德岛给人印象十分特别。整座城市如同经历了大型外科手术，原来的城下町风貌消失殆尽，取而代之的是以干道为核心的城市风景。因为战争，建筑迫不得已重建，但城市的骨架（主体空间结构）也彻底改变。到底是怎么回事?

照片 6　西大工町通，是战灾复兴道路规划中的干线道路。右边曾是古道（现在改建成拱廊街）。道路左侧绵延着寺町，远处是眉山。跟前左右方向道路是新町桥通，连接德岛站前与眉山山麓。

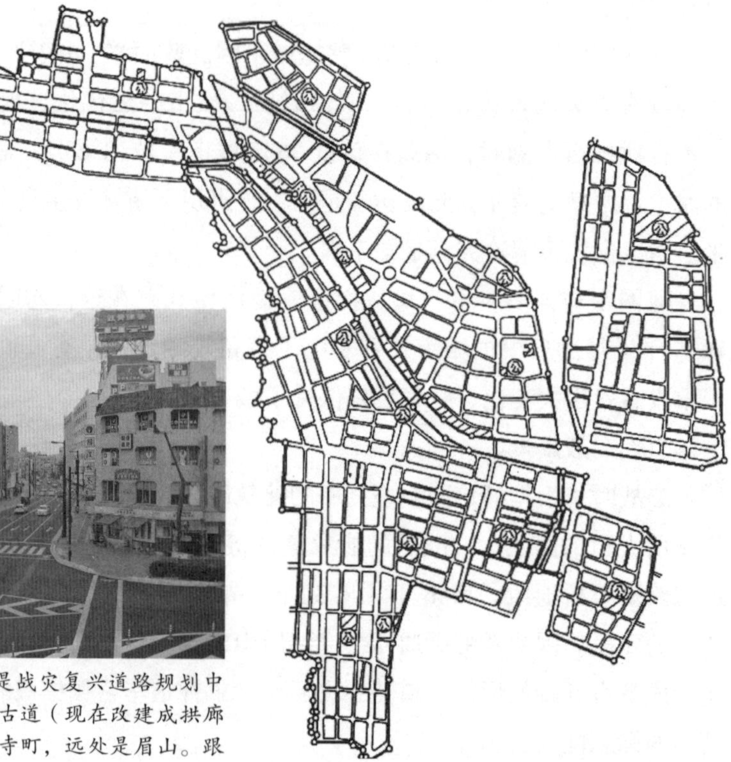

图 4　战灾复兴土地区划整理设计图（出处：《战灾复兴志》都市篇，第 7 卷，建设省编，601 页）。

这要从德岛原本的空间结构讲起。德岛旧城由一座座小岛构成，小岛之间仅有几座桥梁连接。这就好像，一颗颗珠玉由丝线串联，整座城市就是这圈串珠。除了靠近城堡的岛屿上没有**町人地**，每座岛屿都分布着武家地与町人地，能够自由发展。

新町地区虽不是岛屿，但同样是一颗具有个性的珠玉。德岛就是这样一座由大颗珠玉串联而成的集合城市。道路如丝线般串联起一颗颗珠玉，并决定了它们的发展方向。

每座小岛的形成时间不同，使得地区形态各有差异，所以 Y 字路众多。城市中心难以辨认，也是因为不同地区的个性显著。

照片 7　新町川西岸的新町栈步道。1991 年在堤坝护栏边修建新町栈步道，总长约 300 米。周末阳伞店生意很好。

照片 8　新町川稍下游，向东看。设置在中洲地区的游艇码头 Kenchopia。右手边不远处是县厅舍。县厅舍前拴着一艘艘帆船的城市风景，日本仅此一例。吉野川河口三角洲的水都风景很是浓郁。

德岛的每座小岛都是独立的，拥有独立的道路网，整座城市就像被缝合起来。同样位于河口三角洲的城下町广岛，也有着许多岛屿与河流，但道路网在城市整体层面上形成严密的系统。

遗憾的是，德岛在战灾复兴过程中新建了大规模干道，“珠玉”的特色正在逐渐消失。该怎么办才好?

干道已建成，从道路角度做出改变有些困难。于是只能从还未改变的河流入手挖掘各地区的特点。

德岛从河流的角度出发，建设了新町川的栈步道（照片 7）、葫芦岛游览船、新町川季节限定的夜光长廊等。德岛的河流，正逐渐从分隔地区的要素转变为联系地区的要素。

如今新县厅舍河岸前的游艇码头，是被当地人昵称为县厅码头（Kencho Pier）的帆船码头（照片 8）。县厅舍前停着一艘艘游艇，如此风景在日本绝无仅有，这也是德岛的特点。

想来如果背对城堡的德岛站，可以通过铁道路线下沉的方式改为半地下，一定程度上可以再现过去寺岛川的空间形态。同时也可以重新联系被铁路分割的城堡与新町川地区。虽然有点异想天开，本意是循着河川这个要素描绘德岛再生的远景。

高松——面海开放的城下町

1. 拥有港口的城下町

JR 高松站是一座尽端式终点站，车站和铁路线就像钉耙一样扎在高松市区的西北面。车站内没有高差起伏，出站后是宽敞的站前广场，从正面东望可见旧高松城。1955 年，高松城改为玉藻公园对公众开放（照片 1）。北望则可感受到港口与濑户内海的气息。2001 年，站前地区重新规划建设，形成宽敞舒适的现代街区（照片 2）。

尽端式终点站，是指只有一侧建有铁路线的车站。通过式终点站，则是两侧均建有铁路线的车站。日本大部分 JR 尽端式终点站，会向另一侧继续延伸铁路，从而成为通过式车站。而 JR 高松站，至今是尽端式终点站，有着厚重的历史感。除高松外，县都中只有青森和长崎如今还拥有尽端式终点站。鹿儿岛的鹿儿岛站也曾是尽端站，但后来铁路继续延伸，只有原车站大楼还保留些许痕迹。东京新桥站与万世桥站亦如此，终点站的痕迹只能从历史悠久的上野站中稍微感知到一点。

设置 JR 尽端式终点站的非县都城市，有日本北部的稚内、根室、函馆，南部的宇和岛、宿毛、门司港、枕崎等。这些城市大多是充满魅力的**港町**，港口、市区，它们和车站往往联系紧密。对港町来说，铁路终点站最重要的使命是将港口与其他地区联系起来。

现在高松站附近还建有轮渡码头，交通极其便利。在轮渡码头乘坐快速线，不仅可前往本州岛的宇野港，还可以去往濑户内海上的小豆岛、直岛、男木岛、

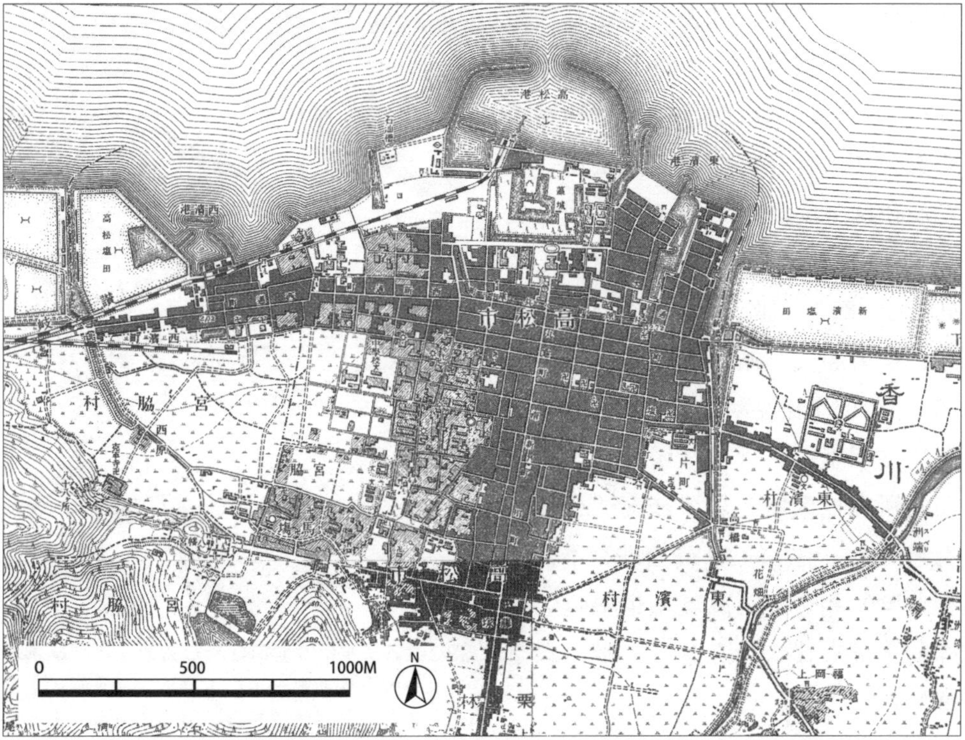

图 1　高松市 1/20000 正式图（局部，1888 年测绘，无发行年记载）。

照片 1　从高松站前望向东边的旧高松城（今玉藻公园）。左手边的高层建筑是克莱门酒店，临近港口高松港。1959 ～ 2001 年，酒店所在地曾建有气派的高松站。

照片 2　从高松站前广场看到高松站。现在的车站是第四代车站，大楼呈穹顶样式，2001 年竣工。高松站曾是四国铁路枢纽站。1988 年濑户大桥线开通后，可从高松站直抵冈山站。

女木岛、丰岛等。过去这里建有宇高轮渡的高松栈桥站。1959年，与国铁高松站合并，城市的铁路车站和港口成为一体。合并前的国铁高松站，就在现在这个位置，于1910年建成。更早之前的第一代车站在西面约1千米处，于1897年建成。现在的JR高松站，是第四代车站）现在的车站东北300米处的高松克莱门酒店，是第三代高松站旧址。尽管车站搬迁数次，但车站所在地区始终是海陆交通枢纽。有趣的是，现在的JR高松站，不仅和港口紧密相连，距离城堡也很近。这样的选址有什么特殊意义，难道只是偶然吗?

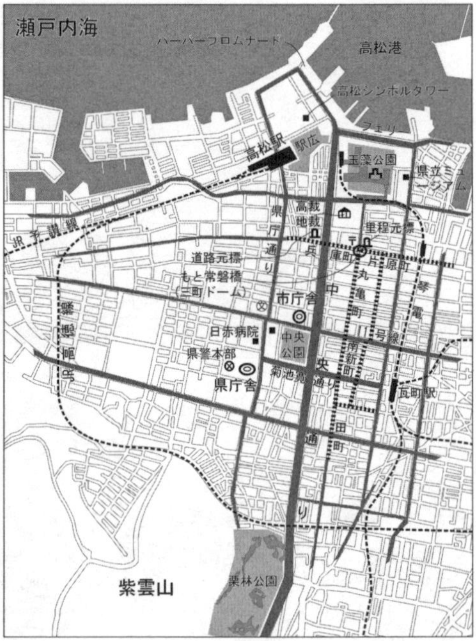

图2　高松市中心空间结构示意图。近世城市轴（丸亀町—南新町—田町）与近代城市轴（中央通）并行。近代城市东西轴菊池宽通与中央通正交，起于瓦町站、止于县厅舍。

从古至今，城市重要设施的选址都是经过规划的，不可能只是偶然。浏览**城下町**时期的绘图（图3、图4）便能知晓答案。

1588～1590年，**生驹亲正**修筑高松城。1642年，**松平赖重**对高松城大幅改建。高松城选址河口三角洲，其北面是濑户内海，东面临近香东川支流。城堡营建最突出的特点是由海水灌注的三重“コ”字形护城河，从城堡一侧（内侧）起，三道护城河分别名为内护城河、中护城河、外护城河。

日本有许多城堡被称为“水城”，如小松城、诹访高岛城、膳所城、今治城、中津城等。但仅有高松城的护城河均由海水灌注，还兼作港口。

图3是名为六双一曲的高松城下屏风图，描绘了宽永年间（1624～1645）高松城下町早期的整体风貌。不难发现，外护城河停泊着众多船只，兼作城市港口。东西两座港口分别称为东浜舟入、西浜舟入，东浜供商船停泊，西浜供渔船

图 3　高松城下屏风图（17 世纪中期），详细描绘了城下町初期的模样（香山县立博物馆藏）。

图 4　高松城下图（局部）。1638 年左右。明确可知，护城河兼作港口（出处：《新修高松市史》，高松市史编修室编，1964，501 页）

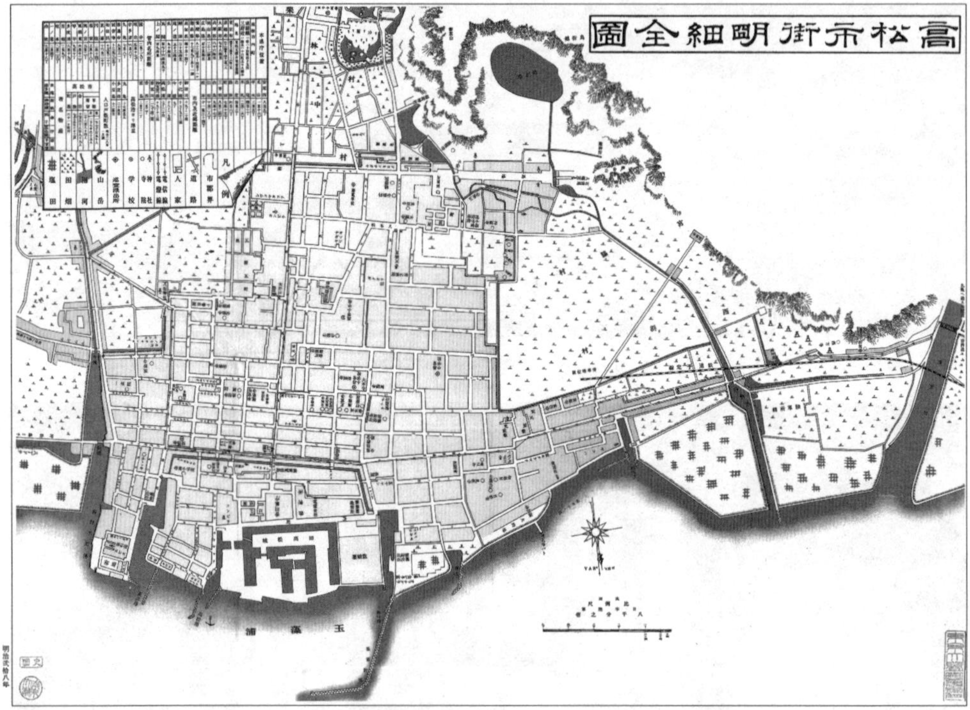

图 5　高松市区详图（1895）。图上画有从丸亀市通至高松市的预设铁路线（1897）。为配合铁路轮渡通航，车站于 1910 年搬迁至港口附近（出处：《新修高松市史》，第 3 卷，高松市史编习室编，1969，附图）。

停泊。靠近城堡的地方还有一处港口，这是**藩**的官方船港。由此可以判断，高松城的选址不仅是为了利用海水灌注护城河以防卫城市，更是为了便利贸易。从图 4 看，河道的商贸功能（港口）似乎远大于防御功能（护城河）。城下町面海开放，这是高松不可思议的城市个性。

1900 ～ 1908 年，高松对这片江户时期初建的港口地区进行了近代化改造。1910 年，开通前往宇野港的铁路轮渡航线（旧时运输铁路火车的航线），并修建了轮渡码头。同年，港口地区建成国铁高松站，高松成为四国地方的**玄关口**。

正是由于城堡的护城河兼具港口功能，近代才能推进海港、长距离终点站、国铁高松站等建设。现在的站前一带，正是领略高松“海城”（内容海港的城下町）风貌的窗口。

近年，车站（港口）地区迎来新一轮开发建设，建成名为太阳港（サンポート）的现代开放码头（照片3）。虽然地区的规模和名称不断变化，但港口和车站始终位于城堡附近。港口也不再以货运为主，而逐渐变为旅运港。

照片3　高松港滨水前。高松最显著的特点是车站与港口紧密相连。右手边可以看到高松城（玉藻城）的绿意。

2. 起于城堡的城市轴

城市面海开放，也意味着这里是陆运的起点。

水路与陆路的联结点是架设在外护城河中央的常磐桥。常磐桥以北地区是重要官员居住的内町（丸之内），以南则是城下町建设初期从丸龟搬迁来的大贾们居住的地区。丸龟町中央有一条直抵常磐桥的南北向直线道路，这是高松的城市轴丸龟町商店街。

照片4　三町穹顶的巨型拱廊，背对港口向南看。左侧向内延伸的商业街是片原町。圆形广场北侧曾设有高札场，原是架设在外护城河的常磐桥所在，也是赞岐五街道的原点。

1900年，外护城河被填埋，周边地区推进城市化建设，常磐桥不复存在，取而代之的是建有三町穹顶（三町ドーム，照片4）的路口。这处路口是东西向拱廊商业街兵库町商店街·片原町商店街与丸龟町商店街的T字交点，上方建有巨大的拱顶。过去路口设有**高札场**，又称札之辻，是城镇人流量最高的场所，也是旧时区域干道赞岐五街道（志度、长尾、佛生山、丸亀与金比罗街道）的起点和旧赞岐国（现香川县）及四国地方道路网络的中心。大正时期，代表道路网络起点的**道路元标**设置在兵库町与中央通的路口，位于三町穹顶西面不远处。

近代常磐桥以北地区延续了行政中心的职能，建有县厅舍、法院、警察局、邮局、县公会堂等公共设施。这些公共设施基本没有经历搬迁，只有县厅舍（1985）与县公会堂（1961 年改建为县文化会馆）向南搬迁约 1 千米至现址，旧址建有中央邮局与高松高等法院・地方法院。

照片 5　江户时期以后大贾居住的丸龟町。高松市区传统的南北轴。正在推进再开发工程。

由此可知，常磐桥地区始终是高松的城市中心。从三町穹顶往北走出拱廊商业街，会发现城市风景骤变，道路两侧排列着高大的方盒子建筑。这里曾是**武家地**（内町），各地块规模较大。

三町穹顶以南是丸龟町商店街，该商业街自 1990 年代开始推进城市更新，一直延续至今，旨在打造代表新时代的商业街。这是城市再生的典型案例，在日本家喻户晓（照片 5）。

照片 6　与丸龟町商店街南侧接续的南新町拱廊街。丸龟町商店街、南新町商店街、田町商店街接续，拱廊街全长超过 1 千米。

丸龟町商店街全长超过千米，后与南新町商店街、田町商店街接续，形成了一条连续的拱廊商业街，十分热闹。拱廊商业街的商店布局特征明显，北边大多是能货比三家的商店，南边则以供居民就近采购的商店为主（照片 6）。值得一提的是，城市最热闹的场所未曾变更，现在称作三町穹顶的地方，过去是札之辻。类似情况的县都仅有静冈。

丸龟町商店街的设计理念也值得一提。一般而言，城市主轴线会贯穿整座城市，以联通各地区。但在高松，从城堡向远处笔直延伸的丸龟町商店街，主要是为了联系港口与陆运起点。

高松城下町还有一个特点，其**町人地**与武家地的比例是 6∶4，町人地规模更大。这体现了当地经营赞岐三白（砂糖、棉花、盐）的商人拥有强劲经济实力。。港口也好，町人地也好，这座城下町的规划似乎优先考虑商业功能。

不过，丸龟町商店街的轴线并非朝向正北，而是稍向东北倾斜。正好与该地的**条里**方位一致。由此可见高松城下町是在古代城市基础上建设的。

丸龟町所在地是向南北两侧缓缓延伸的舌状微高地，东面是广阔的低洼地，西面群山绵延。城市轴向南延伸是为了契合地势。现在从高松站出站，不会走向东侧的城堡或背面侧海边，而会不自觉地走向南边的闹市区。因为高松是一座由地形引导发展的城市。

3. 呼应近世城市轴的近代城市轴

那么，这座建于**近世**的城市，是如何推进近代化的？

最关键的举措是新建与近世城市轴丸龟町商店街平行的近代城市轴中央通（照片 7，同样顺应古代条里）。

中央通诞生于**战灾复兴**规划。1903 年为纪念皇太子（后昭和天皇）完婚，建成中央通所在道路，纪念道路起于玉藻町（旧高松栈桥站前，东临玉藻城），笔直南下，止于兵库町，宽 12 **间**（约 22 米），全长 616 米，是一条富有象征意义的道路。

纪念道路建成前，城市主要的南北路几乎与今县厅通重合，旧时通有有轨电车，但道路极其狭窄，不能称为城市主轴线。

纪念道路建成后，出现了道路穿过兵库町、进一步向南延伸的想法，后落实于 1928 年获批的城市规划。新规划道路在当时名为一等大路第三类第一号路线高松港鹭田线，后改名中央通。

照片 7　高松的近代主干道中央通。向南看。中央通位于丸龟町商店街西面，是与之平行的南北干道，宽 36 米。

照片 8　菊池宽通。从瓦町站前向西看。战灾复兴规划新建道路，与中央通正交，呈十字形。道路东端是琴电瓦町站，西端是县厅舍。

“一等大路第三类”是路宽 22 米以上的道路，“一等大路第二类”指宽 29 米以上的道路，“一等大路第一类”则为宽 36 米以上的道路。由于高松未被要求建设更宽的大路，一等大路第三类就是高松规格最高的道路。当时兵库町没有既存道路，中央通是在混杂建成区内开辟的规划道路。

据记载在 1938 年实际建设时，中央通的规模从规划的 22 米减至 15 米，全长 1.1 千米。

1945 年 7 月 4 日凌晨高松遭遇大空袭，近八成市区烧毁，城市建设又回到起点。

二战后，高松即刻制定了战灾复兴规划，重新设计旧一等大路第三类第一号线。道路取名广路二号高松港栗林线，即现在的中央通。道路宽度最初规划为 100 米，1946 年 6 月缩减至 50 米，1948 年 1 月缩减至 36 米。

中央通虽只有 36 米宽，但设置了 4 米宽的中央隔离带，栽植 214 棵樟树。现在，中央通是城市的车行交通干道，是高松代表性的商务街、金融街。

如此，高松的近世城市轴、近代城市轴各司其职。近世城市轴丸龟町商店街发展为步行交通主导的商业轴，近代城市轴中央通则是车行交通主导的办公轴，形成和谐统一的空间格局。此外，这两条后世新建的道路，依旧遵从古代条里制的道路朝向。可以说，高松是一座古代・近世・近代道路有机共存的城市。

高松的近代城市东西轴是与中央通垂直相交的菊池宽通（照片8）。菊池宽通最初规划时名为天神筋瓦町线，自瓦町站向西延伸至县厅、日赤医院。道路宽度原本规划为60米，实际建成20米。

由此，中央通和菊池宽通在城市中心区形成十字形格局。现在，菊池宽通并非城市中最宽阔的东西路，但依旧维持着东西主轴线的地位。

照片9　战灾复兴土地区划整理规划新建的中央公园（左），位于近代南北轴与东西轴的十字相交处。中央通北侧是玉藻公园，南侧是栗林公园，中间是中央公园。从中央通往北看。

这样的十字形空间引领了高松城下町的近代化，连接南北的高松港与栗林公园，及东西的瓦町站与县厅舍，十字中心设有一座大规模中央公园（照片9）。

中央通沿路种有漂亮的樟树林，串联起三座公园，分别是北边的玉藻公园，南边的栗林公园，中间近代西洋风格的中央公园。高松市厅舍面向中央公园而建。

4. 城市构想支点

高松以近世城下町步行交通轴线丸龟町商店街为基准，修建与之平行的近代城市车行交通轴线中央通，再通过它们如丝线般串联起玉藻公园和栗林公园。后修建与中央通正交的东西向站前大道菊池宽通，起于车站、止于县厅舍，沿街布局中央公园、县文化会馆、银行等近代城市设施。近世城市轴与近代城市轴相得益彰，走向均遵从古代条里制。为避免破坏这样的城市空间格局，高松琴平电铁甚至选址在市区东面。

高松在各时代均新建了城市轴并沿路规划点状城市设施彰显新时代气息。能实现如此动态平衡的根本原因，在于高松不可动摇的港城结构。近年高松站前与丸龟町等城市再开发项目也延续了这一文脉，可以说是兼具高松特色。宏大的城市构想，还是得落到具体的场所，通过动态调整来实现。

松山——绕山而成的环形城市

1. 山上的城堡　环山的城市

世界范围内，被山川环绕的城市数不胜数，而城市包裹山体的情况却凤毛麟角。四国地方存在多座毗邻安山岩高山的**城下町**，包括松山、高知、德岛、丸亀、宇和岛等。山城之外，也有高松与今治这样就位于近海平原的水城。

松山整体包裹着山体，但内部地区个性不同。

城山西南部是三之丸与上级**武家地**，被护城河环绕，称为堀之内。这一地区后来成为军事用地并发展成公共设施用地，现在正在建设大草坪公园。昭和以后为了拓宽道路，缩减了护城河宽度，但整体上几乎维持原貌。城山南部地区，日照充足，有充沛的井水供饮用，也布置了上级武家地。城山东部至北部地区则是中级以下武家地。

城山西北部是**町人地**。1602 年，加藤嘉明修建城下町时，为正木搬迁至此的平民修建了这片聚居地。町人地以统称古町三十町的松前町与本町为核心，是松山传统的商业中心，曾是免租地。这里至今保留着狭长的南北向道路。电车停靠的本町三丁目曾是町人地的中心，设置了札之辻石碑。城山北部过去是练兵场，现在是集中了小学至大学的文教区。

松山这座环形城市各地区都有不同特色（图 2）。

2. 边缘的商业街　城南的官厅街

现在，松山的代表性拱廊商业街是**凑**町的银天街（东西向）和大街道（南北

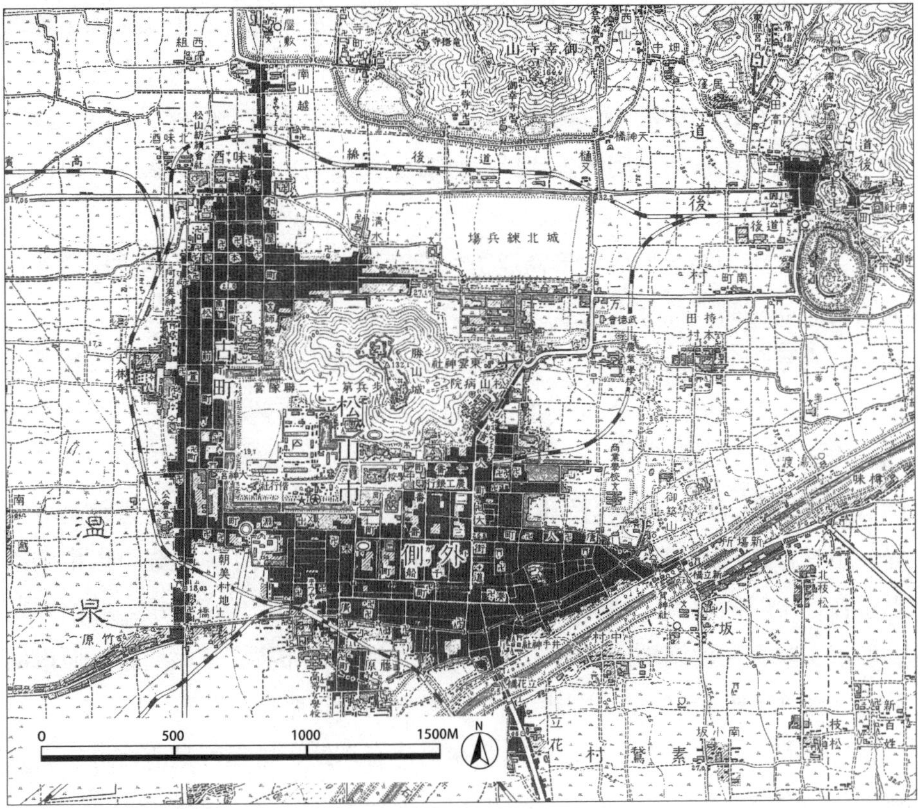

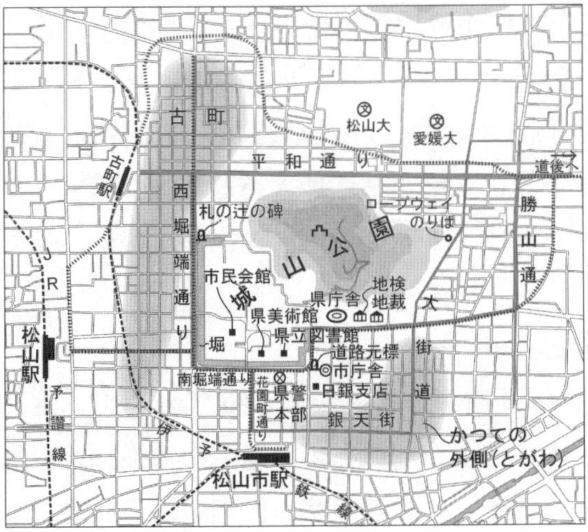

图 1　松山 1/20000 正式图（局部，1903 年测绘，1905 年发行）。国铁铁路线、车站与站前大道均为建成。市役所后来从图中位置搬迁至护城河南。道后温泉位于右上角。

图 2　松山市中心空间结构示意图。

向）。沿着银天街一路往东，可以看到银天街出口。左手边（北）就是大街道的入口，因而它们通常被视作一条连贯的拱廊商业街。拱廊商业街两端均为大型百货商店。由此，松山市中心通过两座点状建筑、一条商业街，形成“两点一线”的空间结构。拱廊街没有一间闲置店铺，终日人潮涌动，是一条烟火气浓厚的商业街。

为什么松山市中心会形成 L 形商业街？通常情况下，城市中心的拱廊商业街会像大阪的心斋桥筋那样呈直线形。

相对自古繁华的古町一带，凑町与大街道是被称作“外侧”的新町人地。新町人地位于城山南部旧武家地的外缘，南面是凑町，东面是小唐人町（通称大街道，1930 年改为正式名）。也就是说，L 形是城下町东南隅的边界形态。

随着时间推移，城市持续向外扩张，现在很难想象银天街 · 大街道曾是城市的边缘。不过仔细观察 1903 年测绘的 1/20000 正式图（图 1），勉强可以推测出这一点。在这个时间节点，城市还没有向西扩张，古町仍是城市西缘。明治中期以后，城市主要交通设施松山市站选址凑町，官厅街也布置在车站周边。城市的发展重心逐渐从本町转移至凑町，因此一直没有向西扩张。

L 形拱廊街南端建有松山市站，但北端也建有车站，这里曾是前往道后温泉的有轨电车始发站。

有轨电车始发站建于 1895 年，当时称作道后铁道松山站，后称伊予铁道一番町站，1967 年改名大街道站。为连接松山、道后与三津浜等地，众多私营铁路运营商开展了激烈竞争，铺设了伊予铁道（1887）、道后铁道（1893）、南予铁道（1894）、松山电气轨道（1907）等，最终车站选址大街道北端。随着车站的开设，车站周边地区发展蒸蒸日上，形成一处新商业区。这也是现代松山拥有多处商业区的原因之一。

可以说，近代松山是由铁路塑造的城市。

最有趣的是伊予铁高滨线（1888 年开通）与城北线（1895 年开通）。这两条古老的铁路线连接起松山市站与古町站，现在却像在市区缝隙中勉强穿过。从图 1 看，铁路线最初铺设时空间就十分紧凑，紧挨着现状市区南边缘、西边缘。

1927 年，城市西边又开通了国铁松山站（JR）。随着城市发展，铁路线沿线地区不断城市化，形成现在这般铁路在市区艰难穿行的风景。

城市公共设施最初散布各处，直到 1878 年县厅舍建成，公共设施才逐渐搬迁到县厅舍周边。

1937 年，市厅舍搬迁至护城河南边，日本银行松山支行、地方法院、地方检察厅等也随之搬来。护城河南侧逐渐形成现代官厅街。原本护城河以内地区更理想，但这里已被划作军事用地，官厅街只能退

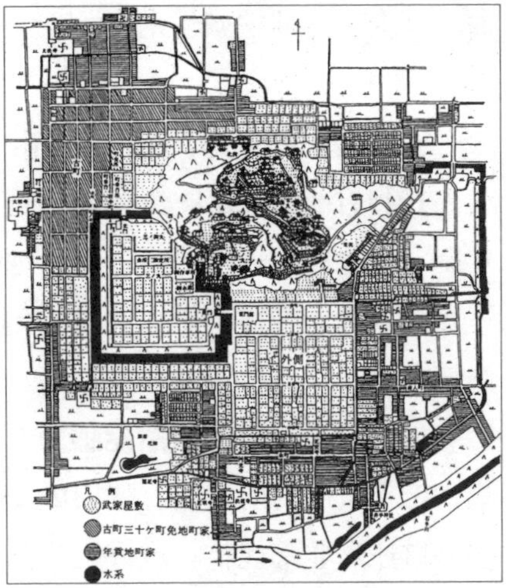

图 3　藩政时期的松山城下町（洼田重治作图。出处：《爱媛县史》近世下卷，爱媛县史编纂委员会编，1987，554 页）

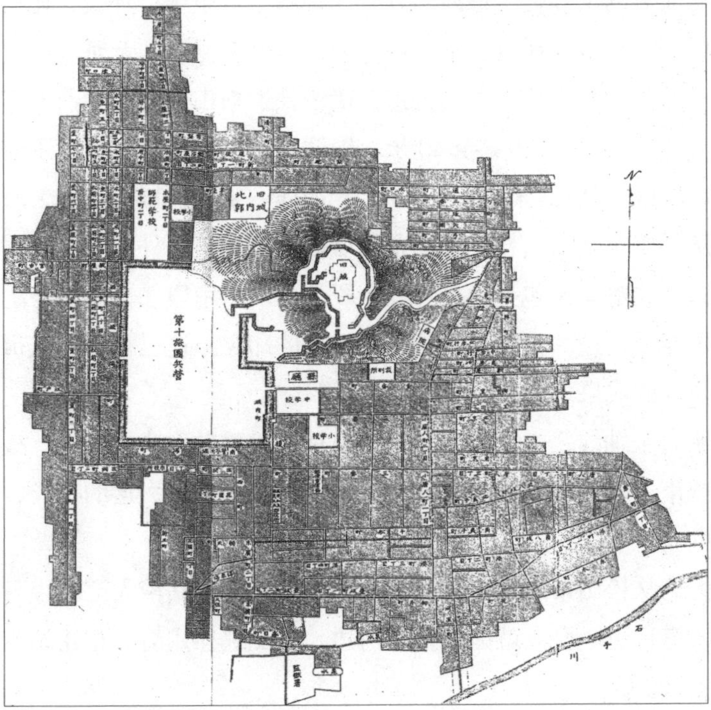

图 4　松山市区全图（1893）（出处：《松山市史》第 3 卷，松山市史编辑委员会编，1995，34–35 页）。

而求其次，选址护城河南岸。

3. 以护城河为门面的城市

1945 年 7 月 26 日晚，松山遭遇空袭，近八成市区受灾。战后，基于 1946 年制定的**战灾复兴**道路规划与**土地区划整理**，现代松山诞生了。

战后规划平衡了城市的过去与未来，基本遵照战前城市既有路网，仅新增了站前大道、站前广场及几条道路。

如今漫步松山，依然能感知 L 形商业街、一至三番町东西路等战前的城市风景。走在城市的南北路，依旧能望见城山。古町周边，维持着传统街区模样，十字路口还是非常规整。或许因为县厅舍和市厅舍在战争中幸存，松山才能在战后尽快恢复。

城市最显著的变化，应是战后新建的中央环线，宽 30 米，起于县厅舍，经南堀端通、西堀端通与北侧的平和通，最终回到县厅舍前。这条中央环线，让松山真正成为一座环形城市。城市各地区联系顺畅，无论何处都能望见天守。

之后，松山拓宽了通向中央环线的车站大道。伊予铁道松山市站的站前大道花园町线（通称花园町通）从 20 米拓宽至 40 米，国铁松山站的站前大道大手前通线（旧国铁松山停车场线）从 22 米拓宽至 36 米。这样一来，护城河就成为城市的代表意象。无论从哪座车站出站，眼前都是护城河的风景。另外，城市的主要大街上铺设了伊予铁有轨电车（包括中央环线东段、西段、南段），市民与游客乘坐电车时能望见护城河，进一步强化了护城河给人的印象。这是松山的城市个性，也是战灾复兴规划的成果。

花园町通现在是城市主轴线之一，原本是战时通过**建筑疏散**形成的空地。战后，松山将其改造为城市主轴线。或许战时就考虑到未来城市站前大道的布局，才将这片空地选在这里。

现在前往松山，无论从松山市站下车，还是从松山站下车，站前大道均径直通向城堡。沿着站前大道行走一会儿就能到护城河边。从交通作用看，相比站前大道，中央环线的优先级更高。

照片 1　花园町通。向北看（2010 年摄）。花园町通从松山市站直抵护城河，是松山最宽阔的林荫大道。正面是城山公园的绿意。2017 年开展拓宽人行辅道的道路整修工程，如今空间更宽敞了。

照片 2　南堀端通。向东看。道路尽头是市役所。1937 年搬迁到这里。

照片 3　从东堀端通看向县厅舍。建筑背后是城山。有轨电车与县厅舍是松山城市形象的重要组成部分。

照片 4　沿大街道北上，通往缆车站的道路。

照片 5　大街道拱廊街。向南看。宽阔的大型拱廊街。

照片 6　银天街拱廊街。向东看。行人络绎不绝的繁华大街。

位于松山东北不远处的道后温泉，在城下町建设前就已存在，江户时期属于另一座城市。明治中期后，两座城市通过市电连接起来。道后温泉吸引众多游人前来，成为松山环形结构中的一处核心。东北部道后温泉、南部的松山市站和西部的 JR 松山站，被道路及市电串联起来，形成环形城市。

在城市内走走看吧！从松山市站出站后，眼前是平行车站大楼铺设的东西向有轨电车轨道，顺着轨道往西走一会儿，前面便是直抵护城河的花园町通（照片 1）。花园町通在 2017 年重建，栽有高大的乔木，是一条名副其实的林荫大道。

沿着花园町通往北走到底，就到了南堀端通（照片 2），眼前（北）是护城河与绿意盎然的城山公园。南堀端通靠护城河一侧砌有厚重的石堤。1931 年，南堀端通被拓宽，占用了一部分护城河道，但厚重的石堤依旧维持着原貌。这份厚度，像在轻轻诉说着中央环线的重要性。

沿南堀端通东行，能正面看到市厅。再顺路左（北）拐进入东堀端通，可以看到尽头伫立着西洋风格的县厅舍（照片 3），其后是城山的绿意。之后顺路右（东）拐前行一段距离，前面就是大街道（旧一番町）。路口的大街道站就是拱廊商业街入口。如果在此左转，最终能走到通往城山的缆车站。这条道路实施过无电线杆化工程，非常时髦（照片 4）。

我们在拱廊商业街入口右转往南走，顺着大街道（照片 5）· 银天街（照片 6）L 形拱廊街漫步约 1 千米，就回到了起点松山市站。

如果将环绕城山的中央环线比作城市层级的车行交通环，那么刚才漫步的环线则是地区层级的步行交通环，周长约 4 千米。松山市中心的精髓，几乎浓缩在这小小的步行环中。

高知——叠合近世与近代规划的双层城市

1.“河中”

提及高知，往往会让人联想起南国土佐（高知旧名）、太平洋、市中心微微隆起的大高坂山、山顶高耸的天守及其所在的干燥“高地（Ko–chi）”。实际上，高知历史上曾被叫作河中（Kawanaka）。

高知位于镜川三角洲，南接镜川，北临镜川支流江之口川。城堡就选址三角洲的小山冈上。由于处在河流之间，这片土地便被称作“河中”。

河中时常发生洪涝灾害，被认为名字不吉利遭当地人厌恶。于是，出现了“高知（高智，均读作 Ko–chi）”的称谓。但高知起初仅用于指代城堡和城山，江户时期山脚下的旧城区称为“郭中（廓中）”。

这片土地在江户时期以前曾进行过小规模城市建设，但真正意义上的高知**城下町**，是关原合战后于 1601 年由**山内一丰**规划建设的**近世**城市。

高知城下町最初的建设仅围绕城山展开，形成名为郭中的传统地区。后来，城下町进一步向东西两侧扩张，形成下町与上町，一直延续到近代。1871 年，郭中也开始使用高知这个名称。

城下町通过东南方的高知港、浦户湾等天然良港与大海联通，是一座比起陆路、更注重海路的城市。

2. 十字开辟的城市

从近年改为高架站的高知站出站，眼前是铺设了市电栈桥线（旧土佐电铁）

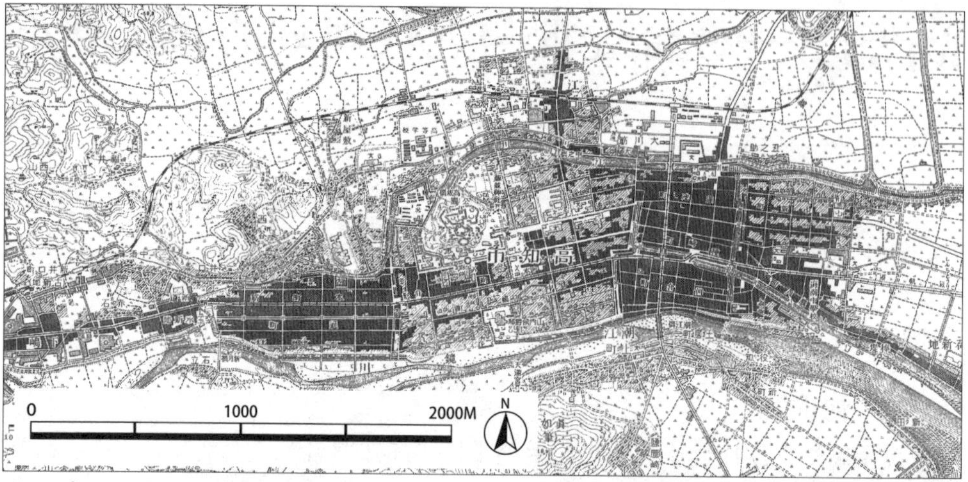

图 1　高知 1/20000 正式图（局部，1907 年测绘，1909 年发行）。

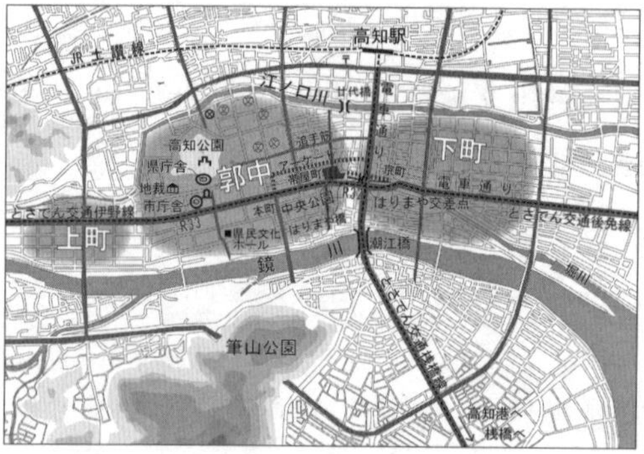

图 2　高知市中心空间结构示意图。通往城堡东门的东西向通道追手筋、通往城堡南门的南北向行政轴、相交于播磨屋路口的十字形空间结构、以中央公园为核心的绿网、带屋町和京町拱廊街，以及这些空间要素叠合而成的市中心。近世至近代城市规划叠合而成的城市。

照片 1　电车通和旧堀川交汇点周边。防止行人横穿马路的路障，设计为栏杆造型。不远处可见经复原的播磨屋桥。经常被戏称为日本三大令人失望景点之一。一边追溯城市结构，一边漫步城市，能感受到这片风景的深意。

的电车道。电车道向南直抵高知港栈桥，是连接城市车站与港口的干道。市电栈桥线在广为传唱的播磨屋桥站（はりまや橋）与东西向市电相交。播磨屋桥站以东是开往后免町站的后免线，以西则是开往伊野站的伊野线。

东西市电所在道路，现有两个路名。以播磨屋桥西县厅舍为界，东路段为国道 32 号，西路段为国道 33 号。临近城堡的国道 32 号在江户时期称作本町，是近世时期城市活动的中轴线。1912 年由城市道路规划确定为贯通东西的主干道，东起葛岛桥，西至镜川桥。

1904 年，高知首列有轨电车开设在两条国道的市中心段。高知的近代化，也以此为核心展开。但是，国道并不宽敞、走向也曲折，并不像现代社会的干道。高知早期规划最宽的道路，是自潮江桥（即栈桥线经过镜川处的桥梁）南延至高知港（时称浦户港）的浦户港线，宽 27 米，同样于 1904 年开通有轨电车。现在自潮江桥往北至高知站的电车道，那时还没建成。1935 年，横穿高知的国铁土赞线开通，随之建成高知站。

车站开通后，高知修建联系车站和潮江桥的南北干道，与既有东西干道（国道）正交，形成十字形空间结构。由此，高知从以东西干道为核心发展的线形城市，转换为以十字轴为核心发展的面状城市，城市近代化进一步推进。

值得一提的是，高知是日本各地县都城市中最晚开通铁路与车站的城市。一方面是四国地方山势险峻，铁路线铺设困难。更重要的原因是，高知相对于陆地、更依赖大海。

3. 播磨屋桥、堀川与城下町的结构

正如前文所述，近代高知的核心是十字轴交点播磨屋路口。该路口规模很大，交通流量较大，车行道与人行道之间设置了防止行人横穿马路的栏杆。考虑到十字路口的命名渊源，栏杆特意制成石柱造型，并在附近复原了人工河与红色太鼓桥样式的播磨屋桥。

播磨屋路口过去流淌着人工开凿的堀川（古代是竖堀），其下游河道未填埋，仍停泊着数不尽的游艇，可以感受旧时的河川风情（照片 2），这是仅从电车通无法感知的城市风貌之一。观察水面与陆地的关系，才能切实感受到这座城市建于临水低地。

镜川与江之口川间的高知城下町，开凿了南北三道、东西两道护城河，部分河段沿用自然河流。

照片 2　堀川。农人町周边。前面是堀川与镜川合流处。让人联想起过去近水的“河中”。

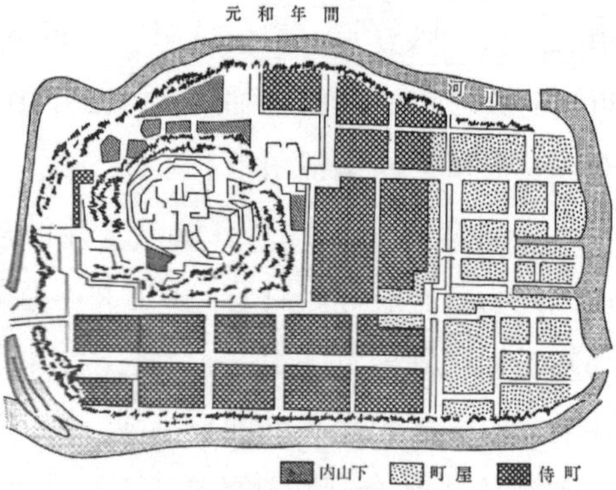

图 3　元和高知町平面(1620 年左右)。可知，近世初期的高知城下町由郭中和下町构成。图例内山下是位于城堡内的武家地，延续自战国城下町。(出处:《中国四国市街古图》，原田伴彦等编，鹿岛出版社，1979，解说 33 页，岛田丰寿著)。

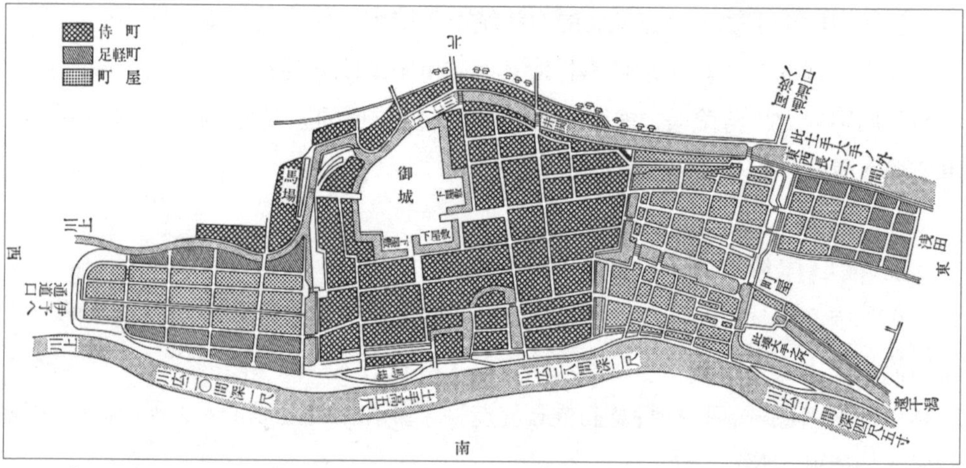

图 4　宽文七年（1667）的高知町平面。可知，上町已建成，延续至今的城下町空间结构已成形。城市正在向北侧和东侧扩张（出处:《中国四国的市区古图》，原田伴彦等编，鹿岛出版社，1979 年，解说 33 页，岛田丰寿著）。

以南北向河道为界，高知在近世划分为郭中（高知城周边的中心区）、上町（城西）和下町（城东）。漫步高知稍加注意，会发现三片地区的街区模数与方位都有所差异（图 4）。

例如，国道 32 号在靠近城堡周边时，原本直线形走向稍有曲折（照片 3）。

这是上町、郭中、下町三片地区道路网的差异所致。

国道走向变化最大处位于上町和郭中交界的西护城河周边，即现在枡形电车站附近。这是因为上町和郭中的既有道路走向差异很大。

照片 3　东西向的土佐中街道（国道 32 号），是高知城下町的历史轴。远处是播磨屋路口。道路稍向北拐，这是因为过去郭中和下町的道路走向不同。

原本分隔郭中和下町的南北向河道几乎没有留下痕迹，推测来看，应位于现在廿代桥通南下至中央公园、中央绿地的路线。以东就是下町。现在东西路追手筋通至廿代桥通后走向稍微发生变化，暗示了郭中与下町的分界。

如图 4 所示，17 世纪中期，城下町已拥有较完备的郭中与下町。当时上町正开始建设，下町则越过新堀川进一步向东扩张。用地方面，郭中规划**武家地**，而上町和下町基本是**町人地**，也居住着部分下级武士。相比上町，许多大商人都住在历史更久的下町。而播磨屋桥既是护城河交汇的水运要冲，也是商业区的核心点。说起来，**坂本龙马**就出生在上町。

高知城的大手门（正门）朝东，追手筋是过去**参勤交代**的道路。高知城南的镜川水岸边，有一块较大规模的用地，曾建有幕末**藩主山内荣堂**的宅邸。

4. 接续近世规划的近代规划

明治以后，高知逐步推进近代化。1873 年，高知城被确定为公园，翌年向公众开放。1884 年，县厅舍搬迁至城堡南侧的现址。1889 年，即高知设市三年后，在县厅舍南面建成市厅舍。接着，县厅舍周边逐渐建起警察署、法院等近代公共设施，形成高知的行政中心区。另一方面，城东地区追手筋沿线则规划师范学校、普通中学、普通小学等教育设施，形成文教区。

期间，逐渐填埋护城河，郭中不再是武家居住地，上町与下町商业区逐渐向郭中带屋町扩张。直到昭和时期，除建成车站及站前大道外，高知城市空间结构没有发生大变化。

1945年7月4日，高知遭遇大空袭。

大空袭摧毁了除城东以外的绝大部分城区，受灾面积417公顷，受灾房屋12000栋，受灾人数4万人。

二战后，高知即刻推进复兴规划，城市发生巨大变化。

1946年2月25日，也就是战败半年后，高知市**战灾复兴**规划就获得批准，是战灾复兴院首批公布的规划。这份高质量规划归功于市役所建设部长兼“土木负责人”**清水真澄**，其中**土地区划整理**涉及市中心523公顷土地（图5）。

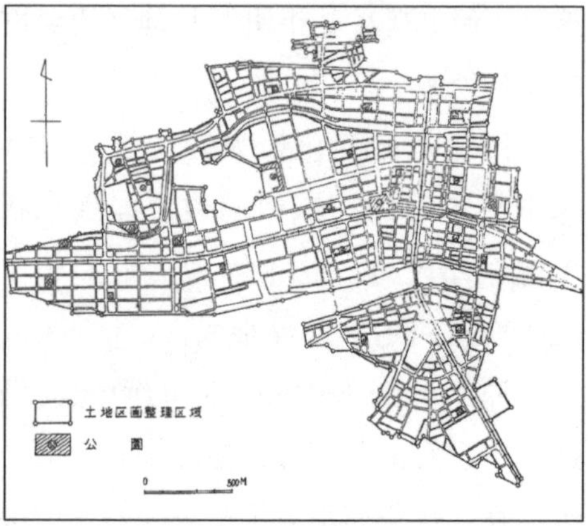

图5　高知复兴土地区划整理设计图。1946年12月9日获得设计许可。至1959年为止，规划范围共缩小四次（出处：《战灾复兴志》第7卷都市篇4，建设省编，城市规划协会，1959，704页）。

不可思议的是，土地区划整理实施后，高知却没有给人留下巨变的印象。

这主要是因为郭中、上町、下町三片地区，依旧延续了原本的道路网。郭中各街区规模还是很大，依旧集中了公共、教育和商务设施。

上町和下町仍保持江户时期町人地的街区模式，由细长矩形地块构成，方位稍有差异。这种差异，或许和上町与下町南北相邻的河流走向不同、下町**町家**密度更高等因素相关。

现在行走于高知市中心，所见道路都很宽敞，路口都形成切角，是实施土地区划整理后的城市面貌，却没有给人留下机械呆板的印象，因为高知的土地区划整理充分延续了传统路网的个性。

但高知的战灾复兴不仅是复原。

例如，在城下町内规划宽阔的干道系统。除了明治建设的十字形主干道（交汇于播磨屋路口，规划幅宽36米），此外都不是纵横切段城市的形态。

大多数主干道都只通到国道32号，形成T字路口。体现出对于东西轴线的尊重。另外，还设计了环状道路联系城内各地区。可以说是非常优秀的道路系统

照片 4　从县厅前笔直南延的近代行政轴。从鹰匠公园往北看，远处是高知城。

照片 5　从城堡东延的追手筋。曾是通往城堡的交通要道。追手筋沿线地区的西半部分是文教区。远处的建筑是县立高知追手前高中的钟楼。

规划。

另外，高知市中心还建成联系县厅舍与鹰匠公园的林荫道。林荫道沿线布局市厅舍、县立县民文化厅等近代设施，是高知的城市行政轴（照片 4）。而**道路元标**就位于县厅前，说明这里是这座城市近代的起点。

在高知城东侧地区，将传统干道追手筋改造为中央栽植椰树的林荫道，成功串联起城堡周边的文教区和东边的商业区（照片 5、照片 6）。

在县都城市中，高知的定期集市无论规模或频率都位列第一。城市行政轴（县厅前南延林荫道）是周四集市的举办地，而文教轴 / 商业轴（追手筋）则是周日集市的场所。站在这两条道路向城堡望去，依稀可见大高坂山上的天守，可见这两条轴线是精心设计过的。

追手筋南面与之平行道路是城市的另一条主干道土佐中**街道**的东西路段。两条道路之间是宽敞热闹的拱廊街，从带屋町一直延伸至东面的京町。

高知是将近世与近代历史巧妙融合的城市规划范本，近世初期形成的城下町结构在近代依旧鲜活，新时代的设施也合理融入了城市中。

5. 中央公园构想

中央公园及通向它的三条绿道将近世城下町、近代战灾复兴的规划漂亮连接起来（照片 7）。

提及中央公园，多数人会以为是由城堡旧址改建而来。而高知的中央公园位于带屋町拱廊街中心段，即旧堀川上新京桥的周边。这里是大正至昭和时期设置第一座电影院、咖啡馆和游乐园的时尚地带。中央公园面积约 1 公顷，小巧玲珑，和商业街连在一起。

中央公园所在地二战前曾是商业街，二战后遍布临时搭建的餐饮店，数量多达 340 处。将这块土地上的设施全部清空，建成公园并不容易，据说这是战灾复兴中最困难的一项。1959 年公园竣工，但临时建筑大约直到规划批准后的第 38 年，

照片 6　追手筋沿线地区的东半部分是商业区。

照片 7　中央公园，是战灾复兴规划的亮点。最初的设计者是以造园闻名的京都大学教授关口瑛太郎。

照片 8　从中央公园向南延伸的绿道，过去是堀川。

照片 9　从中央公园向东延伸的绿道，过去也是堀川。前面架着经复原的播磨屋桥。

也就是 1984 年才清除完毕。

现在的中央公园是一片整洁宽敞的广场，很难让人想到这里曾是黑市。由于公园紧连繁闹的拱廊街，所以没做过多复杂的设计。

照片 10　从中央公园向北延伸的绿道，名为 Green Road。从中央公园向北、南、东延伸的三条绿道构成的步行网络。

另外还有三条绿道值得一提。从中央公园分别向北、东、南三个方向延伸。东南向是填埋堀川后形成的。其中南向中央设置绿带（照片 8），东向建成通往播磨屋桥（照片 9）。北向则是战后设计的绿道，中央也设有绿带（照片 10）。实际上绿带的建设属于中央公园的一部分。

绿道网和拱廊街相互交错，非常自然编织在城市中，没有破坏城市的整体空间结构。

高知是一座罕见的拥有双层规划的城市，其近世与近代城市规划相得益彰。

福冈——边缘咬合的复眼城市

1. 博多与福冈

商人之城博多、武士之城福冈，原来分别指代两座城市，现在几乎合二为一。如何平衡性格迥异的博多与福冈，是福冈**城下町**建设之初最关键的问题。现在福冈市的 JR 车站为<u>博多站</u>，没有用县都的名字命名为福冈站。这样的情况在日本

图 1　福冈 1/20000 正式图，由福冈（局部，1900 年测绘，1902 年发行）、博多（局部，1900 年测绘，1901 年发行）、今津（部分，1900 年测绘，1902 年发行）、箱崎（部分，1900 年测绘，1901 年发行）组成。

十分少见，除福冈县外仅有冲绳县和埼玉县。冲绳县没有开通 JR，而埼玉县则因复杂的设县背景，详见浦和章。1890 年曾考虑将县都更名博多市，但市会赞成与反对票数相同，议长决定沿用“福冈”。

博多东临石堂川、西接那珂川，自古以来就是**港町**，也是太宰府的外港。1587 年，博多由**丰臣秀吉**指导重建，形成以南北向干道为核心的主体空间结构。博多由规整的棋盘式道路网架构成，几乎没有**武家地**，是商人自治的封闭城市。

福冈位于博多西面不远处，是黑田**藩** 1601 ～ 1607 年修筑的城下町。城下町以东西向古道唐津**街道**为中轴线，町划（街区划分）也因此以东西向为主。但各街区方位并不统一，而是顺应海岸的曲线，面朝海湾（图 2）。

江户时期，博多与福冈面积和人口规模几乎一致。

回顾日本近世史，毗邻既有城市建设城下町的例子十分少见。县都中仅四处，大津与膳所城下町、岐阜与加纳城下町，以及距离稍远的长野善光寺**门前町**与松

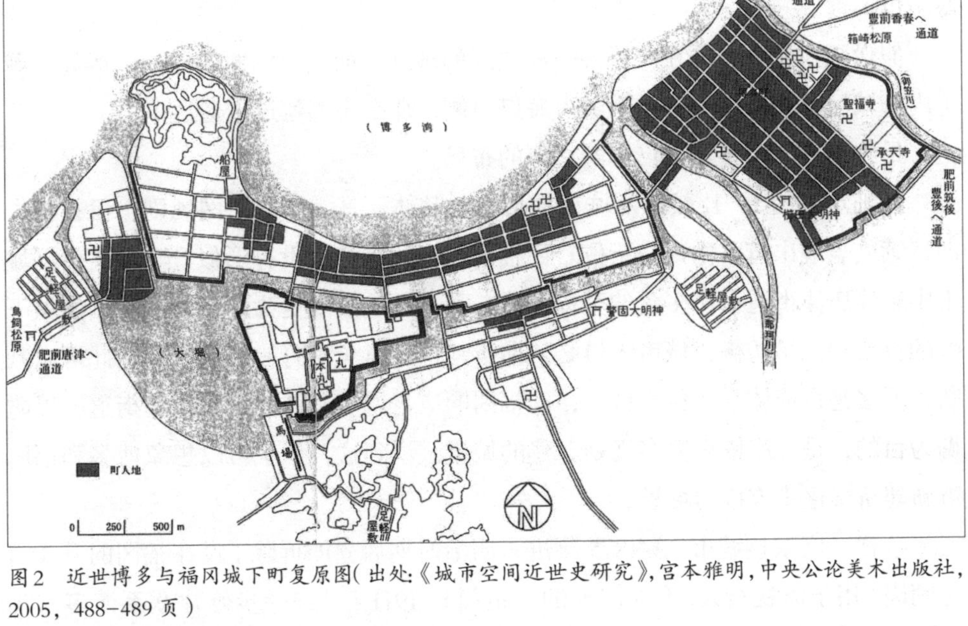

图 2　近世博多与福冈城下町复原图（出处:《城市空间近世史研究》，宫本雅明，中央公论美术出版社，2005，488–489 页）

代城下町。这些新建城下町大多与现状城市保持一定距离，而福冈城下町与博多仅一河之隔（图 2）。这是为什么？

原因很多，最重要的是博多经济实力强劲，在其旁修建城下町能够受益。此外，博多东西两侧河流作为明确界限，在一侧新建城下町对博多的城市防御大有裨益。其间的中洲（沙洲），也能分隔两座城市。

也可能受筑城者个人理念影响。据说，在秀吉推进博多重建的工程中，町划的实际负责人是其属下**黑田孝高**（后改名黑田如水）。而福冈城正是由他与长子黑田长政建设的。这样或许可以理解，福冈为什么与博多接续顺畅，空间上几乎没有违和感。

地形也是原因之一。福冈城位于舌状台地制高点，恰巧临近博多。近年有证据表明，这处制高点在古代建有接待海外宾客的迎宾馆鸿胪馆。为了能让宾客正面望见大海，福冈城才选址在这里。

晚年在福冈城隐居的黑田孝高如是咏叹："松梅之彼端，碧波荡漾，千山万壑，故乡在福冈。"千山万壑，形容的便是福冈城所在的临海山岗顶部。这里离博多也不远。

假设福冈城没有选在与博多一河之隔的现址，而是更西面的地方，例如大堀（内护城河，现在是大濠公园）入海口西侧，那么距离就过于遥远了。

最终形成了两座城市仅一河之隔的布局。

仔细观察图 2，比较两座城市的形态。整体而言，博多路网规则，仅在与中洲接续处表现出道路岔口与错位。而福冈与中州接续处设有形似升斗的关口，城市中轴线唐津街道自博多延伸至福冈后，形态从笔直变更为错位。这是因为城下町的首要功能是防御，城市干道必须曲折错位，避免视野一览无余。由此可以判断，博多是自成体系的独立城市；而福冈顺应自博多延伸而来的唐津街道，以防御为目的，是一座依靠博多规划新建的城市。说到这，似乎可以想象博多和福冈被新建桥梁逐步连接的场景。

这样一座双核城市，在 1875 年进入明治时期后立即拆除了设在福冈的升斗门与哨岗（用于监视行人，升斗门外的一道门）。1911 年，进一步修建联系博多与福

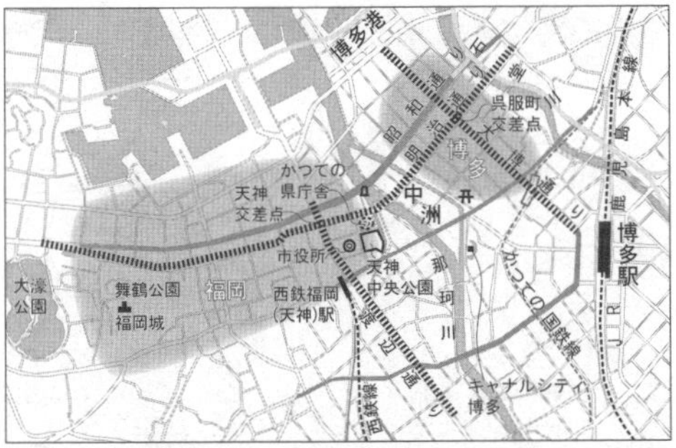

图 3　福冈•博多市中心空间结构示意图。

照片 1　从吴服町十字路口附近向南看大博通。正面远处是新博多站。旧博多站就选址这里到新博多站的中点。

冈的大道，即今明治通。由此，博多与福冈开启了从对立转向融合的漫长之旅。

2. 城市的十字轴　大博通与明治通

通常情况下，从城市**玄关口**（车站）出站后，会看到一条宽阔道路径直通向城市中心商业区。从博多站出站，一眼看见宽阔的站前大道大博通，但它没有通向现在的城市中心天神（地区名，照片 1），而是向西北方延伸。那里存在什么重要的城市设施？一般路名中总会透露道路起讫点的线索，但大博通没有。

因此要从旧名入手，大博通旧名博多站筑港线，是从车站通向港口（博多港）的道路。大博通的走向顺应博多旧时的町划，并未打破城市原有空间格局，可以看出，是基于既有道路改建。这样的话，不应称作凑大通（港口大道）等易于联想的路名吗？

从图 4 看，大博通起于停车场（车站旧称），1909 年延伸至吴服町十字路口与明治通相交。后来，延伸至博多港。仔细观察能发现图中所示车站位置与现在不同。

图中所示博多站是第一代车站，建于 1890 年，位于今地铁祇园站南侧，即大博通上名为工商会议所入口的六岔路口。六岔路口是由一个十字路口和一条斜向道路构成，这条斜向道路原来铺设有旧博多站的铁路线。现在站在这里，依旧能感受旧时的氛围（照片 2）。

照片 2　大博通工商会议所入口的六岔路口附近。旧博多站就建在这里，直到 1963 年搬迁。从跟前向里延伸的弯曲道路原本铺设有铁路线。

照片 3　大博通，通向新博多站。

1964 年，为解决车站规模不足、铁路线过于迂回等问题，博多站向东南方向搬迁约 500 米到现址。

值得一提的是，新博多站、旧博多站、吴服町十字路口均位于今大博通（照片 3）。也就是说，新博多站选址小心翼翼保护了既有城市轴。从城市规划角度而言，这是一个巧妙决定。

随后，新旧车站间地区展开区划整理，推进城市建设。因为新博多站选址巧妙，新旧城区自然接续，站前地区没有形成混乱的交通流线，也不需要通过天桥处理人行交通。

从博多站出站后，沿大博通径直北上，到吴服町十字路口，眼前就是城市的东西向主轴线明治通（照片 4）。明治通初建于 1911 年，宽 18 米，全长 5.1 千米。1964 年拓宽至 25 米。明治末期，终于诞生了连接博多与福冈的干道。

之后，明治通开通了福博电气轨道市内电车，有福博本线和博多站分支线两条线路。福博本线串联起博多与福冈，后来称为贯线。电车的开通进一步加强了博多与福冈的联系。

现在的明治通沿路伫立着精心设计的办公大楼，人行道也很宽敞。车流量不大时，宽阔的大街同样适合行人漫步，就像伦敦的牛津街（需要种上行道树）。

从照片看，明治通沿街办公大楼底层过道多使用柱廊修饰。随着城市发展，

照片 4　明治通（博多段），是连接博多与福冈的通路。行道树郁郁葱葱，可以将这条道路比作种上行道树的牛津大街。

照片 5　明治通，道路走向在穿过那珂川的地方改变。这是因为博多与福冈的城市轴走向差异。

明治通的人行空间越来越狭窄。通过私有建筑的底层退让，可补足一部分人行空间。这是市民珍视明治通而付出的努力。明治通仍是一条重要道路，如今尽管电车不再通行，但地铁仍从底下通过。

仔细观察，会发现明治通在博多与福冈呈不同线形（照片 5）。明治通博多段如同尺子划出一般笔直，福冈段则在几处路口改变了走向。如图 4 所示，明治通博多段是完全规划新建的道路，福冈段则基于城下町时期修建的既有道路改建而成。

3. 天神与中洲

从博多沿着明治通向西走，经过博多川后到达中洲。中洲是分隔博多与福冈的沙洲，岛上现在建有中洲娱乐街（照片 6），典型的亚洲夜市颇具人气（照片 7）。接着往西走穿过那珂川，就到了福冈。往西再走一会儿，就到了天神十字路口。天神十字路口是天神地区的中心，被称为九州第一闹市区。

渡边通是在天神十字路口和明治通相交的南北路（照片 8）。如果将明治通比作城市商务轴，那么渡边通就是商业轴，沿街商业大楼鳞次栉比，是名副其实的时尚发源地。渡边通建于 1911 年，当时是博多电气轨道市内电车循环线的电车道，宽 18 米。福冈和博多一样，城市发展受到电车影响。循环线由本地企业家**渡边与八郎**倾力建设，电车道因此得名。这在日本十分罕见。

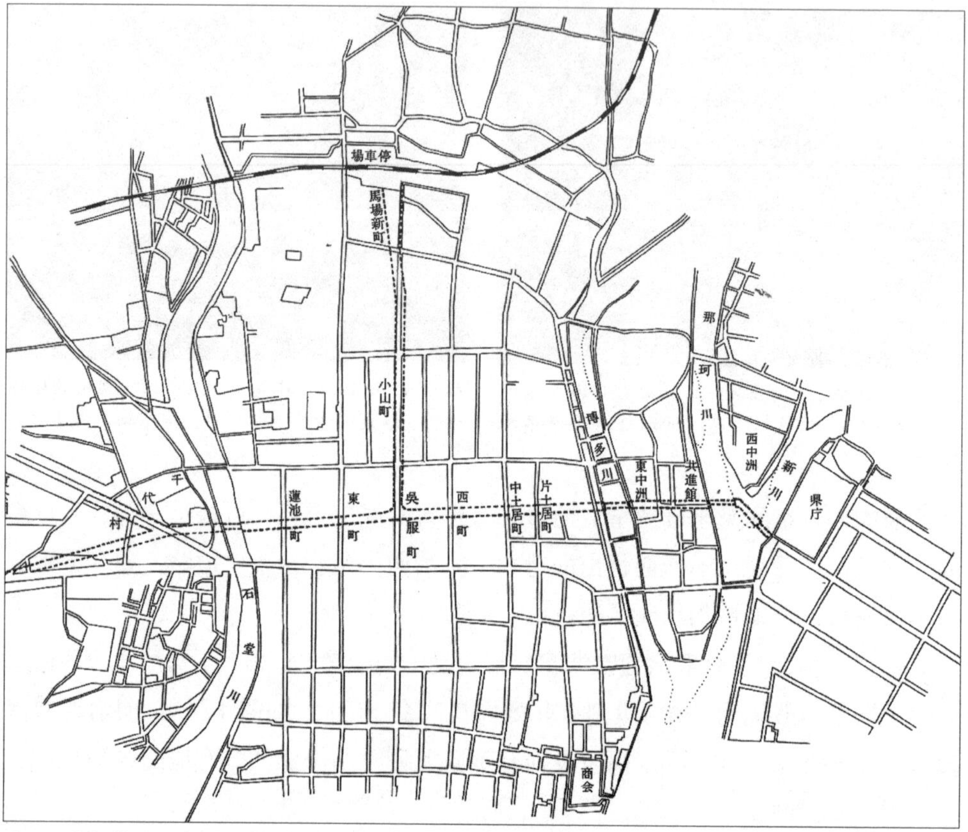

图 4　千代村县厅前新设干线道路，1908 年 6 月。横向虚线表示联系博多城区与中洲、直抵县厅的东西向道路。以此道路为界，进一步规划从旧博多站（图中写作停车场）通向吴服町的南北向直路。（出处：《福冈市史》第 1 卷明治篇，福冈市役所编，福冈市役所，1959，472-473 页的附图）

为什么过去河流之间的耕地中洲与福冈的上级武家地天神町（天神旧名）会成为城市中心区？我把福冈比喻为“复眼”城市，天神这样的边缘空间如同昆虫的小眼，组合构成了整座“复眼”城市。

1887 年，第五届九州冲绳八县联合共进会选址中洲，随即开始推进中洲的城市化。之后，城市化进程加快，中洲逐渐发展出商业街。

天神原本是静谧的上级武家住区。直到 1876 年县厅从福冈城内搬迁至此。后来，市厅舍、警察局、邮局等城市公共设施也逐渐向这里集中，天神成了行政

照片 6　中洲中央通，位于中洲中央的南北向干道。是九州规模最大的娱乐区。

照片 7　中洲的博多特色，屋台群。正如其名所示，中洲也是城市的避难场所。右手边是那珂川。

照片 8　渡边通。向南看。宽阔的道路，高度统一的大体量方盒子建筑群。开发旧武家地形成的中心商业区，十分罕见。

照片 9　明治通，县厅舍旧址前向东看。县厅舍旧址现在建有 Across 福冈（文化中心），右手边的大楼底层设计了退让空间。大正时期的道路元标位于此处。

中心。反过来思考，是不是为了连接博多和县厅舍，才建成了现在的明治通？

博多与福冈本是两座独立城市，没有形成相互连接的东西向通道，新建东西轴有一定选择余地。如今城市东西轴明治通沿街最重要的建筑是旧县厅舍。因此可以推断县厅舍确实影响了明治通的选线。另外，1920 年《道路法》颁布后的道路元标位置是“县厅正门前”（照片 9，只是现在道路元标已不在县厅正门前，而是在昭和通向北架设的西中岛桥下西人行道）。

话题回到天神地区的开发。1910 年，第 13 届九州冲绳八县联合共进会的会场选址县厅南侧。福冈为此填埋了城外的护城河。再加上周边土地，新开辟约10公顷用地。后来，共进会旧址上相继建成九州铁路福冈站（1924，今西铁福冈/天神站）、市役所（1933）及多座商业大楼，天神慢慢成长为城市中心。西面的福冈城一带，用地功能没有发生大变化，始终是静谧的住宅区与公园。

通常情况下，城堡周边的旧武家地在近代会转作公共设施用地，建成城市的行政中心。但福冈作为平原上五十万**石**的大规模城下町，城堡周边却形成安静住宅区。

也就是说，旧时的城市中枢成为静谧的舞鹤公园（福冈城址）和坐拥大濠公园的高级住宅区。这正是福冈的城市个性。与博多隔河相望的福冈城下町，其历史发展以肉眼可见的形式沉淀在这片独特的城市风景中。

另一方面，1981年，促使天神演化为福冈市中心的县厅舍搬迁到城市东郊。尽管如此，因为采取了商业集聚开发模式，天神“规模优势”突出，依旧生机勃勃。

天神与中洲原本都位于城市边缘，或许这才保证了其独立发展。另外，城下町边缘通常会布置小规模武家地，但福冈城下町的边缘天神，却布置了大规模高级武家地。这是因为福冈毗邻大城市博多，更重视其东侧的地区用地。大规模武家地和护城河为天神发展提供了用地保障，容纳了未来容纳城市发展所需的各项设施，使天神成为城市中心。

二战后**战灾复兴土地区划整理**后诞生的宽阔道路、基于《航空法》的建筑限高，形成中心道路两侧紧密排列大体量方盒子建筑，这也是日本少见的市中心景观。

4. 后续发展

1996年，博多那珂川沿岸建起一座大体量商业设施，名为博多运河城。博多运河城运营十分成功，或许是因为选址在与福冈天神对称的位置。某种意义上，可以将其称为平成年间的“共进会用地”。借助边缘空间，城市再次迎来发展高潮。

此外，2011年3月随着九州新干线全线开通，博多站周边推进了大规模再开发工程，形成的站前商业中心甚至威胁到了福冈天神的商业中心地位。博多站这个城市边缘，再次成为福冈/博多发展的动力源。这座复眼城市不断利用边缘空间展开新生，如今依然充满活力。

佐贺——平原浮起一座水网城市

1. 从佐贺站前纵贯市中心的直线大道中央大通

从JR佐贺站出站，一条笔直向南延伸的漂亮林荫道映入眼帘。这是通往佐贺市中心的中央大通（照片1）。沿中央大通一路南行，穿过护城河后便到达佐贺城内（照片2）。左手边是县立图书馆，右手边屹立着县厅舍。继续南行，就

图1　佐贺1/20000正式图，由佐贺（局部，1900年测绘，1911年局部修正，1912年发行）、神野（局部，1900年测绘，1902年发行）组成。

照片 1　从中央大通向北看佐贺站前。

照片 2　经中央大通进入城内。

到了佐贺城本丸。左手边是最近复原的佐贺城本丸历史馆，右手边则是佐贺城公园。沿着中央大通就能从佐贺站直达本丸。

不仅如此，中央大通最南处还连接着佐贺机场。也就是说，佐贺的车站、城堡与机场被一条直线道路串联起来，形成罕见的城市结构。它是如何形成的？

佐贺位于佐贺平原中央，地势平坦、水网密布，是**近世**时期规划修建的**城下町**，北侧紧挨着古道长崎**街道**（图 2）。长崎街道是近世时期的区域干道，起于小仓，经饭冢、佐贺通至长崎。

从地形看，佐贺城下町的选址不可思议。出于防御目的，城市在规划选址时一般会避开平原中央，选择平原边缘的山麓地带。佐贺为什么没有选在佐贺北面脊振山地南麓？佐贺如果选址山麓，不仅能利用中央水土肥沃的平原进行农业生产，也同样靠近长崎街道。海滨也曾是备用选址，只不过有明海海滨长期填海造田，不适合建设城市。且脊振山地顶部发现了日本弥生时代（前 300 ～ 250）大型居住遗址（吉野里），山脚下有古代官道长崎街道，历史要素丰富，因此脊振山地南麓应是适合建设城市的地方。

为什么佐贺城下町会选址平原中央？

2. 位于水陆交通结点的佐贺城

以下是我基于江口辰五郎所著《佐贺平原的水与土》（1977）对佐贺城下町

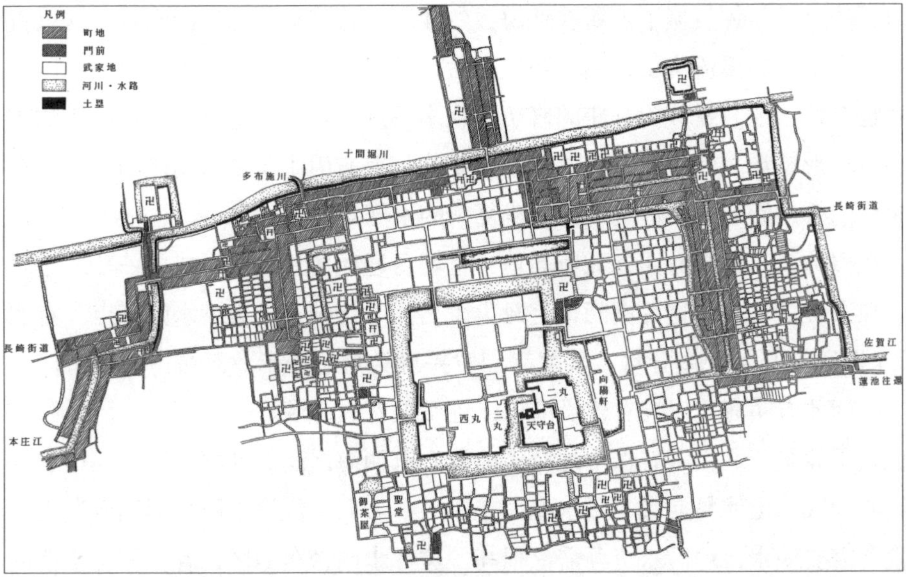

图 2　文化期（1804～1817）的城下町佐贺（出自《御城下绘图》）。城下町南部大半仍是水乡（出处：“城下町佐贺的环境遗产Ⅰ”，佐贺市教育委员会，1991）。

图 3　佐贺市中心空间结构示意图。水网、城下町与近代道路层叠而成的三层构造清晰可见。

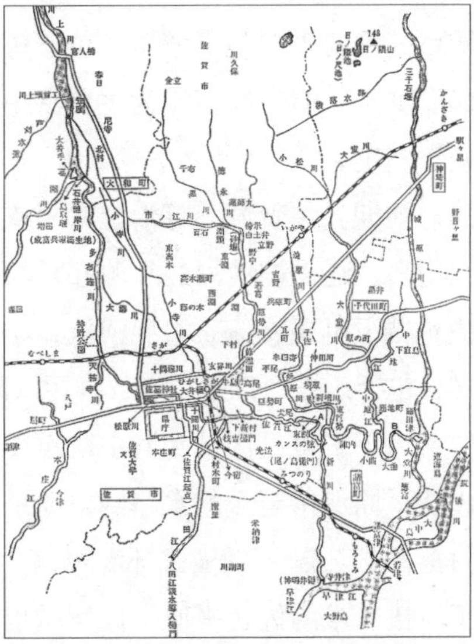

图 4　佐贺平原河川详细图。（出处：《佐贺平原的水与土》，江口辰五郎，新评社，1977，122 页）

选址原因的分析。佐贺城下町所在地海拔约 4 米，曾是有明海潮汐间带。这里古代遍布大小不一的溪流沟渠，实施条里制后，逐步形成以有明海为南界的水网系统。**中世**时期，地方贵族为其庄园修筑了众多不规则水道，地方村落也出于防御目的加筑环形壕沟。江户时期，这里进一步修筑兼有引水与蓄水功能的河道。在一个时代的叠加影响下，佐贺平原形成复杂的水网（图 4）。

很久以前，这里是有明海北侧高地，且具备通航条件，便形成了一片原始聚居地。在人类活动中，这片潮间带上诞生了名为“江湖”的大型水路节点。有明海自 14 世纪就开始围海开垦，其北岸潮汐差最大可达 6 米，对城市发展造成重大影响。因此有明海北岸没有建设港口，佐贺没有成为**港町**。

佐贺平原是“北山”脊振山地及“前海”有明海之间的冲积平原。北山主要由花岗岩构成，山体易崩塌、蓄水能力差。另一方面，佐贺平原长期填海造田，农田生产需要淡水，地区水资源需求很高。这片水网密布地区，看似拥有丰富的水资源，却很难控制并利用。如果同时下雨和涨潮就会形成内涝，久不下雨又易干旱。

城市的主要水源是嘉濑川，位于佐贺平原中央，是自北向南流淌的地上河。尽管偶发洪水，但在以河流为主要饮用水源的时代，嘉濑川因地势稍高不易被污染，便于利用。

江户初期，佐贺城下町沿嘉濑川支流多布施川建成。多布施川不仅能为城市提供饮用水，还是护城河的水源并且与周边粮食种植区的水网相连。

佐贺城下町还有一条重要河流，是与多布施川相连的江湖佐贺江。佐贺江功能多样，包括运输、日常用水、排污。河道整治后十分曲折，因此蓄洪功能良好。

佐贺城下町也是区域水网中的重要角色，城市本身基于水路交通枢纽而建。纵览佐贺平原保留至今的水路网络遗址，如中世城馆旧址、直鸟城（神埼郡直鸟环濠村落溪水公园）、横武环濠村落（神埼市横武溪水公园、照片 3），等等，都位于海拔 4 米的佐贺平原。佐贺城也是这片土地的一部分。从佐贺城保留至今的 40 **间**宽巨大城壕（照片 4）中也能切身感受这种联系。

照片 3　横武溪水公园（神崎市神崎町）。像迷宫一样错综复杂的河网，现在是城市近郊极佳的“亲水空间”。

照片 4　佐贺城城壕，从东边看。可以感受水城风情。

3. 城下町的空间结构

佐贺城下町位于平坦土地上，南侧筑后川下游最末端流域至有明海地势缓缓降低。城堡北侧比南侧居住条件更好。另外，城堡北面还有长崎街道，交通条件也更优越。

如图 2 所示，佐贺城南面是**武家地**，地区道路也因复杂的水网而错综复杂。佐贺城北面布置了**町人地**，道路以长崎街道为核心，基本呈现规整的网格状（照片 5）。町人地的河流被规则的路网分隔，散落在町人地中，形成丰富的水景。

佐贺没有遭受二战破坏，城下町时期的风貌延续至今。中世的水网叠合近世

照片 5　长崎街道，吴服町周边道路。在右手边街角可以看到雕刻着“こくらみち（小仓巷）”的路标。

照片 6　东西贯通道路，正如其名所示，是东西贯穿城市的通路。左手边的建筑是县厅舍。

城下町，形成现在的佐贺。

宽阔的直线路为佐贺刻上近代的印记。城下町时期，为避免形成一览无余的视野，城市内部道路均错位相交。这样的道路网络无法满足近代交通的需求。所以佐贺规划在内护城河北岸修建东西贯穿城市的东西贯通道路。1930 年，这条道路作为当时的国道 25 号（后来的国道 34 号）获批建设，1937 年建成。长约 4.3 千米、宽 18 米，沿路栽有银杏。漂亮的近代东西轴，就这样诞生了（照片 6）。

与之正交的大街是在佐贺站前笔直南下的中央大通。早在 1931 年的规划中就设计了这条路，当时称佐贺站・中之馆线（后佐贺站・末次线），直到 1953 年才开工建设。1964 年，道路通至东西贯通道路，即佐贺城护城河北的位置。到了平成时期，这条道路进一步向南延伸，穿过护城河，成为纵向贯通城市的中

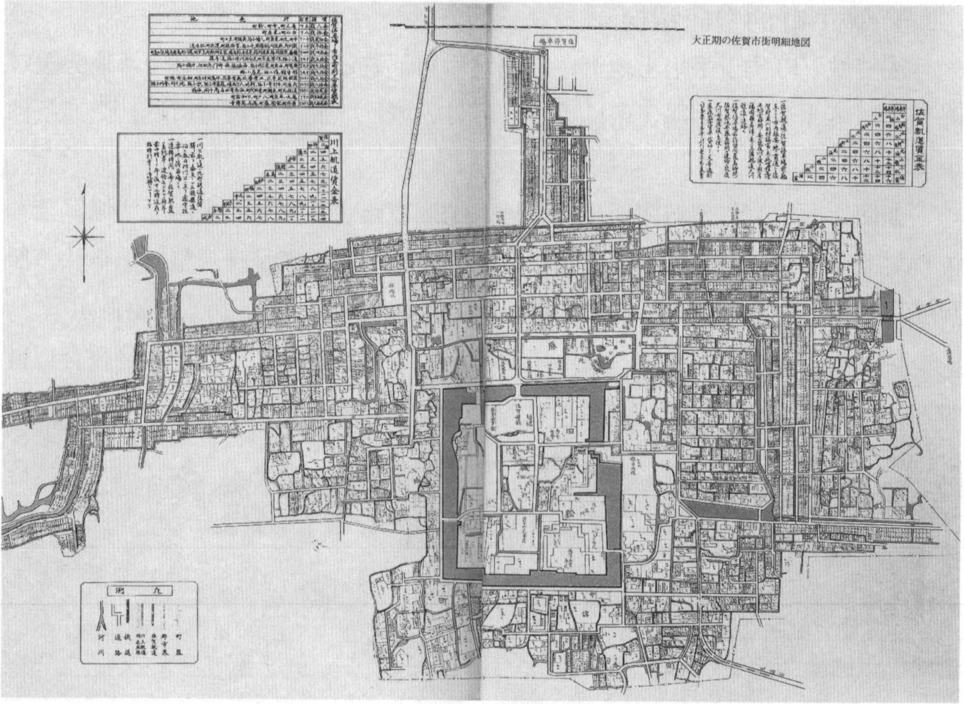

图 5 大正时期佐贺市区详图。从车站前向南延伸的铁路线是马车铁道的轨道。1928 年改为与公共汽车交替运行。自图 2 过去了 100 年，但变化不大（出处：《佐贺市史》第 4 卷，佐贺市史编纂委员会，1979）。

央本通。东西贯通道路在规划后不到 10 年就建成，中央本通花费了 70 年左右。两条大街于护城河北岸十字相交的空间构想，近年终于实现了。尽管道路建设花费了较长时间，但此前，包括县厅舍、市厅舍（1975 年搬迁至佐贺站附近的现址）、中央邮局、县警本部、县立图书馆在内的主要行政设施已集中在此。城市行政中心区“佐贺丸之内”就这样形成了。

4. 三层构造

古代的地方水网、近世的城下町和以十字为骨架的近代交通系统，在佐贺形成有趣的三层结构。通常来说，随着时代发展，城市会不断向外扩张，形成年轮蛋糕（Baumkuchen）般的面貌。但佐贺没有太大开发压力，时间上的变化在同一空间重叠，形成千层酥（Mille-feuille）般面貌。

日本的城市多选址于复杂而有变化的地形之上，谷地、山脊道等细微地形变化往往界定了地域个性。但佐贺平坦的地形、市中心不变的核心城郭、未遭受战争破坏、很少扩张等城市特征，造就了它拥有核心又边界分明的个性。

河流与建筑的关系也千变万化。河道时而位于路边，能一眼就看见（照片 7），时而流入住宅用地内部，显示出“曲径通幽”的氛围（照片 8）。漫步城市，能真切感受到河流、桥梁、小径交相辉映的丰富水景（照片 9）。

5. 车站与市中心之间的微妙距离

1891 年开设的第一代佐贺站选址佐贺市区稍北处，站前集中了各种近代设施，是该地区缓慢近代化的开端。为什么车站会选址城壕北侧约 1 千米处？

佐贺城下町建设时，城市的北界限是外护城河十间堀川，其北岸是唐人町。城市将车站选址在唐人町北端，并拓宽唐人町的道路，建成站前大道中央大通。

后来由于铁路线高架化，车站于 1976 年向北搬迁了 100 米到现址，仍位于中央大通尽头。车站旧址成为新的开发用地，用作中央大通北延、城市绿化等。现在的中央大通，沿路绿化多姿多彩，设计精美的低层商店排列两侧，风景迷人。

照片7　河渠之一，松原川。展现着“正面的”风情。

照片8　从里十间川流入住宅用地内部的小河。展现着“背面的”的风情。

照片9　长崎街道背面流淌的绀屋川上游，横跨芦町水路的小石桥。

照片10　中央大通与十间堀川相交的中央桥。诞生于不同时代的三条道路，像三叉戟一样分岔与延伸。是一处能窥见城市不断建设的节点。

从佐贺站出站后，沿着中央大通向南走到十间堀川，在那儿还有一道有趣风景。中央大通经过十间堀川处架设的中央桥，南桥头的前方道路就像三叉戟一样分岔成三条（照片10）。左边（东）是可追溯至17世纪初的拱廊商业街，曾是通往唐人町的要道；右边（西）是建于明治30年代的县厅前通，斜向延伸一段后与中央大通平行，直抵县厅舍正门；正中间的宽阔道路就是诞生于昭和时期城市规划的中央大通。中央桥桥头汇聚了三代城市改造的产物。再加上城下町初期人工挖掘的十间堀川，可以看到城市在四个时期的改造历史。中央大通在中央桥前稍稍改变了走向，像是要努力衔接历史道路。

一个人静静走过中央桥，一边用双脚体悟城市建设这部历史剧，一边欣赏眼前的城市风景。如此漫步城市，甘若醍醐、沁人心脾。

长崎——岬尖长出一座年轮城市

1. 狭长岬角顶部的高地

长崎站是尽端式车站，下车后朝月台末端走去，的确有一种到了终点的感觉。不过出站后该往哪边走比较好？

到了长崎，总不缺想去的地方，荷兰坂（オランダ坂）、眼镜桥、浦上天主堂等景点都值得一去。若在市中心散步，则该去旧长崎县厅看看，这是长崎漫长历史中最重要的地方。

车站东面是站前广场，广场前有南北向的大波止通，路上铺设有电车轨道。沿大波止通往南走，在大波止路口左转后顺上坡路县厅坂行走，不一会儿就到了名为县厅前的 T 字路口。县厅前是长崎**街道**的终点，现国道 34 号终点的**道路元标**静静立在县厅边的围墙下（照片 1）。这条从车站至县厅前的路线，曾是东京至长崎的直达线，即 1885 年内务省公布的国道表中第 4 条国道（国道 4 号）。1920 年改为国道 25 号，1952 年又改为国道 34 号。过去在县厅前路口选择任一条路都能下到海边（照片 2）。

长崎之名，据说取自“长岬”，意为向海突出的狭长岬角。其顶部就是今县厅舍所在位置，其脊线就是以县厅舍为起点往北延伸的的市役所通，曾是长崎街道的一部分。沿路建有江户幕府直辖领地的地方官宅代官屋敷，还设有代表城市中心的**高札场**。现在则集中了主要的行政机关，包括县厅舍、市厅舍、县警察总局、地方法院、地方检察厅等。

长崎县厅舍所在的长岬顶部是这片地区的制高点，有重要的战略意义。从古

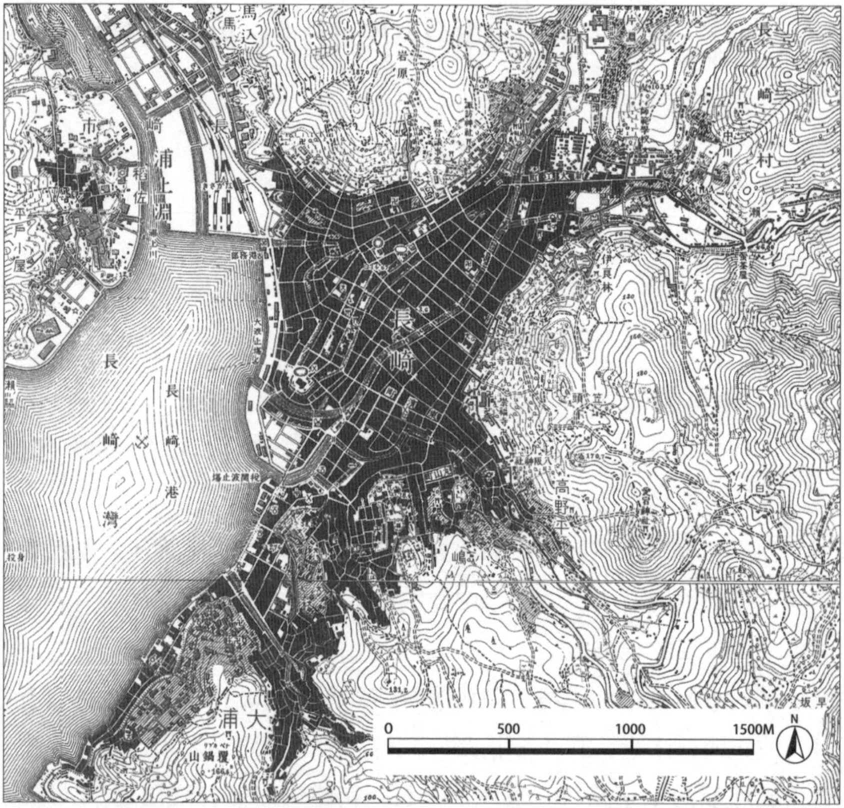

图 1　长崎 1/20000 正式图，由长崎（局部）、深堀（局部），均于 1901 年测绘，1903 年发行。

照片 1　市役所通。旧长崎街道。背对县厅舍，北边远处能望见山峦。

照片 2　县厅坂通。向东看。右手边是县厅舍，长崎奉行所旧址。道路下坡后通向思案桥。可以切身感受这里位于岬角顶部。

图 2　“长崎的湾与町”，1825 年，左侧扇状岛屿是出岛（出处：《出岛图 其景观与变迁》，长崎市出岛史迹整备审议会编，1987，23 页）

图 3　长崎市中心空间结构示意图。以旧长崎奉行西役所为中心，如同年轮般不断扩张的城市面貌，在日本很是罕见。

至今，长崎最重要的设施均位于此处。

1570年，长崎作为葡萄牙的贸易港开港，随即修建了位于万才町周边的“开港六町”，即岛原町、大村町、平户町、横濑浦町、文知町、外浦町。1580年，长崎成为耶稣会领地，设有耶稣会总部。长崎曾经规模最大的教堂，和教堂拆毁后建设的奉行所都位于岬角顶部。

1636年，长崎填平了奉行所南面的海湾，修筑了出岛。出岛和奉行所仅由出岛桥相连（图2），使岬角顶部成为控制出岛的战略要地，军事地位进一步加强。

幕府末期的1855～1859年，长崎海军讲授所开设于奉行所内，汇集了**胜海舟**等名人。

现在岬角顶部的T字路口，很难让人感受到它曾经重要的军事意义。市役所通曾向西南方拐去通向奉行所大门，后来才改道径直通往岬角顶部（奉行所用地）。为配合道路与用地接续点的变化，1911年竣工的旧县厅舍正对T字路口而建。从市役所通望去，能看到旧县厅舍以道路为轴线对称的气派样子。但1953年建成的现代主义风格县厅舍微向西移。从市役所通往南望去，只能看见县厅舍侧旁的钟楼，原有空间结构被破坏。

2018年，县厅舍从岬角顶部迁出，引发市民对这块土地归属的激烈议论。但具体考虑，岬角顶部应当布置能代表长崎的城市设施。

2. 行走在山脊线

位于狭长岬角的山脊线市役所通，现已是双向四车道的交通干道，在东北方向右转通往远处。但是“市役所通”之名有些过于朴素。为体现特色，至少该称作长崎街道，或是根据沿途经过的诹访神社称作“诹访大道”，又或者联系本地习俗取名九日通（含义见后文），根据旧町名还能称作外浦通。考虑到正在进行的市役所搬迁计划（预计2022年前搬到旧公会堂附近新址）。届时可能会为市役所通和公会堂前通重新征集路名，希望新路名能与长崎相关。

因为是山脊线，所以道路两旁有许多曲折的下坡路（照片3）。1663年宽文长崎大火后，主要路段拓宽至**4间**，右拐后路宽3间。

据说过去为了守卫岬角顶部，曾修建三重护城河，现已无从考察。长崎东西两侧小山丘上都曾流淌着小河，现在长崎地方法院背面通向市役所的辅楼后还保留一条曲折小径，这是东侧小河被填埋后的“遗迹”。

“宽永长崎港图”，又称“长崎古图”，是明治时期创作的，描摹1630年代长崎城镇风貌的知名地图（图4）。图中由护城河与小河川包围的白色地区是内町，是幕府从耶稣会收租作为天领（江户幕府直辖领地）的土地。

图中的灰色地区是外町。从道路模式看，内町以山脊为中轴线，各街区顺应山脊线走向。而外町，只有山脊沿线街区如此，靠近中岛川的地区以河流为主轴，而靠近山麓的地区则顺应等高线形，且东北一带的山麓地区，道路均通往寺院。

山脊首先是一段西南东北走向的直线路，在末端下坡之后右拐东延，和公会堂前通相交于大路口马町（路口名）。马町东面架设有一座桥，过了桥就是新长崎街道。回头往西北边的山坡上望去，那里是供奉长崎守护神的诹访神社（照片4）。

狭长岬角的山脊线上不仅有

照片3　通往山脊道市役所通（旧长崎街道）的上坡路。从东南方看向西北方兴善町界限。

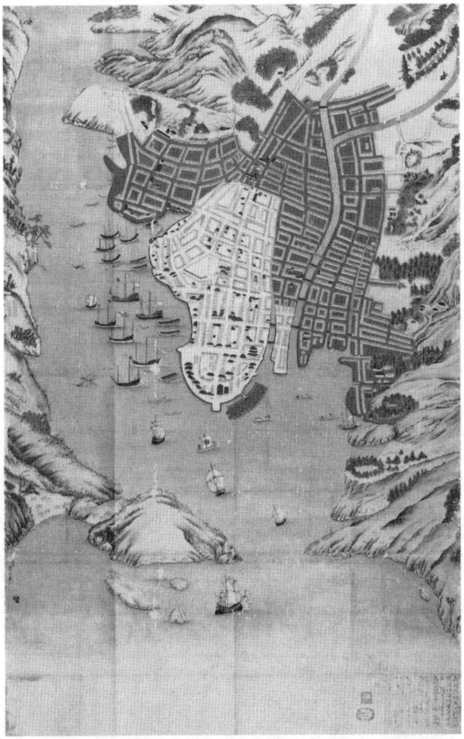

图4　长崎古图（1630年代）摹本，1884年。图中画成白色的是内町，外侧扩展的是外町（出处：《出岛图 其景观与变迁》，长崎市出岛史迹整备审议会编，1987，37页）。

连接诹访神社和奉行所的道路，还是诹访神社例行大祭长崎九日祭（Nagasakikunchi，又称おくんち，即御九日）的场所。

照片 4　马町，从东南看向西北。中间可见诹访神社的鸟居和参道。向左手边延伸的是市役所通，跟前的电车道是公会堂前通。

长崎九日祭原本是农历九月九日，即“九日”（现在是阳历 10 月 9 日）举行、迎接诹访神社三柱神从海边的御旅所行宫沿着山脊回銮的祭典。图 5 因画有宽文十三年（1673）来港的英国船只而被称为“宽文长崎屏风图”，华丽屏风画的左侧两扇上画有前往诹访神社的祭典仪仗队。诹访神社与出岛奉行分别绘于屏风左右两端，形成具有张力的构图。

在长崎成为耶稣会领地的时代，城市中的神社寺院被毁。长崎后来成为幕府直辖领地，神社寺院再次兴起。1641 年诹访神社搬迁至现址，1633 年长崎奉行所建成，1639 年出岛筑成。长崎花费了不到十年，就确定了城市南北端点，构建起城市的主体空间结构。

图 5　宽文长崎屏风图（局部），名为六曲一双。最左边是诹访神社，最右边是长崎港和出岛，（出处：《出岛图 其景观与变迁》，长崎市出岛史迹整理审议会编，1987，74 页）。

3. 漫步中岛川

现在中岛川的眼镜桥一带已成为游客一大去处，但这里历史并不悠久。中岛川并非物流干线，沿岸没有修建仓库。江户时期的地图也只在河流西岸画了寥寥几笔。1898 年绘制的“人力车赁钱图”也没有标示河流东岸土地，似乎可供人力车行驶的道路还未延伸到此。

或许是为了推进河流东岸的城市开发，中岛川上架起一座座气派的石桥。西岸的道路，也在城市开发中进一步向东延伸穿越中岛川，两岸开始推进一体化建设。这些道路成排延伸到山脚下，成了**寺町**的门前路。联系两岸的桥梁则是采用中国技术建成的石拱桥。1663 年大火后，桥梁重建，没有改变原本由桥梁联系地区的城市空间格局。

由眼镜桥联系的这条道路十分重要，横穿山脊道，往北直抵丰后町，连接起城市北侧与东侧两片寺院群。在丰后町和山脊道的交点设有代表城市中心的高札场。正因为这条道路的重要性，眼镜桥才在 1634 年初建时，设计成气派的二连拱样式。

现在的眼镜桥周边修建起供市民与游客散步休闲的游步道，这与守护石桥群的市民运动有关。

市民运动的背景是 1982 年 7 月前所未有的长崎大水灾。水灾冲毁六座石桥，299 人死亡与失踪。包括眼镜桥在内的三座桥梁虽然保存，但毁坏严重。多次讨论后，决定保留残存三桥。对冲毁的六座桥梁，四座重建，两座改建为混凝土桥。同时还在中岛川两岸修筑水路辅道（照片 5），辅道上部设置宽敞步行空间（照片 6）。尽管灾后复原工程引起众多议论，但最终实施时并未受到太大阻力。

4. 港町的近代化

1730 年代以前，**港町**长崎曾有一轮大规模城市开发，修建了比出岛规模更大的唐人宅邸群（1688–1689），推进了新地藏填拓工程（1700 ～ 1702）。此后城市空间结构至幕府末期几乎没有发生变化。

1854 年，长崎被指定为一般港开港，迎来城市的近代化。随后长崎推进了

照片 5　中岛川，眼镜桥稍上游部，河流两边设有水路辅道入口。1982 年 7 月长崎大水灾后的河道整治设置的中鸟川分水路。

照片 6　中岛川，眼镜桥稍下游。水路辅道上部是宽阔的游步道。

包括大浦町、南山手、东山手的外国人**居留地**建设（1859 ~ 1870）、出岛和新地藏（现称新地中华街）海岸线填埋、与海岸线工程同期实施的中岛川河道改道（出岛至县厅段的河道下游从笔直的线形改为向右弯曲，1885 ~ 1889）、铁路铺设与长崎站开通（1905）在内的大批建设工程。长崎这一时期最关键的任务是通过填海造地推进城市近代化，因此重点项目包括新建区域干道以联系车站与主要地区、大波止与市区等。

但是长崎既没有像横滨、神户、函馆等开港城市那样将海关（旧称运上所）作为城市象征，同时也没有将居留地建筑林立的大浦海岸通塑造为外滩，以此作为城市发展的出发点。随着填海造地不断推进，出岛和新地藏都被新填埋地包围，它们原来独特的个性逐渐消失在周边相似的风貌中。

与横滨等新建港口城市不同，长崎在开港前已形成发展成熟的市区，可供开发的用地不足，因此只能务实地选择填海造地。

但这也孕育出长崎独特的城市生长面貌，就像年轮递增一样，城市不断增添新的元素（图 6）。

长崎很少对旧城区进行大幅改造，仅新建了从车站前穿过公会堂通向中岛川周边市厅的樱町通（照片 7）。这条道路源自二战时**建筑疏散**腾出的空间，所以才在中岛川处突然中断。战后则通过复兴规划建成立体交通。市役所通在**战灾复**

兴道路规划中进行拓宽，并且由于道路两端分别是县厅舍和市厅舍，它曾作为“美观道路”刊登在《战灾复兴志》上。

长崎自 1570 年开港设町起，经历内町、外町、外町扩张、外国人居留地开发、填海造地、坡地开发等过程，尽管曾受原子弹轰炸，仍称得上是一座可以读取层层历史构造的年轮城市。

欧洲有许多城市发源于山丘上围绕教堂的村落，和长崎拥有相似的历史。漫步长崎，越发感受到这座城市的起源完全和一般**城下町**、**宿场町**不同。

此外，长崎还拥有以旧町为组织、名为“九日”的祭典文化。即使城市的建筑物日新月异，乃至遭遇极端灾害，只要能顺利再生，就仍能传承城市记忆。

长崎现在正推进出岛复原工程，表门桥的重建也快竣工了（已竣工）。过去奉行所旧址（即县厅舍旧址）和出岛的联系更加密切。长崎旧时的空间结构在这些改造工程中越发明晰，这就是所谓的城市再生。

同时，县厅舍与市厅舍还在准备搬迁，长崎仍处于变化之中。如果这些变化能使城市固有的结构更加清晰，那也是城市再生的一环。

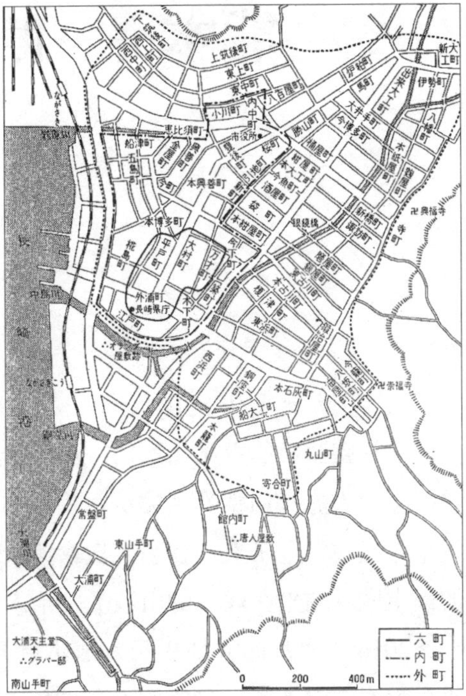

图 6 长崎市区形成过程。可知长崎是从小小的核开始向外扩张（出处：《都市图的历史・日本篇》，矢守一彦，讲谈社，1974，431 页）。

照片 7 长崎站前，往南看。右手边可以看到站前大楼。左手边向内延伸的道路是樱町通，本是建筑疏散形成的空地。正面稍向右延伸的是大波止通。

熊本——再三的战灾复兴

1. 在站前乘坐市电

从铁路车站熊本站出站后，需要乘坐健军町方向的电车前往市中心。健军町，是一个让人能真切感受到熊本曾是军都的地名。不过这个话题暂放一下，先乘坐电车。途中，电车大约拐了五次弯，最终停靠在热闹的通町筋站。下了车，厚重的熊本城就端坐在远方的山坡上，给人一种强烈的压迫感（照片 1）。

2016 年 4 月的大地震后，熊本城开启了长期修复工程。灾后城市内的**町家**受损程度参差不齐，重建的不在少数。但现在只要走到商业街上，依旧能感受到熊本的城市传统风貌。

在游览商业街或去往城堡前，先回顾从熊本站到市中心的这趟路线。从远离市中心的熊本站出发，电车则弯弯曲曲通向市中心，沿途市区的景色仿佛自然形成与延续。这趟短短的旅程，隐藏着这座城市发展的精髓。

2. 展开地图

熊本城是**近世**修建的城堡，以自北向南延伸的京町台地高点茶臼山为阵地，在四周建设城市。展开地图，会发现城市整体道路网并不连贯，仿佛由多个子系统组合而成，各地区的街区规模与道路方位不尽相同。因此，观察熊本时，最好将其视作地区集合体。从图 2 观察 19 世纪中叶的城市空间格局：最南侧是古町，由正方形街区构成，寺院位于正中；古町北侧东北侧接续山崎地区（现称新市区与花田地区），由规模稍小的近似正方形街区构成，正中没有寺院；城堡西侧新

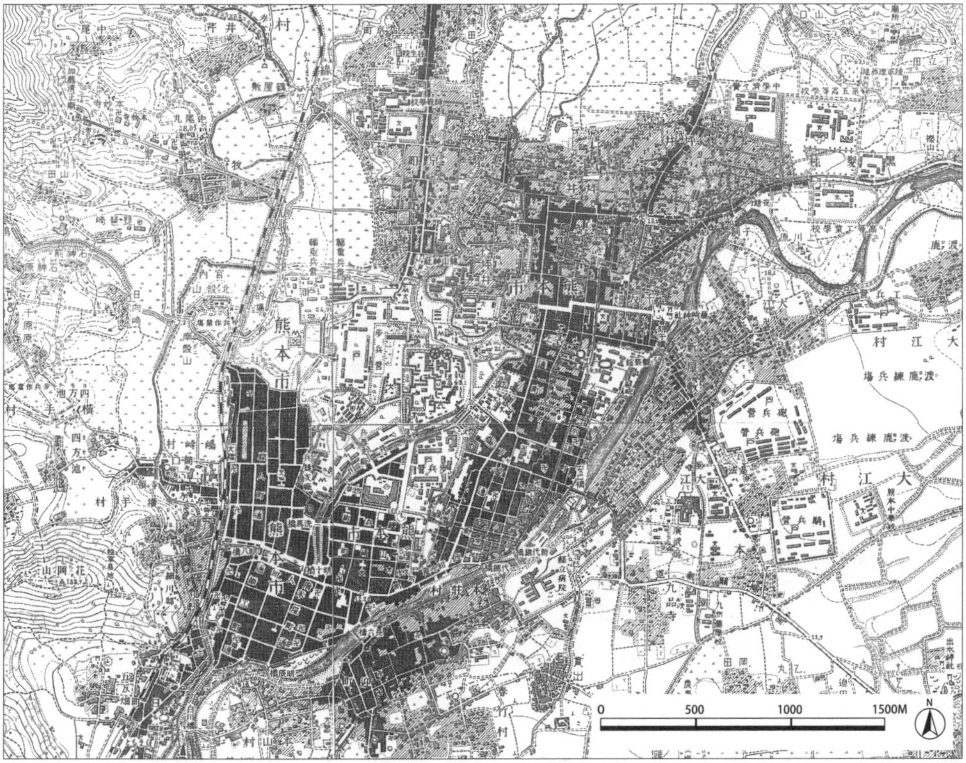

图 1　熊本 1/20000 正式图（局部）、砂取（局部）、金峰山（局部）、河口（局部）均于 1901 年测绘，1903 年发行。熊本站布局在图片左下角不远处。据说车站也曾规划在新町西侧，但这一方案遭地方反对。

町与北面京町则由长方形街区构成。隔着坪井川南北相邻的古町与新町，两片地区的道路方位存在较大偏差。古町为东北向，而新町（街区朝向）为正北向。

熊本城东侧地区与上述两个地区都不同。细看之下，东侧地区由多个具备细微差异的子地区构成。

尽管近代以后熊本发生了不少变化，但依旧保存了城下町时期像葡萄那

照片 1　市电通町筋站。往西看。眼前的熊本城是这座城市的核心。这条道路源于近世城下町时期武家地的道路。

样的空间结构，具体见后文。

上述内容涉及熊本复杂的发展史。现在提及熊本，立刻会联想到 17 世纪初**加藤清正**建造的城下町，但熊本此前就已有大约 150 年的城市建设史，旧名限本。

3. 逐渐成形的城市

限本城最早可追溯至 15 世纪中叶，据说建在现在的千叶城（熊本城东北）附近。16 世纪早期，在现在的古城周边（熊本城西南，今县立第一高中）建造了一座新城堡，城山脚下是武士与平民混住的地区。1588 年，加藤清正来到这座古城，在古町建设**町人地**，在新町建设**武家地**（后来，新町也成为町人地）。也就是说，熊本最古老的地区是京町台地南部至西部地区。

17 世纪初清正改造了白川、坪井川等河流，将城堡搬迁到现址。入城口（大手门）设在西面，与新町接续，也是札之辻和里程元标所在的位置（照片 2）。

熊本城以西为入口，还有地形的考虑。台地东南都是悬崖峭壁，北侧又被护城河切断。另外天守设在台地东南端，城墙东南面没有开设城门。南面还有坪井川、白川加强防御（照片 3），

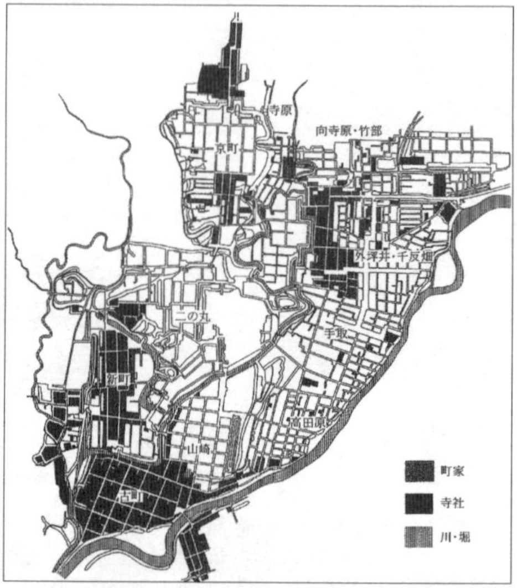

图 2　熊本町总平面。熊本总平面（推测绘于 1843 ~ 1862 年）抄本。整座城市由不同街区方位与模数的子地区构成，宛如一粒粒葡萄组合而成的葡萄串。（出处：《新熊本市史》通史篇，第 3 卷近世Ⅰ，新熊本市史编纂委员会编，381 页）。

图 3　熊本市中心空间结构示意图。

照片 2　里程元标，新町入城处。这块地方现在是称为清爽园的美丽庭院，江户时期曾是札之辻。萨摩街道也曾由此处北上。

照片 3　坪井川。厩桥桥头往西南看。右侧是熊本城连绵石墙形成的屏障，可以看出熊本城在东南侧封闭的样子。坪井川是城堡的内护城河，改变了原来天然河道的走向。

反映出对南方萨摩藩的警惕，这种构造一直保留到明治初期。

4. 西南战争

熊本发生重大变化的首个契机是西南战争。在萨摩军队到达熊本前，神秘大火烧尽了整座城市，包括城堡的天守（即城堡中最高、最具代表性，具有瞭望和指挥功能的望楼）。据说大火是城内点燃的，为了加速战争进程。

战争结束后熊本即刻开展重建工程。演习传统路网形态的基础上，转换了两处用地的功能。一是山崎和花田地区（现辛岛公园周边、花田公园周边，位于熊本城南）建有武家宅邸的用地全部转换为军事用地，二是上通和下通不再属于武家地。

现在，上通和下通商业街作为熊本的代表性商业街，是日本少有的大规模拱廊街（照片 4、照片 5），店铺面宽、走向都如同自古至今的传统商业街，难以想象它们曾是武家地。如果不是战后即刻对城市的住宅样式进行现代化改造，肯定不会是现在这样的情况。

如今市役所、县民会馆、国际交流会馆、县民百货店等公共设施所在的行政中心区，原本是练兵场等军事设施用地，是普通市民日常无法触及的场所。1871 年，全日本范围内设置了四座镇台。熊本是其中西镇台（后称熊本镇台，1881

照片 4　下通拱廊街。诞生于二战后的战灾复兴区划整理，后来迅速发展成商业街。1969 年架设全盖式拱廊。现在所见的拱廊架设于 1998 年。

照片 5　上通拱廊街入口。1960 年至 1976 年架设全盖式拱廊。现在所见的拱廊架设于 1998 年。

年成为第六师团）的军都，熊本城及其南麓的大片区域被划为军事用地。由此，熊本市区被分割为西南与东部的两半。

5. 繁华的变迁

市区被分割后，熊本城市中心区转移至城堡西南面的唐人町周边。作为城市主要的商业区与金融区唐人町越来越热闹，也是市内最先用上煤气灯的地方。唐人町以南、白川沿岸的下河原，作为剧场与新兴活动集中的娱乐街区逐渐兴起。

现在市电之所以在古町道路上曲折前行，就是因为有这样的背景。

后来在当时的市长**辛岛格**努力下，原本位于城市中央、将市区一分为二的山崎练兵场搬迁到城市东郊。1903 年练兵场用地完成土地平整后被命名为新市街（新市区）继续推进开发。现在的新市街拱廊街（拱廊是 1978 年所建），周边遍布电影院、剧场等娱乐场所，此外还建有市公会堂、办公楼与工厂等，越来越多青年人汇聚于此，新市区快速成长为熊本最热闹的地区。

1908 年新建成的街区被命名为新町，为赞扬市长辛岛的功绩，与樱町、练兵町等一并命名为辛岛町。除了町名外，市长的名字如今还被用于公园（照片 6）与市电车站。在近代日本，使用人名命名地名的例子非常罕见，町名使用将时任市长的名字则是特例中的特例。可见辛岛市长对于熊本来说是多么伟大。

照片 6　辛岛公园。这里本是武家地，西南战争后成为练兵场，1903 年为新市街的一部分，最初建成环岛，现在是公园。

照片 7　能望见城堡的道路（山崎练兵场旧址，曾开设电车）与左手边明治时期开发的市区。右手边是花田公园（步兵连队旧址）。均开发于大正末期至昭和初期。

临近新市街的是花田地区（花田也是电车站名）。原本的大部分用地被步兵 23 连队占据。自 1924 年连队搬迁至郊区后，旧址在 1929 年改建为办公区及花田公园。

临近还有市厅舍（1924）所在，城山脚下广阔的旧武家地。曾为军事用地的这片区域，也在西南战争结束后的复兴过程中转为市民所有。于是熊本在这片城市核心地区，规划并短期内建成了新商务区、商业街与行政中心（照片 7）。

这次城市改造称为战灾复兴的第二阶段。现在市电也通过这片落有大正时代印记的新城中心。

熊本就是这样，通过两个阶段的复兴，将西南战争导致市区损毁的负面遗产转为了近代城市诞生的契机。

6. 进一步的变化

熊本城市面貌变化没有止步于此。下一次也是带来变化最大的一次，即二战后的战灾复兴。

西南战争的火灾烧毁了整座城市，而 1945 年的战火摧毁了大约三成市区，大致范围为城市东南部的下通至新市街。这为熊本带来了新的变化。

照片 8　银座通，从下通周边往东看。诞生于战灾复兴土地区划整理的道路。

照片 9　并木坂，从北向南看。与上通拱廊街北端接续的时尚购物街。道路两侧的住宅区也有很多店铺，是一片颇具魅力的界隈。

在下通至新市街的区域内不断推进重建的过程中，最大变化是填平开发时遗留的洼地坪井川旧河道。根据战灾复兴土地区划，这片地区在 1948 年前后规划建成以银座通为代表的大部分道路（照片 8）。由此，城市中心区进一步扩张。

1952 年，鹤屋百货与大洋百货旁（临近现在的通町筋）的市电停靠站开通，进一步加速市中心商业街的发展（鹤屋百货现仍在原址营业）。

就这样，昭和初期上通发展成与唐人町并列的商业街，并与下通周边、新市街商业街接续，形成现在极长的商业轴线。后来，这片商业街加盖拱廊，成为繁华而又明亮的拱廊商业街。

这片商业街原本是武家地，昔日风貌现在却荡然无存，真是不可思议。归功于两次战争并不妥当，应当是两次战灾复兴城市改造的努力成果。

相比之下，古町至新町这片传统商业区，没有被战争摧毁，虽然延续了传统的商业环境与道路风貌，但在适应现代商业生态的过程中却陷入被动，与新商业中心差距较大。

随着时代发展，熊本又进一步发生变化。在上通与下通一带，例如沐浴通（シャワー通り）、并木坂、上乃裏通等商业街，拱廊街尽端与两侧出现越来越多贩卖个性化商品的商店，熊本的中心商业区进一步发展（照片 9）。

而充满历史风情的旧市中心，例如唐人町一带，最近也有重新装饰街上的古建筑、打造时尚商业街的设想。

经历两次战争重创的熊本，在城市中心区发生渐进式变化。可以说是在不否定过去的前提下接续各时代创造的城市空间。1877 年西南战争后的首次战灾复兴中，几乎按照城市战前的模样重建，只是将城下町时代相互分离的武家地与町人地空间糅合。1945 年二战后的第二次战灾复兴，由于受灾情况相对较轻，建成可以与传统空间良好接续的全新商业中心区。熊本市役所没有受灾，或许也对这次建设的成功起了一定作用。

两次战灾复兴之间的时期，辛岛市长转移了城山脚下的军事用地，在旧址建设新市街，与城市既有开发接续。军事设施迁往郊区，后来建成健军町，即现在市电终点站所在处。

按照渐进式的城市开发，为统领城市与地区，县厅舍与市厅舍都需要战略性地改变位置。县厅舍最初位于市区南部二本木，1867 年迁至古城（今县立第一高中用地，旧军事用地），1887 年迁至市区东部、白川沿岸南千反田町（现白川公园，**道路元标**所在处），战后曾在花田公会堂临时办公（1945 ～ 1950 年，旧军事用地），随后转移到附近的专卖局烟草工厂旧址（1950 年，旧军事用地，后交通枢纽用地），最终于 1967 年搬迁至现址白川东岸出水町，并顺势带动周边地区发展。

1889 年熊本实行市制之初，市厅舍与当时的县厅舍相邻（今白川公园周边）。1923 年军事用地搬迁后恰好还有多余用地，市厅舍就搬迁到城山脚下的现址。

在市区商业环境如此变化的情况下，原本城市核心所在的城堡内部，二战后也作为公园向公众开放了，熊本城的面貌逐渐恢复至西南战争以前。

熊本曾是拥有大规模军事用地的军都。也因此避免了市中心的无序开发，并提供了开发大规模旧军事用地的机会。新市街与熊本城公园都是在这一背景下诞生的。熊本正是通过渐进式成长，才将各时代的变化良好衔接，诞生如此丰富而又具深度的城市。

2016 年 4 月，地震再次袭击这座善于将灾难转化为契机的城市。希望熊本能再发挥天赋，再一次通过复兴创造出新的魅力。让我们一起拭目以待。

大分——实现战灾复兴规划的梦想

1. 城市轴中央通

大分公认的城市主干道是市由南至北贯通中心的中央通。大分主要的商业设施和银行都面向中央通而建。2015年，中央通南端的大分站车站大楼大规模重建，站前广场也焕然一新。此外，还规划拓宽中央通人行道，中央通的人流量似乎越来越高了。

作为一条商业大街，中央通本身没什么特别。但手持地图漫步城市，会不断产生疑问。

为什么中央通从车站延伸出来后立即拐弯？站在中央通上无法直接看到车站（照片1），反过来在大分站也无法一眼望尽中央通。且中央通西侧小路盖有拱廊，东侧小路却没有，为什么两侧小路风貌完全不同？再者，东西两侧小路为什么错位相交于中央通，且小路之间的距离也没有规律（照片2）？

照片1　站在代表城市中心的十字路口所见的中央通。向南看。大分站位于道路尽头的右拐处，这儿没法看到。

回顾中央通的形成史，这些疑问便迎刃而解。江户时期，府内（大分）

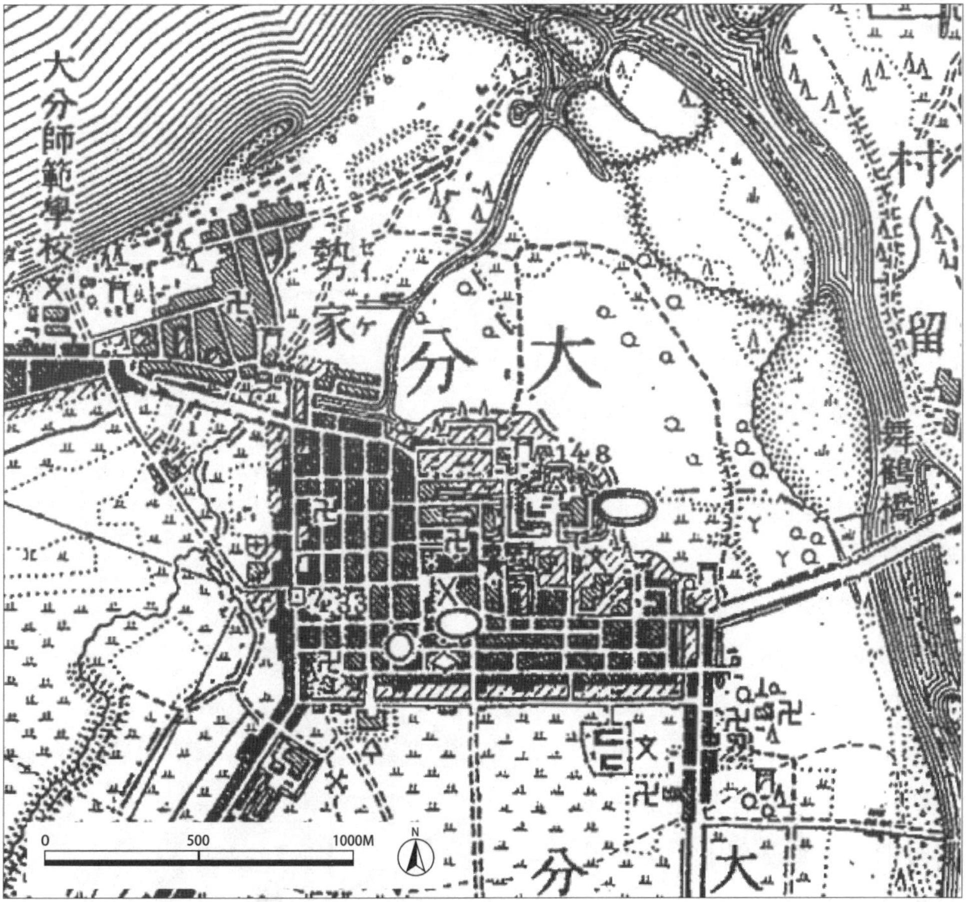

图 1　大分 1/50000 地形图，（局部，1903 年测绘，1905 年发行）。

照片 2　通至中央通的小路。前方左右方向道路是中央通，对面是大分银行红砖馆（旧第二十三国立银行总行，1913 年）。小路没有穿过中央通的原因是，过去这边是町人地，对面是武家地，中间的中央通曾是护城河。

北临丰前海、东接大分川，城下町位于城堡西南一带（图 2）。这样的城市结构，一直维持至二战前。

大分城市呈 L 形结构，由内至外分别是城堡、内护城河、L 形**武家地**、中护城河、L 形**町人地**，町人地、外护城河。**高札场**就设置在町人地“L”的折角处。明治时期的 1/50000 地形图（图 1）详尽描绘了大分 L 形的城下町构造。

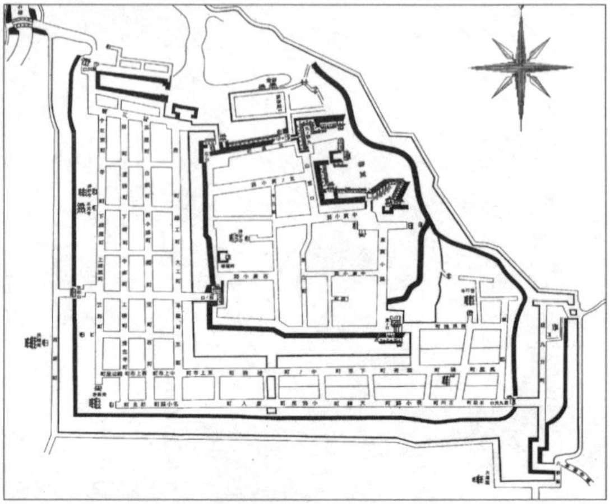
图 2　府内之图（松平氏以后）（出处：《大分市史》大分市役所编，1915 年），17 世纪后半叶定型的大分城下町的模样。

大友时期（战国）的大分位于府内城东南部，17 世纪初被摧毁后才整体搬迁新建于现址。总体来看，日本各地城下町存在两种体系，一种是在原先战国时期城下町基础上于**近世**逐步扩张和改造而成，如岐阜、冈山、熊本、鹿儿岛等；另一种则是近世时期另外择址新建，如名古屋、甲府、广岛等。绝大部分城下町属于后者，大分也是其中之一。

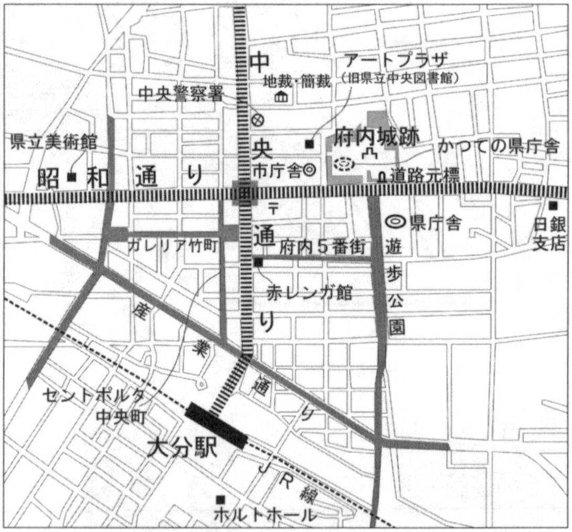

图 3　大分市中心空间结构示意图。由中央通和昭和通构成的十字形主体空间结构。

特殊的是，尽管大分选址于战国城下町周边，却没有利用原有基础反而完全拆除旧城下町。福井也类似，它推翻了原本的庄城，在南侧另建福井城。大分城下町，可以说是日本近世城下町发展史上的一块里程碑。

但大分在近代发生剧变，现在能感受近世历史痕迹的场所不多。到底采取了什么措施，将这一典型近世城下町进行近代化改造？

第一步是将原本封闭的城市向外开放。推倒了旧时权力象征的城墙，拆除城门，还消除了武家地和町人地之间的等级差异。另外，填埋护城河，不仅提供了城市公共用地，还诞生了便于人们交流往来的开放道路，真可谓一举两得。

1873 年，中护城河与外护城河的填埋工程启动，于 1876 年完工。中护城河旧址上建起贯穿市中心的南北干道，并在 1900 年开通了九州地方首列有轨电车（大分至别府）。因此，这条道路又被称为电车通，现在称作中央通。

中护城河原本分隔了东边武家地（三之丸）与西边的町人地。两侧地区形成了各自独立的路网。这样就能理解为什么现在中央通两侧道路相互错位，并不贯通。

但百货商店以南地区并非如此。百货商店前的东西向道路，在中护城河东西段（L 形水平段）基础上建成。因此，百货商店以南地区，过去是连贯的町人地，现在道路自然顺畅。

填埋护城河而建的道路网并不规则，也不会形成规模大小一致的街区。

至于城堡西南侧、由内护城河包围的旧武家地，则逐渐成为了官厅街。二战后首先搬入县厅舍，之后陆续建设市厅舍、县公会堂、教育会馆、图书馆、中央邮局（最初是细工町）、电信局、警察署、税务署等设施。与之相对的城堡东北侧，则在大正年间开发为住宅区。

另外，还有非常自然选择了电车通南端建设的车站（1911）。由于路线是从西北向东南延伸，所以站房与电车通之间形成了一个倒角区域。

2. 战灾复兴规划构想

二战及其后的复兴规划，对大分的城市形态带来更大改变。战争摧毁了大分旧城区除东北部外的近八成地区，波及 13800 余人与 3300 余栋房屋。

经过**战灾复兴土地区划整理**，战后大分的城市主体空间结构逐渐完善。规划了东西与南北两条 50 米宽干道轴形成十字交叉的空间结构，并以此作为核心，进一步构建市区。

电车通作为南北轴从 15 米拓宽至 36 米（大分站新川线，现中央通），县厅舍前的旧一条通则作为新东西轴拓宽至 36 米并西延（县厅前线，现昭和通）。

此外，还建设了平行铁路线、通至广场前的产业通，宽 30 米。这条斜向道路（原名菡萏泷尾线，最初规划宽 25 米）将大分市中心划成独特的三角形。全日本仅此一例。

照片 3　昭和通，往东看。左手边是市厅舍，右手边远处是县厅舍。要是没有了天桥，这也无法感知这样的风景。

不仅如此，战灾复兴规划还在十字中轴四周各设置一座边长约 25 米的正方形广场。图面上，四座小广场连成一座边长约 85 米的巨型广场，占据了整个十字路口。有轨电车从广场中间经过，形成一片有趣的风景。

小广场上栽植了各式灌木，前段时间还修建了巨大的人行天桥连接四座广场，天桥下方车流不断，所以只能在四角各设置双向上下楼梯，使用不便。这处城市中心的十字路口，完全服务于车行交通（照片 3）。

直到最近，这座天桥因干道环境整治工程被拆除，战灾复兴规划构想的城市大广场似乎又有再生可能。虽然各小广场空间目前还未充分利用，但其今后的发展非常值得期待。

从大分县都市计画科绘制的土地区划整理旧图纸看，这里被命名为“中央广场”（图 4），也是大分城市战灾复兴规划的亮点之一。

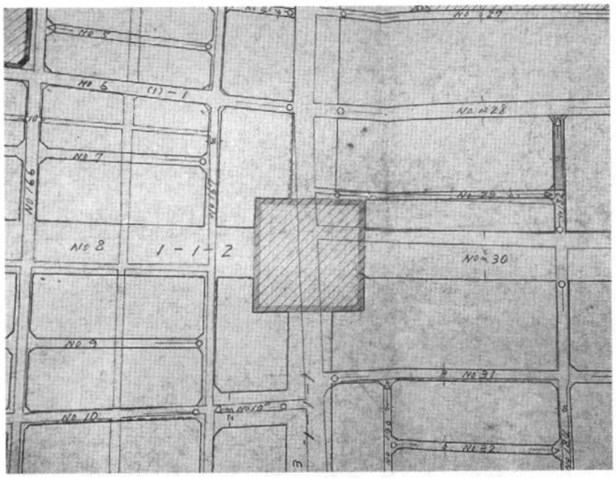

图 4　在中央通与平和通的巨大十字路口，画了一块正方形中央广场（出处：“区划整理大分重建案例”册，大分县公文馆藏）。

照片 4　Galleria 竹町东入口广场空间，十分宽敞。过去这里有一座名为帆船 De liefde 号的巨型纪念物。

3. 道路规划的“调味”

道路规划中还存在许多趣味。规划在当时最繁华的商业街竹町通两侧入口处各设置一方形空间，就像道路在这里膨胀了似的。竹町通东入口是现在名为“画廊竹町”的公共活动广场（照片 4），西入口现在则是过道广场，看上去有些奇怪。

照片 5　Saint porta 中央町风景。向北看。如果将东侧中央通比作近代的车行南北轴，那么这条道路就是从近世延续到近代的人行南北轴。

实际上，竹町通是连接中护城河城门（西口）与外护城河城门（笠和口）、通往城堡的交通要道，自江户时期起就是大分最热闹的商业街。现在两端气派的广场空间则是战灾复兴规划中重新设计的，并一直延续到现代。

另一方面，与画廊竹町正交的圣波塔中央町（照片 5），则是过去连接京町、大工町、细工町的传统商业街，现在是中央通西侧的步行街，也是从车站出站的乘客进入城市的主要通道。中央通町与步行干道圣波塔中央町之间的关系，与大阪御堂筋和心斋桥筋类似。

战灾复兴规划的第三个构想是对道路随机修整，听起来十分费解。但多亏这种方式，部分城下町时代的道路才得以保留，并与战后新建道路顺畅相连。但也造成城市空间局部失衡，例如府内五番街与其南侧道路间存在极不自然的狭窄街区。现在，府内五番街被修整为充满魅力的社区道路，是人气颇高的时装街（照片 6）。原本不自然的街区反而让府内五番街颇具人气。

中央通西侧原本是南北狭长的条状街区，战灾复兴规划后改造成东西狭长的条状街区，令人诧异。具体来说，规划首先将外护城河填埋并改建为中央通，随后保留了中央通西侧的 5 条南北向道路并引入 10 余条东西向道路。这些东西向道路十分有规律，两两一组，其中一条与圣波塔中央町呈 T 字相交，另一条则通至中央通，进入东侧的街区。

通路与断头路在圣波塔中央町与中央通之间交替出现，是为将人流导向东西向道路才这样规划的吗？现实情况似乎并非如规划预想。圣波塔中央町正热火朝天发展着。大分站位于其南侧，乘客从车站出站后，可直接北上进入圣波塔中央町。和规划的东西向道路相比，大概还是圣波塔中央町这条大分版的“心斋桥筋”更具吸引力。

将人流从车行干道向外疏散时，存在垂直或平行干道布置低等级道路的两种方式。在东京，前者的典型案例是垂直中央通布置次级道路的“京桥型”街区，后者的典型案例则是平行银座中央通布置次级林荫道的“银座型”街区（图 5）。

二战与战灾复兴规划将大分中央通西侧的银座型街区改建为京桥型街区。比起京桥型的画廊竹町，银座型的圣波塔中央町发展更好。

不论大分或东京，能为行人创造独特空间的都是银座型街区，京桥型街区似乎很难产生有个性的内部道路。

敢于对街区进行大改造的案例少之又少。或许这就是 1950 年大分获得战灾复兴示范城市表彰的原因。

有趣的是，现在人们已经完全习惯战灾复兴规划所建成的街区，很难意识到这种街区构成在当时非常时髦。城市变化带来的新鲜感极易消失。

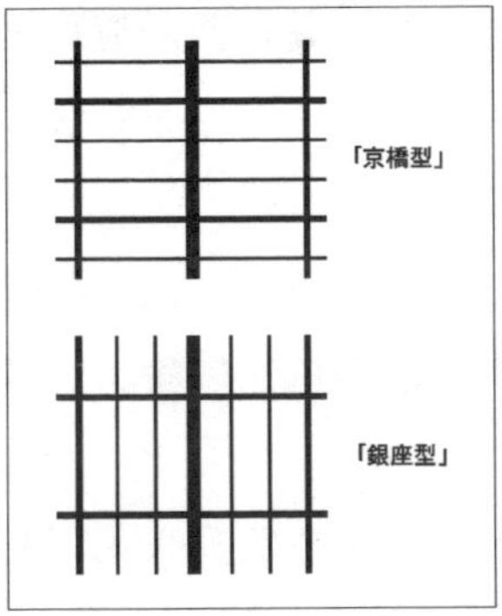

图 5　“银座型”街区与“京桥型”街区。主干道之间的次级道路存在平行干道与垂直干道两种布局模式。

照片 6　府内 5 番街，往东看。充满人气的时尚街。过去是武家地。界隈各街区形态不一，富有个性。

照片 7　大手门前的道路元标。这里是大正时期的城市中心。左手边是府内城旧址。

照片 8　战灾复兴规划建成的公园。向北看。正面是府内城（大分城）。如公园一般的道路。

尽管生活中几乎没人注意到，但在游步公园还能感受当时设计者热情洋溢的想法。其前身是内护城河大手门北上的道路，也是近世的交通要道东广小路。在游步公园漫步能望见城堡的天守，**道路元标**就设在大手门前（照片 7）。

大分站开设后，游步公园进一步向南延伸，穿过三之丸、南新地（填埋中护城河南段而成）、南部町人地，直到铁路线。1915 年的地图上已画着这条路，1930 年的地图将这条路标记为大手通。这条南北路微向西北倾斜，正说明这是近世以后才建设的。

战灾复兴规划在大手通西侧新建一条道路贯通南北，并在两条道路间设计了宽阔的中央隔离绿地，这就是奇特的游步公园（照片 8）。这道 500 余米的狭长开放空间是日本罕见的公园路。

旧大手通在经历 17 世纪初的东广小路、19 世纪世纪末的大手通及 19 世纪中期的游步公园等变化后，虽然现在来往行人变少，现在依然以崭新的姿态焕发活力。

大分乍看之下毫无特点的格状道路网，实际上由诸多战灾复兴规划的小梦想编织而成。只是这些努力，被日常城市生活所遗忘。

随着近年大规模的城市更新工程，如车站周边地区整治、附近县立美术馆的新建（OPAM、2015）、中央通的更新工程、JR 线高架工程一体的大分车站更新、大分站南口改建等，这些小梦想也获得了再次闪耀的机会。

借此机遇，实在应该重新评价大分这座保存了战灾复兴规划梦想的城市，同时也应该将这些仍然保存良好的空间细节作为未来城市建设的重要抓手予以考虑。

宫崎——徐徐而生的近代城市

1. 存在偏差的内外

从宫崎站出站，棕榈树、华盛顿椰树、樟树林荫道散发的南国风情扑面而来。宫崎的城市主体空间结构由两条大道十字相交而成。一条是从车站向西延伸、充满南国风情的高千穗通，另一条是南北向大道橘通。行走在高千穗通和橘通，能真切感受到近代城市规划塑造的十字形空间结构，是所谓的“外部”。

倘若从这两条十字大道走向“内部”街区，会发现隐藏的一面。比如高千穗通的南国风情在战前并不存在，高千穗通南侧的街区，即不是完全机械的网格状，也不是容易迷路的有机形态。内部街区网格与外部十字形干道的略有错位，就好像图底略有错位的感觉。

这种微妙的错位感，实际上揭示了宫崎城市的固有特性，即徐徐推进的近代化改造。让我们一边阅读地图，一边回顾宫崎的历史吧！

2. 地名的诞生

这片土地在近代被命名为“宫崎”。1889 年日本实行町村合并，当时县厅所在的上别府村合并周边的上野町、川原町、濑头村、松山町、江平町组成宫崎町。

尽管宫崎这个地名在《和名类聚抄》中也有记载，但那是古代郡名，而不是城市名。

宫崎县域内还有很多其他中心城市，比如延冈、沃肥、美美津、都城等，为什么县厅会建在一个原本连名字都没有的地方？

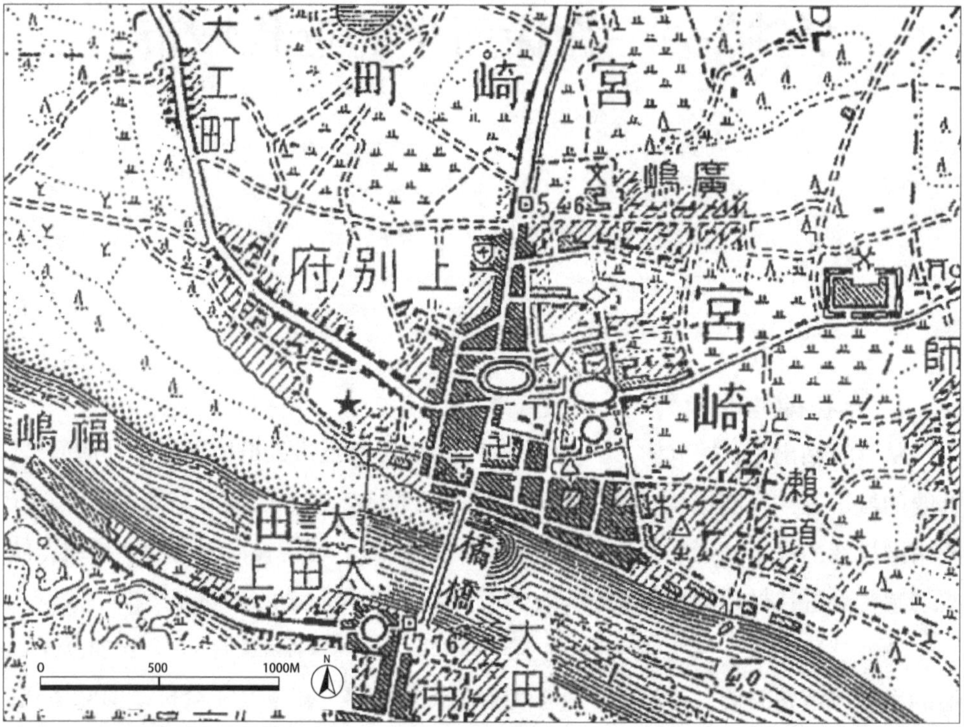

图 1　宫崎 1/50000 地形图（局部，1902 年测绘，1904 年发行）。

江户时期，日向国分为北边的延冈藩、高锅藩，南边的沃肥藩、佐土原藩，以及都城西部萨摩藩。各藩领地不接壤，中间散布幕府领地，情况复杂。

明治时期，日向国经历县界调整、合并鹿儿岛等事件。1871 年，日向国各处零散领地合并，北面成立美美津县，南面成立都城县。1873 年，这两个县合并为宫崎县。之后，宫崎县一度与鹿儿岛县合并，后于 1883 年重新改为现在的县域。

合并使县厅选址成为一大难题。最终选定大淀川畔的上别府村，位于原美美津县与都城县的交界处。当时选在村一级行政单位设置县厅的，有宫崎、札幌、长野处。不过，长野所在的善光寺**门前町**是因行政区划拆分改为村级，而札幌是一座荒野上规划新建的城市。所以严格意义上，只有宫崎一处设县厅于村级行政单位。

3. 县厅舍的建设

县厅选定上别府村后，需要从零开始建设城市，首先考虑县厅选址。

1873 年在上别府村选择了交通便利且能眺望大淀川的河畔的位置，视野极佳，从远处也能一览全貌，适合展示近代统治新貌。

但 1873 年 10 月 2 日，一场洪水淹没了此地，县厅舍重新选择距河岸约 500 米的北侧内陆地区，即现址展开建设。1874 年 5 月竣工。

照片 1　现在的县厅楠木并通。站在橘通往东看。旧称县厅前通。现在的樟树是现县厅舍竣工翌年（1933 年）种植的。县厅楠并木通和橘通没有正交。因为橘通是 15 年后才建设完成的。

1874 年的一代县厅舍以及后来 1932 年在原址重建的二代县厅舍，建筑都坐北朝南，正面大淀川。可能是考虑河流这一区域要素，也可能是由于自古就有“君子面南”的说法，特意为之。

建设县厅舍的同时，修建了东西向的县厅前通（现称县厅楠并木通，照片 1），以及东侧南北向的县厅马场（现称本町通）。其后在县厅前通和县厅马场沿路建设城市公共设施。较早一批有监狱、邮政役所（后称邮局）、学校、医院等，较晚有郡役所、**町役场**、图书馆、学校、法院和银行等，官厅街逐渐形成。

只是这些近代公共设施没有沿大淀川、而是平行于河道建在了县厅舍东西两侧。这恐怕也是县厅前的县厅楠并木通为东西走向，没有通往大淀川的原因。现在道路沿线除县厅舍外，还建有法院、县警总部、国家综合厅舍等建筑，是县内可数的官厅街。这种布局多少留有过去的印记。

与之相反，城内没有建造寺町。近代化的城市，没有集中建设寺庙的需要。现在的城市里也基本上看不到寺庙。

另外，新建的宫崎县厅舍没有建成明治政府热衷的西式建筑，而是选择了有唐破风入口、带有屋顶楼台的日式藩厅建筑。这估计是宫崎人口极少，当地几乎没有熟悉西式建筑的技术人员和工匠。

4. 近代定位轴县厅前通

为什么县厅舍与县厅前通（县厅楠并木通）规划了现在这种道路走向关系?

主要是离大淀川不远有处名为上野町通的南北向旧路。上野町通从江户时期延续下来，比橘通更为古老。由于上野町通是明治初年的地区中心，所以与城市干道联系较好。县厅楠并木通一直西延至上野町，宫崎唯一的拱廊商业街（橘通以东为若草通，以西为一番街）也延伸到上野町通。现在上野町通北部仍是热闹的商业街（照片 2）。

这样来看，当时的县厅前通毫无疑问是从上野町通向东修建的。地图可以验证这一推测。县厅前通与上野町通相交后，改变了走向。

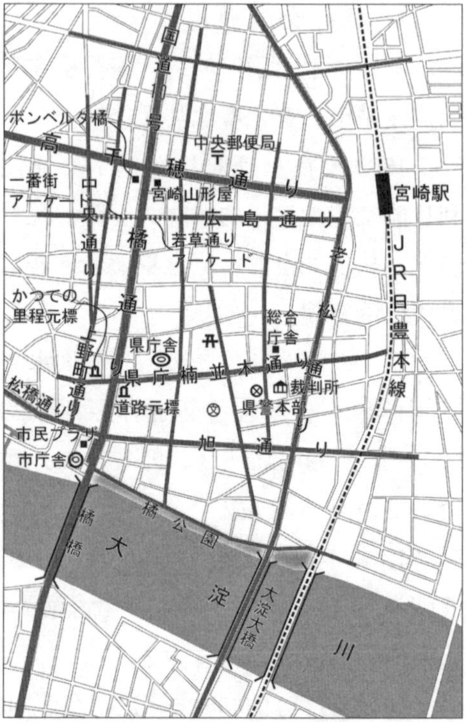

图 2　宫崎市中心空间结构示意图。

据记载，宫崎县首个**里程元标**就设在县厅前通与上野町通相交的 T 字路口（现已移至别处）。这处 T 字路口的诞生，形成了宫崎城市建设的原点。县厅前通为 *X* 轴，代表近代。上野町通是 *Y* 轴，代表近世。但是现在这处路口周边多栋公寓楼拔地而起，极为普通，很难让人想起它曾是宫崎近代化的起点。

由于县厅舍等行政机关先于城区规划修建，宫崎曾经一幅政府机关“寂寞地伫立于原野中”（《宫崎市史》）的城市景象。与同样选址平原的札幌不同，宫崎没有在大地上绘制网格这种的宏伟构想，而是以满足发展需求为目的，选择了逐渐扩张城市的路径。

县厅舍建成后，宫崎推进了县厅舍到上野町及大淀川的道路系统建设，逐渐形成城区。

县厅舍在后续城市发展过程中也没有搬迁，以县厅舍为核心的空间结构逐渐稳固。本地人也许不觉得这很特别，但以县厅舍为不可动摇的核心进行扩张是日本极为罕见的县都发展模式。

5. 徐徐扩张的道路网

一般提到宫崎，脑海中会浮现出笔挺的高千穗通向西延伸的景象。东西轴高千穗通与南北轴橘通相交，构成这座城市的十字空间结构，但这不是近代宫崎的模样。

宫崎先建起东西向县厅前通连接上野町与县厅舍。1873 年左右建成与县厅前通正交、直通大淀川的南北向道路县厅马场。1885 年建成旭通。之后逐渐往县厅舍以北地区扩张，于 1905 年前后取得了一定规模的城市化。到明治末期，市区北端已延伸到广岛通。

1907 年皇太子到访宫崎，城市开通电气，近代姗姗来迟。

但随后的变化，可谓翻天覆地。

1887 年首先建设国道 36 号（后国道 10 号）。虽然也曾考虑取道上野町，但既有建成区的阻力使方案改为在上野町通东面新建。1907 年，正式改名橘通，现

照片 2　早于县厅选定的既有市区上野町。现在这里也是餐饮店集中的热闹场所。设于上野町通北侧与现在的中央通相交的地方。向南看。

照片 3　橘通。橘通 3 丁目十字路口，往南看。宽阔的城市大街。

图 3　宫崎联合共进会场及市区略图（1889）（出处：《宫崎县史》资料篇 近现代 3，宫崎县篇，1995，封面画）。

在宫崎的南北向主干道诞生（照片 3）。

东西向主干道也发生了类似变化。

1912 年宫崎站开业。站前大道在构思时，也曾有过拓宽旧广岛通的方案，但由于各方意见分歧，最终选择在广岛通北侧新建，即现在的高千穗通（照片 4）。1913 年是“宫崎县重设 30 周年”，建成 11 **间**宽的站前大道。

也就是说，构成宫崎城市轴的橘通与高千穗通都是新建，而非改建。

照片 4　高千穗通，宫崎站附近往西看。1913 年，为纪念“宫崎县再置 30 周年”而建的站前大道。曾规划拓宽广岛通，但没能达成共识，于是在北侧新建。

现在观察宫崎时，总有一种城市是以橘通和高千穗通为基准扩张的错觉。实际上，这两条是“附加”新建的干线。高千穗通初建时的设想，是连通宫崎站通与橘通，没有向西延伸的规划。可以说建设之初没有塑造十字空间结构的意图。

日本城市往往通过战后规划建设一条笔直的站前大道，与另一条干线形成十字，打开原本封闭的城市。城市的近代化也通常围绕这道十字空间结构展开。虽然宫崎也出现了十字的空间结构，但比一般城市提前了 30 多年。

这源于宫崎没有多少难以处理的建成区。从明治初期开始就不再拘泥于旧有城市规制，纯粹建设近代城市。这也成就了现在宫崎的个性。

但两条新建主干道（高千穗通、橘通）与两条既有主干道（广岛通、上野町通）的走向存在偏差，因此产生了两套路网。一套以车行为主，一套以人行为主。这成为城市建设的重要线索，也是宝贵的财富。

现在橘通和高千穗通的十字路口建有多家百货商店，是宫崎的商业中心。

在高千穗通以北漫步，会发现道路肌理与南边不同，呈规则的格网状。这是由于车站开设之初，高千穗通以北地区还是农田。目前的街区是 1925 年以后耕地整理的结果。

1923 年，由于日丰本线全线贯通，宫崎站地位得以凸显。

6. 大淀川——从分隔城市到连接城市

现在看来，位于城市中央的大淀川已完全融入这座城市。但在城市建设之初，它是分隔城市的存在。

作为南北两町的边界，很长一段时间没有架设桥梁，来往两岸需借助摆渡。1880年，大淀川下游今市厅舍西侧位置，架起第一座木桥，连接北岸的上野町通和南岸的中村町通。当时这一带是市中心，架桥理所当然。

由于木桥无法抵御洪水，所以之后重建两次。1889年，在更下游（东）的位置架起第四代橘桥，也是国道36号（现名橘通）的组成部分（照片5）。1927年，第四代橘桥被冲走，原址又架起第五代木桥。1932年，随橘通的拓宽工程，才建成第六代大体量钢筋混凝土桥，即今橘桥。

1924年，北岸宫崎町合并南岸大淀町，形成宫崎市。

当时还是有许多地方保守人士反对两町合并，因为大淀川一直以来被视为分隔的象征，历史上产生了江北、江南这样的称谓。仅有一条道路（一座桥梁）连接的地区如何成为一体？但现在，大淀川及沿河的橘公园已不再被认为是分隔，而是城市的绿轴（照片6）。

照片5　1900年代的橘桥，第四代木桥。现在的钢筋混凝土桥建于1932年，是第六代橘桥（出处：《宫崎县史》通史篇 近现代1，宫崎县篇，2000）。

照片6　橘公园。从橘桥看大淀川下游（东）。战灾复兴规划的产物。这周边最初是县厅舍的预定地。

7. 橘通的风景

现在漫步橘通，中央隔离带上战后形成的椰林绵延不绝，一派令人陶醉的南国风情。

战争结束前夕的1945年8月10日至12日，宫崎遭受空袭。高千穗通以南地区、上野町通与中央通以东地区遭毁灭性破坏。近乎奇迹的是，位于中心的县厅舍没被摧毁。

之后实施了战灾复兴土地区划整理，橘通拓宽成现在的36米。高千穗通拓宽至40米，现在的十字空间结构形成，还在橘通和高千穗通、橘通和旭通·松桥通的两个十字路口，设置了气派的环岛（照片7，现已不存）。

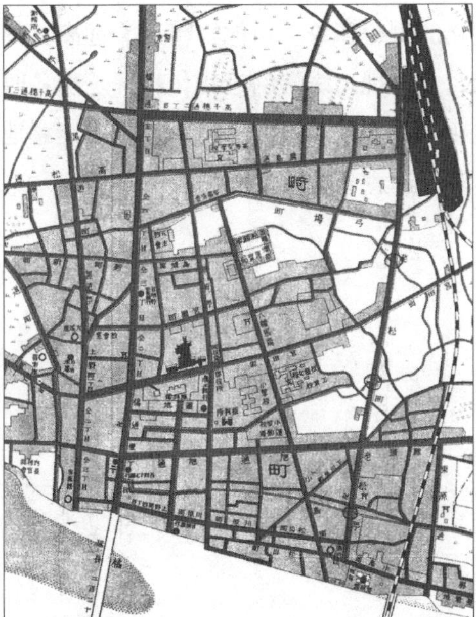

图4 “新宫崎区地图”（局部）1922年左右（出处：《浮现的风景》，小野和道，矿脉社，1996，147页）。

照片7 诞生于战灾复兴土地区划整理的宽阔道路橘通与两处环岛。远处环岛是橘通和高千穗通的路口，跟前环岛是大淀川和橘桥的路口（出处：《宫崎市史》五篇，宫崎市史编纂委员会编，1959，封面图）。

至于以棕榈等作为林荫道树种，是宫崎交通之父岩切章太郎的倡议。1930年代为营造“动态画框”，在市内种植大量南国树木。橘通中央隔离带上的华盛顿椰树是1960年代种植的。这些行道树形成了“南国宫崎”的城市意象（照片8）。

照片8　橘通的华盛顿椰树。种植于1960年代。

可以说，现在宫崎代表性的橘通风景，是从1880年起130年时间内，由道路建设到拓宽、再到景观修整，不断形成的。

说起日本的近代，总是这样急速近代化的刻板印象。但像宫崎这类远离首都的城市，没有殖民或强烈的国家意志影响，会体现出缓慢的近代化特征。随各时期需求，不断添加新要素，逐渐达成近代化——静默不语的道路风景，不经意地展示出宫崎城市的发展精髓。这是一个具有深远意义的城市故事。

鹿儿岛——向南推进的多轴城市

1. 方向感错乱的城市

很长一段时间内，需要乘坐飞机前往鹿儿岛。从机场前往市中心的交通要道总是有一点儿机械呆板，缺乏一步步接近市中心、两侧高楼林立的紧迫感。2011年3月九州新干线全线贯通，鹿儿岛中央站取代机场成为**玄关口**，去访鹿儿岛忽然方便起来。对享受城市漫步的人群来说，从玄关口出来后，第一眼所见十分重要。

从鹿儿岛中央站下车出站后，先是出租车等候区，再是交通接驳。汇集了五条干线道路的站前地区显得有些拥挤。这个街区是战灾复兴土地区划整理的成果，但过于集中的车行交通只能给人留下杂乱的市中心印象（照片1）。

呈放射状展开的五条干道中铺设市电轨道的是电车通，也是城市脊梁骨般的轴线干道。由站前向左前方延伸，经过天文馆，连接最重要的设施海豚港（ドルフィンポート）。电车通经过天文馆后的路段改称石灯笼通（いづろ通，照片2），两侧装饰代表鹿儿岛城市特色的石灯笼，使人感受到这是一座**港町**（照片3）。

或许是因为站前道路的放射状走向，以及不时出现的转折，包括照国通、朝日通、港大通。漫步时很难找到方向感。如果各处都能望见东面高耸的樱岛，说不定会好一些，但事实并非如此。鹿儿岛是一座行走时难以把握方向感的城市。

这种道路模式，如果是自发形成的小路还好理解。为什么主干道会如此？也不像是受到地形限制。究竟是为什么？

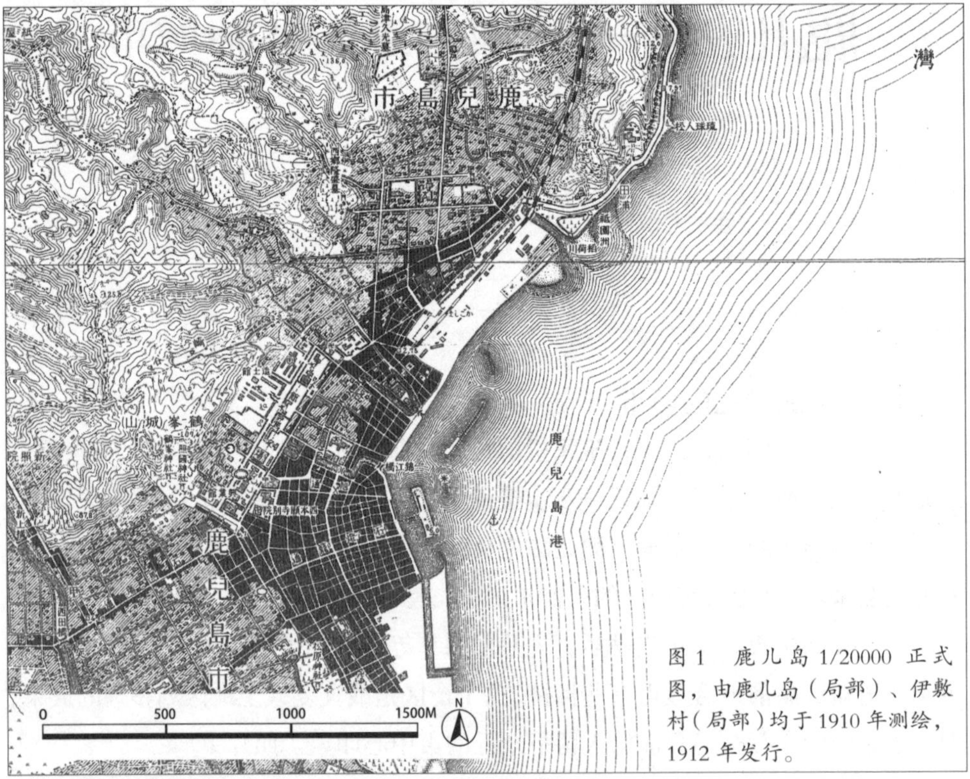

图 1　鹿儿岛 1/20000 正式图，由鹿儿岛（局部）、伊敷村（局部）均于 1910 年测绘，1912 年发行。

图 2　鹿儿岛市中心空间结构示意图。拥有不同轴线的多轴城市，基点是港口及前方（东）的樱岛。

照片 1　鹿儿岛中央站前风景。车站大楼娱乐广场上不知为何会有摩天轮。

照片 2　石灯笼通，往鹿儿岛中央站方向（西南）看。市电轨道上铺满了绿油油的草坪。

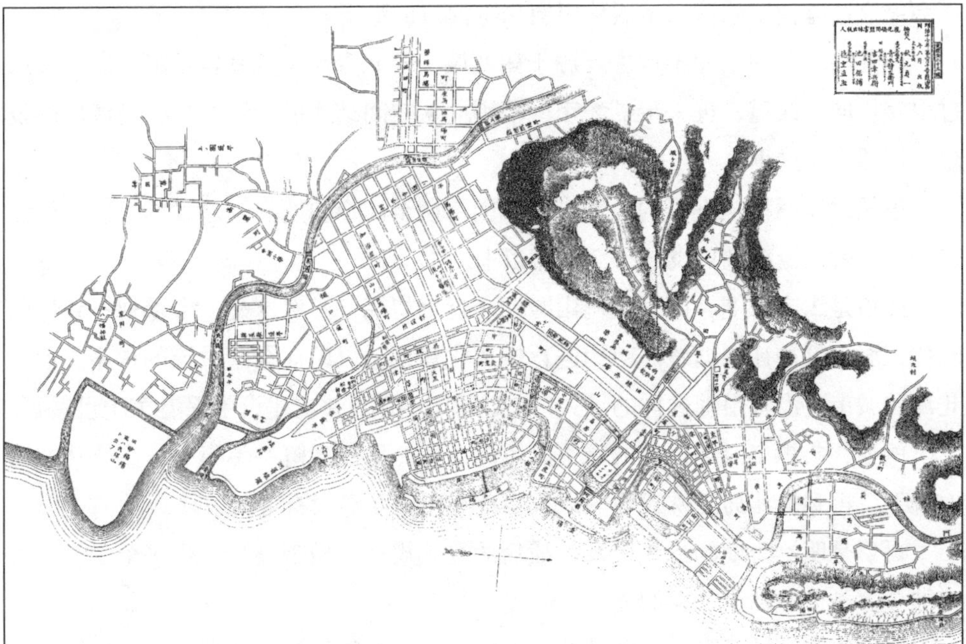

图 3　明治十七年鹿儿岛市区略图，1884 年，地图右侧为北（出处：《鹿儿岛市史》，鹿儿岛市史编纂委员会编，第 3 卷，1971，附录）。

2. 向南发展的痕迹

解开这些疑问的关键在于了解这座城市的地形与形成史。

1343 年，鹿儿岛所在地成为岛津氏的据点。岛津氏从东福寺城（岛津氏后来的居城）开始，经清水城（1387）、内城（1550）、鹤丸城（1602），一直从山城（筑于山上的城堡）攻打至平城（筑于平原上的城堡），逐步扩张势力范围。

岛津氏如此执着于掌控鹿儿岛，主要看重它利于防御的天然地形。鹿儿岛西北面是白砂台地，东临锦江湾，南街甲突川。以此为据点，很方便控制萨摩国以外的大隅国、日向国等地，展开领地统治。鹿儿岛在这片地域最适合筑城。

另外，鹿儿岛还是九州南部最大的商贸港，中国船、琉球船，甚至葡萄牙船都会停靠这座位于稻荷川（后称甲突川）河口的港町。

鹿儿岛现在的空间结构主要源于鹤丸城（西北台地）及其**城下町**。后来又通过甲突川向南改道，进一步扩大市区范围。从空间结构的延续性看，岛津氏的设想永远留在了这里。

虽然这座巨型城下町的一大半是战国末期至江户初期规划建设的，但在战国末期前，就已围绕港口发展了 250 年以上。

此后是织丰时期，即安土桃山时期，近世初期。虽然这是一个重视一致性的时代，城下町往往依据统一结构进行模式化建设，以象征全国一统的秩序。但鹿儿岛的城市并没有跟随这样的形式。它继承了旧制，并在建设中保有了中世特征。

例如，与织丰时期标准的城下町不同，鹿儿岛的**寺町**并不集中，主要建在城山脚下，再到鹿儿岛**废佛毁释**的风气，现在市内几乎没有寺院。

再后是明治时期的近代以及二战后的复兴规划。城市逐渐产生多个中心，形成如今多条道路轴线并存的复杂空间模式。

但仔细观察城下町，道路轴线并不完全明晰。特别是鹿儿岛站北侧地区，留有内城时代容易迷路的中世特征。相比之下，鹿儿岛站南地区较为清晰。这个地区形成于鹤丸城时期，主要以两条道路轴线为核心展开。一条从城堡通往港口，即今市厅舍前的港大通，另一条从以南面**町人地**为主的港町通往港口，即今石灯笼通。两条道路走向顺沿通往港口的碗状地形。

照片 3　石灯笼通路口的石灯笼。沿路向右（东北）走，便是江户时期以后的鹿儿岛港。路口以东路段现在称为迈阿密通（マイアミ通り）。

照片 4　港大通，正面是市厅舍。虽然道路本身是战后土地区划整理新建的，但不变的是，它是连接鹤丸城与港口的轴线。

如果将连接城堡与港口的港大通比作城下町轴线（照片 4），那么从町人地通向港口的石灯笼通及其延长线天文馆通（旧中福良通）就是港町的轴线。港大通在战灾复兴土地区划整理过程中重建，虽然轴线没有发生改变，但道路本身是新的。

以港大通为界，城下町分为北面的上町与南面的下町，武家地分为北面的上方限与南面的下方限。同时，石灯笼通贯穿城市，从武家地穿过甲突川沿岸的町人地直抵港口，肩负了江户时期城市主干道的作用。

城下町时代，鹿儿岛还有一个特征，“三分町七分武家”。武家地规模极大，通过规划稳固的町人地规模也几乎未曾变动，没有沿道路扩张。这一特征源于鹿儿岛特有的专卖制度。商人大部分是御用商人，几乎没有普通商人。这座城市以“城堡—武家地—町人地—港口”的结构展开，随时代发展逐步南扩至今，给人一种城市发展不受区域干道限制的印象。

城市向南扩张后，产生了多条轴线。

比如，近代轴线朝日通，联系鹤丸城内的旧县厅舍（1879，现中央公园）和樱岛。现在站在朝日通可望见道路尽头的樱岛（照片 5），只有这条正对樱岛。

西南战争烧毁了大部分市区。战后建成的朝日通成为城市战后复兴的象征，并在道路西端建设了两层木结构的新县厅舍。当时负责的是县令岩村通俊，此前

照片 5　朝日通，往东看。正面隐约可见的是樱岛。朝日通建于西南战争后不久。视线背对城山，山脚下曾建有县厅舍。

照片 6　JR 鹿儿岛站，1901 年开业。可以从广阔的站场用地看出这里曾是繁华的中心区。这座车站至今仍是鹿儿岛本线及日丰本线的终点站。

是札幌的开拓使判官。可以说，岩村县官以札幌开拓使本府为原型，在鹿儿岛规划了主干道尽端建设县厅舍的城市中心。

由于朝日通的近代象征性，明治初年在其西端（即旧县厅舍与市厅舍之间的路口）设置代表城市中心的里程元标，后来改设至西本愿寺鹿儿岛别院一角，并保留至今。而 1920 年根据《道路法》新设的**道路元标**，则位于照国通与矶街道十字路口，是国道 3 号和国道 10 号的终点。

从近代形成的多条轴线可以看出中世以后的鹿儿岛发展史，也指向了鹿儿岛最终以港口为核心、多条轴线道路扇形放射状展开的空间结构。

车站开发与战后复兴是城市向南扩张的背景。

1901 年，鹿儿岛站在上町开设（照片 6）。上町是鹿儿岛自古以来的城市中心。鹿儿岛本线（后肥萨线）最初铺设铁路时，为避开外国船只炮击，选择了靠山通过的线路。以国分和人吉为起点，北上至八代。1913 年城西开设了武站，是西延和南延铁路线的交汇站。之后，鹿儿岛开凿了城山隧道，连通了武站和鹿儿岛站。

武站选址天文馆通西侧尽头，或许是特意为之。1927 年，从八代至鹿儿岛的九州岛西海岸线全线开通，更名鹿儿岛本线，武站也改名西鹿儿岛站。2004 年，九州新干线部分开通运营，西鹿儿岛站再次改名鹿儿岛中央站。

3. 战灾复兴规划及其后

鹿儿岛是日本南部重要的军事据点，第二次世界大战时受到盟军从南方发动的八次空袭，93% 的市区烧毁，受灾面积 1079 公顷。战后复兴规划的主要对象是甲突川南岸地区（过去相对称为川内，旧市区一侧称为川外）。

甲突川南岸地区延续鹿儿岛市区南扩的历史，以西鹿儿岛站（现鹿儿岛中央站）为核心展开规划。这项浩大的区划整理，形成了 5 条放射状道路交汇于站前的城市新面貌。

规划实现后，鹿儿岛中央站成为所有特快列车的终点站。只有鹿儿岛本线和日丰本线的终点还在鹿儿岛站。县厅舍也于 1996 年搬迁至甲突川南岸现址。

5 条放射状道路正中，是连接从车站与鹿儿岛港旧中央市场的气派大道。在大道通至甲突川前的路段，旧名西站本通线，现称那不勒斯通（ナポリ通り）。经甲突川到旧中央市场的路段，旧名松原通线，现称珀斯通（パース通り）。以这条道路为轴线推进了甲突川南岸地区的开发。电车通、珀斯通、城南通相交的五岔路口设置了一座巨大环岛新屋敷，形成市中心的新面貌。

战灾复兴规划时期，除了甲突川南岸，旧市区也实施了土地区划整理。但区别在于为尊重既存的城市结构，没有建设新路切割城区，主要采用扩建既有干道的方式。

从战后即刻制定的道路规划中即可看出这一原则。当时规划了三条宽 50 米的主干道，分别是照国神社通线（广路一号，现照国通，照片 7）、市厅通线（广路二号、现港大通）、以及松原通线（广路三号、现珀斯通）。前两条道路分别以鹿儿岛最重要的城市节点照国神社与鹿儿岛市厅舍为尽端。

照片 7　照国通。向西北看。正面是岛津齐彬 1863 年创建的照国神社。这条道路本就是神社的参道，自江户时期延续至今。从处路口往东南方向延伸的路段建于战后复兴规划。

第三条道路珀斯通则以新屋敷巨大环岛的新屋敷广场为尽端。道路尽端设置重要节点的方式有利于形成中心，但由于广场空间过于庞大，实际使用差强人意。

现在行走于鹿儿岛的主干道，可以看到市电轨道边绿油油的草坪。绿意盎然的道路，不仅净化视野，还有减缓噪声、缓解热岛效应等作用。这要归功于2006年广受好评的轨道边绿化政策。另外，也要感谢战灾复兴规划时期奠定的基础。

照片 8　在城山望见的樱岛。城山自 1614 年成为禁入区，是西南战争激战地。1906 年成为城山公园。是现在鹿儿岛风景意象的源头。

基础设施越扎实，越易开展新的建设。由于当时道路规划很宽，就算中央铺设市电轨道，也不会影响车行交通，还提供了沿轨道敷设绿化的可能性。

市电广受好评的原因还不仅如此，连接 JR 鹿儿岛站与 JR 鹿儿岛中央站这两座新旧枢纽车站也是其中之一。城市逐渐向南扩张形成的双核格局，借由市电串联起来。

还有一个有趣故事。按原规划，市电原定路线为鹿儿岛银行总行对面的广马场通，由于沿路老字号商铺强烈抗议没有实现。最终，山形屋吴服店提供了加治木通的沿路土地，拓宽设市电路线（1913）。后来加治木通起点的山形屋也改为百货商店，1916 年开业，现在还在电车通（旧加治木通）边伫立。主干道选址的反复，往往也蕴含了城市故事。

4. 共享的风景

鹿儿岛的另一特色是其明快的方向性：东面是樱岛，西面是城山绿意。从城山可以一览家喻户晓的鹿儿岛风景，城市全貌与锦江湾上独立的樱岛（照片 8）。

日本少有可让所有市民都能领略的城市风景。层叠的地形虽然有利于塑造别有洞天的景色，却很难提供俯瞰城市的开阔视野，尤其是县都这样的大规模城市。

从这个角度看，樱岛是体现鹿儿岛城市个性的重要元素，城山也是。西南战争的圣地，在当代成为了城市重要的景观资源。

在经历幕末废佛毁释、萨英战争（1863）、西南战争（1877）以及第二次世界大战的空袭（1945）等多次重创后，鹿儿岛依然得以重生。贯穿旧城的宽敞干道与复兴新建的城区相互交融，使走访此地的行人感受到城市的魅力。

多轴城市鹿儿岛的轴线是各时代规划构想的结晶。望着绿意盎然的市电轨道，能真切感受它们依然存在着。

那霸——反复变化的蜕变城市

1. 不可思议的国际通

近年，国际通完全由世界各地前来观光的游客占据，但它依旧代表那霸的城市形象（照片 1）。从那霸的旅游导览图看，国际通处于地理空间正中央，整座城市围绕国际通展开。

实际行走在国际通，可见一条双向双车道的窄路，沿街是悬挂原色广告牌的特产商店，路边种着椰树，再加上一派亚热带商业街，的确代表了这座城市的形象。

但在漫步过程中，又会察觉许多不可思议的事物。

例如，国际通的起点和终点是哪里？虽然地图上标明了国际通的起点和终点，分别是十字路口县厅北口与三岔路口安里三岔路。但这两处路口周边没有特征明显的标识建筑。行人漫步其中，很难感知起点与终点。

这条笔直的国际通，全长约 1 英里（约 1.6 千米）。倘若拐进支路，会发现到处是迷宫般街区。尤其是国际通以南地区，极易迷路。为什么会存在这样大的秩序差异？

另外，还有一点不可思议。那霸曾是**港町**，但是主干道国际通却与港口没有直接联系，只是从靠近港口的西南部径直延伸至东北坡地。

为什么呢？其中一定有原因。

2. 始于港町

图 2 是 1853 年佩里舰队绘制的那霸港图。这幅地图是为航海绘制的，所以

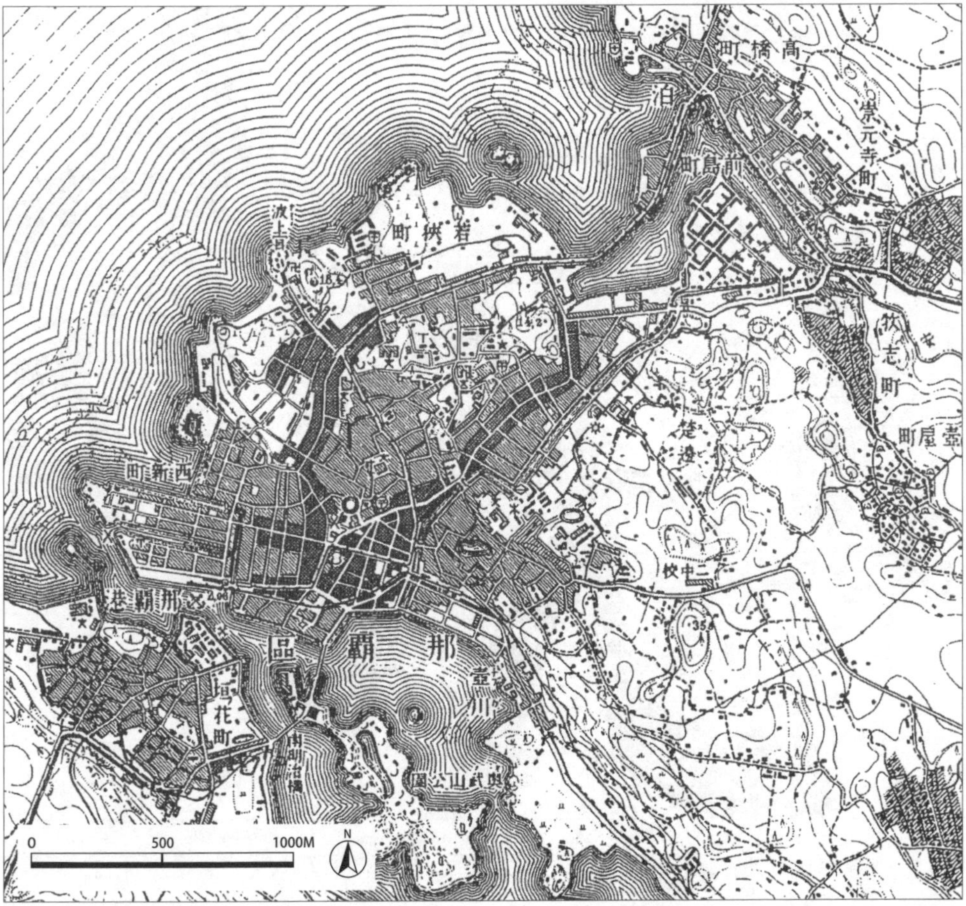

图 1　1/25000 琉球列岛地形图，冲绳列岛 11 号，那霸 7 号，那霸之 2，陆军陆地测量部，参谋本部，1919 年测绘，1921 年发行。

照片 1　国际通，与猎户桥（オリオン橋）相交的路口往东看，也就是蔡温桥方向。国际通是周边地区唯一的直线道路，1934 年为连接县厅舍与首里而建。

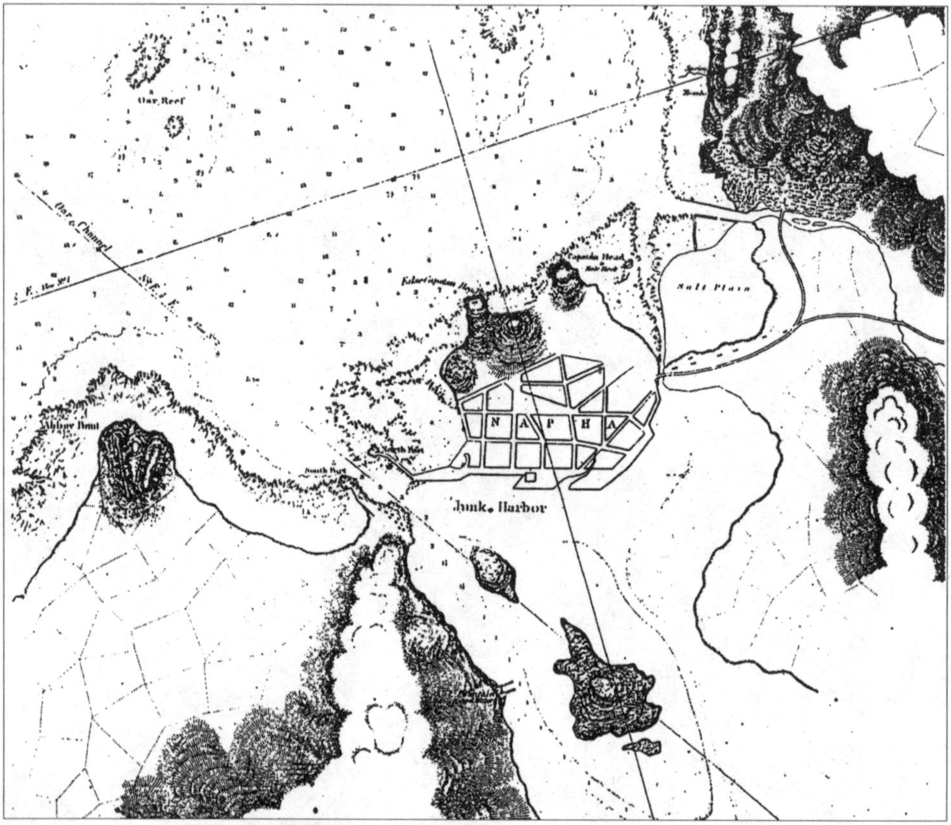

图 2　佩里舰队所绘那霸港图（1853）（出处：《那霸市史》通史篇第 1 卷〔前近代史〕，那霸市企画部文化振兴课编，1985，26 页）。

图 3　那霸市中心空间结构示意图，首里城位于图外东北方。

港町对港町的描画并不准确。实际上的漫湖要更广阔。但从图上可见，当时的那霸只是一座小城，位于久茂地川的北岸，现国际通所在地周边并无人烟。

再往前，这里只是位于国场川河口的海滨浮岛，散布几座小岛。直到海滨成为陆地，才形成了图 2 所示的港町。

有一点可能鲜为人知，佩里曾五次到访那霸。1853 年两次往返浦贺与那霸，翌年同样如此。再是又前往小笠原，后折返那霸。

由于中国东海至南海的港口几乎全由英国控制，因此美国政府认为在冲绳设置军事据点具有重大战略意义[1]。《佩里提督日本远征记》25 章中，涉及冲绳的就占 6 章。1854 年 7 月佩里最后一次到访那霸，与琉球王朝签订《琉美友好条约》，那霸开港。

回顾 1853 年 5 月 26 日，佩里首次来那霸港的记录：

"从海上眺望，这座岛屿的海岸呈现美丽的绿意。绿油油的森林和耕地，色彩斑斓。雨后，这道风景的色彩更加耀眼，令人不由想起风景出众的英国。"①

那霸虽由港町发展而来，但并非普通的渔业城市或贸易城市。那霸不仅是琉球王朝王府首里的前线海港，还是外宾前往首里之前的第一站，不仅具有通商贸易功能，还是外交地点。市中心设有迎接中国册封使的天使馆与亲见世等外交会馆。

图 4 是基于图 2 绘制的历史地图，描绘了约 20 年后（明治初年）的那霸城市。久茂地川北侧以东村和西村为核心的港町，逐渐扩张至西町、东町、若狭町、泉崎町周边，形成那霸旧市区。河川沿岸有中心广场，周边是上天妃宫（现存石门）和迎宾馆、天使馆。图 5 则描绘了这一时期港口地区的繁华景象。当时久茂地川南岸，现国际通所在地周边仍是一片田园风光。

大约 50 年后到了 1919 年（图 1），港口周边土地逐渐填埋，城市规模变大。从明治时期建设于天使馆旧址的市厅到泉崎桥的道路，成为那霸最繁华的商业街大门前通（照片 2）。当时泉崎外围、久茂地川以东地区尚未开发。1920 年，县

---

① 《佩里提督日本远征记》上，M·C·佩里，F·L·霍克士编，宫崎寿子监译，角川索菲亚文库，2014，354-355。

图 4 《那霸读史地图 明治初年的那霸：乡土史资料》（局部，出处：嘉手纳宗德，冲绳风土记刊行会，1900）。

厅舍从港口附近搬迁至这片荒地。

图 5 废藩时的那霸，友寄筑登喜恒绘制。当时的市中心位于久茂地川以北地区。图上的浮岛现在已被填埋（出处：《那霸市史》通史篇第 2 卷〔近代史〕，那霸市史编集室编，1972 年，封面画）。

3. 反复变化的城市

为什么县厅舍会在 1920 年搬迁至尚未建设的久茂地川东岸？另外，1881 年建成的旧县厅舍为什么没有选在本县政治中心首里，而设在那霸港口附近，有些不可思议。

首里不仅居住着尚家王族，另外士族也未必愿意臣服于明治新政府。为了避免矛盾没有选址首里城，而选择了已是区域中心的那霸。县厅舍之后，陆续建设法院、邮局等公共设施。另外从地形交通上看，首里地形起伏较大，港町那霸更为平坦。无论运输建设材料，还是填海造地，那霸都更为便利。

选择那霸作为县都，逆转了原本以首里为主、那霸为次的区域秩序。

1920 年县厅舍搬迁到久茂地川东岸，同年在新县厅舍前设置道路元标。

县厅舍搬迁的原因，大约为了促进久茂地川东岸的开发。县厅舍一旦搬迁，城市出现新需求，修建连接县厅舍和首里的道路。

这条道路时称牧志大通（牧志**街道**），宽约2**间，**自1932年开始施工，1934年建成。当时，牧志大通经过的地区还只是乡野湿地。后来，牧志大通改称国际通。

照片2　明信片，画着战前的大街大门前通。正面塔楼是市厅舍，左手边是山形屋冲绳分店。战后，这里成了禁区。虽然在1950年代中期归还，但旧时痕迹几乎没有留下（出处：《〈那霸的祭典与10月10日的空袭〉展》图鉴，那霸市历史博物馆，2014，4页）。

也就是说，国际通的建设初衷在于连接县厅舍和首里，而非规划所在地区的建设。当时那霸还没有迫切推进城市化，今天的那霸也没有以国际通为主轴线，将这片地区改为规整的网格式街区的意图。这就不难理解为何国际通沿线地区才保持了自然的肌理。

4. 不平衡的战后复兴

二战后，这座城市迎来更大转折点。

1944年10月10日，那霸遭遇空袭，近九成市区遭到毁灭性打击。不只是那霸，冲绳岛全域成为战场。战后，冲绳岛大部分居民被安置在收容营。那霸港口成了占领军的军事港口，周边地区被划为禁区，当地居民同样不得进入。港口周边地区不仅遭遇战火，就连地区重建的头绪也被切断。

此后，禁区从距离港口较远的壶屋地区开始逐渐解封。自20世纪40年代后半期开始，市民逐渐回到国际通以南地区生活，公营市场周边开始逐渐显露出城市复兴的热闹场景。但这时，久茂地川北岸的那霸旧城区和国际通以西仍为禁区。

二战后，美军在那霸县厅舍所在处建造行政府（1953）、立法院（1954）等地方行政设施及美国政府的行政大楼（1953）。同时将牧志大通从5间拓宽至10间，道路线形也从曲折改成直线形，建成后改称国际通（照片3）。

这种完全没有国家民族特色的路名，取自1948年沿路建造的首座剧场厄尼派尔剧场（アーニーパイルシアター，意为国际剧场）。国际剧场的开业象征着国际通的战后复兴，决定了延续至今的道路个性。

照片3　国际通，和睦桥（むつみ橋，旧称我部桥）周边。1955年的风貌。1954年，道路拓宽至10间（出处：《当时的国际通 国际通物语Ⅱ》图鉴，那霸市市民文化部文化财课，2014）。

国际通的战后复兴被称为“奇迹一英里”，而道路两侧却还保留了城市由窄路自然生长的痕迹。

两侧不规则的窄路与集市，中央笔直的大街国际通，这种不可思议的搭配逐渐成为那霸的城市特色。由于往后没有进行再开发（城市更新）或**土地区划整理**，因而这种特色得以保存，吸引各国游客前来观光。

相对而言，旧城区在由美军返还后于1950年实施了城市开发方针，在旧城中心区（东町）开展土地区划整理，改善基础设施，塑造城市中心商业区。

结果出乎意料，基础完善的东町地区没有再次成为市中心。那霸市中心一直是东町东面的国际通沿线地区。

这样的结果，对实施土地区划整理的行政部门来说，有点出乎意料。规划设计的地区不及自发集聚形成的地区更具活力。行走在东町地区，感受不到这里是历史核心地区，曾有天使馆、市厅舍（现在的东町邮局周边）等建筑。

因区划整理呈现均质的道路网络，既没有形成中心区，也少有行人可以愉快散步的地方。这是教科书式推进土地区划整理的后果。另外，行政部门也不会从一开始就通过引入剧场与电影院等新兴设施来振兴地区。

笔者虽在城市规划领域工作多年，但也只能将这种不及民众自发的现象归结为城市规划的败笔。尽管东町地区现在旧址新设了许多介绍板，但漫步其中仍然少有真切感受。

更为讽刺的是，现在给人真实感的国际通沿线地区，在战前只是郊区，历史并不悠久。仔细观察国际通沿线地区，会发现经过区划整理的北侧与未经区划整理的南侧氛围截然不同。南侧拥有多条拱廊商业街，洋溢着典型的亚洲商业街风情。

日本的县都城市大多经历了二战，但没有一座城市像那霸这样，经历如此剧烈的反复，几乎如幼虫成蛹、羽化成蝶般蜕变，以毁灭为契机，不断再生出崭新的面貌。近年，由于访日游客剧增，国际通似乎进入了新的蜕变过程。

当然，由于县都那霸，首里的古都也得以保存。“稳定的”首里和“不断变化的”那霸形成鲜明对比，这也是冲绳特有的情景。

5. 漫步拱廊街

从国际通踏入两侧拱廊商业街，对比实在太过强烈。狭窄曲折的拱廊街纵横交错，内有分岔（照片 4）与十字路口。这在日本也十分少有。

最典型的是市场本通与平和通商业街（照片 5），以及两者间狭窄的和睦桥通（むつみ橋通，照片 6）。这三条拱廊街各自的形成史与构造完全不同，但物理空间上却由同一片拱廊覆盖相连。

和睦桥通是填埋了我部川（ガーブ川）建成的小路，维持了小河川的蜿蜒走向，过去的痕迹依稀可见。平和通则是战后在我部川沿岸低洼地上自发形成的商业街。平和通与和睦桥通的路名分别来自 1951 年和 1954 年的公开征集。

而市场本通则源于 1950 年开设的那霸中央市场（现第一牧志公设市场，仍

照片 4　平和通，双岔分道拱廊街，十分罕见。拱廊街呈现杂乱的风景，与规整的国际通对比鲜明。战后迅速城市化诞生的商业街面貌。

照片 5　平和通的拱廊街。战后在我部川沿岸低洼地自发形成的商业街。1951 年命名为平和通。

照片 6　和睦通的拱廊街。填埋 Ga-bu 川而建的小路。由于战前的中心商业区成为禁区，这条商业街在战后迅速形成。

照片 7　大平通的拱廊街。与国际通相交后的路段，游客数量明显减少。周边商店主要服务本地居民。

位于原址）。当时的中央市场热闹非凡，逐渐从市场外扩至周边的稻田，市场本通由此成形。此外，市场本通南侧路段先后两次变更路名，分别为新天地市场本通与大平通商业街（照片 7）。市场本通蜿蜒曲折，总长大约 500 米。临近国际通的北段，开设了许多面向观光游客销售纪念品的店铺。这样的店铺越开越多，生意越来越好，烟火气越来越浓郁，拱廊商业街也越发显得狭窄了。无论是哪座城市的商业街，店员大声叫卖、推销商品的场景都能让人感受到亚洲特有的商业活力。

照片 8　在单轨电车县厅前站沿着久茂地川往北看。右侧是国际通所在久茂地地区。2003 年电车铁轨建成后，诞生了从高架俯瞰那霸的新视角。

通常，日本的拱廊商业街要么由旧时的干线道路改建，要么完全规划新建。但那霸拱廊商业街完全不是这样，而是在战后以惊人的势头形成的黑市商业基础上由政府加盖拱廊，一步步演化成现在的模样。正因为这样的背景，那霸拱廊商业街两旁酒馆很多，也十分拥挤。穿梭其中可以感受商业活力与生活氛围，这也是漫步城市的乐趣之一。

6. 乘坐轻轨

2003 年连接那霸机场与首里的冲绳城市轻轨（ゆいレール）开通后，那霸的公共交通状况得到了改善。轨道高架沿久茂地川穿过市中心，在轻轨上可以俯瞰整个城市（照片 8）。城市轻轨东侧是现在最热闹的国际通一带。城市轻轨旭桥站西侧是过去的港町，战前的城市中心。

虽然一眼望去还是白花花一片混凝土建筑构成的大城市风光，但实际上经历了数次戏剧化的转变，这样一想不由感慨万千。

后　记

正如绪论所言，“每座城市都有它的故事”。实地走访 47 座县都后，这种感受更为强烈。每座城市都是一本越读越有深意的书。

当然，城市不同于一般的书。城市这本书作者众多。每一个居民都以某种形式书写着城市故事，只是他们未必意识到这一点。这也是城市本来的面貌。

主体参与书写，内容难免主观。通读之后，读者便能很好理解本书的观点。城市不是自然形成或自主变化的事物。没有人为的设想和介入，城市很难产生重大变化，也很难有所发展。

自然灾害、大火、战争等灾难，往往是城市发生变化的契机。灾难当前，一批又一批有志之士加入复兴城市队伍，日本城市也因此得到很大发展。

其他地方也是一样。比如前些日子刚刚去访科卡纳村。这个有着典型尼瓦利风貌的聚落，位于尼泊尔加德满都谷地，在 2015 年 4 月大地震中受灾严重。我因研究室调查的关系，多次到访，看着它在震后两年半时间里一点点复苏。居民重建住房，街上也恢复了热闹。震后的不知所措不复存在，取而代之的是昂扬的斗志。这种经历奇妙又充满希望，也使我再次体会城市共同体意志的强大驱动力。这种集体意志的感染力，只有进入现场才能体会。

灾难无法避免，但只要今天比昨天前进一点儿，明天再比今天前进一点儿，未来总是可期。以创造者的身份为自己的世界添砖加瓦，会是多么充实且有收获啊。

这也是我们所说的，居民书写自己城市故事的真实写照。日本明治时期、二战后复兴时期的城市，也洋溢着这样积极向上的时代氛围。城市居民一面重建自己的生活，一面也描绘着城市的图景。在这个意义上，城市是人类共同书写的佳作。

如果城市是书，那么最好有一本帮助解读城市的指南。正如对应文艺著作存在文艺批评或文艺评论，城市也应当存在城市批评或城市评论。但是，批评或评论多少带有居高临下的态度，不太友善。同为生活在城市中的居民，更为贴切的表达是讲述城市的故事，用自己的视角讲述城市故事。

讲述城市的故事，与大家分享解读城市的乐趣与奥妙，是写作本书的初衷。本书还有一册姐妹书，2010年出版的《城市的观察方法与调研方法》(野津康合著，朝仓书店），属于实践篇。很多时候，我是租赁自行车行走于各个城市，十分方便。但也有遗憾，能够一览城市道路全貌的过街天桥，正在逐渐拆除消失。

围绕县都展开写作这一前提，是导致本书着重讲述城下町起源城市的原因。实际上，还有许多有趣的小城市和其他值得探讨的话题，自然形成的乡镇、城市与周边农村的关系，等等，有待继续写作。

另外，本书也注重观察城市的实体空间，没有过多涉及无形空间的发生，比如祭典或特定仪式时才会显现的城市风貌。有合适的案例，也想尝试讨论。

我的“城市读本论”陈述至此，还有一点需要提及。通常的书，写作完成就不会改变。但是城市这本书的内容是空间，写作完成后还会持续发生变化。因此，都市物语不只是讲述故事或城市批评，还包含主动干预城市发展的意味。

我们既是城市这本书的读者，同时也是续写这本书的作者，甚至可能是书中的角色。

也就是说，城市不是一般的书，而是超越一般书本、人类共同主观营造的产物。城市不仅是书，也是书中最为活跃的主角。

对我自己来说，在东京大学都市工学科城市设计研究室从事教育研究活动的长期经验，使我笃信一点，要进入城市空间的现场寻找城市设计的答案。在本书写作过程中，我又进一步认识到，城市设计可能是一种整合尝试：将城市中形形色色作者书写的部分整合起来，能被当下所理解、进而传递给后续作者们的一种尝试。

迄今为止，也有不少大尺度的、极尽喧嚣之声表现城市物语的作者，认为这就是城市设计。但是城市怎么可能仅仅如此，要完成城市这幅拼图，不仅需要大尺度，也要小尺度和细节。大大小小的空间与细节拼合起来，才能形成完整故事（都市物语），即城市空间设计的整体。

对于城市这本与作者息息相关的书、同时也是毕生所爱的对象，今后也将正面以待。

以下追加几点说明。

第一，书稿是在参考许多文献基础上成形的，但为保证阅读顺畅，未在正文中一一注明出处。书末罗列了主要参考文献，在此敬表感谢。

第二，书写城市的故事，是我此前未有的尝试，难免会有一些因注重想象、忽略事实而产生的错误，在此也恳请读者斧正。

第三，需要前置说明的一点，为了方便读者随意挑选一章即可展开阅读，书中部分叙述存在重复现象。

2010年4月开始，有斐阁月刊《书斋之窗》名为“都心力：散步十线”的连载，是本书的基础。从连载的十座城市（较短篇幅），逐渐拓展到目前47县都（较长篇幅），要感谢有斐阁出版社大井文夫、柴田守、四龙佑介等诸位编辑的理解与支持。此外，静冈与青森有关的内容，曾刊于自治体学会的会刊《自治体学》（第27卷第1号、第3卷第2号），本书做了大幅修改。

最后，感谢成书过程中辅佐资料收集与图面绘制的诸位：傅舒兰、金银真、森朋子、杨惠亘、五十岚佳子、铃木麻记子。

西村幸夫

2018年2月

参考文献

总 体

『生きている近世 1 城と城下町』藤岡謙二郎監修，藤本利治・矢守一彦編，淡交社，1978.

『小和田哲男著作集第 7 巻戦国城下町の研究』小和田哲男，清文堂出版，2002.

『九州の鉄道 100 年記念誌鉄輪の轟き』九州旅客鉄道株式会社，1989.

『近畿日本鉄道 80 年のあゆみ』近畿日本鉄道株式会社，1990.

『近畿日本鉄道 100 年のあゆみ 1910–2010』近畿日本鉄道株式会社，2010.

『近世都市の地域構造——その歴史地理学的研究』藤本利治，古今書院，1976.

『近代都市のグランドデザイン日本の美術 no.471』亀井伸雄，至文堂，2005.

『講座日本の封建都市』（全 3 巻）豊田武・原田伴彦・矢守一彦編，文一総合出版，1981–1983『五街道分間延絵図』（全 3 巻）東京美術，1985–1986.

『史跡で読む日本の歴史 7 戦国の時代』小島道裕編，吉川弘文館，2009.

『史跡で読む日本の歴史 9 江戸の都市と文化』岩淵令治編，吉川弘文館，2010.

『守護所と戦国城下町』内堀信雄・鈴木正貴・仁木宏・三宅唯美編，高志書院，2006.

『城下町とその変貌』藤岡健二郎編，柳原書店，1983.

『城下町のかたち』矢守一彦，筑摩書房，1988.

『城下町の近代都市づくり』佐藤滋，鹿島出版会，1995.

『城下町の歴史地理学的研究』松本豊寿，吉川弘文館，1967.

『城と城下町日本の美術 no.402』亀井伸雄，至文堂，1999.

『図集日本都市史』高橋康夫・吉田伸之・宮本雅明・伊藤毅編，東京大学出版会，1993.

『図説城下町都市』佐藤滋 + 城下町都市研究体，鹿島出版会，2002，2015（新版）.

『戦災復興誌』（全 10 巻）建設省編，都市計画協会，1957 ～ 1963.

『測量・地図百年史』測量・地図百年史編集委員会編，日本測量協会，1970.

『タイムスリップマンプ四国四都――高知松山高松徳島』今尾恵介，日本地図センター，2004.
『太平洋戦争による我国の被害総合報告書』経済安定本部総裁官房企画部調査課編，1949.
『地図で読む百年』（全 10 巻）平岡昭利他編，古今書院，1999 ～ 2006.
『中近世都市の歴史地理――町・筋・辻子をめぐって』足利健亮，地人書房，1984.
『都市空間の近世史研究』宮本雅明，中央公論美術出版，2005.
『都市の空間史』伊藤毅，吉川弘文館，2003.
『都市の戦後――雑踏の中の都市計画と建築』初田香成，東京大学出版会，2011.
『都市不燃化運動史』都市不燃化同盟，1957.
『日本国有鉄道百年史』（全 17 巻）日本国有鉄道編，交通協力会，1969 ～ 1974.
『日本国有鉄道百年写真史』日本国有鉄道編，日本国有鉄道，1972.
『日本城下町繪圖集』（全 6 巻）児玉幸多監修，昭和礼文社，1980 ～ 1985.
『日本地誌』（全 21 巻）日本地誌研究所編，二宮書店，1967 ～ 1980.
『日本都市史入門 I 空間』高橋康夫・吉田伸之偏，東京大学出版会，1989.
『日本都市成立史――都市建設資料集成』玉置豊次郎，理工学社，1974.
『日本の市街古図』東日本編・西日本編，原田伴彦・西川幸治編，鹿島出版会，1972–1973.
『日本の地誌』（全 10 巻）朝倉書店，2005 ～ 2012.
『日本の都市再開発史』全国市街地再開発協会，1991.
『日本の封建都市』豊田武，岩波書店，1952.
『年報都市史研究 1 城下町の原景』都市史研究会編，山川出版社，1993.
『信長の城下町』仁木宏・松尾信裕編，高志書院，2008.
『評伝三島通庸――明治新政府で辣腕をふるった内務官僚』幕内満雄，暁印書館，2010.
『まちの見方調べ方――地域づくりのための調査法入門』西村幸夫・野深康編，朝倉書店，2010.
『港町のかたち――その形成と変容』岡本哲志，法政大学出版局，2010.
『郵政百年史』郵政省編，吉川弘文堂，1971.
『TARGET TOKYO 日本大空襲』佐久田繁編，月刊沖縄社，1979.

札 幌

『札幌区史』札幌区役所，1911.
『札幌市史』（全 2 巻）札幌市史編集委

員会編，札幌市，1953～1958.

『札幌の建築探訪』角幸博監修，北海道近代建築研究会編，北海道新聞社，1998.

『さっぽろ文庫別冊札幌歴史地図<明治編>』札幌市教育委員会編，北海道新聞社 1978.

『さっぽろ文庫別冊札幌歴史地図<大正編>）』札幌市教育委員会編，北海道新聞社，1980.

『札幌ものがたり——札幌のあゆみを知る』さっぽろ時計台の会編，時計台まつり実行委員会・中西出版，2013.

『新札幌市史』（通史全 8 巻）札幌市教育委員会編，札幌市，1986～2008.

『新撰北海道史』（全 7 巻）北海道庁，1936–1937.

『新北海道史』通説（全 6 巻）北海道編，北海道保健環境部自然保護課，1970～1981.

『地図の中の札幌——街の歴史を読み解く』堀淳一，亜瑠西社，2012.

『北海道開拓の空間計画』柳田良造，北海道大学出版会，2015.

『北海道鉄道百年史（全 3 巻）日本国有鉄道北海道総局編，日本国有鉄道北海道総局，1976～1981.

『北海道道路史』（全 3 巻）北海道道路史調査会，1990.

『明治中期における札幌の地域構造——『札幌實業家便覧』を主な資料として』山田誠，『地図と歴史空間——足利権亮先生追悼論文集』足利権亮先生追悼論文集編纂委員会編，大明堂，2000 所収.

青森

『青森県の文化シリーズ 24 津軽の洋風建染』草野和夫，北方新社，1986.

『青森県の文化シリーズ 27 津軽の文明開化』吉村和夫，北方新社，1988.

『青森市沿革史』（全 3 巻）青森市役所市史編纂係編，1909.

『青森市史』（全 14 巻）青森市史編纂室編，青森市，1954～1974.

『青森市の歴史』青森市史編さん委員会編，青森市，1989.

『愛しの昭和青森市写文集 S30 年～64 年の記憶』小内山豊彦・小山隆参・中園裕・山内正行，泰斗舎，2015.

『写真アルバム青森・東津軽の昭和』中園裕監修，いき出版，2015.

『写真集青森大空襲の記録』青森空襲を記録する会，1995，2002（改訂版）.

『戦災復興誌——青森都市計画戦災復興土地区划整理事業（西部工区）』青森市建設部区划整理事務所区划整理課，1979.

『保存版青森・東津軽今昔写真帖』中園裕監修，郷土出版社，2010.

『目で見る青森の歴史』青森市史編纂室編，青森市役所，1969.

盛 冈

『写真アルバム盛岡・滝沢・岩手・紫波の昭和』森ノブ監修，いき出版，2015.

『写真でつづるあの日あのとき岩手20世紀』岩手日報社編，岩手日報社，2000.

『昭和のアルバム盛岡・岩手・紫波』咲山福榮監修，昭和のアルバム編集室編，電波社，2015.

『図説盛岡・岩手・紫波の歴史』森ノブ監修，郷土出版社，2004.

『図説盛岡四百年』（全3巻）吉田義昭・及川和哉編，郷土文化研究会，1983～1992.

『都市景観形成ガイドラインの手引——盛岡らしい都市景観をめざして』盛岡市都市開発部建築指導課，1985.

『なつかしのアルバム盛岡寫真帳』盛岡市立図書館監修，東山堂書店，1984.

『保存版盛岡・紫波今昔写真帖』森ノブ監修，郷土出版社，2007.

『脈脈盛岡の街づくり』佐藤優，在研究所，1984.

『目で見る岩手一世紀 岩手日報創刊110周年記念』岩手日報社編，岩手日報社，1986.

『目で見る盛岡 今と昔』吉田義昭編，盛岡市公民館，1972.

『目で見る盛岡・岩手・紫波の100年』森ノブ監修，郷土出版社，2001.

『盛岡市史』（全22巻）盛岡市史編纂委員会，盛岡市，1950～1969.

『盛岡市政100周年記念誌 古都盛岡21世紀への躍進』アイビー出版編，盛岡市，1989.

仙 台

『絵葉書で綴る大正・昭和初期の仙臺』渡邊慎也監修，イーピー風の時編集部，2006.

『市民の戦後史市制施行80周年記念出版』仙台市史続編編纂委員会編，仙台市，1969.

『写真帖仙台の記憶100万都市の原風景』仙台都市生活誌研究会，無明舎出版，2003.

『写真帖40年前の仙台路面電車が走っていたころ』小野幹ほか，無明舎出版，2010.

『「新」目で見る仙台の歴史——仙台市制100周年記念出版』「新」目で見る仙台の歴史編修委員会編，宮城県教科書供給所，1989.

『戦災復興余話』仙台市開発局編，仙台市開発局，1950.

『仙臺市史』（本篇全2巻，別編全5巻）仙臺市史編纂委員会編，仙臺市役所，1951～1955.

『仙台市史』（全10巻）仙台市史賜纂委員会，仙台市，1950～1956.

『仙台市戦災復興誌』仙台市開発局，1981.

『仙台市百年のあゆみ』仙台市総務局市制百年記念事務局仙台の 100 年展企画検討委員会，仙台市，1989.
『仙台城下絵図の研究』阿刀田令造，東洋書院，1976（もとは齋藤報恩会博物館図書部研究報告第 4 として 1936 に第 1 版が出版されたもの）.
『せんだい百景いま昔——写真がつなぐ半世紀』河北新報出版センター，2014.
『ちょっと前の仙台写真集：昭和の仙台いつか見た街』仙台なつかしクラブ編，仙台なつかしクラブ，2002.
『都市デザインガイドブックせんだいセントラルバーク 2006』都市デザインワークス，2006.
『保存版ふるさと仙台——仙台市制施行 120 周年記念写真集』吉岡一男監修，郷土出版社，2009.
『宮域縣史（全 30 巻）宮城縣史編纂委員会編，宮城縣史刊行会，1954 ～ 1987.
『宮城県の昭和史—近代百年の記録』（全 2 巻）毎日新聞社，1983.
『宮城県の百年』宮城県企画部編，宝文堂出版，1972.
『宮城の研究』（全 8 巻）渡辺信夫編，清文堂出版，1983 ～ 1987.
『目で見る仙台の 100 年』渡辺信夫監修，郷土出版社，2001.
『目で見る仙台の歴史』仙台市史図録編纂委員会編，仙台市，1959.
『忘れかけの街・仙台——昭和 40 年頃，そして今』河北新報出版センター，2005.

秋田

『秋田県史』（通史編全 6 巻）秋田県，1960 ～ 1965.
『秋田市史』（全 3 巻）秋田市編，歴史図書社，1975.
『秋田市史昭和編』（全 2 巻）秋田市 1967 ～ 1979.
『秋田市史通史編』（全 5 巻）秋田市 1999 ～ 2005.
『秋田市の歴史——市制 70 周年記念』秋田市，1960.
『秋田市歴史地図』渡部景一編著，無明舎出版，1984.
『あきたの町並みと町家——歴史空間の継承に』五十嵐典彦秋田文化出版，2013.
『秋田の歴史』新野直吉秋田魁新報社，1982.
『思い出のアルバム秋田市』無名舎出版，1984.
『写真帖秋田市いまむかし』無名舎出版，1990.
『図説秋田市の歴史』秋田市，2005.
『図説久保田城下町の歴史』渡部景一，無明舎出版，1983.
『父と子写真劇場秋田市・街角いまむかし』越前谷国治・越前谷潔撮影，無明舎出版，2003.

『ふるさとの想い出明治大正昭和 秋田』今村義孝編，図書刊行会，1980.
『保存版ふるさと秋田市——秋田市制施行 120 周年記念写真集』脇野博監修，郷土出版社，2009.
『目で見る秋田・男鹿南・秋の 100 年』齋藤壽胤監修，郷土出版社，2002.
『40 年前の秋田市』無明舎出版編，越前谷国治撮影，無明舎出版，2003.

山 形

『写真アルバム山形市の昭和』伊藤清郎監修，いき出版，2015.
『写真アルバム山形市の 120 年』大久保義彦監修，いき出版，2009.
『写真集やまがた 100 年』山形新聞社「写真集・やまがた 100 年」刊行委員会編，山形新聞社，1988.
『図説山形県史』（別編 1）山形県，1988.
『図説山形の歴史と文化』山形市教育委員会，2004.
『三島通庸と洋風学舎——近代やまがたの学校：「山形県立博物館教育資料館」開館 30 周年記念展』山形県立博物館編，山形県立博物館の会，2010.
『明治の記憶——山形大学附属博物館 50 周年記念三島県令道路改修記念画帖』オフィス・イディオム編集，山形大学付属博物館，2004.
『目で見る山形・上山の 100 年』横山昭男監修，郷土出版社，1995.
『山形県史』（通史編全 5 巻）山形県，1982 ～ 1987.
『山形市誌』奧羽聯合共進會山形市協贊會，1916.
『山形市史通史編』（全 5 巻）山形市史編さん委員会編，山形市編集委員会編，山形市，1971 ～ 1981.
『山形市の町』山形市役所，1954.
『やまがたの歴史』山形市史編さん委員会，山形市史編集委員会編，山形市，1980.

福 島

『写真アルバム福島市の昭和』村川友彦監修，いき出版，2013.
『写真集ふくしま 100 年』写真集ふくしま 100 年刊行本部編，福島民報社，1987.
『図説福島県史』福島県編，福島県図書教材，1972.
『図説福島市史（別巻 1）福島市史編纂委員会，1978.
『図説福島市の歴史』山田舜監修，郷土出版社，1999.
『福島県史』（通史編全 5 巻）福島県，1969 ～ 1971.
『福島市史』（通史編全 5 巻）福島市史編纂委員会編，福島市教育委員会，1970 ～ 1975.

『ふるさとの想い出 41 写真集明治大正昭和福島』大村三良編，国書刊行会，1979.
『保存版福島市今昔写真帖』郷土出版社，2003.
『目で見る福島・伊達の 100 年』大村三良監修，郷土出版社，1996.
『歴春ブックレソト信夫 1 街で見かけたアレッを歴史的に考える』守谷早苗，歴史春秋社，2014.

水 户

『茨城県史』（市町村編 1）茨城県史編さん総合部会編，茨城県，1972.
『茨城県史（通史編全 4 巻）茨城県史編集委員会編，茨城県，1984 ～ 1986.
『茨城県の昭和史——近代百年の記録』（全 2 巻）毎日シリーズ出版編集編，毎日新聞社，1984.
『概説水戸市史』水戸市史編さん委員会概説水戸市史編さん部会編，水戸市役所，1999.『市制 80 年写真集水戸』水戸市，1969.
『図説水戸・笠間の歴史』佐久問好雄監修，郷土出版社，2004.
『田町越から下市へ』佐久間好雄，下市郷土史を発刊する会，1998.
『ふるさとの想い出 290 写真集明治大正昭和水戸』武藤正，国書刊行会，1984.
『保存版水戸・笠間・小美玉の今昔』小室昭監修，郷土出版社，2010.
『みと——現時点でとらえた水戸の過去と将来』李子朱明，水戸ぶろむなあど社，1970.
『水戸市史』（全 9 巻）水戸市史編さん委員会編，水戸市，1963 ～ 1998.
『水戸戦災復興誌』茨城県水戸土地区划整理事務所編，茨城県，1977.
『水戸のいまむかし』武藤正編，国書刊行会，1991.
『水戸の今昔泉町物語』望月安雄，泉町商店会，1995.
『水戸の昭和史・図説編』武藤正，私家版，1883.
『水戸百年』写真集『水戸百年』編集委員会編，茨城新聞社，1989.
『目で見る水戸・笠間の 100 年』佐藤次男監修，郷土出版社，1997.

宇都宮

『宇都宮市史』（全 8 巻）宇都宮市史編さん委員会編，宇都宮市，1979 ～ 1982.
『宇都宮の歴史』徳田浩淳，下野史料保存会，1969.
『写真アルバム宇都宮の昭和』柏村祐司監修，いき出版，2016.
『写真でつづる宇都宮百年』記念出版編修委員会，宇都宮市制 100 周年記念事業実行委員会，1996.
『昔日の宇都宮——石井敏夫コレクションより』塙静夫・石川健解説，随想舎編，随想舎，1997.
『栃木県灯』（通史編全 8 巻）栃木県史編さん委員会編，栃木県，1980 ～ 1984.
『保存版宇都宮今昔写真帖』阿部宏美他編，郷土出版社，2010.
『明治の宇都宮案内 1 宇都宮市案内』荒川清次郎編，宇都宮商業会議所，1909，国書刊行会，1982（複刻版）.
『目で見る宇都宮の 100 年』大町雅美編，郷土出版社，2000.

前桥

『群馬県史』（通史編全 10 巻）群馬県史編さん委員会編，群馬県，1977 ～ 1992.
『群馬県の歴史シリーズ 1 図説・前橋の歴史』近藤義雄，あかぎ出版，1986.
『群馬県の歴史シリーズ 15 図説群馬県の歴史』（全 2 巻）萩原進監修，あかぎ出版，1989.『群馬県百年史』（全 2 巻）群馬県，1971.
『市制施行 100 周年記念写真集前橋』前橋市役所企画部広報課編，前橋市，1992.
『写真アルバム前橋市の昭和』手島仁監修，いき出版，2012.
『写真集前橋——市制施行 100 周年記念』前橋市役所企画部広報課編，前橋市，1992.
『戦災と復興』前橋市戦災復興誌編集委員会編，前橋市，1964.
『ふるさとの想い出 87 写真集明治大正昭和前橋』丸山知・良島田幸一編，国書刊行会，1979.
『前橋市史』（通史全 5 巻）編さん委員会編，前橋市，1971 ～ 1984.
『前橋市小史』前橋市役所秘書課編，前橋市役所，1954.
『前橋事典』萩原進監修，前橋事典編集委員会編，国書刊行会，1984.
『目で見る群馬県の大正時代中毛篇東毛篇』関俊治・松本夜詩夫編，国書刊行会，1986『目で見る群馬の 100 年』群馬県立歴史博物館編，煥乎堂，1982.
『目で見る前橋の 100 年』南雲榮治・柳井久雄編，郷土出版社，2006.
『両毛を結んで——前橋駅 100 年の歩み』前橋駅 100 年の歩み編さん委員会編，上毛新聞社，1989.

浦和

『浦和市史』（通史編全 4 巻）浦和市総務部市史編さん室編，浦和市，1987 ～ 2001.
『浦和のあゆみ』浦和市総務部市史編さん室編，浦和市，1974.
『浦和の今昔物語』小島熙，草土社，1967.
『記憶の中の風景——写された 20 世紀の浦和』浦和市立郷土博物館編，浦和市立郷土博物館，2000.
『古地図を楽しむ』埼玉県立文書館編，

埼玉新聞社，2008.
『埼玉近代百年史』（全 2 巻）埼玉近代史研究会，須原屋，1974.
『写真アルバムさいたま市の昭和』いき出版編，いき出版，2013.
『新編埼玉県史』（通史編全 7 巻）埼玉県，1987 ～ 1991.
『新編埼玉県史図録』埼玉県，1993.
『図説浦和のあゆみ』浦和市総務部行政資料室編，浦和市，1993.
『鉄道の街さいたま——鉄道博物館がやってきた！ 第 31 回特別展』さいたま市立博物館，2007.
『ふるさとガイドさいたま 1 ウォークイン中山道浦和宿』さいたま市立浦和博物館編，さいたま市立博物館・さいたま市立浦和博物館，2004.
『ふるさとの想い出写真集明治大正昭和浦和』青木義脩編，国書刊行会，1983.
『明治・大正・昭和埼玉県写真集』（全 2 巻）若狭蔵之助編，国書刊行会，1978.
『目で見る浦和の 100 年』小野文雄監修，郷土出版社，2000.

千叶

『絵にみる図でよむ千葉市図誌』（全 2 巻）千葉市史編纂委員会編，千葉市，1993.
『京成電鉄五十五年史』京成電鉄社史編纂委員会編，京成電鉄，1967.
『京成電鉄 85 年の歩み』京成電鉄株式会社総務部編，京成電鉄，1996.
『社寺よりみた千葉の歴史』和田茂右衛門原著，千葉市史編纂委員会編，千葉市教育委員会，1984.
『写真アルバム千葉市の昭和——千葉市制施行 90 周年記念』荒井英夫ほか，いき出版，2011.
『千葉県史』（全 2 巻）千葉県 1962 ～ 1967.
『千葉県の歴史』（通史編全 8 巻）千葉県史料研究財団編，千葉県，2001 ～ 2009.
『千葉市史』（通史編全 3 巻）千葉市史編纂委員会編，千葉市，1974.
『千葉市歴史散歩』千葉市教育要員会生涯学習部文化課，1994.
『目で見る千葉市の 100 年』方波見光彦監修，郷土出版社，2003.

东京

『江戸東京の都市史——近代移行期の都市・建築・社会』松山恵，東京大学出版会，2014.
『江戸東京の路地——身体感覚で探る場の魅力』岡本哲志，学芸出版社，2006.
『江戸東京まちづくり物語』田村明，時事通信社，1992.
『江戸・東京を造った人々——都市のプランナーたち』『東京人』編集室編，都市出版，1993.
『江戸と江戸城』内藤昌，鹿島研究所出

版会，1966.
『江戸と江戸城——家康入城まで』鈴木理生，新人物往来社，1975.
『江戸と城下町一天正から明暦まで』鈴木理生，新人物往来社，1976.
『江戸の都市計画——都市のジャーナリズム』鈴木理生，三省堂，1988.
『江戸の都市計画』堂門冬二，文春新書，1999.
『江戸の都市計画——建築家集団と宗故デザイン』宮元健次，講談社選書メチエ，1996.
『江戸はこうして造られた』鈴木理生，ちくま学芸文庫，2000（原著『史の江戸百年』筑摩書房，1991 を改題）.
『御茶ノ水両国間高架線建設概要』鐵道省，1932.
『高架鉄道と東京駅』（全 2 巻）小野田滋，交通新聞社新書，2012.
『汐留・品川・桜木町駅史』東京南鉄道管理局・汐留駅・品川駅，1973.
『新編千代田区史』（通史編）東京都千代田区編，千代田区総務部総務課，1998.
『図説駅の歴史——東京のターミナル』交通博物館編，河出書房新社，2006.
『中央線誕生——東京を一直線に貫く鉄道の謎』中村建治，交通新聞社新書，2016.
『千代田区史』（全 3 巻）千代田区役所，1960.
『千代田区立日比谷図書文化館常設展示図録』千代田区立日比谷図書文化館文化財事務室編，千代田区教育委員会，2012.
『帝都復興事業概觀』復興局編，東京市政調査会，1928.
『帝都復興事業大觀』日本統計普及会，1930.
『東京駅々史』東京南鉄道管理局編，東洋館印刷所出版部，1973.
『東京駅誕生——お雇い外国人バルツァーの論文発見』島秀雄編，鹿島出版会，1990，2012（複刻）.
『東京駅と辰野金吾——駅合の成り立ちと東京駅のできるまで』榛澤広己監修，東日本旅客鉄道株式会社，1990.
『東京駅はこうして誕生した』林章，ウェッジ，2007.
『東京都市計画物語』越沢明，日本経済評論社，1991.
『東京都戦災誌』東京都，1953.
『東京の空間人類学』陣内秀信，筑摩書房，1985.
『東京の「地霊」』鈴木博之，文藝春秋，1990.
『東京の鉄道遺産——百四十年をあるく』（全 2 巻）山田俊明，けやき出版，2010.
『東京百年史』（全 7 巻）東京百年史編集委員会編，東京都，1972 ～ 1979.
『東京府史』（行政篇全 6 巻）東京府，1935–1937.

『都史紀要 33 東京馬車鉄道』東京都公文書館編，東京都，1989.
『都市の明治——路上からの建築史』初田亨，筑摩書房，1981.
『日本近代都市論——東京：1868–1923』石塚裕道，東京大学出版会，1991.
『繁華街にみる都市の近代——東京』初田亨，中央公論美術出版，2001.
『繁華街の近代——都市・東京の消費空間』初田亨，東京大学出版会，2004.
『「丸の内」の歴史——丸の内スタイルの誕生とその変遷』岡本哲志，ランダムハウス講談社，2009.
『丸の内百年のあゆみ——三菱地所社史』（全3巻）三菱地所株式会社社史編纂室編，三菱地所，1993.
『明治の東京計画』藤森照信，岩波書店，1982.
『目で見る千代田区の歴史』千代田区立四番町歴史民俗資料館編，東京都千代田区教育委員会，1993.

横 濱

『開港場横浜ものがたり 1859 ～ 1899』横浜開港資料館・横浜市歴史博物館，1999.
『開港150周年記念横浜——歴史と文化』高村直助監修・横浜市ふるさと歴史財団編，有隣堂，2009.
『神奈川県史通史編 3 近世 2』神奈川県県民部県史編集室編，神奈川県，1983.
『神奈川県史通史編 4 近代・現代 1』神奈川県県民部県史編集室編，神奈川県，1980.
『神奈川の写真史——明治前期』金井圓・石来光太郎編，有隣堂，1970.
『神奈川の写真史——明治中期』金井圓・石来光太郎編，有隣堂，1971.
『港都横浜の都市形成日本の美術 no.473』梅津章子，至文堂，2005.
『写真アルバム横浜市の昭和』生出恵哉監修，いき出版，2012.
『写真集明治の横濱・東京——遺されていたガラス乾板から』横田洋一監修，写真集『明治の横濱・東京』を刊行する会，1989.
『戦災復興と都市計画』横浜市総務局市史編集室編，横浜市，2000.
『図説神奈川県の歴史』（全 2 巻）貫達人監修，有隣堂，1986.
『図説横浜外国人居留地』横浜開港資料館編，有隣堂，1998.
『図説横浜の歴史——市政 100 周年開港 130 周年「図説横浜の歴史」編集委員会編，横浜市市民局市民情報室広報センター，1989.
『幕末・明治横浜 西洋文化事始め』斎藤多喜夫，明石書店，2017.
『100 年前の横浜・神奈川——絵葉書でみる風景』横浜開港資料館編，有隣堂，1959.

『ペリー来航――横浜元町一四〇年史』元町の歴史編纂委員会編，元町自治運営会，2002.『港町・横浜の都市形成史』横浜市企画調整局，1981.
『港をめぐる二都物語――江戸東京と横浜』横浜都市発展記念館・横浜開港資料館編，横浜ふるさと歴史財団，2014.
『目でみる『都市横浜』のあゆみ』横浜都市発展記念館，2003.
『目で見る横浜の100年』（全2巻）横浜郷土研究会編集協力，郷土出版社，2002.
『横濱繪葉書――ペドラー・コレクション』ニール・ペドラー編，大津侃也訳，有隣堂，1980.
『横濱開港五十年史』（全2巻）横浜商業会議所編，名著出版，1973.
『横濱・開港の舞臺関内街並復元繪圖――横浜・中区制70周年記念』関内街並復元絵図刊行会，1997.
『横浜居留地と異文化交流――19世紀後半の国際都市を読む』横濱開港資料館・横浜居留地研究会編，山川出版社，1996.
『横浜港史』横浜港振興協会・横浜港史刊行委員会編，横浜市港湾局企画課，1989.
『横浜港物語みなとびとの記』横浜開港150周年記念図書刊行委員会，2009.
『横浜市史』（本編全5巻）横浜市編，横浜市，1958～1976.
『横浜中区史――人びとが語る激動の歴史』中区制五〇周年記念事業実行委員会，1985.
『横浜の近代――都市の形成と展開』横浜近代史研究会・横浜開港資料館編，日本经濟評論社，1997.
『横浜はじめて物語――ヨコハマを読む，日本が見える。』阿佐美茂樹，三交社，1988.
『横浜150年の歴史と現在――開港場物語』横浜開港資料館・読売新聞東京本社横浜支局編，明石書店，2010.
『横浜複興誌』（全4巻）横浜市，1932.
『横浜もののはじめ考第3版』横浜開港資料館，2010.

新潟

『絵図が語るみなと新潟――開館5周年年業・新潟開港140周年記念特別展』新潟市歴史博物館，2008.
『古写真の中の新にいがた――明治・大正・昭和の風景・平成19年度政令市移行記念展』新潟市歴史博物館，2007.
『写真アルバム新潟市の昭和』岡崎邦彦他，いき出版，2014.
『写真アルバム新潟市の120年』瀬古龍雄編，いき出版，2009.
『写真集ふるさとの百年・新潟』新潟日報事業社出版部編，新潟日報事業社，1980.
『写真で語る新潟県の百年』新潟県史研

究会編，野島出版，1973.
『図解にいがた歴史散歩・新潟』新潟日報事業社出版部編，新潟日報事業社，1984.
『図説新潟市史』新潟市総務部市史編さん室編，新潟市，1989.
『新潟開港百年史』新潟市，1969.
『新潟県史』（通史編全 9 巻）新潟県，1986 ～ 1988.
『新潟県百年史』（全 2 巻）新潟県史研究会，野島出版，1968–1969.
『新潟港史』（全 2 巻）風間正太郎編，桜井市作，1912.
『新潟市史』（全 2 巻）新潟市役所編，名著出版，1973.
『新潟市史』（通史編全 5 巻）新潟市史編さん原始古代中世史部会・近世史部会・現代史部会編，新潟市，1995 ～ 1997.
『新潟のまち——明治・大正・昭和』新潟日報事業社編，新潟放送，1972.
『にいがた街の記憶』新潟市歴史博物館，2004.
『新潟湊の繁栄——湊とともに生きた町・人』新潟市，新潟日報事業社，2011.
『目で見る新潟・西蒲原の 100 年』飯田素州他編，郷土出版社，1993.

富山

『写真アルバム富山市の昭和』須山盛彰監修，いき出版，2016.
『写真集富山県 100 年』北日本新聞社「写真集富山県 100 年」編修委員会編，北日本新聞社，1989.
『住まいと街なみ百年のあゆみ——富山県置県百年記念』富山県土木部建築住宅課編，富山県，1983.
『総曲輪物語——繁華街の記憶』堀江節子，桂書房，2006.
『特別展 街道を歩く——近世富山町と北陸道』富山市郷土博物館，2011.
『持別展 富山の商店街——近代化のあゆみ』富山市郷土博物館編，富山市教育委員会，2001.
『都市富山の礎を築く——河川・橋梁・都市計画にかけた土木技術者の足跡』白井芳樹，技法堂出版，2009.
『富山から拡がる交通革命——ライトレールから北陸新幹線聞業にむけて』森口将之，交通新聞社新書，2011.
『富山県史』（通史編全 7 巻）富山県編，富山県，1970 ～ 1987.
『富山県の昭和史』高井進監修，北日本新聞社，1991.
『富山県の歴史と文化』富山県史編纂委員会編，青林書院，1958.
『富山市郷土博物館常設展示図録富山城ものがたり』富山市郷土博物館編，2005.
『富山市史』富山市役所編，富山市，1909.
『富山市史』（全 3 巻）富山市史編修委

員会編，富山市役所，1960.
『富山市史』（通史全 2 巻）富山市史編さん委員会編，富山市，1987.
『富山城の縄張と城下町の構造』古川知明，桂書房，2014.
『富山戦災復興誌』富山市土木部都市計画課編，富山市，1972.
『富山探検ガイドマップ』富山インターネト市民塾推進協議会編，桂書房，2014.
『保存版富山市今昔写真帖』須山盛彰監修，郷土出版社，2003.
『保存版ふるさと富山市』須山盛彰監修，郷土出版社，2009.
『目で見る富山市の 100 年』高井進監修，郷土出版社，1993.

金泽

『石川県史』（全 5 巻）石川県，1927 ～ 1933，石川県図書館協会（復刻版），1974.
『石川百年史』石林文吉，石川県公民館連合会，1972.
『金沢市史（通史編全 3 巻）金沢市史編さん委員会編，金沢市，2004 ～ 2006.
『金沢——市制百周年を記念して』金沢市企画調整部企画課，金沢市，1989.
『金沢城下町——社寺信仰と都市のにぎわい』藤島秀隆・根岸茂夫監修，國學院大學院友会石川支部編，北國新聞社，2004.
『金沢市歴史遺産保存活用マスタープラン』金沢市，2009.
『金沢市歴史的風致維持向上計画』金沢市，2008.
『金沢の気骨——文化でまちづくり』山出保，北國新聞社，2013.
『金沢の文化的景観城下町の伝統と文化保存調査報告書』金沢市，2009.
『金沢の町家』島村昇，鹿島出版会，1983.
『金沢百年物語』高室信一，北陸中日新聞，1990.
『金沢・町物語——町名の由来と人と事件の四百年』高室信一，能登印刷出版部，1982.
『金沢らしさとは何か——まちの個陸を磨くためのトークセッション』山出保 + 金沢まち・ひと会議北國新聞社出版局，2015.
『金沢を歩く』山出保，岩波新書，2014.
『近代日本の地方都市金沢 / 城下町から近代都市へ』橋本哲哉編，日本経済評論社，2006.
『写真アルバム金沢の昭和』本康宏史監修，いき出版，2010.
『写真集石川百年』北陸中日新聞，1989.
『写真図説金沢の五〇〇年』田中喜男編，国書刊行会，1982.
『写真と地図でみる金沢のいまむかし』田中喜男監修，国書刊行会，1991.

『城下町金沢——封建制下の都市計画と町人社会』(改訂版)田中喜男,弘詢社,1983.
『城下町金沢の文化遺産群と文化的景相』「石川県に世界遺産を」推進会議,2009.
『城下町金沢論集』(全2巻)石川県教育委員会事務局文化財課世界遺産推進室・金沢市都市政策局歴史文化部文化財保護課編,石川県・金沢市,2015.
『城下町・再考』石川県教育文化会議
1984! 図説金沢の歴史』東四柳史明ほか編,金沢市,2013.
『20世紀の照像——石川写真百年・追想の図譜』(改編版)本康宏史監修,能登印刷出版部,2003.
『保存版ふるさと金沢——北陸新幹線金沢開業記念決定版写真集』小林忠雄・本康宏史監修,郷土出版社,2015.
『目で見る金沢の100年』吉元至監修,郷土出版社,2001.
『よみがえる金沢城1四五〇年の歴史を歩む』石川県教育委員会事務局文化財課金沢城調査室編,石川県教育委員会,2006.
『よみがえる金沢城2今に残る魅力をさぐる』石川県金沢城調査研究所編,石川県教育委員会,2009.

福井

『あゆみ——福井商工会議所八十年史』福井商工会議所八十年史編纂委員会編,1964.
『歩み続けて——回想の熊谷太三郎』「熊谷太三郎追悼集」編纂委員会編,熊谷組,1992.
『株式会社熊谷組四十年史』熊谷組,1978.
『稿本福井市史』(全2巻)福井市役所編纂,1941.
『写真アルバム福井市の昭和』奥山秀範監修,いき出版,2012.
『新修福井市史』(全3巻)福井市史編さん委員会,1970～1976.
『新修福井市史——市制80年福井市政史』(全2巻)新修福井市史編さん委員会編,福井市,1970～1976.
『図説福井県史』福井県,1998.
『大正昭和福井県史』(全2巻)福井県,1956–1957.
『福井県史』通史篇(全6巻)福井県,1993～1996.
『福井県土木史』(全2巻)福井県建設技術協会,1983,2001.
『福井市史』通史編(全3巻)資料編別巻(絵図・地図),福井市,1989～2008.
『福井城下町名カイドブック』歴史のみえるまちづくり協会,2001.
『福井城と城下町のすがた——平成22年秋季特別展』福井市立京都歴史博物館,2010(改訂版).
『福井まちづくりの歴史』本多義明・川

上洋司編著，地域環境研究所，2009.
『保存版福井・坂井・あわらの今昔』松原信之監修，郷土出版社，2005.
『目で見る福井・坂井の100年』三上一夫・船澤茂樹監修，郷土出版社，1993.
『わが町の歴史福井』印牧邦雄，文一総合出版，1980.
『私の春秋——熊谷太三郎自伝』熊谷太三郎，日刊福井，1980.

甲府

『甲府市史』（通史編全4巻）甲府市史刊行委員会編，甲府市役所，1990～1993.
『甲府市史一市制施行以後』甲府市史刊行委員会編，甲府市役所，1964.
『甲府市史別編Ⅲ甲府の歴史』甲府市市史編さん委員会，1993.
『甲府市制六十年誌』甲府市役所，1949.
『甲府の歴史』坂本徳一，東洋書院，1982.
『甲府略志』甲府市役所，1918.
『写真アルバム甲府市の昭和』斎藤康彦・萩原三雄監修，樹林舎，2016.
『写真集甲府物語——市制100周年記念』甲府市，1990.
『図説甲府の歴史』萩原三雄監修，郷土出版社，2000.
『保存版甲府市今昔写真帖』萩原三雄・斎藤康彦監修，郷土出版社，2004.
『保存版昭和写真大全甲府』石川博監修，郷土出版社，2010.
『明治・大正・昭和写真集甲府の90年』窪田樫良翁ほか，甲府市役所，1981.
『目で見る甲府の100年』萩原三雄・斎藤康彦監修，郷土出版社，1990.
『山梨県史』（通史編全6巻）山梨県，2004～2007.
『山梨の歴史景観』山梨郷土研究会編，山梨日日新聞社，1999.
『よみがえる甲斐府中城——県指定史跡甲府城跡鉄門復元整備事業概報』山梨県埋蔵文化財センター編，山梨県教育委員会2012.

长野

『写真アルバム長野市の昭和』相沢篤信他，いき出版，2015.
『写真集思い出のアルバム8長野——篠ノ井・松代・上水内』郷土出版社，1981.
『信州の昭和史——長野県近代百年の記録』（全2巻）奥村芳太郎編，毎日新聞社，1982.
『図説北信濃の歴史』（全2巻）小林計一郎監修，郷土出版社，1995.
『善光寺——心とかたち』伊藤延男ほか編，第一法規出版，1991.
『善光寺かいわい——門前町参詣客を迎える心』長野放送編，銀河書房，1991.
『喜光寺史研究』小林計一郎，信濃毎日新聞社，2000.

『善光寺とその門前町——善光寺周辺伝統的建造物群保存予定地区調査報告書』信州大学土本研究室編，長野市教育委員会，2009.
『戦前期の地方都市における近代都市計画の動向と展開』浅野純一郎，中央公論美術出版，2008.
『長野県史』（全9巻）長野県編，長野県史刊行会，1986～1990.
『長野市權堂町史』権堂町史編集委員会編，権堂町公民館，1993.
『長野市史』長野市役所，1925.
『長野市誌』（歴史編全6巻（第2巻–7巻）長野市誌編さん委員会編，長野市，1997～2005.『長野市史考——近世善光寺町の研究』小林計一郎，吉川好文館，1969.
『二十年間の長野市』長野市役所，1917.
『保存版長野上水内の今昔』駒込幸典監修，郷土出版社，2003.
『保存版長野市の110年』長野郷土史研究会編，一草舎出版，2007.
『目で見る北信濃の100年』小林計一郎監修，郷土出版社，1991.
『目でみる長野県の大正時代』（全2巻）山本茂実監修，国書刊行会，1986.
『わが町の歴史長野』小林計一郎，文一総合出版，1979.

岐 阜

『奥平信昌と加納城——家康が美濃と長女を託した武将と城』岐阜市歴史博物館編，岐阜新聞社，2004.
『岐阜空襲誌——岐阜・大垣・各務原熱き日の記録』（第2版）岐阜空襲を記録する会，1978.
『岐阜県郷土史』（全4巻）鈴木善作編，歴史図書社，1980.
『岐阜県史』通史篇（全6巻）岐阜県，1967～1973.
『岐阜市史』通史編（全5巻）岐阜市，1977～1981.
『岐早町金華の誇り——ふるさと岐阜・魅力発見大作戰』わいわいハウス金華編，岐阜市歴史博物館，2009.
『ぎふ歴史物語・伝統の技と美——岐阜市歴史博物館総合展示案内』岐阜市歴史博物館，2006.
『市政120周年記念岐阜市民のあゆみ——人・もの・写真でつづる岐阜の歴史』岐阜市歴史博物館編，市民のあゆみ実行委員会，2009.
『写真集岐阜百年』中日新聞本社，1986.
『写真集目で見る岐阜市民の100年』吉岡勲監修，郷土出版社，1984.
『図説岐阜の歴史——目で見る岐阜市・各務原市・本巣郡・山県郡の歴史』吉岡勲，郷土出版社，1986.
『ふるさと岐阜の20世紀』道下淳，岐阜新聞社，2000.
『ふるさとの想い出262写真集明治大正

昭和岐阜』丸山幸太郎・道下淳編，国書刊行会，1983.
『保存版岐阜市今昔写真集』丸山幸太郎・道下淳監修，樹林舎，2011.
『目で見る岐阜市の 100 年』道下淳監修，郷土出版社，1990.
『柳ヶ瀬百年誌』岐阜市柳ヶ瀬商店街振興組合連合会，1988.

静冈

『大御所徳川家康の城と町—駿府城関連史料調査報告書』静岡市教育委員会，1999.
『静岡——静岡市制 90 周年記念写真集』静岡市総務部広報課編，静岡市，1979.
『静岡県史』（通史編全 6 巻）静岡県，1994 ～ 1997.
『静岡県の昭和史——近代百年の記録』（全 2 巻）海野福寿・奥村芳太郎編，毎日新聞社，1983.
『静岡県の百年』静岡県の百年編集委員会編，静岡県，1968.
『静岡県の歴史——中世側』小和田哲男・本多隆成，静岡新聞社，1978.
『静岡県の歴史——近世編』若林淳之，静岡新聞社，1983.
『静岡県の歴史—近代・現代編』原口清・海野福寿，静岡新聞社，1979.
『静岡市火災誌』静岡県，1942.
『静岡市史』（通史編全 3 巻）静岡市役所，1969 ～ 1981.
『静岡市の百年』（全 3 巻）山内政三，静岡市百周年記念出版会，1986 ～ 1989.
『静岡市の 100 年写真集』静岡新聞社，1988.
『静岡戦災復興誌』静岡市建設部編，静岡市，1960（建設省編『戦災復興誌』の静岡の項と同一）.
『静岡中心街誌』安本博編，静岡中心街誌編集委員会，1974.
『七間町物語—七間町百年の記憶』七間町物語編修委員会編，七間町町内会，2006.
『写真集静岡県の昭和史』若林淳之編，静岡新聞社出版局，1989.
『写真集静岡今昔 100 景』海野幸正監修，羽衣出版，2001.
『写真集静岡市いまむかし』山内政三監修，静岡郷土出版社，1988.
『昭和のアルバム静岡・清水』昭和のアルバム編集室編，電波実験社，2015.
『東海道駿府城下町』（全 2 巻）中部建設協会静岡支部編，建設省静岡国道工事事務，1996–1997.
『ふるさとの想い出 13 写真集明治大正昭和静岡』小川龍彦編，国書刊行会，1978.
『ふるさとの百年——目で見る静岡県の昔と今』静岡新聞社，1974.
『保存版ふるさと静岡市——新静岡市発足記念決定版写真集』中村羊一郎監修，

郷土出版社，2009.
『目で見る静岡市の100年』中村羊一郎監修，郷土出版社，2003.

名古屋

『或る土木技師の半自叙伝』田淵壽郎，中部経済連合会，1962.
『江戸期なごやアトラス』溝口常俊編著，名古屋市総務局，1998.
『江戸期なごやアトラス——絵図・分布図からの発想』（新修名古屋市史報告書4）新修名古屋市史第三専門部会編，名古屋市総務局，1989.
『近世名古屋享元絵巻の世界』林董一編，精文堂，2007.
『区划整理の街なごや—民間施行土地区划整理事業資料集』名古屋市都市計画局区划整理課編，名古屋市土地区划整理連合会，1983.
『古地図で楽しむなごや今昔』溝口常俊編著，風媒社，2014.
『コレクション・モダン都市文化89名古屋の都市空間』根岸泰子編，ゆまに書房，2013.
『写真アルバム名古屋の昭和』林董一監修，樹林舎，2015.
『写真集愛知百年』中日新聞本社，1986.
『新修名古屋市史』（本文編全10巻）大石慎三郎監修，名古屋市，1997–2001.
『戦災復興誌』戦災復興誌編集委員会編，名古屋市計画局，1984.
『土木技師・田淵寿郎の生涯』重綱伯明，あるむ，2010.
『土木行政のあゆみ』土木行政のあゆみ編集委員会編，名古屋市土木局，1983.
『名古屋絵はがき物語—二十世紀のニューメディアは何を伝えたか』井上善博，風媒社，2009.
『名古屋今昔写真集』（全3巻）林董一監修，樹林社，2007–2008.
『名古屋城下お調べ帳』名古屋市博物館，2013.
『名古屋鉄道百年史』名古屋鉄道広報宣伝部編，名古屋鉄道，1994.
『名古屋都市計画史（大正8年—昭和44年）』（全3巻）名古屋市都市計画局・名古屋都市センター編，名古屋都市センター，1999.
『名古屋都市計画史上巻』名古屋市建設局，1957.
『名古屋の街—戦災復興の記録』伊藤徳男，中日新聞本社開発局，1988.
『なごや100年——市制一〇〇周年記念誌』名古屋市制100周年記念誌編集委員会編，名古屋市，1989.
『名古屋400年のあゆみ——Nagoya 1610～2010開府400年記念特別展』名古屋市博物館，「名古屋400年のあゆみ」実行委員会，2010.
『秘蔵写真館名古屋いまむかしシリーズ

1 北区・西区編——美濃路・木曽路に沿って』臼井薫ほか，郷土出版社，1993.
『秘蔵写真館名古屋いまむかしシリーズ2 昭和区・瑞穂区・天白区編—飯田街道・塩付街道に沿って』浅井金松ほか，郷土出版社，1993.
『堀川——歴史と文化の探索』伊藤正博・沢井鈴一，あるむ，2014.
『堀川沿革史』末吉順治，愛知県郷土資料刊行会，2000.
『明治・名古屋の顔』服部鉦太郎，六法出版社，1973.
『目で見る名古屋の 100 年』（全 2 巻）久住典夫監修，郷土出版社，1999.

津

『伊勢路見取絵図』（全 3 巻）児玉幸多監修，杉本嘉八解説，東京美術，1985–1986.
『古今写真集三重県絵はがき集成』西川洋監修，樹林舎，2006.
『写真アルバム津市の昭和』吉村利男監修，樹林舎，2013.
『写真集三重百年』中日新聞本社，1986.
『写真で見る津の昭和の 50 年』「写真で見る津の昭和の 50 年」編修委員会編，津市教育委員会，1978.
『図説津・久居の歴史』（全 2 巻）桶田清砂監修，郷土出版社，1994.
『津市——地方都市の建設史』岩田俊二，農林統計出版，2010.
『津市史』（全5巻）梅原三千・西田重嗣，津市，1959 ～ 1969.
『津市の思出』堀川美哉，堀川美哉先生「津市の思出」刊行会，1960.
『保存版津の今昔』小玉道明監修，郷土出版社，2008.
『三重県史』三重県，1964.
『目で見る津市の 100 年』茅原弘監修，名古屋郷土出版社，1990.
『目で見る三重の百年——県政百年記念画報』三重県，1976.

大 津

『大津市史』（全 3 巻）大津市，1942.
『家族の一世紀——大津市制 100 周年記念特別展』大津市歴史博物館，1998.
『滋賀縣史』（全6巻）滋賀県史編纂会編，滋賀県，1927–1928，名著出版，1971（復刻版）
『滋賀県史』（昭和編全 6 巻）滋賀県史編さん委員会編，滋賀県，1974–1986.
『滋賀県庁舎本館——庁舎の佐藤功一 × 装飾の國枝博』石田潤一郎・池野保，サンライズ出版，2014.
『新大津市史』（全 3 巻），奈良本辰也編，大津市，1962–1963.
『新修大津市史』（全 10 巻）大津市編，大津市，1978–1987.
『図説大津の歴史』（全 2 巻）大津市歴

史博物館市史編さん室編，大津市，1999.
『保存版大津・志賀の今昔』木村至宏監修，郷土出版社，2005.
『保存版ふるさと大津』樋爪修監修，郷土出版社，2013.
『目で見る大津の100年——大津市・滋賀郡志賀町』木村至宏監修，郷土出版社，1992.

京 都

『海の「京都」——日本琉球都市史研究』高橋康夫，京都大学学術出版会，2015.
『絵はがきで見る京都——明治・大正・昭和初期』森安正編，光村推古書院，2012.
『京都——古都の近代と景観保存日本の美術 no.474』苅谷勇雅，至文堂，2005.
『京都古地図めぐり』伊東宗裕，京都創文社，2011.
『京都市三大事業誌』道路拡築編(全5集)京都市役所編，京都市役所，1914，龍渓書舎，1999(復刻).
『京都市史 地図編』京都市役所編，京都市役所，1947.
『京都写真館——なつかしの昭和20年-40年代』白幡洋三郎監修，淡交社，2010.
『京都〈千年の都〉の歴史』高橋昌明，岩波新書，2014.
『京都と近代——せめぎ合う都市空間の歴史』中川理，鹿島出版会，2015.
『京都の近代と天皇——御所をめぐる伝統と革新の都市空間 1868 ～ 1952』伊藤之雄，千倉書房，2010.
『京都の歴史』(全10巻)京都市編，學藝書林，1968 ～ 1980.
『京都の歴史』(全4巻)佛教大学編，京都新聞社，1993–1995.
『京都の歴史を歩く』小林丈広・高木博志・三枝暁子，岩波新書，2016.
『京都府百年のあゆみ』京都府企画管理部，1968.
『京都歴史アトラス』足利健亮編，中央公論社，1994.
『京の町家——生活と空間の原理』島村昇・鈴鹿幸雄他，鹿島研究所出版会，1971.
『京・まちづくり史』高橋康夫・中川理編，昭和堂，2003.
『近代京都研究』丸山宏・伊従勉・高木博志編，思文閣出版，2008.
『近代京都における小学校建築 1869–1941』川島智生，ミネルヴァ書房，2015.
『近代京都の改造——都市経営の起源一八五〇－一九一八年』伊藤之御編著，ミネルヴァ書房，2006.
『建設行政のあゆみ——京都市建設局小史』建設局小史編さん委員会編，京都市建設局，1983.
『古地図で歩く古都・京都』天野太郎監修，三栄書房，2016.

『古地図で見る京都——『延喜式』から近代地図まで』金田章裕，平凡社，2016.
『写真集京都府民の暮らし百年』京都府立総合資料館編，京都府，1973.
『写真集成京都百年パノラマ館』吉田光邦監修，淡交社，1992.
『写真で見る京都100年』京都新聞社，1984.
『史料京都の歴史1概説』京都市，平凡社，1991.
『水系都市京都——水インフラと都市拡張』小野芳朗編，思文閣出版，2015.
『図説・平安京——建都四〇〇年の再現』村井康彦編，淡交社，1994.
『建物疎開と都市防空——「非戦災都市」京都の戦中・戦後』川口朋子，京都大学学術出版会，2014.
『都市美の京都——保存・再生の論理』大西國太郎，鹿島出版会，1992.
『日本の古都はなぜ空襲を免れたか』吉田守男，朝日文庫，2002（原題『京都に原爆を投下せよ——ウォーナー伝説の真実』角川書店，1995）.
『幕末・維新彩色の京都』白幡洋三郎，京都新聞出版センター，2004.
『平安京——京都——都市図と都市構造』金田章裕編，京都大学学術出版会，2007.
『保存版京都市今昔写真集』白幡洋三郎監修，樹林舎，2008.
『みやこの近代』丸山宏・伊従勉・高木博志編，思文閣出版，2008.
『明治維新と京都—公家社会の解体』小林丈広，臨川書店，1998.
『目で見る京都市の100年』白木正俊監修，郷土出版社，2001.
『物語京都の歴史——花の都の二千年』脇田修・脇田晴子，中公新書，2008.
『洛中洛外——環境文化の中世史』高橋康夫，平凡社，1988.
Atlas historique de Kyoto：Analyse spatiale des systèmes de mémoire d’une ville, de son architecture et de son paysage urbain.Nicolas Fiévé 監修，UNESCO，2008.

大阪

『朝日カルチャーブックス11大阪城400年』岡本良一ほか，大阪書籍，1982.
『絵はがきで読む大大阪』橋爪紳也，創元社，2010.
『大阪建設史夜話附図——大阪古地図集成』玉置豊次郎，大阪都市協会，1980.
『大阪古地図パラダイス』本渡章，140B，2013.
『大阪古地図むかし案内—読み解き大坂大絵図』本渡章，創元社，2010.
『大阪古地図物語』原田伴彦・矢守一彦・矢内昭，毎日新聞社，1980.
『大阪市交通局百年史』（本編）大阪市交通，2005.
『大阪市今昔写真集』（全3巻）石浜紅

子監修，樹林舍，2009–2010.
『大阪市戦災復興誌』大阪市役所，1958.
『大阪市の歴史』大阪市史編纂所編，創元社，1999.
『大阪都市形成の歴史』横山好三，文理閣，2011.
『大阪における都市の発展と構造』塚田孝編，山川出版社，2004.
『大阪発展史』宮本又次，大阪府史編纂資料室，1961.
『大阪百年史』大阪府，1968.
『大阪府史』（通史編全 8 巻）大阪府史編集専門委員会編，大阪府，1978 ～ 1991.
『大阪力事典——まちの愉しみ・まちの文化』橋爪紳也監修，大阪ミュージアム文化都市研究会編，創元社，2004.
『近世大坂成立史論』伊藤毅，生活史研究所，1987.
『近代大阪の五十年』大阪都市協会，同左，1976.
『写真集おおさか 100 年』サンケイ新聞社，1987.
『写真集昭和の大阪—郷愁のあの街この街』アーカイブス出版編集部編，アーカイブス出版，2007.
『写真集なにわ今昔』毎日シリーズ出版編，毎日新聞社，1983.
『写真で見る大阪市 100 年——大阪市制 100 周年』大阪市企画，大坂都市協会，1989.
『住宅問題と都市計画』関一，弘文堂，1923.
『主体としての都市：関一と近代大阪の再構築』ヘインズ・ジェフリー・E. ，宮本憲一監訳，勁草書房，2007.
『商都のコスモロジー——大阪の空間文化』鳴海邦碩・橋爪伸也編，TBS ブリタニカ，1990.
『昭和の大阪——昭和 20–50 年』産経新聞社，光村推古書院，2012.
『昭和の大阪Ⅱ——昭和 50– 平成元年』産経新聞社，光村推古書院，2014.
『新修大阪市史』（本編全 10 巻），新修大阪市史編纂委員会編，大阪市，1988 ～ 1996.
『「水都」大阪物語——再生への歴史文化的考察』橋爪紳也，藤原書店，2011.
『関一——都市思想のパイオニア——』芝村篤樹，松籟社，1989.
『続大阪古地図むかし案内——明治 – 昭和初期編』本渡章，創元社，2011.
『続々大阪古地図むかし案内——戦中 – 昭和中期編』本渡章，創元社，2013.
『「大大阪」時代を築いた男評伝・関一』大山勝男，公人の友社，2016.
『天神祭——火と水の祭典』大阪観光協会，1988.
『天神祭——火と水の都市祭礼』大阪天満宮文化研究所編，思文閣出版，2001.
『都市の近代・大阪の 20 世紀』芝村篤樹，

思文閣出版，1999.
『まちに住まう——大阪都市住宅史』大阪市都市住宅史編集委員会編，平凡社，1989.
『明治時代の大阪——大阪市史明治時代未定稿』（全3巻），幸田成友編，大阪市史編纂所編集，大阪市史料調査会，1982–1983.
『明治大正大阪市史』（全8巻）大阪市役所編，日本評論社，1933～1935.
『目で見る大阪市の100年』(全2巻)『大阪市の100年』刊行会編，郷土出版社，1998.
『歴史のなかの大坂——都市に生きた人たち』塚田孝，岩波書店，2002.

神 戸

『開港と近代化する神戸』神戸外国人居留地研究会編，神戸新聞総合出版センター，2017.
『外国人居留地と神戸——神戸開港150年によせて』田井玲子，神戸新聞総合出版センター，2013.
『神戸あのまち，あの時代——神戸市制120周年記念』神戸都市問題研究所編，神戸市，2009.
『神戸開港五十年誌』山崎宇多磨編，神戸青年会，1921.
『神戸開港120年記念特別展神戸はじめ物語展——近代都市・神戸のはじまりと開化風俗』神戸市立博物館編，神戸市スポーツ教育公社，1987.
『神戸開港百年』大阪読売新聞社神戸支局編，中外書房，1966.
『神戸開港百年史』（建設編，港勢編）神戸開港百年史編集委員会編，神戸市，1970–1972.
『神戸開港100年の歩み』神戸市港湾局編，神戸市，1967.
『神戸居留地史話——神戸開港140周年記念』土居晴夫，リーブル出版，2007.
『神戸居留地の3/4世紀——ハイカラな街のルーツ』神木哲男・崎山昌廣編，神戸新聞総合出版センター，1993.
『神戸・近代都市の形成』高寄昇三，公人の友社，2017.
『神戸港1500年史——ここに見る日本の港の源流』鳥居幸雄，海文堂，1982.
『神戸港と神戸外国人居留地』山下尚志，近代文芸社，1998.
『神戸今昔の姿』岡久彀三郎・福原潜次郎編，歴史図書社，1977.
『神戸市会史』（全6巻）神戸市会事務局編，神戸市会事務局，1968–1998.
『神戸新開地物語』のじぎく文庫，1973.
『神戸と居留地——多文化共生都市の原像』神戸外国人居留地研究会編，神戸新聞総合出版センター，2005.
『神戸のあゆみ——市制70周年記念』神戸市編，神戸市，1959.

『神戸の花街・盛り場考——モダン都市のにぎわい』加藤政洋，神戸新聞総合出版センター，2009.
『神戸の歴史——古代から近代まで』落合重信，後藤書店，1975.
『神戸街角今昔』兼先勉，神戸新聞総合出版センター，2013.
『神戸物語——神戸市史概説』岡久彀三郎，歴史図書社，1978.
『神戸・横浜“開化物語”——居留地返還100周年記念特別展』神戸市立博物館，1999.
『古地図で見る神戸——昔の風景と地名散歩』大国正美，神戸新聞総合出版センター，2013.
『写真集神戸100年』神戸市，1989.
『昭和の神戸昭和10–50年代』飯塚富郎・ハナヤ勘兵衛，光村推古書院，2014.
『新修神戸市史行政編3——都市の整備』新修神戸市史編集委員会編，神戸市，2005.
『兵庫県史』（通史編全6巻）兵庫県史編集専門委員会編，兵庫県，1974～1982.
『兵庫県百年史』兵庫県史編集委員会編，兵庫県，1967.
『復興誌』兵庫県土木部計画課，1950.
『ふるさとの想い出20写真集明治大正昭和神戸』荒尾親成編，国書刊行会，1979.
『保存版神戸市今昔写真集』田辺眞人監修，樹林舎，2010.
『湊川新開地ガイドブック』井上明彦編，新開地アートストリート実行委員会，2003.
『むかしの神戸—絵はがきに見る明治・大正・昭和初期』和田克巳編，神戸新聞総合出版センター，1997.
『明治・大正神戸のおもかげ集——写真，版画に見る明治・大正の神戸』荒尾親成編，中外書房，1969.
『明治・大正神戸のおもかげ集——写真，版画に見る明治・大正の神戸第2集』荒尾親成編，中央印刷出版部，1971.
『目で見る神戸の100年』田辺眞人監修，郷土出版社，2001.
『目で見るひょうご100年』神戸新聞写真部編，神戸新聞総合出版センター，1999.
『歴史海道のターミナル——兵庫の津の物語』神木哲男・崎山昌廣編，神戸新聞総合出版センター，1996.
『歴史が語る湊川——新湊川流域変遷史』兵庫県神戸県民局監修新湊川流域変遷史編修委員会編，神戸新聞総合出版センター，2002.

奈良

『祭礼で読み解く歴史と社会—奈良若宮おん祭の900年』幡鎌一弘・安田次郎，山川出版社，2016.
『写真アルバム奈良市の昭和』説田晃大

監修，樹林舎，2015.
『奈良』永島福太郎，日本歴史学会編，吉川弘文館，1963.
『奈良県史』（第1巻地理——地域史・景観）奈良県史編集委員会・藤田佳久編，名著出版，1985.
『奈良公園史』奈良公園史編集委員会編，奈良県，1982.
『奈良市今昔写真集』安彦勘吾監修，樹林舎，2008.
『奈良市史』（通史編全4巻）奈良市史編集審議会編，吉川弘文館，1988–1995.
『奈良百年』毎日新聞社，1968.
『奈良盆地の景観と変遷』千田正美，柳原書房，1978.
『平城宮』亀井勝一郎編，筑摩書房，1963.
『平城京遷都——女帝・皇帝と「ヤマト」の時代』千田稔，中公新書，2008.
『目で見る奈良市の100年——奈良市・添上郡月ケ瀬村』安彦勘吾監修，郷土出版社，1993.
『大和百年の歩み』（全3巻）大和タイムス社，1970–1972.

和歌山

『近世都市和歌山の研究』三尾功，思文閣出版，1994.
『城下町の風景——カラーでよむ「紀伊国名所図会」』額田雅裕解説・編，ニュース和歌山，2009.
『城下町の風景——カラーでよむ「紀伊国名所図会」2』額田雅裕解説・編，ニュース和歌山，2016.
『城下町和歌山百話』三尾功，和歌山市史編纂室編，和歌山史，1985.
『城下町和歌山夜ばなし』三尾功，宇治書店，2011.
『保存版ふるさと和歌山市——和歌山市120年のあゆみ・和歌山市制施行120周年記念写真集』神坂次郎監修，郷土出版社，2009.
『目で見る和歌山市の100年』安藤精一監修，郷土出版社，1994.
『和歌山縣誌』（全2巻）渡辺幾治郎・樋口功編，和歌山縣，1914，同（全3巻）名著出版，1970（復刻版）.
『和歌山県史』（通史編全5巻）和歌山県史編さん委員会編，和歌山県，1989–1994.
『和歌山市史』（全10巻）和歌山市史編纂委員会編，和歌山市，1975–1992.
『和歌山市戦災復興誌』大阪市都市整備協会編，和歌山市，1992.
『和歌山史要』（補訂3版）和歌山市，1939.

鸟取

『因幡地方の歴史と文化——資料が語る鳥取の地域像』鳥取市歴史博物館編，鳥取市文化財団，2012.
『絵葉書の世界——鳥取市歴史博物館絵葉書集 1』鳥取市歴史博物館やまびこ館編，鳥取市歴史博物館，2011.
『久松山』山根幸恵・清末忠人，中央印刷，1984.
『写真アルバム鳥取・因幡の昭和』田村達也監修，樹林舎，2012.
『写真集「戦後 50 年」——目でみる鳥取県の戦後史』写真集「戦後 50 年」編集委員会編，鳥取県，1995.
『城下町鳥取誕生四百年』徳永職男監修，鳥取市教育委員会，1974.
『城下町とっとりまちづくりのあゆみ——都市をめぐる冒険の書』鳥取市歴史博物館，2004.
『新修鳥取市史』（全 5 巻）鳥取市，1983–2014.
『鳥府志図録』鳥取県立公文書館編，鳥府志図録刊行会，1994.
『千代川史』建設省中国地方建設局鳥取工事事務所編，中国建設弘済会，1978.
『定本久松山』山根幸恵，渓水社，1983.
『鳥取県史』（原始・古代 – 近世通史全 5 巻）鳥取県，1971–1979.
『鳥取県史』（近代通史全 4 巻）鳥取県，1969.
『鳥取県の自然と歴史 6 久松山鳥取城——その歴史と遺構』鳥取県立博物館，1984.
『鳥取県立博物館蔵鳥取城絵図集』（第二版）鳥取県立博物館編，鳥取県立博物館資料刊行会，2001.
『鳥取市史』八村信三編，鳥取市役所，1943.
『鳥取市誌』（全 5 巻）鳥取市，1972–2013.
『鳥取市七十年』鳥取市役所，1962.
『鳥取市大火災誌復興篇』鳥取市大火災誌編纂委員会，鳥取県・鳥取市，1955
『鳥取城とその周辺：遺構でつなぐ歴史と未来』（新訂増補）鳥取市文化財団・鳥取市歴史博物館，2013.
『鳥取大災害史——水害・震災・大火からの復興』（新訂増補）横山展宏編，鳥取市文化財団・鳥取市歴史博物館，2012.
『鳥取明治大正史』松尾茂，国書刊行会，1979.
『ふるさとの想い出 101 写真集明治大正昭和鳥取』松尾茂編著，国書刊行会，1980.
『まるごと歴史遺産ここはご城下でござる——因州鳥取の城下町再発見』（改訂版），伊藤康晴編，鳥取市歴史博物館，2010.
『明治 40 年の文明開化——近代化をもとめて』横山展宏・鳥取市歴史博物館編，鳥取市歴史博物館，2007.
『目で見る鳥取・因幡の 100 年』松尾茂監修，郷土出版社，2000.

松 江

『雲州松江の歴史をひもとく——松江歴史館展示案内』松江歴史館，2011.

『写真アルバム松江・安来の昭和』安部登監修，いき出版，2014.

『島根の百年』NHK 松江放送局，1968.

『新修松江市誌』松江市誌編さん委員会編，松江市，1962.

『図説松江・安来の歴史』本間恵美子監修，郷土出版社，2012.

『なつかしの松江——明治・大正・昭和初期絵葉書コレクション』今岡弘延編著，ワン・ライン，2012.

『ふるさとの想い出 80 写真集明治・大正・昭和松江』島田成矩編，国書刊行会，1979.

『松江・安来今昔写真帖』安部登監修，郷土出版社，2004.

『松江市史』（通史編 1，2）松江市誌編修委員会編，松江市，2015–2016.

『松江市誌——市制施行 100 周年記念』松江市誌編纂委員会編，松江市，1989.

『松江市ふるさと文庫 5 城下町松江の誕生と町のしくみ——近世大名堀尾氏の描いた都市デザイン』松尾寿，松江市教育委員会，2008.

『松江市ふるさと文庫 10 松江の歴史像を探る——松江市史への序章』赤澤秀則ほか，松江市教育委員会，2010.

『松江城物語』島田成矩，山陰中央新報社，1985.

『目で見る松江・安来の 100 年』井川朗監修，郷土出版社，1999.

冈 山

『あいらぶ城下町——岡山城築城400年』山陽新聞社編集局編，山陽新聞社，1996.

『絵図で歩く岡山城下町』岡山大学附属図書館編，吉備人出版，2009.

『岡山県史』（第 1 巻 –14 巻）岡山県史編纂委員会，岡山県，1983 ～ 1990.

『岡山市今昔写真帖』太田健一監修，樹林舎，2012.

『岡山市史』岡山市役所，1920.

『岡山市史』（全 6 巻）岡山市史編纂委員会編，岡山市役所，1958.

『岡山市史産業経済編』岡山市史編集委員会編，岡山市，1966.

『岡山市史政治編』岡山市史編集委員会編，岡山市，1964.

『岡山市史戦災復興編』岡山市史編集委員会編，岡山市，1960.

『岡山市百年史』（全 2 巻）岡山市百年史編さん委員会編，岡山市，1989 ～ 1991.

『岡山城史——岡山開府四百年記念』岡山城史編纂委員会編，岡山市，1983.

『岡山のすがた——昔と今』蓬郷巌編，日本文教出版，1973.

『岡山の戦災』野村増一編，日本文教出版，1985.

『岡山復興区划整理誌』岡山市建設局区划整理部，1984.
『写真集岡山県民の昭和』山陽新聞社編，山陽新聞社出版局，1986.
『写真集岡山県民の明治大正』山陽新聞社編，山陽新聞社出版局，1987.
『写真集戦前の岡山——失われた時をたずねて』渡辺泰多，丸善岡山支店出版サービスセンター，1997.
『新あいらぶ城下町——岡山城築城400年』山陽新聞社編集局編，山陽新聞社，1997.
『都市水辺空間の再生』大野慶子，ミネルヴァ書房，2004.
『ふるさとの想い出15写真集明治大正昭和岡山』蓬郷巌編，国書刊行会，1978.
『目で見る岡山・玉野の100年』太田健一・上原兼善監修，郷土出版社，2001.

广岛

『概説廣島市史』広島市史編修委員会，広島市，1955.
『写真アルバム広島市の昭和』久村敬夫監修，樹林舎，2015.『新修広島市史』（全7巻）広島市，1958～1962..
『図説広島市史』広島市公文書館編，広島市，1989.
『図説広島市の歴史』土井作治監修，郷土出版社，2001.
『大正時代の広島広島市表土資料館調査報告書第19集』広島市文化財团・広島市郷土資料館編，広島市市民局文化スポーツ部文化振興課，2007.
『都市の復興——広島被爆40年史』広島都市生活研究会編，広島市企画調整局文化担当，1985.
『被爆50周年図説戦後広島市史街と暮らしの50年』高橋衛監修，広島市総務局公文書館，1996.
『広島県史』(総説・通史編全8巻)広島県，1980～1984.
『広島県戦災史』広島県，第一法規出版，1988.
『廣島市史』（全6巻）広島市，1922～1925.
『広島城下町絵図集成』広島市立中央図書館，1990.
『広島新史』（全13巻）広島市，1981–1986.
『広電が走る街今昔——LRTに脱皮する電車と街並み定点対比』長船友則，JTBパブリッシング，2005.
『風景の創造へ——広島・都市美づくりこの10年』広島都市生活研究会編，広島市企画調整局文化課，1989.
『街と暮らしの50年——被爆50周年図説戦後広島市史』被爆50周年記念史編修研究会編，広島市総務局公文書館，1996.
『目で見る広島市の100年』「広島市の100年」刊行委員会編，郷土出版社，1997.

山口

『写真アルバム山口・防府の昭和』樹下明紀監修，樹林舎，2014.

『中世都市の空間構造』山村亜希，吉川弘文館，2009.

『ふるさと山口』（再版），山口市教育委員会文化課編，山口市教育委員会，1995.

『保存版山口・防府今昔写真帖』樹下明紀監修，郷土出版社，2009.

『目で見る山口・防府の100年』樹下明紀監修，郷土出版社，1998.

『山口県史』（全4巻，ただし近世未刊）山口県編，山口県，2008～2016.

『山口市史』（全3巻）山口市史編纂委員会編，山口市，1955～1971.

『山口市史』山口市，1982.

『山口市幕末維新史跡ガイドブック』山口市総合政策部文化政策課編，山口市，2015.

『やまぐち本――「やまぐち歴史・文化・自然検定」公式テキスト』第3版福田礼輔監修，山口商工会議所やまぐち歴史・文化・自然検定実行委員会，2011.

『やまぐち歴史読本』山口郷土読本編集委員会編，山口市教育委員会，1988.

徳島

『写真集徳島100年』（全2巻）徳島新聞社第2事業部編，徳島新聞社，1980.

『写真で見る徳島市百年』徳島市市史編さん室編，徳島市，1969.

『図録徳島城下町絵図』徳島市立徳島城博物館，2000.

『徳島県史』（全6巻）徳島県史編さん委員会編，徳島県，1964～1967.

『徳島市誌』徳島市教育研究所，1958.

『徳島市史』（全5巻，別巻）徳島市史編さん室編，徳島教育委員会，1973～2003.

『徳島・城と町まちの歴史』河野幸夫，聚海書林，1982.

『特別展描かれた城下町――水都発見』徳島市立徳島城博物館，2009.

『特別展水の都徳島再発見秀吉の町家康の町――川と人の織りなす歴史と文化』吉野川文化探訪フェスティバル（吉野川下流域）企画委員会・徳島城博物館編，徳島市立徳島城博物館，2007.

『保存版徳島市・名東・名西今昔写真帖』三好昭一郎監修，郷土出版社，2009.

『保存版ふるさと徳島市』立石恵嗣監修，郷土出版社，2015.

『目で見る徳島の100年』三好昭一郎監修，郷土出版社，1999.

高松

『香川県史』（通史編全7巻）香川県，1987～1989.

『香川県史』（別編3ふるさと香川の歴史）香川県，1992.

『古地図で歩く香川の歴史——さぬきで息ぬき：高松城下に遊び，二十四の瞳の世界をさまよう』井上正夫，同成社，2008.
『新修高松市史』（全 3 巻）高松市史編修室編，高松市役所，1964 ～ 1969.
『高松空襲戦災誌』高松空襲戦災誌編集室編，高松市，1983.
『高松市史』高松市役所，1933.
『高松市戦災復興誌』都市開発部区划整理課，高松市役所，（本文は建設省編『戦災復興誌』と同じ，巻頭巻末の写真等が付加されている）,1972.
『高松百年史』（全 3 巻）高松百年史編集室編，高松市，1988 ～ 1990.
『ふるさとの想い出 251 写真集明治大正昭和高松』宮田忠彦編，国書刊行会，1982.
『保存版高松今昔写真帖』徳山久夫監修，郷土出版社，2008.
『目で見る高松・東讃の 100 年』和田仁監修，郷土出版社，2000.

松 山

『愛媛県史』（通史編全 8 巻）愛媛県史編さん委員会編，愛媛県，1982 ～ 1989.
『愛媛県史概説』（全 2 巻）愛媛県史編さん委員会編，愛媛県，1959–1960.
『愛媛の百年』愛媛県秘書広報課編，愛媛県，1973.
『愛媛の歴史地理研究』武智利博編，関奉仕財団，2004.
『写真アルバム松山市の昭和』「松山市の昭和」編集部編，樹林舎，2015.
『城下町松山と近郊の変貌』窪田重治，青葉図書，1992.
『新愛媛風土記』（全 3 巻）新愛媛風土記刊行会編，創土社，1982.
『戦後・松山城下——町と人』山内一郎・上田雅一編，ウエダ映像社，1977.
『ひとの顔まちの顔——松山・戦中戦後写真集』上田雅一編，不二印刷，1983.
『ふるさとの想い出 203 写真集明治大正昭和松山』景浦勉・山内一郎編，国書刊行会，1981.
『米軍資料から読み解く愛媛の空襲』今治明徳高等学校矢田分校平和学習実行委員会編，創風社出版，2005.
『保存版ふるさと松山——松山市制施行 120 周年記念写真集』内田九州男監修，郷土出版社，2010.
『松山市誌』松山市誌編集委員会編，松山市，1962.
『松山市史』（全 5 巻）松山市史編集委員会編，松山市，1992 ～ 1995.
『松山市戦災復興誌』松山市，1969.
『松山の歴史』松山市史編集委員会編，松山市，1989.
『目で見る松山・北条・温泉郡の 100 年』池田洋三ほか，郷土出版社，2004.

『わすれかけの街——まつやま戦前』（新版），池田洋三，愛媛新聞社，1975，2002.

高知

『描かれた高知市』高知市史編さん委員会絵図地図部会編，高知市，2012.
『絵葉書のなかの土佐——移ろいゆく時代の記憶』高知県立歴史民俗資料館，2008.
『高知県史』（通史編全4巻）高知県，1968～1971.
『高知縣土木史』高知県土木史編纂委員会編，高知県建設業協会，1998.
『高知市史』高知市役所編，高知市，1926.
『高知市史』（上巻，中巻）高知市史編纂委員会編，高知市，1958.
『高知市戦災復興史』高知市戦災復興史編纂委員会編，高知市，1969.
『高知城下町読本』（改訂版），土佐史談会・高知市教育委員会生涯学習課編，高知市，2004.
『高知新聞報道写真全集ふるさとの残像』高知新聞社編集局編，高知新聞社，1984.
『写真アルバム高知の昭和』宅間一之監修，樹林舎，2014.
『写真集高知市・まちと人の100年——Time 100 Kochi』高知・まちと人の100年101人委員会，1989.
『図説土佐の歴史』平尾道雄，講談社，1982.
『図録高知市史考古－幕末・維新編』高知市文化振興事業団編，高知市，1989.
『土佐の高知いまむかし』高知新聞社編集局編，高知新聞社，1984.
『目で見る高知・南国の100年』宅間一之・坂本正夫監修，郷土出版社，2007.

福冈

『古写真で読み解く福岡城』後藤仁公，海鳥社，2015.
『古地図の中の福岡・博多』宮崎克則・福岡アーカイブ研究会編，海鳥社，2005.
『コレクション・モダン都市文化90博多の都市空間』和田博文監修，波潟剛編，ゆまに書房，2013.
『写真集福岡市市制100周年記念ふるさと100年』福岡市1989.
『昭和のアルバム福岡』益田啓一郎・吉富実監修，電波社，2015.
『図説福岡・宗像・糸島の歴史』石瀧豊美監修，郷土出版社，2008.
『新修「福岡市史」特別編福岡城——築城から現代まで』福岡市史編集委員会編，福岡市，2013.
『博多——旧町名歴史散歩』日高三朗・保坂晃孝，西日本新聞社，2014.
『博多港史開港百周年記念』福岡市港湾局，2000.
『福岡近代絵巻——福岡市制施行120周

年記念』福岡近代絵巻展実行委員会編，福岡市博物館，2009.
『福岡県史通史編——福岡藩』（全2巻）西日本文化協会編，福岡県，2000 ～ 2002.
『福岡市史』（通史全13巻）福岡市，1959 ～ 1996.
『福岡の歴史——市制九十周年記念』福岡市総務局編，福岡市，1979.
『ふるさとの想い出21写真集明治大正昭和博多』波多江五兵衛・石橋源一郎，国書刊行会，1979.
『保存版福岡市の今昔』（全2巻）北島寛監修，郷土出版社，2011.
『目で見る福岡市の100年』石瀧豊美監修，郷土出版社，2001.
『FUKUOKA アジアに生きた都市と人びと——福岡市博物館常設展示公式ガイドブック』福岡市博物館学芸課，福岡市博物館，2013.

佐 贺

『御城下絵図に見る佐賀のまち』久我秀樹・富田紘次写真，鍋島報效会，2009.
『御城下繪圖を読み解く』鍋島報效会，2010.
『嘉瀬川農業水利史』嘉瀬川農業水利史編集委員会編，九州農政局嘉瀬川農業水利事務所，1973.
『佐賀県史』（全3巻）佐賀県史編さん委員会編，佐賀県史料刊行会，1967–1968.
『佐賀市史』（全2巻）佐賀市，1945–1952.
『佐賀市史』（全5巻）佐賀市史編さん委員会，佐賀市，1977 ～ 1981.
『佐賀読本』金子信二，出門堂，2007.
『佐賀平野における農業水利事業の沿革』九州農政局編，九州農政局，1967.
『佐賀平野の水と土——成富兵庫の水利事業』宮地米蔵監修，江口辰五郎，新評社，1977.
『城下町佐賀の環境遺産佐賀市歴史的建造物等保存対策調査報告』（全2巻），佐賀市教育委員会，1991.
『図説佐賀・小城・多久の歴史』福岡博監修，郷土出版社，2009.
『ふるさとの想い出95写真集明治大正昭和佐賀』福岡博編，国書刊行会，1979.
『目で見る佐賀・多久・小城の100年』福岡博監修，郷土出版社，2002.
『目で見る佐賀百年史——明治・大正・昭和秘蔵写真集』佐賀新聞社出版部編，佐賀新聞社，1984.
『保存版佐賀・小城・多久の今昔』福岡博監修，郷土出版社，2012.

长 崎

『アルバム長崎百年』永島正一監修，長崎文献社，1965.
『アルバム長崎百年——戦中・戦後編』

嘉村國男監修，長崎文献社，1986.
『アルバム長崎百年ながさき浪漫――写真でしのぶ明治・大正・昭和』ながさき浪漫会編，長崎文献社，1999.
『アルバム長崎百年華の長崎――秘蔵絵葉書コレクション』B・バークガフニ編，長崎文献社，2005.
『カラー版長崎――南蛮文化のまちを歩こう』原田博二，岩波ジュニア新書，2006.
『新長崎市史』（全4巻）長崎市史編さん委員会編，長崎市，2012–2014.
『新・ながさき風土記――地図と数字でみる長崎いまむかし』永田信孝，長崎出島文庫，1999.
『図説長崎歴史散歩――大航海時代にひらかれた国際都市』原田博二，河出書房新社，1999.
『続・アルバム長崎百年』永島正一監修，長崎文献社，1983.
『出島図――その景観と変遷』長崎市出島史跡整備審議会編，長崎市，1987.
『長崎居留地日本の美術 no.472』下間久美子，至文堂，2005.
『長崎県史』（古代・中世編，藩政編，近代編）長崎県史編修委員会編，吉川弘文館，1973 ～ 1980.
『長崎市制六十五年史』（全3巻）長崎市総務部調査統計課編，長崎市，1956 ～ 1959.
『長崎の歴史増補』松浦直治，長崎新聞社，1974.
『長崎歴史の旅』外山幹夫，朝日新聞社，1990.
『幕府時代の長崎』（全2巻）長崎市役所，1903.
『復元!　江戸時代の長崎――博物館にのこる絵図のかずかずを現代地図上に集大成』布袋厚，長崎文献社，2009.
『保存版ふるさと長崎市――長崎市制施行120周年記念写真集』越中哲也・下川達彌監修，郷土出版社，2008.
『目で見る長崎市の100年』越中哲也・岡林隆敏・堺屋修一監修，郷土出版社，2002.
『NAGASAKI 100――’89長崎市制施行100周年』長崎市総務部広報課編，長崎市，1989.

熊本

『熊本県史』（全6巻）熊本県，1961 ～ 1965.
『熊本市史』熊本市役所，1932.
『熊本都市形成史図集』吉丸良治監修，熊本市都市政策研究所編，熊本市都市政策研究所，2014.
『新熊本市史』（通史編全9巻，別編第1–2巻）新熊本市史編纂委員会編，熊本市，1993 ～ 2003.
『新市街100年』窪寺雄敏，現代舎，

2003.
『新聞に見る世相くまもと——明治・大正編』熊本日日新聞情報文化センター編，熊本日日新聞社，1992.
『新聞に見る世相くまもと——昭和編』熊本日日新聞情報文化センター編，熊本日日新聞社，1993.
『図説熊本・わが街——熊本市制 100 周年記念』熊本日日新聞社，1988.
『目で見る熊本市の 100 年』鈴木喬監修，郷土出版社，2000.

大分

『大分県史』（通史編全 19 巻）大分県総務部総務課編，大分県，1981 ～ 1991.
『大分県史地誌編』大分県総務部総務課編，大分県，1989.
『大分今昔』渡辺克巳，大分合同新聞社，1964.
『大分市史』大分縣大分市役所編，大分市，1915.
『大分市史』（全 2 巻）大分市史編纂委員会編，大分市，1955–1956.
『大分市史』（全 3 巻）大分市史編さん委員会編，大分市，1987–1988.
『おおいた戦後 50 年』大分合同新聞社，1995.
『大分の歴史』（全 10 巻），渡辺澄夫総監修，大分合同新聞社，1976 ～ 1979.
『記録写真集二豊今昔』志多摩一夫編，別府郷土文化研究会，1981.
『図説大分・由布の歴史』飯沼健司監修，郷土出版社，2007.
『秘蔵写真集目で見る大分百年』大分合同新聞文化センター編，大分合同新聞社，1986.
『保存版大分市今昔写真帖』梅木秀徳監修，郷土出版社，2011.
『目で見る大分今昔史』志多摩一夫，東九州新聞社，1971.
『目で見る大分市の 100 年』加藤知弘監修，郷土出版社，2000.

宮崎

『写真集宮崎 100 年』宮崎日日新聞社事業局開発部編，宮崎日日新聞社，1982.
『昭和絵巻——橘通から江平町』黒木朝子著・いちいち会編，鉱脈社，2008.
『図説宮崎・南那珂・東諸の歴史』甲斐亮典監修，郷土出版社，2007.
『地図からみた宮崎市街成立史』田代学，江跡庵，1996.
『浮上する風景——宮崎市街の成立と展開』小野和道，鉱脈社，1986（『みやざき 21 世紀文庫 8 浮上する風景』鉱脈社，1996 として復刻）.
『保存版ふるさと宮崎市——市制 90 周年記念決定版写真集』甲斐亮典監修，郷土出版社，2014.
『保存版宮崎・日南・串間今昔写真帖』

甲斐亮典監修，郷土出版社，2010.
『宮崎県史』通史編（全7巻）宮崎県，1997～2000.
『宮崎県庁本館——近代の歴史文化遺産・その見どころと歴史』永井哲雄，鉱脈社，2008.
『宮崎市街字町名誌——地名にみる原風景』田代学，江南書房，1998.
『宮崎市史』宮崎市史編纂委員会，宮崎市，1959.
『宮崎市史続編』（全2巻）宮崎市史編纂委員会，宮崎市，1959～1978.
『宮崎町史』宮崎町役場，1914.
『目で見る宮崎・日南・串間の100年——宮崎市・日南市・串間市・宮崎郡・東諸県郡・南那珂郡』甲斐亮典・杉尾良也監修，郷土出版社，2001.

鹿儿岛

『鹿児島県史』（全7巻）鹿児島県，1939～2006.
『鹿児島市史』（全4巻）鹿児島市史編さん委員会編，鹿児島市，1969～1990.
『鹿児島城下絵図散歩——新たな発見に出会う』塩満郁夫・友野春久編，高城書房，2004.
『鹿児島市戦災復興誌』鹿児島市戦災復興誌編集委員会，鹿児島市，1982.
『鹿児島百年』（全3巻）南日本新聞社編，謙光社，1967–1968.
『かごしま文庫30 古地図に見るかごしまの町』豊増哲雄，春苑堂出版，1996.
『戦災復興誌』鹿児島市建設部，1967.
『目で見る鹿児島市の100年』芳即正監修，郷土出版社，2005.

那 霸

『沖縄県史』（通史全1巻）沖縄県教育委員会，1976.
『沖縄・国際通り物語——「奇跡」と呼ばれた1マイル』大濱聡，ゆい出版，1998.
『沖縄・戦後50年の歩み——激動の写真集』「沖縄・戦後50年の歩み」編集委員会，那覇出版社，1995.
『沖縄戦後史』中野好夫・新崎盛輝，岩波新書，1976.
『沖縄戦後写真史——アメリカ世の10年』写真提供米国防総省，月間沖縄社，1979.
『沖縄の都市と農村』山本英治・高橋明善・蓮見音彦編，東京大学出版会，1995.
『沖縄の歴史』（全3巻）沖縄の歴史研究会編，沖縄教育出版，1983～1985.
『写真記録沖縄戦後史 1945–1998』沖縄タイムス，1998（改訂増補版）.
『写真集沖縄——失われた文化財と風俗』那覇出版社編集部編，那覇出版社，1984.
『写真集沖縄戦後史』大田昌秀監修，那覇新聞社，1986.

『写真集よみがえる戦前の沖縄』. 沖縄テレビ放送編，沖縄出版，1995.
『写真でつづる那覇戦後 50 年 –1945–1995』那覇市文化局歴史資料室，那覇市，1996.
『新琉球史』（全 4 巻）. 琉球新報社，1989 ～ 1992.
『図録県道開通 80 周年記念あの頃の国際通り——国際通り物語 II』那覇市市民文化部文化財課，2014.
『戦後をたどる——「アメリカ世」から「ヤマト世」へ』（『那覇市史』（通史編第 3 巻現代史）』の改題）那覇市歴史博物館編，琉球新報社，2007.
『那覇——戦後の都市復興と歓楽街』. 加藤政洋，フォレスト，2011.
『那覇市史』（通史編全 2 巻）那覇市企画部市史編集室，1974，1985.
『那覇市歴史地図——文化遺産悉皆調査報告書』那覇市教育委員会文化課編，那覇市教育委員会，1986.
『那覇の空間構成——沖縄らしさを求めて』吉川博也，沖縄タイムス社，1989.
『那覇百年のあゆみ——激動の記録・琉球処分から交通方法変更まで』那覇市企画部市史編集室，1980.
『「那覇まつりと 10.10 空襲」展——10・10 空襲 70 周年記念』. 那覇市歴史博物館，2014.
『目で見る那覇・浦添の 100 年』船越義彰監修，郷土出版社，2003.
『琉球の都市と村落——関西大学東西学術研究所研究叢刊 23』高橋誠一，関西大学出版部，2003.

作者简介

西村幸夫（Nishimura Yukio）

1952年福冈市生。国学院大学教授。工学博士。东京大学名誉教授。

东京大学工学部都市工学科毕业，同大学院工学系研究科修了。历任明治大学助教、东京大学副教授、东京大学大学院教授、神户艺术工科大学教授，2020年起任现职。期间还有担任东京大学副校长（2011～2013）、东京大学先端科学技术研究中心所长（2013～2016），以及亚洲工科大学副教授（曼谷）、MIT客座研究员、哥伦比亚大学客座研究员、法国国立社会科学高等研究院客座教授等经历。主要研究领域为城市规划、城镇遗产保护规划、景观规划等。

专著：『都市から学んだ10のこと』（《从城市学习的十件心得》，2019年，学艺出版社），『西村幸夫 文化・觀光論ノート』（《西村幸夫 文化观光论笔记》，2018年，鹿岛出版社），『まちを想う』（《思考城市》，2018年，鹿岛出版社），『西村幸夫 風景論ノート』（《西村幸夫 风景论笔记》，2018年，鹿岛出版社），『都市保全計画』（《都市保全计画》，2004年，东京大学出版社），『西村幸夫 都市論ノート』（2000年，《西村幸夫 都市论笔记》，鹿岛出版社），『環境保全と景観創造』（《环境保全与景观创造》，1997年，鹿岛出版社），『町並みまちづくり物語』（《城市营造物语》，1997年，古今书院），『歴史を生かしたまちづくり』（《活用历史的城市再生》，1993年，古今书院）等。

编著：『世界文化遺産の思想』（《世界文化遗产的思想》，2017年，东京大学出版社），『都市経営時代のアーバンデザイン』（《都市经营时代的城市设计》，2017年，学艺出版社），『図説都市空間の構想力』（《图解城市空间的构想力》，2015年，学艺出版社），『まちづくりを学ぶ』（《学习社区营造》，2010年，有斐阁），『まちの見方・調べ方』（《城市的观察方法与调查方法》，2010年，朝仓书店），『観光まちづくり』（《观光社区营造》，2009年，学艺出版社），『まちづくり学』（《社区营造学》，2007年，朝仓书店）等。

社会兼职：横滨市城市美对策审议会会长、和歌山县景观审议会会长、千代田区景观社区营造审议会会长、金泽市景观与文化综合顾问、犬山市街区营造顾问、仓敷市城市景观审议会会长、联合国教科文组织日本协会联盟未来遗产委员会委员长等。

以下图书已经出版，敬请关注

整本图册收录金石声 (1910.12.26 ～ 2000.1.28，本名金经昌，中国现代城市规划教育奠基人、中国现代城市规划事业开拓者) 从 1920 年代末至 1990 年代末内容广泛的千余幅摄影作品和 7 位一流专家学者的文章，内容繁复而编排得当，照片充满历史气息，珍贵耐看，文章角度不一而发掘深入。所收照片无论大小都印刷精准，层次把握微妙，精益求精，对专业摄影研究者和普通的文化和图像爱好者来说，都是值得关注的一部大作。

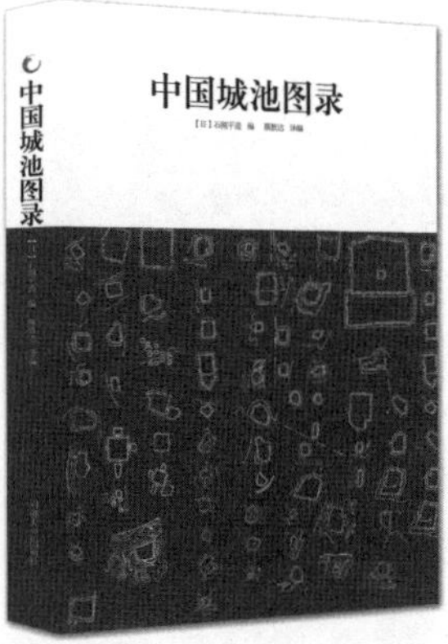

原书 1940 年前后由侵华日军司令部刊行，较详细介绍了华北、华中、华东、中南等地 100 余座城郭，基本以 1/10000 平面图、剖面图等标示城门位置、城内主要街道走向、城墙壕沟和护城河及桥梁位置等。部分城郭还标记有城内住户和人口数。标示尤为详细的是城门结构、城墙厚度和护城河深度。并有多幅 1/500 详图，对研究城市史、建筑史等，具有重要参考价值。

详情垂询，请 e-mail:clq8384@126.com，欢迎赐稿。